U0296020

普通高等教育"十二五"重点规划教材

国家工科数学教学基地 国家级精品课程使用教材

Nucleus 新核心

理工基础教材

概率论 与数理统计

上海交通大学数学系 组编

武爱文 冯卫国 卫淑芝 熊德文 编

第二版

上海交通大学出版社

SHANGHAI JIAO TONG UNIVERSITY PRESS

内容提要

概率论与数理统计是研究随机现象数量规律性的学科.本书共分 10 章,包括:随机事件和概率、随机变量及其分布、多维随机变量及其分布、随机变量的数字特征、大数定律和中心极限定理、数理统计的基本概念、参数估计、假设检验、回归分析、方差分析.各章均有适量的习题,并附有习题答案.

本书可作为高等学校理工类(除数学专业外)、经济管理类专业的教材或教学参考书,也可供各类专业技术人员参考.

读者联系邮箱:science@press.sjtu.edu.cn

图书在版编目(CIP)数据

概率论与数理统计/武爱文等编.—2 版.—上海:
上海交通大学出版社,2014(2020 年重印)
ISBN 978 - 7 - 313 - 09750 - 7

Ⅰ.①概… Ⅱ.①武… Ⅲ.①概率论②数理统计
Ⅳ.①021

中国版本图书馆 CIP 数据核字(2014)第 161607 号

概率论与数理统计(第二版)

组　编:	上海交通大学数学系	编　者:	武爱文　等
出版发行:	上海交通大学出版社	地　址:	上海市番禺路 951 号
邮政编码:	200030	电　话:	021‑64071208
印　制:	上海锦佳印刷有限公司	经　销:	全国新华书店
开　本:	787mm×960mm　1/16	印　张:	21.75
字　数:	418 千字		
版　次:	2011 年 5 月第 1 版　2014 年 9 月第 2 版	印　次:	2020 年 3 月第 8 次印刷
书　号:	ISBN 978‑7‑313‑09750‑7		
定　价:	32.00 元		

版权所有　侵权必究
告读者:如发现本书有印装质量问题请与印刷厂质量科联系
联系电话:021 - 56401314

前 言

　　概率论与数理统计是研究随机现象数量规律性的学科.随机现象是在自然界和人们的社会生活中普遍存在的一种现象,随着人们日益重视研究随机现象,学习和掌握好概率论与数理统计这两门学科显得非常重要,当然也对相应的教材提出了更高要求,由此我们在以前教材的基础上,重新编写了本教材.

　　编写过程中,除了依据我们在长期教学和科研中所积累的经验以外,参考了国内外许多资料,还组织了几次专题研讨会,反复修改后才最终定稿.

　　在本教材中,我们充实了许多内容,不但可拓宽学生的视野还能为进一步深入学习打下必要的基础,同时对主要概念作出详细的叙述,以帮助学生对概念的理解;对主要定理都给出了证明,以保持内容的连贯性和系统性且方便学生自学.利用计算机软件,我们准确地绘制了各种分布的图形,同时还精心挑选和编写了各种类型的例题和习题,相信通过这些分布图形的直观表达以及例题的演示和习题的训练,学生的学习效果会有大的提高.

　　本书可作为高等学校理工类(除数学专业外)、经济管理类概率论与数理统计课程的教材,适合教学时间36～54学时.

　　本教材的引言部分及第1,7章由武爱文撰写,第2,5,6章由冯卫国撰写,第3,9,10章由卫淑芝撰写,第4,8章由熊德文撰写,最后由武爱文统稿完成.

　　本教材的出版得到了上海交通大学教务处、数学系的关心和支持,以及上海交通大学出版社的鼎力帮助,在这里表示深切的谢意.

　　限于编者水平,书中存在的疏漏与不妥之处,恳请读者批评指正.

编者于 2014 年 5 月

目 录

引 言

1. 随机现象

纵观茫茫大千世界,无论是自然界还是我们人类社会生活中的许许多多现象真是形形色色、千姿百态,其中有一类现象称为**确定现象**,即在一定条件下可事先预知它是否会发生,如把一个足球踢到空中,足球会落下;在标准大气压下,把水加热到100℃时,水会沸腾;同性电荷会相互排斥、异性电荷会相互吸引等等. 然而还有一类现象,有不确定性,即在一定条件下可能会发生这样的结果,也可能会发生那样的结果,并且事先不能断定会发生哪种结果. 例如掷一枚硬币,虽然事先知道有两个结果:正面向上或反面向上,但在掷硬币之前是无法断定正面向上的;为了检查产品的质量,从生产流水线上抽取产品,虽然事先知道依据生产标准,产品分为一等品、二等品、次品三个等级,但在抽取之前是无法断定取到的产品必是一等品等. 这类在一定条件下可能出现的结果不止一个,至于出现哪一个结果事先是无法确定的现象称为**随机现象**.

随机现象,有不确定性,但人们发现只要在相同条件下进行大量的观察与实践时,随机现象的每个可能结果的发生都会呈现某种规律性. 例如:多次投掷一枚质地均匀的硬币,正面和反面向上的次数大致相等;在相同条件下多次射击同一靶子的中心,弹着点在靶子上会形成某种规律性. 因此随机现象在相同条件下进行大量重复试验时,会呈现规律性,这种规律性称为**统计规律性**.

概率论是研究随机现象统计规律性的一门数学学科. 而数理统计是以概率论为理论基础,通过对随机现象的观察以取得数据,然后对数据进行整理、分析和推断来研究随机现象的统计规律性的一门应用学科.

数理统计有很强的应用性,它的研究方法与概率论也不尽相同. 因此数理统计早就脱离了数学学科,成为一门独立的应用性学科.

2. 概率论与数理统计简史

概率论起源于对赌博问题的研究. 人们对随机现象的认识可追溯到公元前2750年,Mesopotamia(美索不达米亚)为希腊语,意思是指位于底格里斯河与幼发拉底河这两河之间的土地,当时所属古 Babyion(巴比伦),如今在伊拉克境内. 居住在那里的人们发明了人类历史最早的随机数发生器——骰子. 他们认为掷骰子的结果是由神在操纵的,因此常常会在从事游戏和决策等活动中利用掷骰子来做出决定.

随机现象总是充满着神秘的色彩,人们对随机现象的本质却了解其少,多少年来仅限于知道六面骰子每面出现的可能性相等这一简单事实,而对于同时掷多枚骰子的情况简直是束手无策. 直到文艺复兴之前,同时掷 3 枚骰子的所有可能的结果一直被认为是 56 种.

三四百年前,在欧洲许多国家,贵族之间盛行赌博. 他们经常使用掷骰子来进行打赌. 当时已经有许多人开始关注掷骰子时产生的一些简单问题. 意大利人在为同时掷 3 个骰子时点数之和为 9 与之和为 10 的可能性的大小而争论不休,由此请教了 Galileo(伽利略). 1613~1623 年间,Galileo 通过给 3 个骰子分别涂上不同颜色的方法,算出投掷 3 个骰子有 216 种不同结果并得到的结论是:同时掷 3 个骰子时点数之和为 10 的可能性大于之和为 9.

1651 年,有个法国人叫 de Méré(梅雷),他不但喜欢赌博,还喜欢研究因赌博而产生的许多问题. 一天他请教了当时非常有名的数学家 Pascal(帕斯卡)一个概率论历史上极其著名的"分赌本问题"(见第 1 章后习题 39). 由于初次碰到因随机现象而产生的数学问题,Pascal 一时解不出,但他对如何求解该问题非常感兴趣,经过 3 年的不懈努力,终于得出了初步的解法. 于 1654 年 7 月 29 日把该问题的解法寄给了他的一位好朋友 Femart(费马). 不久 Femart 在回信中也给出了不同的解法,以后他们通过不断的书信往来进行详细讨论并且亲自做赌博实验,以完善解法. 最终由 Pascal 解决了"分赌本问题".

从这以后,他们的研究成果引起了许多数学家的兴趣,纷纷加入了对随机现象研究的行列. 由于 Pascal 和 Femart 的开创性的工作,以后有人提议把 Pascal 第一次写信给 Femart 的日期 1654 年 7 月 29 日记为概率论的诞生日.

当时正在巴黎访问的荷兰数学家 Huygens(惠更斯)了解到了"分赌本问题",回到荷兰后也潜心研究. Huygens 经过几年的努力,不但给出了该问题解答,还解决了不少掷骰子中的许多数学问题,由此在 1657 年他完成了概率论历史上最早的一本专著《论赌博中的计算》.

1713 年,Bernoulli(伯努利)撰写了一本概率论的巨著《猜度术》,这本书是在他去世 8 年后出版的. 对于该书的评价,正如美国概率史专家 Hacking(海金)所说的"概率漫长的形成过程的终结与数学概率论的开端". 因此该书的出版也意味着作为数学学科的一个新的分支——概率论诞生了. 在书中他提出了概率论中的第一个基本极限定理"Bernoulli 大数定理". Bernoulli 从问题的提出到解决,这个过程是极其困难的,不但苦苦钻研,而且做了大量的实验,竟花费了 20 年的时间才得以证明. De Moivre(德莫佛)在 1730 年出版的著作《分析杂论》中给出了概率论中第二个基本极限定理的雏形"De Moivre - Laplace 中心极限定理". 1777 年,数学家 Buffon(蒲丰)给出了第一个几何概型的例子——Buffon 投针试验问题.

到了 18、19 世纪,传统数学发展到了一个很高的阶段,给予概率论以强大支撑. Laplace(拉普拉斯)在系统总结前人工作的基础上,写出了《分析概率论》,于 1812 年出版. 在这一著作中,首先明确地给出概率的古典定义,并在概率论中引入了有力的分析工具,如差分方程、母函数等,从而实现了概率论由单纯的组合计算到分析方法的过渡,将概率论推向一个新的发展阶段. Laplace 又与几个数学家一起建立了关于"正态分布"及"最小二乘法"的理论. Poisson(泊松)将 Bernoulli 大数定律做了推广,建立了一种新的分布,即 Possion 分布.

从概率论的诞生起到 20 世纪初的这段时间里,概率论的发展简直到了使人着迷的程度. 继 Laplace 以后,概率论的中心研究课题是推广和改进 Bernoulli 大数定律及 De Moivre - Laplace 中心极限定理. 1866 年 Chebyshev(切比雪夫)用他所创立的 Chebyshev 不等式建立了有关独立随机变量序列的大数定律. 次年,又建立了有关各阶矩一致有界的独立随机变量序列的中心极限定理. 在 Chebyshev 所完成证明的基础上,Markov(马尔科夫)于 1898 年给出了补充证明. 1901 年 Lyapunov(李亚普诺夫)利用特征函数方法,对一类相当广泛的独立随机变量序列,证明了中心极限定理. 利用这一定理第一次科学地解释了为什么实际中遇到的许多随机变量近似服从正态分布.

Khintchine(辛钦)、Kolmogorov(柯尔莫哥洛夫)、Lévy(莱维)及 Feller(费勒)等人在随机变量序列的极限理论方面作出了重要贡献.

虽然概率论在各个领域中获得许多成果,以及在其他基础学科和工程技术上得到广泛应用. 但是 Laplace 给出的概率定义显露出了局限性,甚至无法适用于一般的随机现象. 概率论要进一步发展,急需建立一个严格的理论体系.

1933 年,Kolmogorov 在测度论基础上定义了概率,即给出了概率的公理化定义,从而奠定了近代概率论的基础.

随着独立随机变量序列极限理论日趋完善,从 20 世纪初开始,特别是受到物理学的推动,一些数学家将兴趣逐渐转向研究随机现象随时间演变过程的规律性. 其中 Markov,Wiener(维纳),Kolmogorov,Khintchine,Lévy,Doob(杜布),伊藤清等学者为现代概率论的建立和发展作出了杰出的贡献.

今天,在现代化技术进步的影响下,概率论的理论和应用方面更有着长足的发展. 概率论已被广泛应用于解决工农业生产、军事技术和科学技术中的问题. 概率论同其他知识领域相结合产生了很多分支学科如决策论、排队论、信息论、控制论、随机运筹学等.

数理统计早期的发展是结合其他学科进行的,没有形成完整的一套理论体系和应用方法. 1661 年 Graunt(葛朗特)进行的伦敦死亡人数调查是数理统计历史上最早的记载. 在天文学和测地学的应用中,Gauss(高斯)、Laplace(拉普拉斯)、

Legendre(勒让德)提出了最小二乘法和正态分布及其误差分析理论.在遗传学的应用中,Galton(高尔顿)提出了回归、相关等概念,创立了回归分析法.进入 20 世纪后,Gossett(哥色特,笔名"Student")、Fisher(费歇尔)、Neyman(奈曼)、Pearson(皮尔逊)、Wald(沃尔德)等一批学者在数理统计学的应用和理论体系创立上作出了杰出的贡献.1945 年 Gramer(克拉美)的《统计学的数学方法》一书的问世,标志着一门新型学科——数理统计学的诞生.

当今,随着计算机的诞生和其性能不断提高,促使数理统计在理论和应用方面有了迅速发展.数理统计还产生许多分支,如:统计质量管理、生物统计、医学统计、统计物理学、计量心理学、计量经济学等.

随机现象无处不在,作为专门研究随机现象数量规律的概率论与数理统计这两门学科担负起非常重要的角色,都是当今最为活跃的学科之一.

随机事件和概率

第 1 章

1.1 随机事件和运算

1.1.1 随机试验和随机事件

为了要研究随机现象的统计规律,则应该安排随机试验.这里所说的**随机试验**是指一种带有随机性质的试验.**试验**就是对随机现象进行观察、测量或科学实验并取得数据.若该试验还满足以下三个条件:

(1) 可在相同条件下重复进行.

(2) 所有可能结果不止一个,而且在试验之前应该是已知的.

(3) 每次试验后所得到的结果应该在已知所有可能结果中,并且事先是无法预知会出现哪个结果.

这种试验称为**随机试验**,为了方便起见以后简称为**试验**.

例 1.1 (抽取产品试验)一批产品共有 N 件,其中有 M 件次品.采取每次取一件进行测试,观察该件产品是正品还是次品后仍然放回,然后如此重复进行抽取共取 3 件.每次抽到的产品可能是正品也可能是次品.虽然每次取得的产品总是正品和次品之一,但抽取之前是无法预知会抽到哪个结果.

例 1.2 (投掷硬币试验)反复多次投掷一枚质地均匀的硬币,直至出现正面向上为止.因此每次出现的结果不止一个,虽然每次总是正面向上和反面向上中之一,但每次投掷之前是无法预知会哪一面向上.

例 1.3 (投飞镖试验)多次用镖掷向靶,受到各种因素的影响,镖击中靶的不同位置.虽然每次总是击中靶面上一点,但每次投掷之前是无法预知会击中哪一点.

试验的每个可能的结果称为**随机事件**,简称为**事件**.一般用大写的英文字母 A, B, C, …来表示.

例如,在例 1.1 中{取到 3 件产品中至少有 2 件为次品}是试验的一个可能的结果,因此是该试验的一个随机事件.在例 1.2 中{第 5 次时才出现正面向上 }是试验的一个可能的结果,因此也是该试验的一个随机事件.

每次试验中必然会出现的结果,称为**必然事件**,记为 Ω.而每次试验中必然不出现的结果,称为**不可能事件**,记为 Φ.要注意的是必然事件和不可能事件没有随机性,但为了方便起见,我们仍认为它们是特殊的随机事件.

在一个试验中,我们把其不能再分的而且是最简单的单一事件称为该试验的**样本点**或者称**基本事件**,通常用小写的字母 ω, υ, τ, …来表示.

例如,在例 1.1 中{取到 3 件产品中有 i 件次品},$i=0,1,2,3$,均为该试验的样本点,有 4 个样本点.在例 1.2 中{第 k 次时才出现正面向上},$k=1,2,\cdots$,有无穷可数个样本点.在例 1.3 中设 $(x,y)\in(0,a)$,则{飞镖击中点 (x,y)}是该试验的样本点,有无穷不可数个样本点.

由所有的样本点组成的集合称为**样本空间**,记为 Ω.例 1.1 中样本空间为 $\Omega_1=\{\omega_1,\omega_2,\omega_3,\omega_4\}$,在例 1.2 中样本空间为 $\Omega_2=\{\omega_1,\omega_2,\cdots,\omega_k,\cdots\}$,在例 1.3 中样本空间为 $\Omega_3=\{(x,y)\mid x,y\in(0,a)\}$.

随机事件是由单个样本点或由样本点的集合组成的,所以随机事件是样本空间的一个子集.如果试验得到的样本点 ω 在事件 A 内,此时称事件 A 发生了,记为 $\omega\in A$.否则称事件 A 不发生,记为 $\omega\notin A$.由于样本空间 Ω 包含了所有的样本点,每次试验中 Ω 必然发生,因此 Ω 是必然事件.空集 Φ 不包含任何样本点,每次试验中 Φ 必不发生,因此 Φ 是不可能事件.

1.1.2 随机事件之间的关系和运算

在样本空间 Ω 中有时会有多个事件,为了要研究它们之间某些规律性,将给出如下事件之间的关系和运算的定义.设 A,B 为样本空间 Ω 中的事件.

1. 包含关系

如果事件 B 的发生必导致事件 A 发生,则称**事件 B 包含于事件 A**,记为 $B\subset A$;或称**事件 A 包含事件 B**,记为 $A\supset B$(见图 1.1).

2. 相等关系

如果 $A\subset B$ 并且 $B\subset A$,则称**事件 A 与 B 相等**,记为 $A=B$.

3. 事件的并

由使得事件 A 与 B 中至少有一个发生的一些基本事件组成的事件,这个事件称为**事件 A 与事件 B 的并**,记为 $A\cup B=\{\omega\mid\omega\in A\vee\omega\in B\}$(见图 1.2).

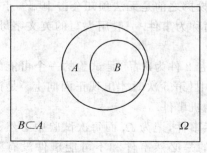

图 1.1 包含关系

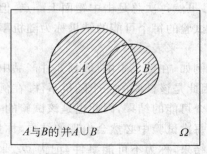

图 1.2 事件的并

一般地，由使得 n 个事件 A_1，A_2，$\cdots$，A_n 中至少有一个发生的一些基本事件组成的事件，称 **n 个事件 A_1，A_2，$\cdots$，A_n 的并**，记为 $A_1 \bigcup A_2 \bigcup \cdots \bigcup A_n$ 或 $\bigcup\limits_{i=1}^{n} A_i$.

4. 事件的交

由使得事件 A 与 B 同时发生的一些基本事件组成的事件，称为**事件 A 与事件 B 的交**，记为 $A \bigcap B = \{\omega \mid \omega \in A \wedge \omega \in B\}$. 在不至于混淆的情况下交的符号可省略，**事件 A 与 B 的交 AB 读作 A 乘 B**（见图 1.3）.

一般地，由使得 n 个事件 A_1，A_2，$\cdots$，A_n 同时发生的一些基本事件组成的事件，称 **n 个事件 A_1，A_2，$\cdots$，A_n 的交**，记为 $A_1 \bigcap A_2 \bigcap \cdots \bigcap A_n$ 或 $\bigcap\limits_{i=1}^{n} A_i$，也可记为 $A_1 A_2 \cdots A_n$ 或 $\prod\limits_{i=1}^{n} A_i$.

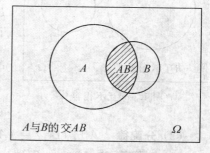

图 1.3　事件的交

5. 事件的差

由使得事件 A 发生而同时事件 B 不发生的一些基本事件组成的事件，称为**事件 A 与事件 B 的差**，记为 $A - B = \{\omega \mid \omega \in A \wedge \omega \notin B\}$（见图 1.4）.

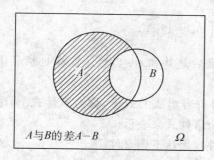

图 1.4　事件的差

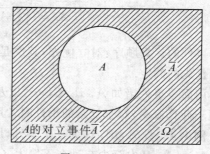

图 1.5　对立事件

6. 对立事件

样本空间 Ω 中所有不属于事件 A 的基本事件组成的事件，称为**事件 A 的对立事件或称逆事件**，记为 $\overline{A} = \{\omega \mid \omega \in \Omega \wedge \omega \notin A\}$.

事件 A 和它的对立事件 $\overline{A}$ 有一些常用的结果：$A \bigcup \overline{A} = \Omega$，$A\overline{A} = \varnothing$，$\overline{\overline{A}} = A$. 另外利用对立事件，有 $A - B = A\overline{B}$. 显然必然事件 Ω 与不可能事件 $\varnothing$ 互为对立事件（见图 1.5）.

7. 互不相容

若 $AB = \varnothing$，则称**事件 A 与 B 互不相容或称互斥**. 一般地，对 n 个事件 A_1，A_2，$\cdots$，A_n 满足 $A_i A_j = \varnothing$，$i \neq j$，$i, j = 1, 2, \cdots, n$，则称 **n 个事件 A_1，A_2，$\cdots$，**

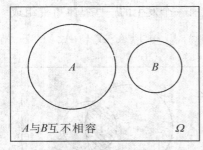

A与B互不相容 Ω

图 1.6   互不相容

A_n 互不相容.

从对立事件的定义可知,互为对立的两个事件必为互不相容,但反之未必成立. 若事件 A 与 B 互不相容时,则事件 A 与 B 的并读作 A 加 B,记为 $A \bigcup B = A + B$(见图1.6).

事件的运算规则:

(1) **交换律** $A \bigcup B = B \bigcup A$,$AB = BA$.

(2) **结合律** $(A \bigcup B) \bigcup C = A \bigcup (B \bigcup C)$,$(AB)C = A(BC)$.

(3) **分配律** $A \bigcup (BC) = (A \bigcup B)(A \bigcup C)$,$A(B \bigcup C) = (AB) \bigcup (AC)$.

(4) **对偶律(De Morgan 定理)**

$$\overline{A \bigcup B} = \overline{A}\,\overline{B}, \quad \overline{AB} = \overline{A} \bigcup \overline{B}.$$

一般地,对 n 个事件 A_1,A_2,$\cdots$,A_n 或者可列为事件 A_i,也有以下类似的结果:

$$\overline{\bigcup_{i=1}^{n} A_i} = \prod_{i=1}^{n} \overline{A}_i, \quad \overline{\prod_{i=1}^{n} A_i} = \bigcup_{i=1}^{n} \overline{A}_i;$$

$$\overline{\bigcup_{i=1}^{\infty} A_i} = \prod_{i=1}^{\infty} \overline{A}_i, \quad \overline{\prod_{i=1}^{\infty} A_i} = \bigcup_{i=1}^{\infty} \overline{A}_i.$$

事件的运算顺序:对立优先,其次是交,最后是并和差. 当然还要满足括号内的运算优先的约定.

用简单事件诸如 A,B,C,$\cdots$,以及运算符号组成的式子,称为**事件式**. 为了以后便于计算概率,对于复杂的事件时常用一个事件式来表示.

例 1.4   设 A,B,C 为三个事件,用事件式表达下列事件:

(1) $\{A, B$ 中至少有一个不发生,C 必发生$\}$;

(2) $\{A, B, C$ 中恰有一个发生$\}$;

(3) $\{A, B, C$ 中不多于两个发生$\}$.

解   (1) $\{A, B$ 中至少有一个不发生,C 必发生$\} = \overline{AB}C$;

(2) $\{A, B, C$ 中恰有一个发生$\} = A\overline{B}\,\overline{C} \bigcup \overline{A}B\overline{C} \bigcup \overline{A}\,\overline{B}C$;

(3) $\{A, B, C$ 中不多于两个发生$\} = \overline{ABC}$.

例 1.5   化简事件 $(\overline{A}B \bigcup C)\overline{AC}$.

解 $\overline{(\overline{A}B \bigcup C)}\,\overline{AC} = \overline{\overline{A}B} \bigcup C \bigcup \overline{AC} = \overline{\overline{A}B} \bigcap \overline{C} \bigcup AC$

$\qquad = (A \bigcup B)\overline{C} \bigcup AC = A\overline{C} \bigcup B\overline{C} \bigcup AC = A(C \bigcup \overline{C}) \bigcup B\overline{C}$

$\qquad = A\Omega \bigcup B\overline{C} = A \bigcup B\overline{C}.$

1.2　概　　率

随机事件在一次试验中可能发生,也可能不发生.但是按其问题所给出的性质或在大量重复试验中,可发现随机事件会呈现出统计规律性,即发生可能性的大小是可以度量的.

定义 1.1　随机事件 A 发生可能性大小的数值度量,称为 A 的**概率**,记为 $P(A)$.

如何确定随机事件的概率呢?延续概率论发展的历史,以下介绍几种概率的定义.

1.2.1　古典概率

定义 1.2　一类最简单的随机试验,若满足以下条件:

(1) 样本空间 Ω 包含了有限个样本点 ω_i,即 $\Omega = \{\omega_1, \omega_2, \cdots, \omega_N\}$;

(2) 每个样本点 ω_i 的发生是等可能的,即 $P(\omega_1) = P(\omega_2) = \cdots = P(\omega_N)$,称这种随机试验为**古典概型**.古典概型是概率论初期的主要研究对象.

事实上,样本空间 Ω 是必然事件,因此设 $P(\Omega) = 1$.同时每个 ω_i 的发生是等可能的,有

$$1 = P(\Omega) = P(\omega_1) + P(\omega_2) + \cdots + P(\omega_N) = NP(\omega_i),$$

得到 $P(\omega_i) = \dfrac{1}{N}$,则事件 $A = \{\omega_{i_1}, \omega_{i_2}, \cdots, \omega_{i_M}\}$ 的概率为

$$P(A) = P(\omega_{i_1}) + \cdots + P(\omega_{i_M}) = \frac{M}{N},$$

这就有以下定义.

定义 1.3　设古典概型问题,其中样本空间 $\Omega = \{\omega_1, \omega_2, \cdots, \omega_N\}$.若事件 A 包含了 M 个样本点,即 $A = \{\omega_{i_1}, \omega_{i_2}, \cdots, \omega_{i_M}\}$,则事件 A 的概率为

$$P(A) = \frac{M}{N} = \frac{A \text{ 包含样本点的个数}}{\Omega \text{ 中的样本点的总数}},$$

该定义称为**概率的古典定义**,简称为**古典概率**.

1.2.2　古典概率的计算

计算事件 A 的古典概率的关键是要准确地算出 N 和 M,会用到排列组合中的一些结果.

例 1.6　(球入盒子模型)设有 n 个可辨的球以等可能落入 m 个有编号盒子中,则:

(1) 若盒子仅能容纳一球 $(n \leqslant m)$,球需分辨,求第 1 个球落入第 k 个 $(k \leqslant m)$

盒子的概率.

    解 由于盒子能容纳一个球而球需分辨,是不允许重复的排列问题.因此样本空间 Ω 中样本点总数为

$$N = m \times (m-1) \times \cdots \times (m-n+1) = A_m^n.$$

    设事件 $A = \{$第1个球落入第 k 个 $(k \leqslant m)$ 盒子$\}$,由于第 k 个 $(k \leqslant m)$ 盒子中指定落第1个球只有一种;而其他的球可随意落,有 A_{m-1}^{n-1} 种,根据乘法原理有利于事件 A 发生的样本点的个数为 $M = 1 \times A_{m-1}^{n-1}$,得

$$P(A) = \frac{1 \times A_{m-1}^{n-1}}{A_m^n} = \frac{1}{m}.$$

    (2) 若盒子能容纳任意多个球,球需分辨,求下列事件的概率:(A)某指定的 n 个盒子中各有一球 $(n \leqslant m)$;(B)恰有 n 个盒子中各有一球 $(n \leqslant m)$;(C)某指定盒子中恰有 k 个球 $(k \leqslant n)$.

    解 由于盒子能容纳任意多个球而球需分辨,是允许重复的排列问题.因此样本空间 Ω 中样本点总数为

$$N = m^n.$$

    (A) 设事件 $B = \{$某指定的 n 个盒子中各有一球$\}$ $(n \leqslant m)$, n 个盒子是指定的,因此只是对 n 个球作全排列,得有利于事件 B 发生的样本点的个数为 $M = n!$.所以

$$P(B) = \frac{n!}{m^n}, \ n \leqslant m.$$

    (B) 设事件 $C = \{$恰有 n 个盒子中各有一球$\}$ $(n \leqslant m)$,则从 m 个盒子任意选出 n 个盒子,有 C_m^n 种;而在这 n 个盒子中各分配一个球,有 $n!$ 种,根据乘法原理有利于事件 C 的样本点的个数是 $M = C_m^n \cdot n!$,得事件 C 的概率

$$P(C) = \frac{C_m^n \cdot n!}{m^n}, \ n \leqslant m.$$

    (C) 设事件 $D = \{$某指定盒子中恰有 k 个球$\}$ $(k \leqslant n)$,这某指定盒子的 k 个球可在 n 个球中任意选,有 C_n^k 种不同选法;而其余的 $n-k$ 个球可任意地落入其他 $m-1$ 个盒子中有 $(m-1)^{n-k}$ 种不同落法,根据乘法原理得 $M = C_n^k \cdot (m-1)^{n-k}$.事件 D 的概率

$$P(D) = \frac{C_n^k \cdot (m-1)^{n-k}}{m^n} = C_n^k \left(\frac{1}{m}\right)^k \left(1 - \frac{1}{m}\right)^{n-k}, \ k \leqslant n.$$

    (3) 若盒子仅能容纳一球 $(n \leqslant m)$,球无需分辨,求指定 k 个盒子中有球 $(k \leqslant$

n）的概率.

解　由于盒子仅能容纳一个球而球无需分辨,是不允许重复的组合问题.因此样本空间 Ω 中样本点总数为

$$N = C_m^n.$$

设 $E = \{$指定 k 个盒子中有球$\}$ $(k \leqslant n)$,由于指定 k 个盒子各落一球,只有 1 种;而剩下的有 C_{m-k}^{n-k} 种,根据乘法原理有利于事件 E 的样本点的个数是 $M = 1 \times C_{m-k}^{n-k}$,得

$$P(E) = \frac{C_{m-k}^{n-k}}{C_m^n}, \ k \leqslant n.$$

球入盒子模型概括了许多古典概率问题,例如把盒子看成 365 天,人看成球可研究生日问题;把车站看成盒子,一列火车中的旅客看成球可研究旅客下车问题;把盒子看成房间,人看成球可研究住房分配问题;把信筒看成盒子,信看成球可研究投信问题;把盒子看成空间中的格子,球看成粒子可研究统计物理上的 Maxwell - Boltzmann 统计模型等.

例 1.7　一盒子中有 10 个同型号的电子元件,其中 6 个是正品,4 个是次品.现随机地逐个不返回抽取,进行测试,直到 4 个次品找到为此.求第 4 个次品在第 5 次测试中被发现的概率.

解　设事件 $A = \{$第 4 个次品在第 5 次测试中被发现$\}$,求解事件的概率可以用多种方法,但得到的结果应该是唯一的.

方法一　把 6 个正品电子元件看成 6 个红球,4 个次品电子元件看成 4 个白球,测试看成 10 个可辨的盒子.因此本题可看成有 10 个球等可能地落入 10 个盒子中的每一个,并且每个盒子仅能容纳一球,A 表示为第 5 个盒子中有一个白球,前 4 个盒子中有 3 个白球的事件.

样本空间 Ω 中样本点的总数为 $N = 10!$,有利于发生 A 的样本点的个数为 $M = (C_6^1 C_4^3 \times 4!)(C_1^1 \times 1)(C_5^5 \times 5!)$,得

$$P(A) = \frac{(C_6^1 C_4^3 \times 4!)(C_1^1 \times 1)(C_5^5 \times 5!)}{10!} = \frac{2}{105}.$$

方法二　把 4 个次品电子元件看成 4 个相同的球,测试看成 10 个可辨的盒子.因此本题可看成有 4 个相同的球等可能地落入 10 个盒子中的每一个,并且每个盒子仅能容纳一球,A 理解为指定第 5 个盒子中有一个球,前 4 个盒子中有 3 个球的事件.样本空间 Ω 中样本点的总数为 $N = C_{10}^4$,有利于发生 A 的样本点的个数为 $M = C_4^3 \times 1$,得

$$P(A) = \frac{C_4^3 \times 1}{C_{10}^4} = \frac{2}{105}.$$

例 1.8 由 n 个人组成的团队参加团体操训练，其中甲乙两人是好朋友．若 n 个人任意排成一列；或 n 个人任意围成一圈，求甲乙两人之间恰有 k 个人（$k < n-1$）的概率．

解 设事件 $A = \{$甲乙两人之间恰有 k 个人$\}$．

（1）n 个人任意排成一列，为不可重复的排列问题，因此样本空间 Ω 的样本点的总数 $N = n!$．从甲乙两人中任选一人，有 C_2^1 种选法并且选出的人排在第 i 个位置上．而剩下一人必须排在第 $i+k+1$ 个位置上（$i+k+1 \leqslant n$）．由于 $i+k+1 \leqslant n$，得 $i \leqslant n-k-1$，即在甲乙中被选出的人只有 $n-k-1$ 种排法：

$$\overbrace{\underset{i\ \ k\ \ i+k+1}{\circ\circ\cdots\bullet\ \circ\ \bullet\cdots\circ}}^{n},$$

余下的 $n-2$ 个人排在 $n-2$ 个位置上有 $(n-2)!$ 种排法．根据乘法原理，得事件 A 的样本点个数为 $M = C_2^1(n-k-1)(n-2)!$，即

$$P(A) = \frac{C_2^1(n-k-1)(n-2)!}{n!} = \frac{2(n-k-1)}{n(n-1)}.$$

（2）从 $n(n \geqslant 3)$ 个不同的元素中任选 k 个不同的元素按元素之间相对位置不分首尾围成一圈，这种排列称为环状选排列．应如何计算环状选排列的数？尽管元素的绝对位置不同，只要元素的相对位置一样仍然算一种排列，例如下面的 4 个不同元素的 4 种排列，尽管 4 种排列元素绝对位置不同，但元素的相对位置一样，因此这 4 种排列只能算一种排列（见图 1.7）．

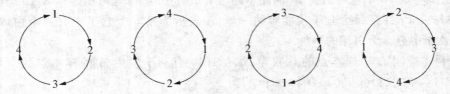

图 1.7　例 1.8 的图

所以从 n 个不同的元素中任选 k 个不同的元素作环状选排列的种数为 $\dfrac{A_n^k}{k}$，以及 n 个不同的元素作环状全排列的种数有 $(n-1)!$ 种，因此本题中样本空间 Ω 的样本点的总数为 $N = (n-1)!$．从甲乙两人中任选一人，有 C_2^1 种选法并且选出的人排在某个位置上．又甲乙的间隔已固定，因此把甲乙看成一个人，这样相当于 $n-1$ 个人作环状全排列，得到有利于事件 A 的样本点个数为 $M = C_2^1(n-2)! = 2(n-2)!$，则

$$P(A) = \frac{2(n-2)!}{(n-1)!} = \frac{2}{n-1}.$$

例 1.9 从 n 双不同的鞋子中任取 $2k$ 只 $(k < n/2)$，求这 $2k$ 只 $(k < n/2)$ 鞋子中没有能成双的概率.

解 由题意，从 $2n$ 只鞋中任取 $2k$ 只共有 $N = C_{2n}^{2k}$ 种不同取法. 设事件 $A = \{$这 $2k$ 只鞋子中没有能成双$\}$，为了要使事件 A 发生，可考虑从 n 双不同的鞋子中任取 $2k$ 双，然后再从 $2k$ 双鞋子中各取一只，因此 $M = C_n^{2k} C_2^1 \cdots C_2^1 = C_n^{2k} (C_2^1)^{2k} = C_n^{2k} 2^{2k}$. 得事件 A 的概率

$$P(A) = \frac{C_n^{2k} 2^{2k}}{C_{2n}^{2k}}, \quad k < \frac{n}{2}.$$

1.2.3 几何概率

在试验中，有时会碰到样本空间 Ω 所包含的样本点的个数不是有限个. 例如，若向一区间 $[a, b]$ 投一点或取一点，有无穷个不可数结果；还有等候问题，如一辆公共汽车在未来一小时内到达车站的时刻，也有无穷个不可数结果等.

定义 1.4 一类随机试验，若满足：

(1) 样本空间 Ω 中的每个 ω 与一个可度量的几何区域 S 中的一点 τ 一一对应，此时对于事件 A 必有一个可度量的子区域 $G \subset S$ 与其对应；

(2) 事件 A 的概率仅与其对应的 G 的几何度量成正比，与 G 在 S 中的位置和形状无关，这类随机试验称为**几何概型**，则定义事件 A 的概率为

$$P(A) = \frac{G \text{ 的几何度量}}{S \text{ 的几何度量}}$$

其中，如果几何区域 S 是一维的、二维的、三维的空间，则 S 的几何度量分别是长度、面积、体积. 以上事件 A 的概率称之为**几何概率**.

例 1.10 （等候问题）甲、乙两人约定晚上 6 点到 7 点之间在人民广场的一号地铁口会面. 设甲、乙两人在这段时间内的每个时刻到达会面地点是等可能的，并约定先到者等 20 分钟便可离开. 求甲、乙两人能会面的概率.

解 求解几何概型问题的关键是找出两个对应，即 $\Omega \leftrightarrow S$ 以及 $A \leftrightarrow G \subset S$.

设 x, y 分别为甲、乙两人 1 小时内到达的时刻（单位：分钟），且事件 $A = \{$甲、乙两人能会面$\}$，则有（见图 1.8）

$$\Omega \leftrightarrow S = \{(x, y) \mid 0 \leqslant x \leqslant 60, 0 \leqslant y \leqslant 60\},$$

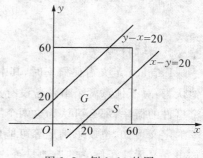

图 1.8 例 1.10 的图

$$A \leftrightarrow G = \{(x, y) \mid \mid x - y \mid \leqslant 20\}.$$

因此事件 A 的概率

$$P(A) = \frac{G \text{ 的面积}}{S \text{ 的面积}} = \frac{60^2 - 2 \times \frac{1}{2} \times 40^2}{60^2} = \frac{5}{9}.$$

例 1.11 (Buffon 投针试验)平面上画有一些等距的平行线,它们之间的距离为 a.现向平面投掷一枚长为 l $(l < a)$ 的针,求针与平面上任一条平行线相交的概率.

解 设 $A = \{$针与平面上任一平行线相交$\}$,且 x 为针的中点 M 到最近一条平行线的距离,φ 为针与平行线的夹角.因此得(见图 1.9).

$$\Omega \leftrightarrow S = \left\{ (\varphi, x) \,\middle|\, 0 \leqslant \varphi \leqslant \pi, 0 \leqslant x \leqslant \frac{a}{2} \right\},$$

而针与平行线相交的充要条件是 $x \leqslant \frac{l}{2} \sin \varphi$,有

$$A \leftrightarrow G = \left\{ (\varphi, x) \,\middle|\, 0 \leqslant \varphi \leqslant \pi, 0 \leqslant x \leqslant \frac{l}{2} \sin \varphi \right\},$$

故所求的概率为

$$P(A) = \frac{G \text{ 的面积}}{S \text{ 的面积}} = \frac{\int_0^\pi \frac{l}{2} \sin \varphi \mathrm{d}\varphi}{a\pi/2} = \frac{2l}{a\pi}.$$

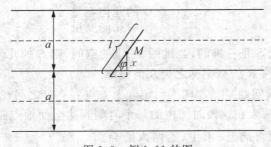

图 1.9　例 1.11 的图

1.2.4　统计概率

　　Laplace 定义古典概率时,其中一条依据是每个基本事件的发生为等可能的.因为他认为:对于任意两个事件若没有充分的理由来证明其中一个事件的概率会大于另一个事件的概率,那么可认为这两个事件的概率相同,即所谓**条件不充分原理**.由几何概率的定义可知,也要求满足等可能性.例如做掷一枚骰子试验,骰子是正六面体,并且你事先又无法了解它的质地是否均匀,依据条件不充分原理可认为骰子每一面朝上的

可能性相同.如果骰子是一个非正六面体,每一面朝上的可能性显然是不相同的.

若在试验中,不能满足每个基本事件的发生是等可能的话,又如何计算事件 A 发生的概率呢?有人认为,只要试验能重复进行下去的话,比如进行 100 次,1 000 次甚至 10 000 次的试验等,此时记录下事件 A 发生的次数与试验总次数之比值,这个比值会有稳定性.历史上确实有许多学者做过掷硬币的试验,观察其正面向上与投掷次数的关系,见表 1.1.

表 1.1　掷硬币试验

试验者	投掷次数 n	正面向上次数 m	比值 m/n
De Morgan	2 048	1 061	0.518 1
Buffon	4 040	2 048	0.506 9
K. Pearson	12 000	6 019	0.501 6
K. Pearson	24 000	12 012	0.500 5

从表 1.1 中可看出虽然投掷次数不同得到的比值不同,但是随着次数的增加,比值会稳定在一个特定的值 $p = 0.5\,(0 < p < 1)$ 附近摆动.那么这个特定值 p 定义为事件 A 的概率.

因此给出以下频率的定义.

定义 1.5　如果事件 A 在 n 次重复试验中发生了 m 次,则称比值 $\dfrac{m}{n}$ 为在 n 次重复试验中事件 A 的**频率**,记为 $f_n(A) = \dfrac{m}{n}$.

对于频率显然满足以下性质:

(1) $0 \leqslant f_n(A) \leqslant 1$;

(2) $f_n(\Omega) = 1$;

(3) 设 A_1,A_2,$\cdots$,A_n 两两互不相容,则

$$f_n(\bigcup_{i=1}^{n} A_i) = \sum_{i=1}^{n} f_n(A_i).$$

事件 A 的频率表示 A 发生的频繁程度,而频率的稳定性表明一个随机事件 A 发生的可能性是可度量的:若频率稳定于较小的数值,表明事件 A 发生的可能性小,而频率稳定于较大的数值,表明事件 A 发生的可能性大.因此频率的稳定值反映了 A 在一次试验中发生的可能性大小,用频率的稳定值来表示 A 的概率是合理的.频率的稳定性会在"第 5 章大数定律和中心极限定理"中得到证明.

定义 1.6　设随机事件 A 在 n 次重复试验中发生了 m 次.若当 n 很大时,频率

$f_n(A) = \dfrac{m}{n}$ 稳定地在某一数值 $p(0 < p < 1)$ 的附近摆动,且随着试验次数 n 的增大,其摆动的幅度越来越小,则称数值 p 为事件 A 的**统计概率**,记为 $P(A) = p$.

在例 1.11 Buffon 投针试验的问题中,算得针与直线相交的概率为 $P(A) = \dfrac{2l}{a\pi}$. 若安排 n 次重复试验,如针与直线相交了 m 次,当 n 很大时,依据频率的稳定性有

$$P(A) = \frac{2l}{a\pi} \approx \frac{m}{n}.$$

通过等式变形得到计算 π 近似值的公式,即

$$\pi \approx \frac{2l}{a} \cdot \frac{n}{m}.$$

历史上有许多科学家做过投针试验计算 π 的近似值,如表 1.2 所示 ($a = 1$).

表 1.2　投针试验

试验者	年份	针长 l	投掷次数 n	相交次数 m	π 近似值
Wolf	1850	0.8	5 000	2 532	3.159 6
Smith	1855	0.6	3 204	1 218	3.155 4
De Morgan	1860	1.0	600	382	3.137
Fox	1864	0.75	1 030	489	3.159 5
Lazzerini	1901	0.83	3 408	1 808	3.141 592 9
Reina	1925	0.541 9	2 520	869	3.179 5

依据上述求 π 的近似值的思路,产生了一个数学分支:**统计计算法**(Monte - Carlo 法).即要计算某些量,先构造相应的数理统计模型,再进行试验或利用计算机进行模拟试验,通过统计的方法求出估计值作为所求量的近似值.

从理论上看统计概率的定义不是很严谨的,因为该定义不能确切地给出一个事件的概率.但统计概率是数理统计的基础,有很重要的实际意义:①提供了估计概率的方法,如在选举中通过抽样调查而得到一小部分选民的支持率来估计全部选民对某候选人的支持率;在工业生产中,可抽取部分产品,依照这些产品的检验结果,去估计全部产品的次品率;在医学上可根据累计的资料去估计某种疾病的死亡率等.②提供了检验理论正确与否的准则,例如依据理论算出了事件 A 的概率 p,为验证其准确性可用大量重复的试验而得到的频率 $\dfrac{m}{n}$ 与 p 比较,若它们两者很接近,则可认为试验的结果支持有关理论,否则认为理论有误.

1.2.5　概率的公理化定义

虽然统计概率的定义不是以等可能为基础的,但从统计概率的定义可看到,取得事件 A 的概率是依据"试验次数很大时,频率会稳定在某一数值的附近"这一特性.但是如何理解是不明确的,例如,对于上述的掷硬币例子的数据,若你事先不知道该枚硬币的质地是否均匀,因此是无法确定下列三条叙述的哪一条成立:当 n 很大时,①频率在 0.5 附近摆动;②频率在 0.495 附近摆动;③频率在 0.505 附近摆动.这足以说明了统计概率的定义也有明显的局限性.

由于没有严格化和明确化概率的一般定义,这就严重阻碍了概率论的进一步发展和应用.如何严格定义概率,对这个问题的探索一直延续了 3 个多世纪.1900 年 D. Hilbert(希尔伯特)在数学家大会上公开提出了建立概率论公理化理论体系问题.到了 20 世纪初传统数学建立了 Lebesgue(勒贝格)测度和 Lebesgue(勒贝格)积分理论,随后发展起来的抽象测度和积分理论,为概率论公理体系的确立奠定了理论基础.人们通过对概率论中的两个最基本的概念即随机事件和概率的研究,发现事件与集合的运算完全类似,概率和测度有相同的性质.在这样的背景下, Kolmogorov(柯尔莫哥洛夫)于 1933 年在他的《概率论的基本概念》一书中给出了概率的公理化结构并且严格定义了概率.这一公理化结构规定了事件及概率的最基本的性质和关系,并用这些规定来表明概率的运算法则.这些概念都是从实际中抽象出来的,既概括了古典概率、几何概率和统计概率这三种定义的基本特性,又避免这三种定义的局限性和不明确性.因此这一公理化结构的提出,很快得到举世公认,才使得概率论成为一门真正严谨的数学学科.公理化结构的提出为近代概率论的蓬勃发展打下了坚实基础,可以认为这是概率论发展史上的一个重要里程碑.

以下是概率的公理化定义:

定义 1.7　在试验的样本空间 Ω 中的每个事件 A 都对应了一个实数 $P(A)$, 若 $P(\cdot)$ 满足以下三个公理:

公理 1(非负性)　$P(A) \geqslant 0$;

公理 2(规范性)　$P(\Omega) = 1$;

公理 3(可列可加性)　若 $A_i A_j = \varnothing$, $i \neq j$, $i, j = 1, 2, \cdots$, $P(\bigcup\limits_{i=1}^{+\infty} A_i) = \sum\limits_{i=1}^{+\infty} P(A_i)$, 则称 $P(A)$ 为事件 A 的**概率**.

由概率的公理化定义,可得到以下一些常用的性质:

性质 1　$P(\varnothing) = 0$.

证　设 $A_i = \varnothing$, $i = 1, 2, \cdots$, 并且 $A_i A_j = \varnothing$, $i \neq j$, $i, j = 1, 2, \cdots$, 得 $\varnothing =$

$\overset{\infty}{\underset{i=1}{\bigcup}} A_i.$ 由公理 3,

$$P(\varnothing) = P(\overset{\infty}{\underset{i=1}{\bigcup}} A_i) = \overset{\infty}{\underset{i=1}{\sum}} P(A_i) = \overset{\infty}{\underset{i=1}{\sum}} P(\varnothing),$$

以及 $P(\varnothing) \geqslant 0$, 得 $P(\varnothing) = 0$.

  性质 2 (有限可加性)设 $A_1, \cdots, A_n,$ 满足 $A_i A_j = \varnothing, i \neq j, i, j = 1, 2, \cdots,$ $n,$ 有

$$P(\overset{n}{\underset{i=1}{\bigcup}} A_i) = \overset{n}{\underset{i=1}{\sum}} P(A_i).$$

  证 设 $\overset{n}{\underset{i=1}{\bigcup}} A_i = \overset{n}{\underset{i=1}{\bigcup}} A_i \bigcup \varnothing \bigcup \varnothing \bigcup \cdots,$ 所以由公理 3 及性质 1, 得

$$P(\overset{n}{\underset{i=1}{\bigcup}} A_i) = P(\overset{n}{\underset{i=1}{\bigcup}} A_i \bigcup \varnothing \bigcup \cdots) = \overset{n}{\underset{i=1}{\sum}} P(A_i).$$

  性质 3 对任何事件 A, 有 $P(\overline{A}) = 1 - P(A)$.

  证 因为 $A \bigcup \overline{A} = \Omega, A\overline{A} = \varnothing,$ 根据性质 2 得

$$1 = P(\Omega) = P(A \bigcup \overline{A}) = P(A) + P(\overline{A}),$$

即 $P(\overline{A}) = 1 - P(A)$. 同时由 $P(\overline{A}) \geqslant 0$ 可推得:对任何事件 A,均有 $P(A) \leqslant 1$.

  性质 4 对任意两个事件 A, B, 若 $A \subset B$, 则有

$$P(B - A) = P(B) - P(A), \quad P(B) \geqslant P(A).$$

  证 已知 $A \subset B$, 可得 $B = A \bigcup (B - A)$ 且 $A(B - A) = \varnothing$. 由性质 2, 得

$$P(B) = P(A \bigcup (B - A)) = P(A) + P(B - A),$$
$$P(B - A) = P(B) - P(A),$$

再由 $P(B - A) \geqslant 0$, 得 $P(B) \geqslant P(A)$.

  性质 5 对任意两个事件 A, B, 有 $P(A \bigcup B) = P(A) + P(B) - P(AB)$.

  证 由 $A \bigcup B = A \bigcup (B - A) = A \bigcup (B - AB)$, 其中 $A(B - AB) = \varnothing$ 和 $AB \subset B$, 以及性质 2 和性质 4 得

$$P(A \bigcup B) = P(A) + P(B - AB) = P(A) + P(B) - P(AB).$$

对于三个事件 A_1, A_2, A_3, 有

$$P(\overset{3}{\underset{i=1}{\bigcup}} A_i) = \overset{3}{\underset{i=1}{\sum}} P(A_i) - \underset{1 \leqslant i < j \leqslant 2}{\sum} P(A_i A_j) + P(A_1 A_2 A_3).$$

一般地,对于 n 个事件 $A_1, \cdots, A_n,$ 有

$$P(\bigcup_{i=1}^{n} A_i) = \sum_{i=1}^{n} P(A_i) - \sum_{1 \leqslant i < j \leqslant n} P(A_i A_j) + \sum_{1 \leqslant i < j < k \leqslant n} P(A_i A_j A_k) -$$
$$\cdots + (-1)^{n-1} P(A_1 \cdots A_n),$$

性质5也称为**加法定理**.

例1.12 某城市发行甲、乙、丙三种报刊,据统计市民中订阅甲、乙、丙报刊的人数分别 45%,35%,30%,而同时订阅甲和乙报刊的市民为 10%,同时订阅甲和丙报刊的市民有 8%,同时订阅乙和丙报刊的市民有 5%,同时订阅三种报刊的市民有 3%.求下列事件的概率:

(1) $A_1 = \{$只订阅甲报刊$\}$;

(2) $A_2 = \{$只订阅甲和乙报刊$\}$;

(3) $A_3 = \{$至少订阅一种报刊$\}$;

(4) $A_4 = \{$不订阅任何报刊$\}$;

(5) $A_5 = \{$恰好订阅两种报刊$\}$;

(6) $A_6 = \{$恰好订阅一种报刊$\}$;

(7) $A_7 = \{$至多订阅一种报刊$\}$.

解 设 B_1,B_2,B_3 分别表示为订阅甲、乙、丙报刊的事件,则由题设得

$$P(B_1) = 0.45, \ P(B_2) = 0.35, \ P(B_3) = 0.30,$$
$$P(B_1 B_2) = 0.10, \ P(B_1 B_3) = 0.08, \ P(B_2 B_3) = 0.05,$$
$$P(B_1 B_2 B_3) = 0.03.$$

(1) $P(A_1) = P(B_1 \overline{B_2} \ \overline{B_3}) = P(B_1 - B_2 - B_3) = P(B_1 - B_1 B_2 - B_1 B_3)$
$\qquad = P(B_1 - B_1(B_2 \bigcup B_3)) = P(B_1) - P(B_1(B_2 \bigcup B_3))$
$\qquad = P(B_1) - P(B_1 B_2) - P(B_1 B_3) + P(B_1 B_2 B_3)$
$\qquad = 0.45 - 0.10 - 0.08 + 0.03 = 0.30;$

(2) $P(A_2) = P(B_1 B_2 \overline{B_3}) = P(B_1 B_2 - B_3) = P(B_1 B_2 - B_1 B_2 B_3)$
$\qquad = 0.10 - 0.03 = 0.07;$

(3) $P(A_3) = P(B_1 \bigcup B_2 \bigcup B_3) = \sum_{i=1}^{3} P(B_i) - P(B_1 B_2) - P(B_1 B_3) - P(B_2 B_3) +$
$\qquad P(B_1 B_2 B_3)$
$\qquad = 0.45 + 0.35 + 0.30 - 0.10 - 0.08 - 0.05 + 0.03 = 0.90;$

(4) $P(A_4) = P(\overline{B_1} \ \overline{B_2} \ \overline{B_3}) = P(\overline{B_1 \bigcup B_2 \bigcup B_3}) = 1 - P(B_1 \bigcup B_2 \bigcup B_3)$
$\qquad = 1 - 0.90 = 0.10;$

由(2)可知:

$$P(B_1 \overline{B_2} B_3) = P(B_1 B_3 - B_1 B_2 B_3) = 0.08 - 0.03 = 0.05,$$

$$P(\overline{B}_1 B_2 B_3) = P(B_2 B_3 - B_1 B_2 B_3) = 0.05 - 0.03 = 0.02.$$

故得到以下概率：

(5) $P(A_5) = P(B_1 B_2 \overline{B}_3 + B_1 \overline{B}_2 B_3 + \overline{B}_1 B_2 B_3) = P(B_1 B_2 \overline{B}_3) + P(B_1 \overline{B}_2 B_3) + P(\overline{B}_1 B_2 B_3)$

$\qquad = 0.07 + 0.05 + 0.02 = 0.14;$

(6) $P(A_6) = P(B_1 \overline{B}_2 \overline{B}_3 + \overline{B}_1 B_2 \overline{B}_3 + \overline{B}_1 \overline{B}_2 B_3)$

$\qquad = 1 - P(\overline{B}_1 \overline{B}_2 \overline{B}_3) - P(B_1 B_2 \overline{B}_3 + B_1 \overline{B}_2 B_3 + \overline{B}_1 B_2 B_3) - P(B_1 B_2 B_3)$

$\qquad = 1 - 0.10 - 0.14 - 0.03 = 0.73;$

由(4)和(6)得到以下概率：

(7) $P(A_7) = P(B_1 \overline{B}_2 \overline{B}_3 + \overline{B}_1 B_2 \overline{B}_3 + \overline{B}_1 \overline{B}_2 B_3 + \overline{B}_1 \overline{B}_2 \overline{B}_3)$

$\qquad = 0.73 + 0.10 = 0.83.$

例 1.13 证明：对任意事件 A, B, 有

$$P(A \cup B) P(AB) \leqslant P(A) P(B).$$

证 $P(A \cup B) P(AB) = P(A\overline{B} \cup \overline{A}B \cup AB) P(AB)$

$\qquad = P(A-B) P(AB) + P(B-A) P(AB) + P(AB) P(AB)$

$\qquad = P(A-AB) P(AB) + P(B-AB) P(AB) + P(AB) P(AB)$

$\qquad \leqslant P(A-AB) P(B-AB) + P(A-AB) P(AB) + P(B-AB) P(AB) + P(AB) P(AB)$

$\qquad = [P(A-AB) + P(AB)][P(B-AB) + P(AB)]$

$\qquad = P(A) P(B).$

例 1.14 (配对问题)某人写了 n 封不同内容的信准备分别寄给 n 个朋友，若他把这 n 封信随机地装入写有不同地址的 n 个信封，求 $A = \{$至少有一封信插对信封$\}$ 的 $P(A)$。

解 设 $B_i = \{$第 i 封信插对信封$\}$, $i = 1, 2, \cdots, n$, 则 $A = \bigcup_{i=1}^{n} B_i$. 由加法定理，

$$P(\bigcup_{i=1}^{n} B_i) = \sum_{i=1}^{n} P(B_i) - \sum_{1 \leqslant i < j \leqslant n} P(B_i B_j) + \sum_{1 \leqslant i < j < k \leqslant n} P(B_i B_j B_k) - \cdots + (-1)^{n-1} P(B_1 \cdots B_n).$$

对于任意的 $1 \leqslant i \leqslant n$, 求 $P(B_i)$. 样本点的总数为有 n 封信插入 n 个信封，共有 $n!$ 种不同的插法，而有利于 B_i 发生的样本点的个数为指定第 i 封信插对信封只有一种插法，其他的信可随意插，有 $(n-1)!$ 种，因此

$$P(B_i) = \frac{1 \times (n-1)!}{n!} = \frac{1}{n}.$$

对任意的 $1 \leqslant i < j \leqslant n$，有

$$P(B_i B_j) = \frac{(n-2)!}{n!},$$

而在和式 $\displaystyle\sum_{1 \leqslant i < j \leqslant n} P(B_i B_j)$ 中共有 $C_n^2 = \dfrac{n!}{2!(n-2)!}$ 项，故

$$\sum_{1 \leqslant i < j \leqslant n} P(B_i B_j) = C_n^2 \frac{(n-2)!}{n!} = \frac{1}{2!}.$$

一般地，对任意的 $1 \leqslant i_1 < i_2 \cdots < i_k \leqslant n$，有

$$P(B_{i_1} B_{i_2} \cdots B_{i_k}) = \frac{(n-k)!}{n!},$$

而在和式 $\displaystyle\sum_{1 \leqslant i_1 < i_2 < \cdots < i_k \leqslant n} P(B_{i_1} B_{i_2} \cdots B_{i_k})$ 中，共有 $C_n^k = \dfrac{n!}{k!(n-k)!}$ 项，故

$$\sum_{1 \leqslant i_1 < i_2 < \cdots < i_k \leqslant n} P(B_{i_1} B_{i_2} \cdots B_{i_k}) = C_n^k \frac{(n-k)!}{n!} = \frac{1}{k!}.$$

因此所求的概率为

$$P(A) = 1 - \frac{1}{2!} + \frac{1}{3!} - \cdots + (-1)^{n-1} \frac{1}{n!}.$$

利用 e^x 的幂级数展开式 $e^x = 1 + x + \dfrac{x^2}{2!} + \dfrac{x^3}{3!} + \cdots + \dfrac{x^n}{n!}$，以 $x = -1$ 代入得

$$e^{-1} = 1 - 1 + \frac{1}{2!} - \frac{1}{3!} + \cdots + (-1)^{n-1} \frac{1}{n!}.$$

当 n 较大时，近似地有

$$P(A) \approx 1 - e^{-1} \approx 0.632.$$

例 1.15　利用概率模型证明恒等式 $C_N^n = \displaystyle\sum_{k=0}^{s} C_M^k C_{N-M}^{n-k}$，$s = \min(n, M)$.

证　构造概率模型：一口袋内有 N 个球，其中有 M 个黑球，$N-M$ 个红球，现从口袋中逐个不放回地取球 n 个. 设 $A_k = \{n$ 个球中有 k 个黑球$\}$，$k = 0, 1, \cdots, s = \min\{n, M\}$，显然有 $P(\bigcup_{k=0}^{n} A_k) = \displaystyle\sum_{k=0}^{s} P(A_k) = P(\Omega) = 1$. 而

$$P(A) = \frac{C_M^k C_{N-M}^{n-k}}{C_N^n}, \quad k = 0, 1, \cdots, s = \min(n, M),$$

故有
$$\sum_{k=0}^{s} P(A_k) = \sum_{k=0}^{s} \frac{C_M^k C_{N-M}^{n-k}}{C_N^n} = 1, \quad s = \min(n, M),$$

证得
$$C_N^n = \sum_{k=0}^{s} C_M^k C_{N-M}^{n-k}, \quad s = \min(n, M).$$

1.3 条 件 概 率

1.3.1 条件概率

在实际生活中,有时会考虑多个事件之间发生与否相互产生的影响. 例如医生给病人看病,会根据引起患病的各种原因的可能性大小,来进行诊断. 又如买福利彩票,若前面已经有人中了特等奖,那么会不会影响到后来买彩票的人再中特等奖的概率呢? 等等,也就是求在"事件 B 已经发生"的条件下事件 A 发生的概率问题. 这样的概率称为条件概率,记为 $P(A|B)$. 下面通过一个实例来研究如何确定条件概率 $P(A|B)$.

例 1.16 同时掷两枚骰子,设事件 $B = \{$两枚骰子的点数之和为 5$\}$ 和 $A = \{$两枚骰子的点数中至少有一个 2$\}$,求 $P(A|B)$.

解 同时掷两枚骰子的所有样本点的总数为 $N = 6^2 = 36$,而事件

$$B = \{(1, 4)(2, 3)(3, 2)(4, 1)\}$$

的样本点的个数为 $M_B = 4$,因此得 $P(B) = \frac{4}{36} = \frac{1}{9}$. 又有利于事件 A 发生的样本点的个数为 $M_A = 12$,因此得 $P(A) = \frac{1}{3}$. 还算得 $P(AB) = \frac{2}{36} = \frac{1}{18}$,$P(A|B) = \frac{1}{2}$.

这里可看到 $P(A) \neq P(A|B)$,因为是限定在 B 已经发生的条件下求 A 的概率. 另外,有

$$P(A|B) = \frac{1}{2} = \frac{2/36}{4/36} = \frac{P(AB)}{P(B)},$$

因此对于古典概型来说,设试验的样本点的总数为 N,事件 B 包含样本点的个数为 M_B,事件 AB 包含样本点的个数为 M_{AB},总有

$$P(A|B) = \frac{M_{AB}}{M_B} = \frac{M_{AB}/N}{M_B/N} = \frac{P(AB)}{P(B)},$$

对一般的随机试验,我们如下定义条件概率:

定义 1.8 设 A,B 两个事件,且 $P(B) > 0$,则称 $P(A|B) = \dfrac{P(AB)}{P(B)}$ 为在事

件 B 已经发生的条件下,事件 A 发生的**条件概率**.

根据定义,不难验证条件概率满足以下三个性质:

(1) **非负性**　$P(A \mid B) \geqslant 0$;

(2) **规范性**　$P(\Omega \mid B) = 1$;

(3) **可列可加性**　若 $A_i A_j = \varnothing$, $i \neq j$, $i, j = 1, 2, \cdots$, $P(\bigcup_{i=1}^{+\infty} A_i \mid B) = \sum_{i=1}^{+\infty} P(A_i \mid B)$ 还有一些常用的公式,如

(4) $P(A \mid B) + P(\overline{A} \mid B) = 1$;

(5) $P(A \bigcup B \mid C) = P(A \mid C) + P(B \mid C) - P(AB \mid C)$.

由条件概率可得到以下三个重要公式:乘法公式、全概率公式和 Bayes 公式.

1.3.2　乘法公式

由条件概率 $P(A \mid B) = \dfrac{P(AB)}{P(B)}$, $P(B) > 0$, 得

$$P(AB) = P(B)P(A \mid B),$$

以上公式称为**乘法公式**. 以及 $P(B \mid A) = \dfrac{P(AB)}{P(A)}$, $P(A) > 0$, 还有

$$P(AB) = P(A)P(B \mid A),$$

乘法公式还可推广到 2 个事件以上的情况,设 A_1, A_2, $\cdots$, A_n, 并且 $P(A_1 A_2 \cdots A_{n-1}) > 0$, 则

$$P(A_1 A_2 \cdots A_n) = P(A_1)P(A_2 \mid A_1)P(A_3 \mid A_1 A_2) \cdots P(A_n \mid A_1 \cdots A_{n-1}),$$

事实上,由

$$A_1 \supset A_1 A_2 \supset A_1 A_2 A_3 \supset \cdots \supset A_1 A_2 \cdots A_{n-1},$$

有 $P(A_1) \geqslant P(A_1 A_2) \geqslant P(A_1 A_2 A_3) \geqslant \cdots \geqslant P(A_1 A_2 \cdots A_{n-1}) > 0$, 故公式右边的每个条件概率都有意义,于是由条件概率定义得

$$P(A_1)P(A_2 \mid A_1)P(A_3 \mid A_1 A_2) \cdots P(A_n \mid A_1 \cdots A_{n-1})$$
$$= P(A_1) \frac{P(A_1 A_2)}{P(A_1)} \frac{P(A_1 A_2 A_3)}{P(A_1 A_2)} \cdots \frac{P(A_1 A_2 \cdots A_n)}{P(A_1 A_2 \cdots A_{n-1})}$$
$$= P(A_1 A_2 \cdots A_n).$$

例 1.17　某公司对零部件的验收是这样规定的:在批量为 100 件的零部件中不返回地抽取 1 件进行检验共取 4 件,一旦发现次品则拒收不再检验.只有 4 件均为正品时才接受.设一批零部件共 100 件,其中有 5 件次品,求该批零部件被拒收的

概率.

解 设事件 $B=\{$该批零部件被拒收$\}$，$A_i=\{$第 i 次抽到次品$\}$，$i=1,2,3,4$，则

$$B = A_1 \bigcup \overline{A_1} A_2 \bigcup \overline{A_1}\,\overline{A_2} A_3 \bigcup \overline{A_1}\,\overline{A_2}\,\overline{A_3} A_4,$$

由可加性和乘法公式,得

$$
\begin{aligned}
P(B) &= P(A_1) + P(\overline{A_1} A_2) + P(\overline{A_1}\,\overline{A_2} A_3) + P(\overline{A_1}\,\overline{A_2}\,\overline{A_3} A_4) \\
&= P(A_1) + P(\overline{A_1}) P(A_2 | \overline{A_1}) + P(\overline{A_1}) P(\overline{A_2}|\overline{A_1}) P(A_3 | \overline{A_1}\,\overline{A_2}) + \\
&\quad P(\overline{A_1}) P(\overline{A_2} | \overline{A_1}) P(\overline{A_3} | \overline{A_1}\,\overline{A_2}) P(A_4 | \overline{A_1}\,\overline{A_2}\,\overline{A_3}) \\
&= \frac{5}{100} + \frac{95}{100} \times \frac{5}{99} + \frac{95}{100} \times \frac{94}{99} \times \frac{5}{98} + \frac{95}{100} \times \frac{94}{99} \times \frac{93}{98} \times \frac{5}{97} \\
&= 0.188,
\end{aligned}
$$

另外也可通过计算逆事件的概率来求 $P(B)$. 由于 $\overline{B} = \overline{A_1}\,\overline{A_2}\,\overline{A_3}\,\overline{A_4}$，则

$$
\begin{aligned}
P(B) &= 1 - P(\overline{B}) = 1 - P(\overline{A_1}) P(\overline{A_2} | \overline{A_1}) P(\overline{A_3} | \overline{A_1}\,\overline{A_2}) P(\overline{A_4} | \overline{A_1}\,\overline{A_2}\,\overline{A_3}) \\
&= 1 - \frac{95}{100} \times \frac{94}{99} \times \frac{93}{98} \times \frac{92}{97} = 1 - 0.812 = 0.188.
\end{aligned}
$$

例1.18 一口袋内有 12 个球,其中为 9 个白球,3 个黑球. 每次从口袋中任取 4 个球作为一组不再返回,共取 3 次. 求:(1)每组 4 个球中有一个黑球的概率;(2)3 个黑球在同一组的概率.

解 (1) 设事件 $A=\{$每组 4 个球中有一个黑球$\}$，$A_i=\{$第 i 组中有一个黑球$\}$，$i=1,2,3$，由乘法公式,得

$$
\begin{aligned}
P(A) &= P(A_1 A_2 A_3) = P(A_1) P(A_2 | A_1) P(A_3 | A_1 A_2) \\
&= \frac{C_3^1 C_9^3}{C_{12}^4} \times \frac{C_2^1 C_6^3}{C_8^4} \times \frac{C_1^1 C_3^3}{C_4^4} = \frac{16}{55} \approx 0.2909.
\end{aligned}
$$

(2) 设事件 $B=\{$3 个黑球在同一组$\}$，$B_i=\{$3 个黑球在第 i 组$\}$，$i=1,2,3$，则

$$
\begin{aligned}
P(B) &= P(B_1 \overline{B_2}\,\overline{B_3} \bigcup \overline{B_1} B_2 \overline{B_3} \bigcup \overline{B_1}\,\overline{B_2} B_3) \\
&= P(B_1) P(\overline{B_2} | B_1) P(\overline{B_3} | B_1 \overline{B_2}) + P(\overline{B_1}) P(B_2 | \overline{B_1}) \\
&\quad P(\overline{B_3} | \overline{B_1} B_2) + P(\overline{B_1}) P(\overline{B_2} | \overline{B_1}) P(B_3 | \overline{B_1}\,\overline{B_2}) \\
&= \frac{C_3^3 C_9^1}{C_{12}^4} \times \frac{C_8^4}{C_8^4} \times \frac{C_4^4}{C_4^4} + \frac{C_9^4}{C_{12}^4} \times \frac{C_3^3 C_5^1}{C_8^4} \times \frac{C_4^4}{C_4^4} + \frac{C_9^4}{C_{12}^4} \times \frac{C_5^4}{C_8^4} \times \frac{C_3^3 C_1^1}{C_4^4} \\
&= \frac{3}{55} \approx 0.0545.
\end{aligned}
$$

1.3.3　全概率公式

在实际生活中,我们会时常遇到此类问题:已知某个试验结果是由许多原因导致的,需要计算该试验结果的概率.例如:汽车整装厂装配家用小汽车时,要使用 M8 机螺栓.因需求量大,分别是由三个生产厂提供的.由于三个厂的生产条件不同,所生产机螺栓的次品率不同并且供货量也不同.若将这些机螺栓混合后用于生产线上,如何计算该批机螺栓的次品率呢? 这正是要用到以下所介绍的全概率公式.

定义 1.9　设有一事件组 B_1,B_2,$\cdots$,B_n,若满足:

(1) $\bigcup\limits_{i=1}^{n} B_i = \Omega$;

(2) $B_i B_j = \varnothing$,$i \neq j$,i,$j = 1$,2,$\cdots$,n,

称该事件组为**完备事件组**.

定理 1.1　设 B_1,B_2,$\cdots$,B_n 为完备事件组,则对任一事件 A,有

$$P(A) = \sum_{i=1}^{n} P(B_i) P(A \mid B_i),$$

以上定理称为**全概率公式**.

证　由 $\bigcup\limits_{i=1}^{n} B_i = \Omega$,得

$$A = A\Omega = A \bigcup_{i=1}^{n} B_i = \bigcup_{i=1}^{n} AB_i,$$

又由 $B_i B_j = \varnothing$,$i \neq j$,i,$j = 1$,2,$\cdots$,n,有以下结果

$$(AB_i)(AB_j) = A(B_i B_j) = \varnothing, i \neq j, i, j = 1, 2, \cdots, n;$$

所以根据乘法公式证得

$$P(A) = P(\bigcup_{i=1}^{n} AB_i) = \sum_{i=1}^{n} P(AB_i) = \sum_{i=1}^{n} P(B_i) P(A \mid B_i).$$

例 1.19　盒中有 12 只新的乒乓球,每次比赛时从中任取 3 只,用完后放回,求第三次比赛时取到的三个均为新球的概率.

解　设 $A = \{$第三次取到的均是 3 个新球$\}$,$B_i = \{$第二次比赛时取到 i 个新球$\}$,$i = 0$,1,2,3,可知 $B_i (i = 0, 1, 2, 3)$ 为完备事件组.因此

$$P(B_i) = \frac{C_9^i C_3^{3-i}}{C_{12}^3}, P(A \mid B_i) = \frac{C_{9-i}^3}{C_{12}^3}, i = 0, 1, 2, 3.$$

由全概率公式,得 $P(A) = \sum\limits_{i=0}^{3} P(B_i) P(A \mid B_i) = \sum\limits_{i=0}^{3} \frac{C_9^i C_3^{3-i}}{C_{12}^3} \frac{C_{9-i}^3}{C_{12}^3} \approx 0.146.$

例 1.20　(抽签问题)有三个考生参加面试,面试时三个考生按顺序抽签答题,

并且考签不再返回.共有 10 张签,其中有 3 张难签,求每个考生抽到难签的概率.

解 设 $A_i = \{$第 i 个考生抽到难签$\}$,以及 $B_i = \{$第 i 次抽到难签$\}$,$i = 1, 2, 3$,则第一个考生抽到难签的概率为

$$P(A_1) = P(B_1) = \frac{3}{10},$$

利用全概率公式求第二个考生抽到难签的概率,B_1,$\overline{B_1}$ 为完备事件组从而有

$$P(A_2) = P(B_1)P(B_2 \mid B_1) + P(\overline{B_1})P(B_2 \mid \overline{B_1})$$
$$= \frac{3}{10} \times \frac{2}{9} + \frac{7}{10} \times \frac{3}{9} = \frac{3}{10},$$

同理,求得第三个考生抽到难签的概率为

$$P(A_3) = P(B_1 B_2 B_3 \bigcup B_1 \overline{B_2} B_3 \bigcup \overline{B_1} B_2 B_3 \bigcup \overline{B_1}\, \overline{B_2} B_3)$$
$$= P(B_1)P(B_2 \mid B_1)P(B_3 \mid B_1 B_2) + P(B_1)P(\overline{B_2} \mid B_1)$$
$$P(B_3 \mid B_1 \overline{B_2}) + P(\overline{B_1})P(B_2 \mid \overline{B_1})P(B_3 \mid \overline{B_1} B_2) + P(\overline{B_1})$$
$$P(\overline{B_2} \mid \overline{B_1})P(B_3 \mid \overline{B_1}\, \overline{B_2})$$
$$= \frac{3}{10} \times \frac{2}{9} \times \frac{1}{8} + \frac{3}{10} \times \frac{7}{9} \times \frac{2}{8} + \frac{7}{10} \times \frac{3}{9} \times \frac{2}{8} + \frac{7}{10} \times \frac{6}{9} \times \frac{3}{8}$$
$$= \frac{3}{10},$$

从以上结果可看到每个人抽到难签的概率一样,与抽签的顺序无关.

例 1.21 有 r 个足球运动员练习相互传接球.设每次传球时,传球者等可能地把球传给其余 $r-1$ 个人中的任何一个.若从甲开始传球,求第 n 次传球时仍由甲传出的概率.

解 设事件 $A_n = \{$第 n 次传球时由甲传出$\}$.为了求 $p_n = P(A_n)$,考虑事件 A_{n+1} 与 A_n 之间的关系,若 A_n 发生了则 A_{n+1} 就不发生,即 $P(A_{n+1} \mid A_n) = 0$;若 A_n 不发生则 A_{n+1} 就有可能发生,第 n 次传球者有可能传给甲,即 $P(A_{n+1} \mid \overline{A_n}) = \frac{1}{r-1}$.由全概率公式,得

$$p_{n+1} = P(A_{n+1}) = P(A_{n+1} \mid A_n)P(A_n) + P(A_{n+1} \mid \overline{A_n})P(\overline{A_n})$$
$$= \frac{1}{r-1}(1 - p_n) = \frac{1}{1-r}p_n + \frac{1}{r-1},\ p_1 = 1,\ n \geqslant 1,$$

上式中令 $a = \frac{1}{1-r}$,$b = \frac{1}{r-1}$,得递推关系 $p_{n+1} = ap_n + b$,$n \geqslant 1$.通过逐步递推,得

$$p_n = a p_{n-1} + b = a(a p_{n-2} + b) + b = a^2 p_{n-2} + b(1+a)$$

$$= \cdots = a^{n-1} p_1 + b(1 + a + \cdots + a^{n-2}) = a^{n-1} + \frac{b(1 - a^{n-1})}{1-a}, \ n \geqslant 2.$$

由 $a = \dfrac{1}{1-r}$，$b = \dfrac{1}{r-1}$ 分别代入上式，得

$$p_n = \frac{1}{r} \left[1 - \left(\frac{1}{1-r} \right)^{n-2} \right], \ n \geqslant 2.$$

1.3.4 Bayes（贝叶斯）公式

如果我们把事件 A 看成"结果"，把诸事件 B_1，B_2，$\cdots$，B_n 看成导致这结果可能的"原因"，而事件 A 只能伴随着"原因"B_1，B_2，$\cdots$，B_n 其中之一发生，又已知各"原因"B_i 的概率和在每个"原因"下 A 的概率，若要求 A 的概率时，通常用全概率公式；如果在该试验中，事件 A 已经发生，要求出有某个"原因"B_i 导致该结果发生的概率，要用到以下介绍的 Bayes 公式.

定理 1.2　设一完备事件组 B_1，B_2，$\cdots$，B_n，则对任一事件 A，若 $P(A) > 0$，有

$$P(B_i \mid A) = \frac{P(B_i) P(A \mid B_i)}{\sum\limits_{j=1}^{n} P(B_j) P(A \mid B_j)}, \ i = 1, 2, \cdots, n.$$

证　由条件概率公式与全概率公式，即可证得

$$P(B_i \mid A) = \frac{P(AB_i)}{P(A)} = \frac{P(B_i) P(A \mid B_i)}{\sum\limits_{j=1}^{n} P(B_j) P(A \mid B_j)}, \ i = 1, 2, \cdots, n.$$

以上定理称为 **Bayes 公式**.

在上述公式中，$P(B_i)$ 是在没有得到信息，即不知 A 是否发生的情况下，人们对 B_i 发生可能性大小的估计，称为**先验（Priori）概率**；若得到新的信息，即 A 已经发生的情况下，人们对 B_i 发生可能性大小有了新的估计，得到的条件概率 $P(B_i \mid A)$ 称为**后验（Posteriori）概率**.

如果把 A 看成"结果"，B_i 看成影响到这一结果发生可能性大小的"原因"，那么全概率公式可看成为由各种原因的影响来计算结果发生的概率. 而 Bayes 公式正好相反，是由结果推原因. 现在结果 A 发生了，那么导致这一结果的各种不同的原因发生的可能性大小可由 Bayes 公式计算.

例 1.22　若用血清甲胎蛋白诊断肝癌，设 A 表示诊断出被检查者患有肝癌的事件，B 表示被检查者确实患有肝癌的事件. 已知确实患肝癌者被诊断为有肝癌的

概率 $P(A \mid B) = 0.95$,确实不患肝癌者被诊断为有肝癌的概率 $P(A \mid \overline{B}) = 0.1$,且假设在所有人中患有肝癌的概率 $P(B) = 0.000\,4$. 现在有一个人被诊断为患有肝癌,求此人确实为肝癌患者的概率 $P(B \mid A)$.

解 由 Bayes 公式,得

$$
\begin{aligned}
P(B \mid A) &= \frac{P(B)P(A \mid B)}{P(B)P(A \mid B) + P(\overline{B})P(A \mid \overline{B})} \\
&= \frac{0.000\,4 \times 0.95}{0.000\,4 \times 0.95 + (1 - 0.000\,4) \times 0.1} \approx 0.003\,8.
\end{aligned}
$$

本例中,$P(B) = 0.000\,4$ 就是先验概率,而 $P(B \mid A) = 0.003\,8$ 就是后验概率,由结果可见,后验概率比先验概率提高了近 10 倍. 虽然通过用血清甲胎蛋白诊断肝癌的可能性较高 $P(A \mid B) = 0.95$,但是被确诊的可能性,即检查者确实患有肝癌的概率很小. 因此要通过第二次检查,以提高确诊的概率.

例 1.23 一盒零件共 100 件,其中一等品为 10 件,二等品为 90 件. 每次使用一等品零件时,仪器肯定不会发生故障,而使用二等品零件时,均有 0.1 的可能性发生故障. 现从 100 件零件中随机抽取 1 件,若使用了 n 次仪器均未发生故障. 问 n 为多少时,才能有 70% 的把握认为所取的零件为一等品?

解 设 $A = \{$取出的零件为一等品$\}$,$\overline{A} = \{$取出的零件为二等品$\}$,$B = \{$使用了 n 次仪器均未发生故障$\}$,则

$$
P(A) = 0.1, \ P(\overline{A}) = 0.9, \ P(B \mid A) = 1, \ P(B \mid \overline{A}) = 0.9^n.
$$

由全概率公式

$$
\begin{aligned}
P(B) &= P(A)P(B \mid A) + P(\overline{A})P(B \mid \overline{A}) \\
&= 0.1 \times 1 + 0.9 \times 0.9^n = 0.1 + 0.9^{n+1}.
\end{aligned}
$$

根据题意,使 $P(A \mid B) \geqslant 0.7$. 由 Bayes 公式,得

$$
P(A \mid B) = \frac{P(A)P(B \mid A)}{P(B)} = \frac{0.1 \times 1}{0.1 + 0.9^{n+1}} \geqslant 0.7,
$$

解上述不等式

$$
0.1 \geqslant 0.7(0.1 + 0.9^{n+1}),
$$

$$
0.9^{n+1} \leqslant \frac{0.03}{0.7} = \frac{3}{70},
$$

$$
n \geqslant \frac{\lg 3 - \lg 70}{\lg 0.9} - 1 \approx 29.
$$

故 n 至少取 29 次时,才能以 70% 的把握认为取到的零件为一等品.

1.4　主观概率

1.4.1　主观概率的定义

　　概率在影响着我们的生活,逐渐在改变着我们的思维方式.如果进入 google(谷歌)的搜索网,可得到 google 统计的最近几年媒体对"概率"这个名词的引用量的图表,其趋势是逐年上升的,这充分表明媒体对"概率"的使用程度的趋势,其实也表明了公众在日常生活中概率的使用量在增加.例如①经过政府的宏观调控,使得今年的经济二次探底的概率不大;②大盘指数经过几天的上涨,风险在积累,下跌是大概率事件;③明天下雨的概率为 0.8;④从目前掌握的情况来看,在本届世界杯足球赛上,法国足球队进入半决赛的概率很小等,但是这里出现的"概率"绝大部分的含义并不是上述所定义的概率.

　　事实上,在自然界和社会生活中的许许多多的现象,并不是如牛顿所认为都是可确定的.一般地分成确定现象和不确定现象,而随机现象仅是不确定现象中的一部分.如图 1.10 所示.

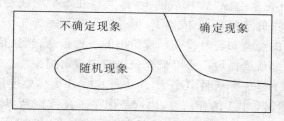

图 1.10　随机现象

　　随机现象可以安排在相同条件下进行大量重复试验来确定它的统计规律性.但是有许多不确定现象是不能在相同条件下进行重复试验的,例如:股票的涨跌、明天的天气情况、外科医生给病人动手术成功与否等等.还有一些虽然是随机现象,但限于条件不可能大量进行重复试验,如确定某种洲际导弹的命中率、求原子弹成功爆炸可能性的大小等等.

　　公理化定义严格定义了概率,但没有给出如何去计算事件的概率,还是要通过古典概率、几何概率和统计概率的定义来计算事件的概率.

　　人们很希望或渴望了解、掌握不确定现象的特性和内在规律性.这需要从更广泛意义上定义概率,多年来许多统计学家不但做了很多理论上的研究,并且还进行了大量的统计实验.Ramsey(拉姆齐)在 1931 年的《数学基础》一书中首次提出了用主观置信度作为概率的一种解释,以后 De Finetti(1937 年)和 Savage(1954 年)在他们分别撰写的文章中认同并拓展了 Ramsey 的解释.我们已经知道对于统计概率来说是先通过取得部分试验的结果即频率,然后由频率导出的这一事实.参照统计概率的解释,De Finetti 和 Savage 认为:若基于某人到目前为止所具备的知识,可以用概率来度量一个不确定现象的真实可信程度.由此给出了以下定义.

定义 1.10 人们相信不确定事件 A 将会发生的可能性而给出一个数值度量,这个数值度量称为 A 的**主观概率**,记为 $P(A)$.

注 只要把试验的定义中"可在相同条件下重复进行"这一条款去掉,然后用类似于定义随机事件的方法而得到了不确定事件 A.

前述所定义的如古典概率、几何概率、统计概率等,由于其客观存在性统称为**客观概率**.主观概率是一种信念,是当事人根据自己以往积累的经验以及所掌握的相关知识,通过对客观情况的了解进行分析、推理、综合判断而设定的.决不是主观臆造的或瞎猜的.例如①参加高考之前,班主任认为你考上大学的概率为 0.9,这显然是班主任通过平时对你学习情况的了解和当年高考的环境等给出了你能否考上大学的一种信念.②外科医生要给病人动手术,病人家属会问起医生手术成功的可能性为多少,医生回答说不用担心,手术成功的概率为 0.95,这是外科医生通过掌握病人病情,以及自己积累的经验而作出的一种信念.③你投资买股票,那一定要学会看 K 线图.有时股市评论家会说"从 K 线图上看,大盘几条平均线逐渐黏合在一起了,指数将会作出方向性的选择:向上或向下,但是向下的概率为 0.90"这是由股票评论家依据自己多年来的经验和当时投资环境给出的一种信念,当然信不信由你自己决定.如果你信的话,那就要抛股票来降低仓位以避免投资损失.

主观概率实际上是一个条件概率 $P(A \mid B)$,其中 A 为你要度量的一个不确定事件,B 是你做出度量时,对 A 的相信度,也就是你在研究 A 时所具备的知识.

根据概率的公理化定义,主观概率满足以下三条性质:

(1) **非负性** $P(A \mid B) \geqslant 0$;

(2) **规范性** $P(\Omega \mid B) = 1$;

(3) **可列可加性** $P(\bigcup_{i=1}^{\infty} A_i \mid B) = \sum_{i=1}^{\infty} P(A_i \mid B)$,$A_i A_j = \varnothing$,$i \neq j$,$i, j = 1, 2, \cdots$.

值得注意的是主观概率应该始终与两个事件 A,B 有关.如果试验之后,产生了新的数据 C.那应该利用新的数据 C 修正你对 A 的看法,即修正 A 的不确定性,使之修订概率成为 $P(A \mid BC)$.可利用 Bayes 公式来计算,

$$P(A \mid D) = \frac{P(A)P(D \mid A)}{P(A)P(D \mid A) + P(\overline{A})P(D \mid \overline{A})}, \quad D = BC.$$

例 1.24 某公司董事会通过一项决议考虑增加投资进行新产品的研发,预计需要投入 2 000 万元,由公司总经理具体实施.总经理让下属技术和销售两个部门各自

提出实施方案:

(1) $\theta_1 = \{$通过自行研发再投入生产$\}$,特点是周期长但可持续发展能力强;

(2) $\theta_2 = \{$购买该项产品的技术专利$\}$,特点是能迅速占领市场很快获得盈利.

总经理希望新产品研发后能使公司迅速盈利,同时参照下属两部门过去建议被采纳的情况,分别给出了以上两方案的主观概率,即

$$P(\theta_1) = 0.4, \quad P(\theta_2) = 0.6.$$

为了慎重起见,他聘请了几位相关的专家进行评估,设定了目标 $A = \{$使公司能盈利并有可持续发展$\}$,得结果如下:

$$P(A \mid \theta_1) = 0.581, \quad P(A \mid \theta_2) = 0.161.$$

由全概率公式算得

$$P(A) = P(\theta_1)P(A \mid \theta_1) + P(\theta_2)P(A \mid \theta_2) = 0.329,$$

再由 Bayes 公式得

$$P(\theta_1 \mid A) = \frac{P(\theta_1)P(A \mid \theta_1)}{P(A)} = \frac{0.232\,4}{0.329} = 0.706,$$

$$P(\theta_2 \mid A) = \frac{P(\theta_2)P(A \mid \theta_2)}{P(A)} = \frac{0.096\,6}{0.329} = 0.294,$$

表明 θ_1 与 θ_2 的主观概率分别由 0.4 和 0.6 调整到 0.706 和 0.294,总经理根据评估的结果调整了自己的看法,下决心采取第一个方案.

从上例可知,利用新数据改变对不确定事件的概率是一个经常的工作,其中 Bayes 公式起了一个非常重要的角色.因此主观概率也称为 **Bayes 概率**.

1.4.2 主观概率的计算

计算主观概率有很多种方法,下面举例来介绍几种最简单的常用方法.

例 1.25 中超足球联赛时,上海与大连两支球队即将在主场上海开赛了.

(1) 小王请教球迷小李,让他预测主队上海队将获胜的概率.小李根据他的经验认为主队获胜的概率比较大,$A = \{$主队获胜$\}$ 的概率比 $\overline{A} = \{$主队输或平局$\}$ 的概率要高出两倍,即 $P(A) = 3P(\overline{A})$,又 $P(A) + P(\overline{A}) = 1$,由此小王算得上海队获胜的概率

$$P(A) = \frac{3}{4}.$$

(2) 小王要用打赌的方法预测主队上海队获胜的概率,他请了同学小张来测试.规则是这样的:若小张预测上海队赢了,则小王支付 a 元($a > 0$)给小张;若小张预测上海队输了或平局,则小张支付 b 元($b > 0$)给小王;反之同样的结果,即若小

张预测大连队赢了或平局,则小张支付 b 元给小王;若小张预测大连队输了,则小王支付 a 元给小张. 小张认同了规则以后,依据自己的信念调整数字 a, b 直到满意为止. 这时小王算出上海队将获胜的主观概率

$$P(A) = \frac{a}{a+b}, a > 0, b > 0.$$

例 1.26 某化妆品公司新开发了一种化妆品,为了调查该新化妆品的畅销 A 的概率. 公司分别设计了两份问卷调查表,请了包括技术、销售方面的一些专家 B 和部分顾客 $\overline{B}$ 从不同的角度对该化妆品进行评估,得到的结果为

$$P(A \mid B) = 0.63, \quad P(A \mid \overline{B}) = 0.24.$$

根据公司以往的惯例,这两部分人群所占的权重分别为

$$P(B) = 0.6, \quad P(\overline{B}) = 0.4.$$

由全概率公式得该新化妆品畅销的主观概率

$$P(A) = P(B)P(A \mid B) + P(\overline{B})P(A \mid \overline{B}) = 0.6 \times 0.63 + 0.4 \times 0.24 = 0.474.$$

在专业性比较强的行业中,特别是在经济领域中,利用专家的意见来确定主观概率是很常见的. 关键是要设计好调查表、选择合适的问题,以及对专家本人的了解等,这对计算主观概率来说都是很重要的.

例 1.27 有一个英国人住在高尔夫球场附近,每天他会外出遛狗. 有一天他突然想到在遛狗时,高尔夫球可能会击伤他的狗,因此到保险公司要为他的狗买保险. 如何计算保费呢? 保险公司精算员调查了英国以及英国附近国家的高尔夫球场的高尔夫球击伤人的纪录,得到近几年来在 50 000 家高尔夫球场中有 6 宗击伤人的纪录,算得高尔夫球击伤人的概率

$$p_1 = \frac{6}{50\,000} = 0.000\,12 = 0.12 \times 10^{-3}.$$

由于狗的表面积是人的 1/20,由此得到高尔夫球击伤狗的概率

$$p_2 = 0.12 \times 10^{-3} \times \frac{1}{20} = 0.6 \times 10^{-5}.$$

同时保险公司精算员考虑到当地的气候条件,遛狗的时间长短和地点,还有公司运营成本等,故对上述概率作了修改,给出了高尔夫球击伤狗的主观概率

$$p = 0.6 \times 10^{-3},$$

如果投保金额为 10 000 英镑,那么投保人每年只要支付给保险公司 6 英镑保费.

本例说明,要尽量利用历史的数据以帮助你形成初步的信念,然后依据实际情

况作出相应的调整,最终设定你的主观概率.

特要注意的是,若发现得到的主观概率与公理化定义以及其性质有不相符合之处,应该进行修正.

例如某人对事件 A, B 给出主观概率分别为

$$P(A) = 0.25, \; P(B) = 0.3, \; P(A \bigcup B) = 0.6,$$

由于 $P(A \bigcup B) \leqslant P(A) + P(B)$,而 $P(A \bigcup B) = 0.6$, $P(A) + P(B) = 0.55$,这显然是错误的.因此要对相应给出的主观概率作出调整,如 $P(A \bigcup B) = 0.5$,使之满足性质.

在实际中,用概率定量表达事件的不确定性程度的同时也可用词汇定性表达.但要统一规范,以方便使用.例如 2007 年,联合国政府间气候变化专门委员会(IPCC)发布的一篇报告中建议采用以下 7 个级别的可信度词汇(见表 1.3).

表 1.3　可信度词汇(IPCC)

概率 p	中　文	英　语
$p \geqslant 0.99$	实际上确定	Virtually certain
$0.9 \leqslant p < 0.99$	很有可能	Very likely
$0.66 \leqslant p < 0.9$	可能	Likely
$0.5 \leqslant p < 0.66$	相对较有可能	Unlikely more likely than not
$0.1 \leqslant p < 0.33$	不大可能	Unlikely
$0.05 \leqslant p < 0.1$	很不可能	Very unlikely
$p < 0.05$	极不可能	Exceptionally unlikely

1.5　随机事件的独立性

1.5.1　随机事件独立性的定义

对于两个事件 A 和 B,如果在 B 已经发生的情况下,会影响 A 发生可能性的大小,即 $P(A \mid B) \neq P(A)$.例如下大雨会影响到某路段发生交通事故可能性的大小.如果在 B 已经发生的情况下,不会影响 A 发生的可能性大小,那么 $P(A \mid B) = P(A)$.例如某天下着大雨,不会影响到当天的股价的变动.也就是 A 与 B 之间发生与否互不影响,因此我们称之为事件 A 与 B 相互独立.

定义 1.11　对任意两个事件 A, B,满足

$$P(AB) = P(A)P(B),$$

则称事件 A 与事件 B **相互独立**,或简称 A 与 B **独立**.

另一定义是,若

$$P(A \mid B) = P(A), \ P(A) > 0, \ \text{或者} \ P(B \mid A) = P(B), \ P(B) > 0,$$

则事件 A 与事件 B **相互独立**.

定理 1.3　如果四对事件 A, B; A, $\overline{B}$; $\overline{A}$, B; $\overline{A}$, $\overline{B}$ 中,其中任一对事件相互独立,则其余三对事件分别相互独立.

证　设 A 与 B 相互独立,即 $P(AB) = P(A)P(B)$,从而

$$P(A\overline{B}) = P(A - B) = P(A - AB) = P(A) - P(AB)$$
$$= P(A) - P(A)P(B) = P(A)(1 - P(B)) = P(A)P(\overline{B}),$$

所以 A 与 $\overline{B}$ 相互独立. 类似地,可证明 $\overline{A}$ 与 B, $\overline{A}$ 与 $\overline{B}$ 也相互独立.

对于三个相互独立的事件 A_1, A_2, A_3 满足下面 4 个等式:

$$\left.\begin{array}{l} P(A_1 A_2) = P(A_1)P(A_2) \\ P(A_1 A_3) = P(A_1)P(A_3) \\ P(A_2 A_3) = P(A_2)P(A_3) \end{array}\right\}, \qquad\qquad ①$$

$$P(A_1 A_2 A_3) = P(A_1)P(A_2)P(A_3), \qquad\qquad ②$$

式①成立表明 A_1, A_2, A_3 中任意两个事件相互独立,称为 A_1, A_2, A_3 **两两独立**. 式①和②同时成立才表明 A_1, A_2, A_3 相互独立.

例 1.28　一口袋内有 4 个大小形状一样的球,其中 3 个球上分别标有"1","2","3"数字,另外一个球上同时标有"1, 2, 3"数字. 从口袋中任取一球,设事件 $A_i =$ {球上标有数字"i"},因此 $P(A_i) = \dfrac{1}{2}$, $P(A_i A_j) = \dfrac{1}{4}$, $i, j = 1, 2, 3, i \neq j$,

显然有　　$P(A_i A_j) = \dfrac{1}{4} = P(A_i)P(A_j), \ i, j = 1, 2, 3, i \neq j$,

表明 A_1, A_2, A_3 两两独立. 但是

$$P(A_1 A_2 A_3) = \frac{1}{4} \neq P(A_1)P(A_2)P(A_3) = \frac{1}{8},$$

所以 A_1, A_2, A_3 不是相互独立的.

定义 1.12　对于随机试验中的 n 个事件 $A_1 A_2 \cdots A_n$,若满足下列:

$$P(A_{i_1} A_{i_2}) = P(A_{i_1})P(A_{i_2}), \qquad\qquad \text{共有 } C_n^2 \text{ 个等式},$$

$$P(A_{i_1} A_{i_2} A_{i_3}) = P(A_{i_1})P(A_{i_2})P(A_{i_3}), \qquad \text{共有 } C_n^3 \text{ 个等式},$$

$$\cdots$$

$$P(A_1 A_2 \cdots A_n) = P(A_1)P(A_2)\cdots P(A_n), \qquad \text{共有 } C_n^n \text{ 个等式},$$

即 $C_n^2 + C_n^3 + \cdots + C_n^n = (1+1)^n - C_n^0 - C_n^1 = 2^n - 1 - n$ 个等式时，称 A_1，A_2，$\cdots$，A_n 是相互独立的.

例 1.29 设 A_1，A_2，$\cdots$，A_n 是相互独立的，求 n 个事件中至少有一个事件发生的概率，即

$$P(\bigcup_{i=1}^{n} A_i) = 1 - P(\overline{\bigcup_{i=1}^{n} A_i}) = 1 - P(\prod_{i=1}^{n} \overline{A_i}) = 1 - \prod_{i=1}^{n} (1 - P(A_i)).$$

例 1.30 设 $0 < P(A) < 1$，$0 < P(B) < 1$，且 $P(A \mid B) + P(\overline{A} \mid \overline{B}) = 1$，证明：事件 A，B 相互独立.

证 由条件概率的性质 $P(A \mid B) + P(\overline{A} \mid \overline{B}) = 1$，得 $P(A \mid B) = P(A \mid \overline{B})$，即

$$\frac{P(AB)}{P(B)} = \frac{P(A\overline{B})}{P(\overline{B})},$$

$$P(AB)[1 - P(B)] = P(B)P(A\overline{B}),$$

$$P(AB) = P(B)[P(AB) + P(A\overline{B})] = P(A(B \bigcup \overline{B}))P(B) = P(A)P(B),$$

故 A 与 B 相互独立.

例 1.31 单个元件能正常工作的概率 p 称为该元件的可靠性，若一个系统是由若干个元件组成的，则系统能正常工作的概率称为系统的可靠性. 现有 $2n$ 个元件按下列两种方式组成的系统（见图 1.11）.

假设元件的可靠性均为 $r(0 < r < 1)$，且各元件能否正常工作是相互独立的，求两个系统的可靠性，并比较其大小.

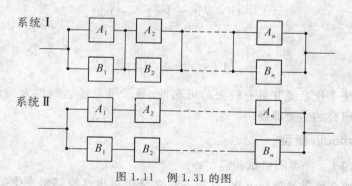

图 1.11 例 1.31 的图

解 设事件 $A_i = \{$元件 a_i 正常工作$\}$，$B_i = \{$元件 b_i 正常工作$\}$，$i = 1$，2，$\cdots$，n，以及事件 $S_i = \{$系统 i 正常工作$\}$，$i = 1$，2. 对于系统 I，分别由 2 个元件并联后再串联组成通道，从图形上看仅是系统 I 的上下两个通道的元件之间分别用线连接而成，系统 I 正常工作则要求两个通道中至少有一个能畅通. 所以有

$$P(S_1) = P(\prod_{i=1}^{n}(A_i \cup B_i)) = \prod_{i=1}^{n} P(A_i \cup B_i)$$

$$= \prod_{i=1}^{n} [P(A_i) + P(B_i) - P(A_i)P(B_i)]$$

$$= (2r - r^2)^n = r^n(2-r)^n.$$

对于系统 II,有两个通道组成,每个通道是由 n 个元件串联而成.通道畅通则要求每个元件同时都能正常工作,因此有

$$P(S_2) = P(\prod_{i=1}^{n} A_i \cup \prod_{i=1}^{n} B_i) = P(\prod_{i=1}^{n} A_i) + P(\prod_{i=1}^{n} B_i) - P(\prod_{i=1}^{n} A_i \cdot \prod_{i=1}^{n} B_i)$$

$$= \prod_{i=1}^{n} P(A_i) + \prod_{i=1}^{n} P(B_i) - \prod_{i=1}^{n} P(A_i) \prod_{i=1}^{n} P(B_i)$$

$$= r^n + r^n - r^{2n} = r^n(2 - r^n),$$

利用不等式

$$\frac{a^n + b^n}{2} \geqslant \left(\frac{a+b}{2}\right)^n, a > 0, b > 0$$

来比较 $P(S_1)$ 和 $P(S_2)$ 的大小.上式中当且仅当 $a = b$ 时等号成立,所以当 $a = 2 - r$, $b = r$ 时,由

$$\frac{(2-r)^n + r^n}{2} > \left(\frac{2-r+r}{2}\right)^n,$$

得

$$r^n(2-r)^n > r^n(2-r^n),$$

即

$$P(S_1) > P(S_2).$$

可见系统 I 比系统 II 具有较大的可靠性.寻求可靠性达到最大的设计系统,是可靠性设计研究的主要课题.

1.5.2 Bernoulli 概型

定义 1.13 一类随机试验满足:

(1) 可独立地重复进行 n 次,这里的独立是指每次试验结果发生的可能性互不影响;

(2) 每次试验的结果只有两个,A 发生或 A 不发生(即 $\overline{A}$).

这类随机试验称为 n 重 **Bernoulli 概型**.

定理 1.4 在 n 重 Bernoulli 概型中,设一次试验中事件 A 发生的概率

$P(A) = p(0 < p < 1)$，$P(\overline{A}) = 1 - p$，则事件 A 发生 k 次的概率

$$P_n(k) = C_n^k p^k (1-p)^{n-k}, \ k = 0, 1, \cdots, n.$$

证 对 $\{n$ 重 Bernoulli 概型中事件 A 发生了 k 次$\}$ 用事件式表示，则有以下的结果：

$$\{事件 A 发生 k 次\} = \underbrace{A \cdots A}_{k} \underbrace{\overline{A} \cdots \overline{A}}_{n-k} \cup \underbrace{A \cdots A}_{k-1} A A \underbrace{\overline{A} \cdots \overline{A}}_{n-k+1} \cup \cdots \cup \underbrace{\overline{A} \cdots \overline{A}}_{n-k} \underbrace{A \cdots A}_{k}$$

上式右端中，事件 A 在指定的 n 次试验中发生了 k 次的项数共有 C_n^k 项，而且它们是互不相容的. 另外事件的独立性定义，对其中任意一项，即事件 A 在指定的 n 次试验中发生了 k 次，而 $n-k$ 次没有发生的概率

$$P(\underbrace{A \overline{A} A \cdots \overline{A}}_{k 个 A, \ n-k 个 \overline{A}}) = \underbrace{p p \cdots p}_{k 个 p} \underbrace{(1-p)(1-p) \cdots (1-p)}_{n-k 个 1-p} = p^n (1-p)^{n-k},$$

最后根据概率的有限可加性，证得事件 A 发生 k 次的概率

$$P_n(k) = C_n^k p^k (1-p)^{n-k}, \ k = 0, 1, \cdots, n.$$

例 1.32 在 n 重 Bernoulli 概型，(1)设一次试验中事件 A 发生的概率为 p，求事件 A 至少发生 1 次的概率和 A 至多发生 s 次 $(s \leqslant n)$ 的概率；(2)若事件 A 至少发生 1 次的概率为 p_1，求在一次试验中事件 A 的概率 p.

解 (1) 一次试验中，事件 A 不发生的概率为 $1-p$，n 次试验中，事件 A 都不发生的概率为 $P_n(0) = (1-p)^n$. 则 n 次试验中，事件 A 至少发生一次的概率

$$P_n(k \geqslant 1) = 1 - P_n(0) = 1 - (1-p)^n,$$

事件 A 至多发生 s 次 $(s \leqslant n)$ 的概率

$$P_n(k \leqslant s) = \sum_{k=0}^{s} C_n^k p^k (1-p)^{n-k} = 1 - \sum_{k=s+1}^{n} C_n^k p^k (1-p)^{n-k};$$

(2) 由(1)和已知条件，即 $P_n(k \geqslant 1) = 1 - (1-p)^n = p_1$，解得一次试验中事件 A 的概率为

$$p = 1 - (1-p_1)^{\frac{1}{n}}.$$

例 1.33 某人声称能通过品尝来区分白酒的品质. 为了验证他的是否有品尝区分能力，现安排了试验：用同一品牌的一等品和上等品白酒各 4 杯，如果他能从中挑出 4 杯上等品白酒，认为试验成功.(1)如果某人随机地猜，求他试验成功 1 次的概率；(2)如果某人在 10 次试验中成功了 3 次，判断他是否有品尝区分能力.

解 (1) 设事件 $A = \{试验成功\}$，则

$$P(A) = \frac{4}{8} \times \frac{3}{7} \times \frac{2}{6} \times \frac{1}{5} = \frac{1}{70};$$

（2）假设他是猜的，因此可看成 n 重 Bernoulli 概型，其中 $n = 10$，$p = P(A) = \frac{1}{70}$，则他猜对的概率为

$$P_{10}(3) = C_{10}^3 \left(\frac{1}{70}\right)^3 \left(1 - \frac{1}{70}\right)^7 \approx 0.000\,1,$$

由于概率 $P_{10}(3)$ 非常小，可认为他确有品尝区分能力．

例 1.34 一批产品共 N 件，其中有 $N-M$ 件正品，M 件次品，现进行逐件有放回地抽取．求下列事件的概率：

（1）若取了 n 件产品，设 $A = \{n$ 件产品中有 k 件次品$\}$；

（2）若取到 r 件（$r \geqslant 1$）次品为止，设 $B = \{$取了 k 件产品$\}$．

解 （1）由于是有放回地抽取 n 件产品，而每次抽到次品的概率均为 $p = \frac{M}{N}$，本题可看成 n 重 Bernoulli 概型，得

$$P(A) = C_n^k p^k (1-p)^{n-k}, \quad p = \frac{M}{N}, \quad k = 0, 1, \cdots, n.$$

以上 $P(A)$ 称为**二项分布的概率公式**；

（2）事件 $B = \{$取了 k 件产品$\}$ 的发生意味着：有放回地抽取 k 件产品，其中在抽取的 $k-1$ 件产品中有 $r-1$ 件次品，而第 k 次抽到次品（见图 1.12）．

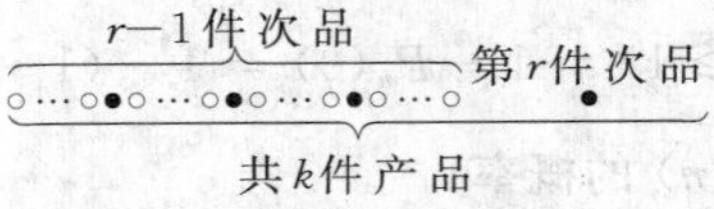

图 1.12 例 1.34 的图

设事件 $C = \{$在抽取的 $k-1$ 件产品中有 $r-1$ 件次品$\}$，$D = \{$第 k 次抽到次品$\}$，则 $B = CD$ 且 C 与 D 相互独立．又设 $p = \frac{M}{N}$，得

$$P(C) = C_{k-1}^{r-1} p^{r-1}(1-p)^{k-r}, \quad P(D) = p$$

$$P(B) = P(CD) = P(C)P(D) = C_{k-1}^{r-1} p^r (1-p)^{k-r}, \quad r \geqslant 1, \quad k = r, r+1, \cdots.$$

以上 $P(B)$ 称为**负二项分布的概率公式**．若 $r = 1$ 时，得

$$P(B) = (1-p)^{k-1} p, \quad k = 1, 2, \cdots.$$

$P(B)$ 称为**几何分布的概率公式**．

例 1.35 一批产品共 N 件，其中有 $N-M$ 件正品，M 件次品，现进行逐件不放

回地抽取.求下列事件的概率:

(1) 若取了 n 件产品,设 $A=\{n$ 件产品中有 k 件次品$\}$;

(2) 若取到 r 件次品为止,设 $B=\{$取了 k 件产品$\}$.

解 (1) 从 N 件产品中进行逐件不放回地抽取 n 件基本事件的总数等于一次抽取 n 件的总数,得 $T=C_N^n$,有利于 A 发生的基本事件个数为 $S=C_M^k C_{N-M}^{n-k}$,事件 A 的概率为

$$P(A)=\frac{C_M^k C_{N-M}^{n-k}}{C_N^n}, \ k=0, 1, \cdots, \min(n, M),$$

以上称为**超几何分布的概率公式**;

(2) 事件 $B=\{$取了 k 件产品$\}$ 的发生意味着:不放回地抽取 k 件产品,其中在抽取的 $k-1$ 件产品中有 $r-1$ 件次品,而第 k 次抽到次品(见图 1.13).

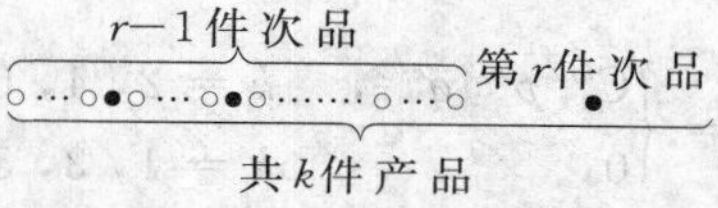

图 1.13　例 1.35 的图

设事件 $C=\{$在抽取的 $k-1$ 件产品中有 $r-1$ 件次品$\}$,$D=\{$第 k 次抽到次品$\}$,且 $B=CD$,算得,

$$P(C)=\frac{C_M^{r-1}C_{N-M}^{k-r}}{C_N^{k-1}}, \ P(D\mid C)=\frac{M-r+1}{N-k+1},$$

$$P(B)=P(C)P(D\mid C)=\frac{C_M^{r-1}C_{N-M}^{k-r}}{C_N^{k-1}}\cdot\frac{M-r+1}{N-k+1}$$

$$=\frac{\dfrac{M!}{(r-1)!(M-r+1)!}\cdot\dfrac{(N-M)!}{(k-r)!(N-M-k+r)!}}{\dfrac{N!}{(k-1)!(N-k+1)!}}\cdot\frac{M-r+1}{N-k+1}$$

$$=\frac{\dfrac{(k-1)!}{(r-1)!(k-r)!}\cdot\dfrac{(N-k)!}{(N-M-k+r)!(M-r)!}}{\dfrac{N!}{M!(N-M)!}}$$

$$=\frac{C_{k-1}^{r-1}C_{N-k}^{M-r}}{C_N^M}, \ k=r, r+1, \cdots, N-M+r.$$

以上称为**负超几何分布的概率公式**.

1.5.3　简单随机游动

我们有时会碰到一个人喝醉酒后走路,歪歪斜斜地,左一步,右一步,前一步,后一步,每个方向行走的概率一样,没有明确的规律性,所以醉汉行走的路线是无规律

的一条曲线. 所谓"醉汉行走"就是常见的随机游动的一个简单例子.

随机游动的理论有许多应用,如股票市场中股价的变化、期货市场中石油交易价格的变动、空气中尘埃的漂浮和降落、地下岩体的变化等.

例 1.36 (直线上简单随机游动)一质点在直线上游动,取值为整数集

$$z = \{\cdots, -2, -1, 0, 1, 2, \cdots\},$$

每单位时间它向右移动一个单位距离的概率为 $p\ (0 < p < 1)$,并且每次移动的概率相同,向左移动的概率为 $q = 1 - p$. 设开始时该质点在原点,求事件 $A = \{$经 k 个单位时间质点回到原点$\}$的概率.

解 当 k 为奇数时,质点不可能回到原点,因此 $P(A) = 0$;当 k 为偶数时,由于质点回到了原点,因此向右或向左移动的次数应该相同,都为 $\dfrac{k}{2}$ 次. 故 $P(A) = C_k^{k/2} p^{k/2} q^{k/2}$,得

$$P(A) = \begin{cases} C_k^{k/2} p^{k/2} q^{k/2}, & k = 2, 4, 6, \cdots, \\ 0, & k = 1, 3, 5, \cdots. \end{cases}$$

例 1.37 (带有吸收壁的简单随机游动)一个质点从 x 轴的某一点 k 出发 $(0 < k < N)$,其中 k, N 为整数,随机地在直线上游动,每次向右移动一个单位的概率为 p,向左移动一个单位的概率为 $q = 1 - p$. 当质点游动到 0 或者 N 时,被 0 和 N 吸收则质点停止游动,0 和 N 也称为吸收壁. 设 $Q_k(0), Q_k(N)$ 分别表示质点从 k 出发游动到吸收壁 0 或 N 被吸收的概率,求 $Q_k(0)$ 和 $Q_k(N)$.

解 先求 $Q_k(N)$,显然有 $Q_0(N) = 0, Q_N(N) = 1$. 为简单起见,记 $Q_k = Q_k(N)$,由全概率公式,得

$$Q_k = P(\{质点向右移动\}) P(\{质点在 k 点\} \mid \{质点向右移动\}) +$$
$$P(\{质点向左移动\}) P(\{质点在 k 点\} \mid \{质点向左移动\})$$
$$= p Q_{k+1} + q Q_{k-1}$$

从上式,得到一个递推公式

$$Q_{k+1} - Q_k = \frac{q}{p}(Q_k - Q_{k-1}) = \left(\frac{q}{p}\right)^2 (Q_{k-1} - Q_{k-2})$$

$$= \cdots = \left(\frac{q}{p}\right)^k (Q_1 - Q_0) = \left(\frac{q}{p}\right)^k Q_1, \quad Q_0 = Q_0(N) = 0,$$

又

$$Q_{k+1} - Q_1 = (Q_{k+1} - Q_k) + (Q_k - Q_{k-1}) + \cdots + (Q_2 - Q_1)$$
$$= \sum_{i=1}^{k} (Q_{i+1} - Q_i) = \sum_{i=1}^{k} \left(\frac{q}{p}\right)^i Q_1,$$

解得

$$Q_{k+1} = Q_1 + Q_1 \sum_{i=1}^{k} \left(\frac{q}{p}\right)^i = Q_1 \sum_{i=0}^{k} \left(\frac{q}{p}\right)^i = \begin{cases} Q_1 \dfrac{1 - \left(\dfrac{q}{p}\right)^{k+1}}{1 - \left(\dfrac{q}{p}\right)}, & p \neq q, \\ Q_1(k+1), & p = q = 0.5. \end{cases}$$

为了解 Q_1，取 $k = N - 1$，代入上式，得

$$1 = Q_N = \begin{cases} Q_1 \dfrac{1 - \left(\dfrac{q}{p}\right)^{N}}{1 - \left(\dfrac{q}{p}\right)}, & p \neq q, \\ Q_1 N, & p = q = 0.5, \end{cases}$$

从上式中解得 Q_1 为

$$Q_1 = \begin{cases} \dfrac{1 - \left(\dfrac{q}{p}\right)}{1 - \left(\dfrac{q}{p}\right)^{N}}, & p \neq q, \\ \dfrac{1}{N}, & p = q = 0.5, \end{cases}$$

用 Q_1 回代上述公式，得质点从 k 出发游动到吸收壁 N 被吸收的概率

$$Q_k(N) = \begin{cases} \dfrac{1 - \left(\dfrac{q}{p}\right)^{k}}{1 - \left(\dfrac{q}{p}\right)^{N}}, & p \neq q, \\ & \quad\quad\quad\quad 0 < k < N, \qquad (1.1) \\ \dfrac{k}{N}, & p = q = 0.5, \end{cases}$$

还得到质点从 k 出发游动到吸收壁 0 被吸收的概率

$$Q_k(0) = 1 - Q_k(N) = \begin{cases} 1 - \dfrac{1 - \left(\dfrac{q}{p}\right)^{k}}{1 - \left(\dfrac{q}{p}\right)^{N}}, & p \neq q, \\ & \quad\quad\quad\quad 0 < k < N. \\ 1 - \dfrac{k}{N}, & p = q = 0.5. \end{cases}$$

例 1.37 也称为有名的"赌徒输光"问题，约定：每赌一次，赢了可得 1 元，输了则付

出 1 元;每次赢的概率为 p,输的概率为 $q = 1 - p$,并且每次赢的概率相同. 一个赌徒开始时持有赌本 k 元,他的目标是在输光赌本之前要达到 N 元($0 < k < N$),如果他输光赌本或者达到 N 元时,则赌博结束,此时概率分别为 $Q_k(0)$ 和 $Q_k(N)$.

例 1.38　某赌徒开始时持有 3 元,每次赢的概率 $p = 0.2$,他的目标是输光之前达到 6 元,求他在输光 3 元之前达到 6 元的概率.

解　已知 $k = 3$, $N = 6$, $p = 0.2$, $q = 1 - 0.2 = 0.8$,由式(1.1),得

$$Q_3(6) = \frac{1 - 4^3}{1 - 4^6} = 0.015\,4.$$

例 1.39　设某种股票的股价波动如同简单随机游动,每天上涨的概率为 $p = 0.55$. 小王在股价 10 元时买入该股票,他的目标是股价跌到 5 元之前涨到 15 元,求股价跌到 5 元之前涨到 15 元的概率.

解　已知 $k = 5$, $N = 10$, $p = 0.55$,由式(1.1),得

$$Q_5(10) = \frac{1 - 0.82^5}{1 - 0.82^{10}} = 0.73.$$

习　题　1

1. 写出下列随机试验的样本空间:

(1) 同时掷两枚骰子,记录两枚骰子的点数之和;

(2) 10 件产品中有 3 件是次品,每次从其中取 1 件,取后不放回,直到 3 件次品都取出为止,记录所抽取的次数;

(3) 在单位圆内任意取一点,记录该点的坐标;

(4) 测量某一地区某一时刻的气温;

(5) 设长度为 l 的棉纱上随机地有两个疵点,将棉纱分成 3 段,观察各段的长度;

(6) 任取一 n 阶方阵 $\boldsymbol{A}$,作出齐次线性方程组 $\boldsymbol{AX} = 0$,考察其基础解系中所含解向量个数;

(7) 记录某班级(n 个人)用百分制计分时,一次数学考试的平均分数.

2. 设 A, B, C 为三个事件,试用事件式表示下列事件:

(1) A 发生,B 与 C 不发生;(2) A 与 B 都发生,C 不发生;

(3) A, B, C 都发生;(4) A, B, C 都不发生;

(5) A, B, C 不都发生;(6) A, B, C 中至少有一个发生;

(7) A, B, C 中不多于一个发生;(8) A, B, C 中至少有两个发生.

3. 在物理系的学生中任选一名学生. 若事件 A 表示被选学生是男生,事件 B 表示被选学生是三年级学生,事件 C 表示该生是运动员,则

(1) 叙述事件 $AB\bar{C}$ 的含义;(2) 在什么条件下 $ABC = C$ 成立;

(3) 什么时候关系式 $C \subset B$ 是正确的;(4) 什么时候 $\bar{A} = B$ 成立?

4. 试用作图的方法说明下列等式：

(1) $(A \cup B)C = AC \cup BC$；(2) $AB \cup C = (A \cup C)(B \cup C)$.

5. 指出下列关系中哪些成立，哪些不成立：

(1) $A \cup B = A\overline{B} \cup B$；(2) $\overline{AB} = A \cup B$；

(3) $(AB)(A\overline{B}) = \varnothing$；(4) 若 $AB = \varnothing$，且 $C \subset A$，则 $BC = \varnothing$；

(5) 若 $A \subset B$，则 $A \cup B = B$；(6) 若 $A \subset B$，则 $AB = A$；

(7) 若 $A \subset B$，则 $\overline{B} \subset \overline{A}$；(8) $\overline{(A \cup B)}C = \overline{A}\,\overline{B}\,\overline{C}$.

6. 设 $\Omega = \left\{ x \mid 0 \leqslant x \leqslant \dfrac{3}{2} \right\}$，$A = \left\{ x \mid \dfrac{1}{4} < x \leqslant 1 \right\}$，$B = \left\{ x \mid \dfrac{1}{2} \leqslant x < \dfrac{5}{4} \right\}$，试写出下列事件：

(1) $A\overline{B}$；(2) $A \cup B$；(3) $\overline{\overline{A}\,\overline{B}}$；(4) $\overline{AB}$.

7. 17 世纪意大利人喜欢同时掷三枚骰子，用点数之和来进行打赌，一次他们发现三枚骰子的点数之和为 9 与 10 的状态个数一样，即

之和为 9	1 2 6	1 3 5	1 4 4	2 2 5	2 3 4	3 3 3
之和为 10	1 3 6	1 4 5	2 2 6	2 3 5	2 4 4	3 3 4

因此有人认为三枚骰子上的点数之和为 9 与 10 的概率是一样的，但也有人认为应该是不一样的，由此争论不休，他们只好请教 Galileo（伽利略）. Galileo 考虑很久才解决了该问题.

(1) 你认为 Galileo 是怎么解决该问题的；

(2) 分别求三枚骰子的点数之和为 9 与之和为 10 的概率.

8.（随机取数）从 1，2，$\cdots$，n 个数中有放回地随机取 k 个数 $(k \leqslant n)$，求下列事件的概率：

(1) $A = \{k$ 个数全不相同$\}$；

(2) $B = \{$数字"5"恰好出现 r 次$\}$ $(r \leqslant k)$；

(3) $C = \{$至少出现 r 个数字"5"$\}$ $(r \leqslant k)$.

9. $2n$ 个形状大小相同的球并且球是可辨的，每个球以等可能地落入两个盒子中的每一个，每个盒子能容纳的球数不限，求两盒中最大球数 $k(n \leqslant k \leqslant 2n)$ 的概率 $P(k)$.

10. 把 n 个"0"和 m 个"1"$(m \leqslant n+1)$ 随机排在一起，求没有两个"1"连在一起的概率.

11. 甲袋内有 6 个白球，4 个黑球，乙袋内有 4 个白球，8 个黑球，从甲、乙两袋中各取一个球，求两个球颜色相同的概率.

12. 一口袋内有 10 个球，其中 3 个红球，7 个黄球. 现随机地分给 10 个小朋友，每人一球，求最后分到的三个小朋友中恰有一个人得到红球的概率.

13. 设有 6 个相同的球以等可能地落入 10 个盒子中的每一个，其中盒子是可辨的并且盒子能容纳的球数不限. 求

(1) 某 1 个指定的盒子中恰有 2 个球的概率；

(2) 指定的 4 个盒子中正好有 3 个球的概率.

14. 甲、乙、丙三个人参加聚会，共有 20 人随机地围绕圆桌而坐，求下列事件的概率：

(1) 甲、乙坐在一起，且乙在甲的左边；(2) 甲、乙、丙三人坐在一起.

15. 从 n 双不同的鞋子中任取 $2k$ 只 $(k < n/2)$，求这 $2k$ 只 $(k < n/2)$ 鞋子中下列事件的概

率:(1)$A=\{$恰有 2 双鞋子$\}$;(2)$B=\{$有 k 双鞋子$\}$.

16. 一幢 11 层大楼的一台电梯运行于底层(1 楼)到第 11 层的每一层.设开始时从底层有 6 位乘客进入电梯,且乘客离开每一层是等可能的,求下列事件的概率:

(1) $A=\{$某指定一层有 2 位乘客离开$\}$;

(2) $B=\{$没有 2 位及 2 位以上的乘客在同一层离开$\}$;

(3) $C=\{$恰有 2 位乘客在同一层离开$\}$;

(4) $D=\{$至少有 2 位乘客在同一层离开$\}$.

17. 一口袋中装有 $n-1$ 个白球及 1 个黑球,每次从袋中随机地取出一球,并换入一个白球,如此继续下去,求第 k 次取到白球的概率.

18. 设有 4 个盒子,5 个球,每个球等可能地落入每一个盒子中,求每个盒子至少有一个球的概率.

19. 甲、乙两人约定下午 1 时至 2 时之间到车站乘公共汽车,这段时间内有 4 班车.开车时间分别为 1:15, 1:30, 1:45, 2:00.他们约定①见车就乘;②最多等一班车.求甲、乙同乘一辆车的概率.假设甲、乙两人到达车站的时刻互不关联,且每人在 1 时至 2 时内任何时刻到达车站是等可能的.

20. 将长度为 l 的木棍任意折成三段,求此三段能构成一个三角形的概率.

21. (生日问题)问要选多少名学生? 使得在这些学生中至少有 2 名学生在同一天生日的概率大于 0.5,并求出其概率.

22. 对事件 A,B 和 C,已知 $P(A)=P(B)=P(C)=\dfrac{1}{4}$,$P(AB)=P(BC)=0$,$P(AC)=\dfrac{1}{8}$,求 A,B,C 中至少有一个发生的概率.

23. 利用概率模型证明恒等式

$$1+\frac{N-n}{N-1}+\frac{(N-n)(N-n-1)}{(N-1)(N-2)}+\cdots+\frac{(N-n)\cdots 3\cdot 2\cdot 1}{(N-1)\cdots(n+1)n}=\frac{N}{n}.$$

24. (随机取数问题)从 1,2,$\cdots$,n 个数中不放回地随机取 k 个数 $(k\leqslant n)$,并按其数值的大小排列成

$$a_1<a_2<\cdots<a_i<\cdots<a_k,$$

求事件 $A=\{a_i=m,\ i=1,2,\cdots,k\}$ $(1\leqslant m\leqslant n)$ 的 $P(A)$.

25. 车站售票处有 26 个人排队,其中 13 人持有 5 元钞票,13 人持有 10 元钞票,车票为 5 元一张.开始售票时无零钱可找,求售票处不会找不出零钱的概率.

26. (Polya[卜里耶]坛子问题)一口袋中有 a 只白球,b 只黑球.现任意取出一球,看到球的颜色后放回,同时再放入与取出的球同色的 c 个球,再取第二次,如此继续,共取了 n 次.问前 n_1 次出现黑球,后 $n_2=n-n_1$ 次出现白球的概率为多少? 注:本模型可用来作为疾病传染的一种解释,每摸出一球代表疾病传染一次,每次传染将会增加再传染的可能性.

27. 甲、乙两人进行射击比赛,每次射击时,甲胜的概率为 α,而乙胜的概率为 $\beta(\alpha+\beta=1)$,约定每次射击胜者得得 1 分.比赛到其中有一人比对方多 2 分为止,多 2 分者则最终获胜.求甲最终获胜的概率.

28. 有两个盒子,第一个盒子装有 4 个红球,6 个黑球,第二个盒子装有 3 个红球,7 个黑球,现从这两盒中随机地各取一球放入一个口袋中,充分混合后再从口袋中取一球,求这个球是红球

的概率.

29. 甲、乙、丙三人按下面规则进行比赛:第一局由甲、乙参加丙轮空,由第一局的优胜者与丙进行第二局比赛,而失败者则轮空,用这种方法一直进行到其中一人连胜两局为止,此人成为整场比赛的优胜者.已知甲、乙、丙三人每局各自获胜的概率为 1/2,问甲、乙、丙成为整场比赛优胜者的概率各是多少?

30. (Monty Hall 问题)美国有一个电视节目叫"Let's Make a Deal",这是一个娱乐节目,游戏中参赛者将面对 3 扇关闭的门,其中一扇门背后有一辆汽车,另外两扇门后是羊,参赛者如果能猜中哪扇门后是汽车,就可得到它.当参赛者选定一扇门时,节目主持人 Monty Hall 会打开剩余两扇门中的一扇,让你看到门后的羊,求参赛者原选定门后是汽车的概率为多少?

31. 乒乓球有白色与黄色两种颜色,一口袋内有两个乒乓球,但不知道口袋内两个乒乓球的颜色.现在从口袋中任取一个乒乓球,发现是黄色的,然后返回口袋充分混合.求从口袋中再取出一个黄色乒乓球的概率.

32. 小王每天傍晚 5:00 下班,据他平时积累的资料表明:

到家时间	5:35~5:39	5:40~5:44	5:45~5:49	5:50~5:54	迟于 5:54
乘地铁到家的概率	0.1	0.25	0.45	0.15	0.05
乘汽车到家的概率	0.30	0.35	0.20	0.10	0.05

某日他掷硬币决定乘地铁还是乘汽车,结果他是在 5:47 到家的,求他是乘地铁回家的概率.

33. 袋中装有 m 枚正品硬币,n 枚次品硬币(次品硬币的两面均是国徽),从袋中任取一枚,将它投掷 r 次,已知每次都得到国徽,问这枚硬币是正品的概率是多少?

34. 装有 m 个白球($m > 3$)和 n 个黑球的袋子里丢失了一球.为了猜测丢失的那个球的颜色,现从口袋里任取 2 个球,结果取出的 2 个球都是白球.估计在取出 2 个白球的条件下,丢失的那个球是什么颜色?

35. 系统 I:设有 4 个独立工作的元件 A_i($i=1,2,3,4$),其可靠性分别为 p_i($i=1,2,3,4$),系统 II:设有 5 个独立工作的元件 B_i($i=1,2,\cdots,5$),其可靠性均为 p(见题图 1.1).求两个系统的可靠性.

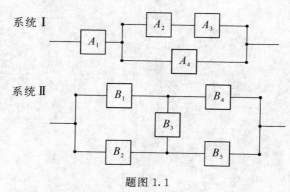

题图 1.1

36. (有限型的几何分布概率)一批产品共 N 件,其中有 $N-M$ 件正品,M 件次品,现进行逐件有放回地抽取,取到 1 件次品或者取到某指定的 $n(n \geqslant 1)$ 件为止.求 $A = \{$取了 k 件产品$\}$ 的 $P(A)$.

37. 有甲、乙两个篮球运动员,投篮命中率分别为 0.7 和 0.6,每人投篮 3 次,求:(1)两人进球数相等的概率;(2)甲比乙进球数多的概率.

38. 有甲、乙两个运动员进行乒乓球比赛,已知每一局甲胜的概率为 0.6,乙胜的概率为 0.4,比赛可以采用三局二胜制或五局三胜制,问在哪一种赛制下甲获胜的可能性较大?

39. (分赌本问题)有甲、乙两个赌徒各下赌注 500 元,他们的赌技相同.在赌博之前作了一个约定,即谁先胜三局时才可拿走 1 000 元.由于某种原因,中途终止了,没有得到最后的结果,此时甲二胜一负.问如何公平地分 1 000 元呢?

40. (Banach[巴拿赫]火柴盒问题) 某人衣服的口袋各装有一盒火柴,每次使用时他任取两盒中的一盒,然后再从中取一根火柴.假设每盒各装有 n 根,求他首次发现一盒空时,另一盒恰有 r 根的概率.

41. 一平面上的质点从原点出发作简单随机游动.若每秒走一个单位,向右走的概率为 $p(0 < p < 1)$,向上走的概率为 $1-p$,求(1)8 秒钟之后质点走到点 $Q(5,3)$ 的概率;(2)已知该质点走到点 $Q(5,3)$,求质点前 5 步均向右走,后 3 步均向上走到达 $Q(5,3)$ 的概率.

42. 在两个孩子的家庭中,已知有一个是女孩,求两个都是女孩的概率.

随机变量及其分布

变,是数学的灵魂.19 世纪初,概率论的开拓者们在自己研究的领域内引进了新的变量与函数——随机变量与分布函数——来描述、刻画随机现象,使概率论的研究借助数学分析这一工具有了飞速的发展,使之成为一门应用极为广泛的新兴的数学学科.

第 1 章中,我们用样本空间的子集来表示随机试验的各种结果,这是一种"定性"的描述,对全面讨论随机现象的统计规律性有较大的局限性.本章引入随机变量的概念,用实数来表示试验的各种结果,这是一种"定量"的描述,它不仅能全面地揭示随机现象客观存在的统计规律性,而且还为概率论知识的应用开辟了重要的通道.

2.1　随机变量及其分布函数

2.1.1　随机变量的概念

如何用随机变量来描述随机试验的结果？随机试验中的样本点本身分为以下两种类型：

1. 数量型

某个家庭一天内电话铃响的次数 N 是一个随机变量；测量的误差 ε 是一个随机变量；刚出生婴儿的体重 $X(\text{kg})$,身高 $Y(\text{cm})$ 是两个不同的随机变量.

2. 非数量型

此时需要设计随机变量,观察出生婴儿的性别,其样本空间仅含两个样本点 $\Omega = \{\omega_1, \omega_2\}$,$\omega_1$ 表示生男,ω_2 表示生女,根据研究需要(例如观测男婴比例)可定义：

$$X = \begin{cases} 1, & \omega_1 \text{ 发生}, \\ 0, & \omega_2 \text{ 发生}, \end{cases}$$

此时 X 就是随机变量,且

$$P(X = 1) = P(\{\omega_1\}), \ P(X = 0) = P(\{\omega_2\}).$$

上述例子告诉我们,利用一个随机取值的变量来描述随机试验的结果是可行的,下面给出随机变量的一般定义.

定义 2.1 设 Ω 为随机试验 E 的样本空间,若对 Ω 中的每个样本点 ω,都有唯一的实数 $X(\omega)$ 与之对应,则称 $X(\omega)$ 为定义在 Ω 上的**随机变量**.

由定义可知,随机变量是定义在样本空间上的单值实函数.它可以是不同的样本点对应不同的实数,也可以多个样本点对应同一个实数.这个函数的自变量(样本点)可以是实数也可以不是实数,但因变量一定是实数.

一般用大写的英文字母 X,Y,Z,$\cdots$等表示随机变量.引入随机变量后,就可以方便地用含有随机变量的等式或不等式来描述随机事件.例如:

(1)$(X=n)$ 表示事件 $A=\{$骰子掷出 n 点$\}$,$n=1,2,\cdots,6$;

(2)$(N\leqslant 3)$ 表示事件 $B=\{$命中靶心不超过 3 次$\}$;

(3)$(T\geqslant t)$ 表示事件 $C=\{$计算机寿命至少为 t 小时$\}$;

(4)$(5\leqslant Y\leqslant 20)$ 表示事件 $D=\{$明天气温介于 15℃ 至 20℃ 之间$\}$.

其中 X,N 的取值为有限个,T,Y 的取值则充满在整个区间内,这是两类最为常见的随机变量,除此外,还有其他一种类型的随机变量.

由于随机变量 X 是样本点 ω 的函数,其取值由样本点 ω 所确定,因此 X 有随机性;同时,样本点 ω 的发生具有一定的概率,则 X 在一定的范围内取值也有某个概率相伴,因此 X 还有统计规律性.这两个特性使得随机变量与普通的变量有本质的区别.

定义表明:设 X 是个随机变量,则对于实数轴上任意一个集合 G,样本空间 Ω 内所有能使 $X(\omega)\in G$ 的 ω 组成的集合代表了一个随机事件,把这个随机事件记作 $(X\in G)$.同时 G 确定后,$P(X\in G)$ 随之唯一确定了.由这个对应关系我们得到了以实数轴上集合 G 为自变量,值域为$[0,1]$的一个函数.这个函数称为随机变量 X 的**概率分布**或简称为**分布**.也称 X 服从这分布.概率分布表明了 X 取值的统计规律性.

例 2.1 投掷一枚骰子,设 $\omega_i=\{$面朝上的点数为 $i\}$,$i=1,2,\cdots,6$,则样本空间为

$$\Omega=\{\omega_1,\omega_2,\cdots,\omega_6\},$$

X 是定义在样本空间 Ω 上的一个随机变量,用下表来表示:

面朝上的点数	1	2	3	4	5	6
X 的取值	-1	2	2	2	3	3

求:X 的分布.

解 因为掷一枚骰子,每一面向上的概率都是 $\dfrac{1}{6}$,所以,

$$P(X = -1) = P(\{面朝上的点数为 1\}) = \frac{1}{6},$$

$$P(X = 2) = P(\{面朝上的点数为 2,3,4 中的任何一个\}) = \frac{3}{6} = \frac{1}{2},$$

$$P(X = 3) = P(\{面朝上的点数为 5,6 中的任何一个\}) = \frac{2}{6} = \frac{1}{3}.$$

因此,根据加法定理,对于实数轴上任意的一个集合 G,可以得到 X 的分布.方法如下:若 $G = [-2,2]$ 时,$-1,2,3$ 中只有 $-1,2$ 属于 G,只要把相应的概率 $\frac{1}{6}$,$\frac{1}{2}$,$\frac{1}{3}$ 中的有关几个相加,所以 $P(X \in [-2,2]) = \frac{1}{6} + \frac{1}{2} = \frac{2}{3}$.

例 2.2　在一个均匀陀螺的圆周上均匀地刻有区间 $[0,3)$ 上的诸数字.旋转这陀螺,记录当它停下时,圆周上接触桌面处所标有的数字 Y,求:Y 的分布.

解　按照陀螺形状的均匀性,以及刻度的均匀性,由此可知试验结果的全体可以用区间 $[0,3)$ 上的全体数目来表示,即样本空间 Ω 为区间 $[0,3)$.Y 是定义在 $\Omega = [0,3)$ 的一个函数,并且 Y 是按试验的结果来确定取什么值的,所以有

当 $\omega \in \Omega = [0,3)$ 时,$Y = Y(\omega) = \omega \in [0,3)$.

对于区间 $[0,3)$ 内任意子区间 $G \subset [0,3)$,根据几何概率的定义得,

$$P(Y \in G) = \frac{G\ 的长度}{3},$$

同理,对于实数轴上任意的一个子区间 G,由于 Y 取区间 $[0,3)$ 外的概率为 0,因此

$$P(Y \in G) = P((Y \in G) \bigcap [0,3)) + P((Y \in G) \bigcap \overline{[0,3)})$$
$$= \frac{(Y \in G) \bigcap [0,3))\ 的长度}{3},$$

以上就是 Y 的分布.

定义 2.2　随机变量 X 的可能的取值范围和取这些值处的概率,称为随机变量 X 的**概率分布**.

2.1.2　随机变量的分布函数

有没有分布是区分一般变量与随机变量的主要标志.有许多随机变量的取值是不能一一列举的,且有的随机变量取某个固定值的概率可能恒为零.例如:在测试计算机寿命时,可认为寿命 T 的取值充满了区间 $[0,+\infty)$,事件 $(T = t_0)$ 表示计算机的寿命正好是 t_0.然而实际中,哪怕测试 100 万台计算机的寿命,可能也不会有一台的寿命正好是 t_0.这就是说,事件 $(T = t_0)$ 发生的频率在零附近波动,自然可认为

$P(T = t_0) = 0$(这一结论在 2.3 节将被证明). 由此可见, 对某类随机变量, 讨论事件 $(X = x_0)$ 的概率没有多大意义. 换言之, 有许多随机变量的概率分布情况不能以其取某个值的概率来表示. 故我们转而讨论随机变量 X 的取值落在某一个区间里的概率, 即取定 $x_1, x_2(x_1 < x_2)$, 讨论 $P(x_1 < X \leqslant x_2)$. 因为

$$P(X \leqslant x_2) = P((X \leqslant x_1) \bigcup (x_1 < X \leqslant x_2))$$
$$= P(X \leqslant x_1) + P(x_1 < X \leqslant x_2)$$

所以

$$P(x_1 < X \leqslant x_2) = P(X \leqslant x_2) - P(X \leqslant x_1)$$

于是, 对任何一个实数 x, 只需知道 $P(X \leqslant x)$, 就可知道 X 的取值落在任一区间里的概率. 所以选用 $P(X \leqslant x)$ 来表达随机变量 X 的概率分布情况是可行的.

定义 2.3 设 X 为随机变量, 对任意实数 $x \in (-\infty, +\infty)$, 称

$$F(x) = P(X \leqslant x)$$

为随机变量 X 的**分布函数**, 记为 $X \sim F(x)$. 有时也可用 $F_X(x)$ 表示 X 的分布函数.

例 2.3 向半径为 $\sqrt{2}$ 的圆内随机掷一点, 求此点到圆心距离 X 的分布函数 $F(x)$, 并计算 $P\left(X > \dfrac{\sqrt{2}}{3}\right)$.

解 事件 $(X \leqslant x)$ 表示所掷之点落在半径为 x 的圆内.

当 $x < 0$ 时, $F(x) = P(X \leqslant x) = 0$;

当 $0 \leqslant x < \sqrt{2}$ 时, 由几何概率知 $F(x) = P(X \leqslant x) = \dfrac{\pi x^2}{\pi(\sqrt{2})^2} = \dfrac{x^2}{2}$;

当 $x \geqslant \sqrt{2}$ 时, $F(x) = P(X \leqslant x) = P(\Omega) = 1$.

于是所求分布函数为

$$F(x) = \begin{cases} 0, & x < 0, \\ \dfrac{x^2}{2}, & 0 \leqslant x < \sqrt{2}, \\ 1, & x \geqslant \sqrt{2}, \end{cases}$$

$$P\left(X > \frac{\sqrt{2}}{3}\right) = 1 - P\left(X \leqslant \frac{\sqrt{2}}{3}\right) = 1 - F\left(\frac{\sqrt{2}}{3}\right) = 1 - \frac{1}{2}\left(\frac{\sqrt{2}}{3}\right)^2 = \frac{8}{9}.$$

由例 2.3 可以看出: 有了分布函数, 就可据此计算与随机变量 X 有关事件的概率.

分布函数具有以下三个基本性质:

(1) **单调性** 当 $x_1 < x_2$ 时, 有 $F(x_1) \leqslant F(x_2)$.

(2) **有界性**　对任意的 x 有 $0 \leqslant F(x) \leqslant 1$，且

$$F(-\infty) = \lim_{x \to -\infty} F(x) = 0,$$
$$F(+\infty) = \lim_{x \to +\infty} F(x) = 1.$$

(3) **右连续性**　$F(x)$ 是 x 的右连续函数，即对任意的 x_0，有

$$F(x_0 + 0) = \lim_{x \to x_0^+} F(x) = F(x_0).$$

证　(1) 设 $x_1 < x_2$，由事件 $(X \leqslant x_1) \subset (X \leqslant x_2)$ 可得

$$F(x_1) = P(X \leqslant x_1) \leqslant P(X \leqslant x_2) = F(x_2).$$

(2) 因为 $F(x)$ 是事件 $(X \leqslant x)$ 的概率，所以 $0 \leqslant F(x) \leqslant 1$. 对其余两式，仅给出直观解释，不作严格的证明. 事实上，$F(-\infty)$ 是事件 $(X < -\infty)$ 的概率，而 $(X < -\infty)$ 是不可能事件，故 $F(-\infty) = 0$；类似地，$(X < +\infty)$ 是必然事件，故 $F(+\infty) = 1$.

性质 (3) 的证明需用到概率的连续性定理，这已超出本书的范围，有兴趣的读者可查阅其他参考书.

以上三个性质是分布函数必须具有的性质，还可以证明：满足这三个基本性质的函数一定是某个随机变量的分布函数. 从而这三个基本性质成为判别某个函数是否能成为分布函数的充分必要条件.

例 2.4　设随机变量 X 的分布函数为 $F(x)$，证明对实数 a 与 b 有：

(1) $P(a < X \leqslant b) = F(b) - F(a)$；

(2) $P(X = a) = F(a) - F(a - 0)$.

证　利用分布函数定义

(1) $P(a < X \leqslant b) = P(X \leqslant b) - P(X \leqslant a) = F(b) - F(a)$；

(2) 由 $P(X \leqslant x) = F(x)$ 得 $P(X < a) = \lim_{x \to a^-} F(x) = F(a - 0)$，从而

$$P(X = a) = P(X \leqslant a) - P(X < a) = F(a) - F(a - 0).$$

由例 2.4 又容易得到

$$P(a \leqslant X \leqslant b) = F(b) - F(a - 0),$$
$$P(a < X < b) = F(b - 0) - F(a),$$
$$P(a \leqslant X < b) = F(b - 0) - F(a - 0),$$

这些公式在以后的概率计算中会经常遇到.

随机变量 X 落在区间 $(x_1, x_2]$ 里的概率可用分布函数来计算，

$$P(x_1 < X \leqslant x_2) = P(X \leqslant x_2) - P(X \leqslant x_1) = F(x_2) - F(x_1),$$

从这个意义上说,分布函数完整地表示了随机变量的概率分布情况.

例 2.5 判断下面的一个反正切函数 $F(x)$ 能否成为某随机变量 X 的分布函数?

$$F(x) = \frac{1}{\pi}\left(\arctan x + \frac{\pi}{2}\right), \ x \in (-\infty, +\infty).$$

解 由于 $g(x) = \arctan x$ 在 $(-\infty, +\infty)$ 上连续,并且为严格单调增, $g(-\infty) = -\frac{\pi}{2}$, $g(+\infty) = \frac{\pi}{2}$,所以当 $x_1 < x_2$ 时,

$$F(x_1) = \frac{1}{\pi}\left[g(x_1) + \frac{\pi}{2}\right] < \frac{1}{\pi}\left[g(x_2) + \frac{\pi}{2}\right] = F(x_2),$$

即 $F(x)$ 也连续并严格单调增,又

$$F(-\infty) = \frac{1}{\pi}\left[g(-\infty) + \frac{\pi}{2}\right] = 0, \ F(+\infty) = \frac{1}{\pi}\left[g(+\infty) + \frac{\pi}{2}\right] = 1,$$

则有 $0 \leqslant F(x) \leqslant 1$. 从而 $F(x)$ 满足三个基本性质,可以是某随机变量 X 的分布函数.

若 $X \sim F(x) = \frac{1}{\pi}\left[\arctan x + \frac{\pi}{2}\right]$,则称 X 服从 **Cauchy(柯西)分布**.

例 2.6 设随机变量 X 的分布函数

$$F(x) = \begin{cases} 0, & x < 0 \\ x + 0.3, & 0 \leqslant x < 0.5 \\ 1, & x \geqslant 0.5 \end{cases}$$

计算:(1) $P(X = 0)$;(2) $P(X = 0.4)$;(3) $P(X \geqslant 0.4)$;(4) $P(0 < X \leqslant 0.7)$;(5) $P(0 \leqslant X \leqslant 0.7)$.

解 (1) $P(X = 0) = F(0) - F(0-0) = 0 + 0.3 - 0 = 0.3$;

(2) $P(X = 0.4) = F(0.4) - F(0.4-0) = 0.4 + 0.3 - 0.4 - 0.3 = 0$;

(3) $P(X \geqslant 0.4) = 1 - P(X < 0.4) = 1 - F(0.4-0) = 1 - 0.4 - 0.3$
$\qquad = 0.3$;

(4) $P(0 < X \leqslant 0.7) = F(0.7) - F(0) = 1 - 0.3 = 0.7$;

(5) $P(0 \leqslant X \leqslant 0.7) = F(0.7) - F(0-0) = 1 - 0 = 1$.

例 2.6 中的随机变量 X 比较特殊,它取固定值的概率可以为零也可以不为零(如(1)与(2),2.3 节中我们会看到连续型随机变量取固定值的概率必为零),两个不同事件 $(X = 0)$ 与 $(X \geqslant 0.4)$ 的概率可以相等,随机变量 X 落在长度相等的区间上的概率可以不等(如(4)与(5)).

2.2 离散型随机变量的概率分布

2.2.1　离散型随机变量的分布

定义2.4　若随机变量 X 的全部可能取值为有限多个或可列无穷多个，则称 X 为**离散型随机变量**.

设离散型随机变量 X 的全部可能取值为 x_1，x_2，$\cdots$，x_i，$\cdots$，且取各个值的概率

$$P(X = x_i) = p_i, i = 1, 2, \cdots, \tag{2.1}$$

则称上式为离散型随机变量 X 的**概率分布列**，简称**分布列**或**分布律**，记为 $X \sim P(X = x_i)$.

式(2.1)是分布列的解析表达形式，它也可用表格形式表示，即

X	x_1	x_2	$\cdots$	x_i	$\cdots$
P	p_1	p_2	$\cdots$	p_i	$\cdots$

还可以表示成矩阵的形式：

$$X \sim \begin{pmatrix} x_1 & x_2 & \cdots & x_i & \cdots \\ p_1 & p_2 & \cdots & p_i & \cdots \end{pmatrix}$$

分布列的图像表示见图 2.1(称为散点图)：

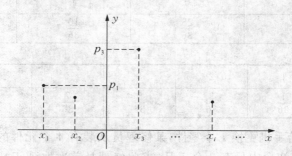

图 2.1　散点图

由概率的定义易知分布列具有以下两个基本性质：

(1) **非负性**　$p_i \geqslant 0, i = 1, 2, \cdots;$

(2) **规范性**　$\displaystyle\sum_{i=1}^{\infty} p_i = 1.$

这两个性质也是判别某个数列是否成为分布列的充分必要条件.

设 $F(x)$ 是离散型随机变量 X 的分布函数,则分布函数与分布列可互相表示,即有如下关系式:

$$\begin{cases} F(x) = \sum_{x_i \leqslant x} P(X = x_i) = \sum_{x_i \leqslant x} p_i, \\ p_i = F(x_i) - F(x_{i-1}), \ i = 1, 2, \cdots. \end{cases}$$

这里的和式是对所有满足 $x_i \leqslant x$ 的 i 求和.

事实上,对离散型随机变量 X,事件 $(X \leqslant x)$ 就是所有 $x_i \leqslant x$ 的事件 $(X = x_i)$ 之和,所以离散型随机变量 X 的分布函数为

$$F(x) = P(X \leqslant x) = P(\bigcup_{x_i \leqslant x} (X = x_i)) = \sum_{x_i \leqslant x} P(X = x_i) = \sum_{x_i \leqslant x} p_i$$

反之

$$p_i = P(X = x_i) = P(x_{i-1} < X \leqslant x_i) = F(x_i) - F(x_{i-1})$$

例 2.7 掷两枚骰子,记 X 为掷出 3 点的个数,Y 为掷出最大点数,求 X 与 Y 的分布列.

解 掷两枚骰子,其样本空间 $\Omega = \{(x, y) \mid x, y = 1, 2, \cdots, 6\}$ 含 36 个等可能的样本点. X 为掷出 3 点的个数,其可能取 0,1,2 三个值,对应这三个值的样本点个数分别为 25,10,1;Y 为掷出最大点数,其可能取 1,2,3,4,5,6 六个数,对应这六个点数的样本点个数分别为 1,3,5,7,9,11.

由古典方法得到两个随机变量的分布列如下:

X	0	1	2
P	$\dfrac{25}{36}$	$\dfrac{10}{36}$	$\dfrac{1}{36}$

Y	1	2	3	4	5	6
P	$\dfrac{1}{36}$	$\dfrac{3}{36}$	$\dfrac{5}{36}$	$\dfrac{7}{36}$	$\dfrac{9}{36}$	$\dfrac{11}{36}$

例 2.8 为给手机更换 1 个零件,某修理员从装有 4 个元件的盒子中逐一取出元件进行测试.已知盒中只有 2 个正品,求此修理员首次取到正品元件所需取的次数 X 的分布列与分布函数.

解 设事件 $A_k = \{$第 k 次取到正品$\}$,$k = 1, 2, 3$,由古典方法可得

$$p_1 = P(X = 1) = P(A_1) = \frac{1}{2},$$

由乘法公式

$$p_2 = P(X = 2) = P(\overline{A_1}A_2) = P(\overline{A_1})P(A_2 \mid \overline{A_1}) = \frac{2}{4} \times \frac{2}{3} = \frac{1}{3}.$$

根据概率的规范性

$$p_3 = P(X = 3) = 1 - p_1 - p_2 = \frac{1}{6},$$

从而

$$X \sim \begin{pmatrix} 1 & 2 & 3 \\ \dfrac{1}{2} & \dfrac{1}{3} & \dfrac{1}{6} \end{pmatrix},$$

由此得 X 的分布函数:

$$F(x) = \sum_{x_i \leqslant x} p_i = \begin{cases} 0, & x < 1, \\ 1/2, & 1 \leqslant x < 2, \\ 5/6, & 2 \leqslant x < 3, \\ 1, & x \geqslant 3, \end{cases}$$

$F(x)$ 的图形如图 2.2 所示. 它是阶梯形曲线, 在 $x = 1, 2, 3$ 处产生跳跃, 而跃度正好是随机变量 X 在这些点处取值的概率.

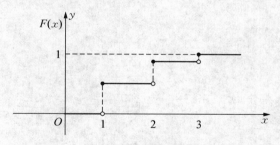

图 2.2 阶梯形曲线

一般, 若 X 服从 n 点分布, 则其分布函数 $F(x)$ 为 $n+1$ 段的阶梯函数, 它有 n 个第一类间断点.

在第 1 章里曾经提到, 必然事件 Ω 可以作为随机事件的极端情形来看待. 相应地, 在 Ω 上有定义的恒等于常数 c 的变量 X, 也可以看作为随机变量的极端情形. 这时, 随机变量 X 的分布列为

$$P(X = c) = 1,$$

这个分布称为**单点分布**或**退化分布**, 它的分布函数是

$$F(x) = \begin{cases} 0, & x < c, \\ 1, & x \geqslant c. \end{cases}$$

2.2.2 离散型随机变量的常用分布列

下面介绍几种重要的离散型随机变量及概率分布:

1. (0—1)分布

若离散型随机变量的分布列为

$$P(X = k) = p^k(1 - p)^{1-k}, k = 0, 1; 0 < p < 1,$$

则称 X 服从参数为 p 的(0—1)分布.

凡是试验只有两个结果,如产品是否合格、天气是否下雨、系统是否正常、种子能否发芽、新生婴儿性别等等均可用(0—1)分布来描述,只不过对不同的问题,参数 p 的取值不同.

2. 二项分布

若离散型随机变量 X 的分布列为

$$P(X = k) = C_n^k p^k(1 - p)^{n-k}, k = 0, 1, \cdots, n; 0 < p < 1,$$

则称 X 服从参数为 n, p 的**二项分布**或 **Bernoulli(伯努利)分布**,记为 $X \sim B(n, p)$.

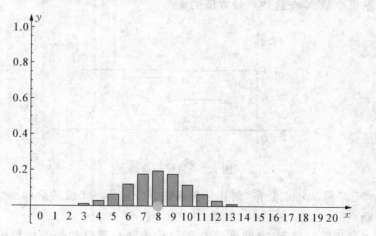

图 2.3　$n = 16$, $p = 0.5$ 的 Bernoulli 分布

记 $P_n(k) = C_n^k p^k(1 - p)^{n-k}$,它表示 n 次 Bernoulli 试验中,概率为 p 的事件恰发生 k 次.容易证明 $C_n^k p^k(1 - p)^{n-k} \geqslant 0$,且

$$\sum_{k=0}^{n} C_n^k p^k(1 - p)^{n-k} = (p + (1 - p))^n = 1,$$

注意到 $C_n^k p^k (1-p)^{n-k}$ 正好是二项式 $(p+(1-p))^n$ 展开式的一般项,这便是二项分布名称的由来.

特别地,当 $n=1$ 时,二项分布为 $(0-1)$ 分布.故当 X 服从 $(0-1)$ 分布时,常记为 $X \sim B(1, p)$.

二项分布可应用于试验可重复独立进行 n 次,且每次试验只有两个结果的场合.比如:临床观察 28 位服用特效药的病人,则痊愈的人数 $X \sim B(28, p)$,p 为痊愈率;购买 16 张体育彩票,则中彩的彩票数 $Y \sim B(16, p)$,p 为中彩率;抽检 100 台微波炉,其中合格台数 $Z \sim B(100, p)$,p 为合格率.

例 2.9　某大学的校乒乓球队与数学系乒乓球队进行单打对抗赛,双方队员比赛时,校队运动员获胜概率为 0.6.现在校系双方就对抗赛方式提出两种方案:

(1) 双方各出 5 人,打满 5 局;

(2) 双方各出 7 人,打满 7 局.

对数学系队来说选哪种方案有利?

解　设数学系队得胜人数为 X,则 $X \sim B(n, 0.4)$,$n=5, 7$.在两种方案中,数学系获胜概率为

$$(1) \; P(X \geqslant 3) = \sum_{k=3}^{5} P_5(k) = \sum_{k=3}^{5} C_5^k (0.4)^k (0.6)^{5-k} \approx 0.3174;$$

$$(2) \; P(X \geqslant 4) = \sum_{k=4}^{7} P_7(k) = \sum_{k=4}^{7} C_7^k (0.4)^k (0.6)^{7-k} \approx 0.2743.$$

由此可知选第一种方案对数学系队有利.这在直觉上容易理解,参赛人数愈少,数学系队侥幸获胜的可能性也就愈大.若双方只出一人比赛,则数学系队获胜概率就是 0.4.

下面考察二项分布的取值情况,设 $X \sim B\left(8, \dfrac{1}{3}\right)$,其分布列

$$\begin{pmatrix} 0 & 1 & 2 & 3 & 4 & 5 & 6 & 7 & 8 \\ 0.039 & 0.156 & 0.273 & 0.273 & 0.179 & 0.068 & 0.017 & 0.0024 & 0.0000 \end{pmatrix},$$

可见,当 $k=2$ 或 3 时,取得最大概率

$$P_8(2) = P_8(3) = 0.273.$$

设 $X \sim B\left(20, \dfrac{1}{5}\right)$,其分布列

$$\begin{pmatrix} 0 & 1 & 2 & 3 & 4 & 5 & 6 & 7 & 8 & 9 \sim 20 \\ 0.01 & 0.06 & 0.14 & 0.21 & 0.22 & 0.18 & 0.11 & 0.06 & 0.02 & <0.02 \end{pmatrix},$$

可见,当 $k=4$ 时,取得最大概率

$$P_{20}(4) = 0.22.$$

通常称使概率达到最大的 k 为 n 次独立试验中最可能成功次数. 可以证明任何二项分布中这样的 k 都存在一个或两个.

定义 2.5 设离散随机变量 $X \sim B(n, p)$，k^* 为 $0, 1, \cdots, n$ 中某个值，若

$$P(X = k^*) \geqslant P(X = j), \quad j = 0, 1, \cdots, n;$$

则称 k^* 为 n 次独立试验中**最可能成功次数**. 在一般情形下如何求 k^*？记

$$p_k = P(X = k) = C_n^k p^k (1-p)^{n-k},$$

由不等式组

$$
\begin{cases}
\dfrac{p_{k-1}}{p_k} = \dfrac{(1-p)k}{p(n-k-1)} \leqslant 1, \\[3mm]
\dfrac{p_k}{p_{k+1}} = \dfrac{(1-p)(k+1)}{p(n-k)} \geqslant 1,
\end{cases}
$$

解得 $(n+1)p - 1 \leqslant k \leqslant (n+1)p$，故有如下结论：

(1) 当 $(n+1)p$ 为整数时，最可能成功次数

$$k^* = (n+1)p \ 与 \ (n+1)p - 1;$$

(2) 当 $(n+1)p$ 非整数时，最可能成功次数

$$k^* = [(n+1)p],$$

其中 $[x]$ 为小于等于 x 的最大整数.

例 2.10 高射机枪打飞机，独立射击 5 000 次，每次命中率为 0.001，求：

(1) 最可能命中次数及相应的概率；

(2) 命中次数不少于 1 次的概率.

解 (1) $k = [(n+1)p] = [(5\,000 + 1) \times 0.001] = [5.001] = 5,$

$$P_{5\,000}(5) = C_{5\,000}^5 (0.001)^5 (0.999)^{4\,995} \approx 0.175\,6;$$

(2) 设 X 为命中次数，则 $X \sim B(5\,000, 0.001)$，

$$P(X \geqslant 1) = 1 - P(X = 0) = 1 - P_{5\,000}(0) = 1 - (0.999)^{5\,000} \approx 0.993\,3.$$

此概率接近于 1，即连续射击 5 000 次实际上可以确定命中一次以上. 这就告诉人们：小概率事件在一次试验中，一般不会发生，但若重复次数多了，便成为大概率事件，实际上可以确定发生. 人们日常生活中常说的"不怕一万，就怕万一"，就是提醒大家不要轻视"小概率事件".

在例 2.10 中若要直接计算

$$P(X \geqslant 10) = 1 - P(X < 10) = 1 - \sum_{k=0}^{9} P_{5\,000}(k)$$

比较麻烦. 下面给出一个当 n 较大而 p 较小时的近似计算公式.

定理 2.1 **Poisson（泊松）定理**

设 $\lambda > 0$ 是一常数，n 为正整数，若 $np_n = \lambda$，则对任一固定非负整数 k，有

$$\lim_{n \to \infty} C_n^k p_n^k (1 - p_n)^{n-k} = \frac{\lambda^k}{k!} e^{-\lambda}.$$

证 由 $p_n = \dfrac{\lambda}{n}$，有

$$C_n^k p_n^k (1 - p_n)^{n-k} = \frac{n(n-1)\cdots(n-k-1)}{k!} \left(\frac{\lambda}{n}\right)^k \left(1 - \frac{\lambda}{n}\right)^{n-k}$$

$$= \frac{\lambda^k}{k!}\left[1 \times \left(1 - \frac{1}{n}\right)\left(1 - \frac{2}{n}\right)\cdots\left(1 - \frac{k-1}{n}\right)\right]\left(1 - \frac{\lambda}{n}\right)^n \left(1 - \frac{\lambda}{n}\right)^{-k},$$

对任意固定的 k，当 $n \to \infty$ 时

$$\left(1 - \frac{i}{n}\right) \to 1, \quad i = 1, 2, \cdots, k-1; \quad \left(1 - \frac{\lambda}{n}\right)^{-k} \to 1;$$

$$\left(1 - \frac{\lambda}{n}\right)^n = \left(1 - \frac{\lambda}{n}\right)^{-\frac{n}{\lambda} \times (-\lambda)} \to e^{-\lambda},$$

所以有

$$\lim_{n \to \infty} C_n^k p_n^k (1 - p_n)^{n-k} = \frac{\lambda^k}{k!} e^{-\lambda}.$$

定理表示，当 $X \sim B(n, p)$，且 n 较大而 p 较小时有以下近似公式：

$$C_n^k p^k (1 - p)^{n-k} \approx \frac{\lambda^k}{k!} e^{-\lambda}, \quad \lambda = np.$$

重新计算例 2.10(2)，取 $\lambda = np = 5$，

$$P(X \geqslant 1) = 1 - C_{5\,000}^0 (0.001)^0 (0.999)^{5\,000}$$

$$\approx 1 - \frac{5^0}{0!} e^{-5} = 1 - 0.006\,7 = 0.993\,3,$$

可见近似程度相当好.

例 2.11 某车间有同类型设备 300 台，每台设备的工作是相互独立的，发生故障的概率都是 0.01. 一台设备的故障由一名维修工处理. 问：至少需要配备多少名维修工，才能保证设备发生故障时能及时维修的概率不小于 0.99？

解 设需要配备 m 名维修工，X 为同一时刻发生故障的设备数，则 $X \sim B(300, 0.01)$. 现要确定 m 的最小值，使 $P(X \leqslant m) \geqslant 0.99$，取 $\lambda = np = 3$，由 Poisson 定理

$$P(X \leqslant m) = \sum_{k=0}^{m} C_{300}^{k} (0.01)^k (0.99)^{300-k} \approx \sum_{k=0}^{m} \frac{3^k}{k!} \mathrm{e}^{-3} \geqslant 0.99,$$

从而

$$P(X > m) \approx 1 - \sum_{k=0}^{m} \frac{3^k}{k!} \mathrm{e}^{-3} = \sum_{k=m+1}^{\infty} \frac{3^k}{k!} \mathrm{e}^{-3} \leqslant 0.01,$$

查书末 Poisson 分布表得最小的 $m = 8$. 所以至少要配备 8 名维修工才能达到要求.

类似的问题在各种场合都会遇到，如机场供飞机起降的跑道数的确定、电影院设置多少座位最佳、一地区共开设几家大卖场为宜等等.

例 2.12 题设条件同例 2.9. 现再设具体维修的方法有两种：一是 10 人分开维修，每人负责 30 台；二是由 10 人共同维修 300 台，试比较哪种维修方式好？

解 只要比较哪种维修方式能及时维修的概率大.

(1) 分块负责.

设事件 A_i 为第 i 个人负责的 30 台设备发生故障能及时得到维修，X_i 表示第 i 个人负责的 30 台设备中同时发生故障的设备数，则 $X_i \sim B(30, 0.01)$，$i = 1$，$2, \cdots, 10$.

取 $\lambda = np = 0.3$，由泊松定理

$$P(A_i) = 1 - P(\overline{A_i}) = 1 - P(X_i \geqslant 2) = 1 - \sum_{k=2}^{30} C_{30}^{k} (0.01)^k (0.99)^{30-k}$$

$$\approx 1 - \sum_{k=2}^{30} \frac{(0.3)^k}{k!} \mathrm{e}^{-0.3} \approx 1 - \sum_{k=2}^{\infty} \frac{(0.3)^k}{k!} \mathrm{e}^{-0.3} = 1 - 0.0369 = 0.9631,$$

于是分块负责能及时维修的概率

$$P(\bigcap_{i=1}^{10} A_i) = [P(A_i)]^{10} = (0.9631)^{10} = 0.6866.$$

(2) 共同负责.

设 X 为 300 台设备中同时发生故障的设备数，则 $X \sim B(300, 0.01)$. 取 $\lambda = np = 3$，由 Poisson 定理

$$P(X \leqslant 10) = \sum_{k=0}^{10} C_{300}^{k} (0.01)^k (0.99)^{300-k}$$

$$\approx 1 - \sum_{k=11}^{\infty} \frac{3^k}{k!} \mathrm{e}^{-3} = 1 - 0.0003 = 0.9997,$$

由于 $0.9997 > 0.6866$，显然共同负责比分块负责好.

如果将共同负责的 10 人减去一半，则

$$P(X \leqslant 5) \approx 1 - \sum_{k=6}^{\infty} \frac{3^k}{k!} e^{-3} = 1 - 0.0839 = 0.9161 > 0.6866,$$

此时尽管每人的维修任务加重一倍，但工作效率仍高于分块负责的效率.

上述例子表明：概率方法应用于国民经济的某些问题时，能够达到有效地使用人力、物力资源的目的，问题愈宏观，产生的作用愈大.

3. Poisson（泊松）分布

若离散型随机变量 X 的分布列为

$$P(X = k) = \frac{\lambda^k}{k!} e^{-\lambda}, \ k = 0, 1, \cdots; \lambda > 0,$$

则称 X 服从参数为 λ 的 Poisson **分布**，记为 $X \sim \pi(\lambda)$.

由函数的幂级数展开公式 $e^x = \sum_{k=0}^{\infty} \frac{x^k}{k!}$，不难验证泊松分布的规范性：

$$\sum_{k=0}^{\infty} \frac{\lambda^k}{k!} e^{-\lambda} = e^{-\lambda} \sum_{k=0}^{\infty} \frac{\lambda^k}{k!} = e^{-\lambda} e^{\lambda} = 1.$$

概率理论的研究表明泊松分布在理论上有其特殊重要的地位，在实际应用上的例子更是不胜枚举，比如我们可以把下面的随机数：

（1）某地区一段时间内发生的交通事故的次数；

（2）某市级医院一天内的急诊病人数；

（3）某公共汽车起始站一段时间内的乘客数；

（4）某工厂大型车间一段时间内机床发生故障的次数；

（5）单位时间内一电路受到外界电磁波的冲击次数；

（6）一本书中的印刷错误个数；

（7）一匹布上的疵点个数；

（8）一容器中的细菌数.

……

都看做是源源不断出现的随机质点流，若它们满足一定的条件，则称为 Poisson 流，在长为 t 的时间内出现的质点数 $X \sim \pi(\lambda t)$.

从上面例子看出泊松分布常与单位时间（或单位面积、单位产品）上的计数过程相联系.

例 2.13　夏季用电高峰时，个别用户会因超负荷、线路老化等问题发生断电事故. 已知某城市每天发生的停电次数 X 服从参数 $\lambda = 0.7$ 的泊松分布. 求该城市一天发生 3 次以上停电事故的概率.

解 $P(X > 3) = 1 - P(X \leqslant 3) = 1 - \sum_{k=0}^{3} \dfrac{(0.7)^k}{k!} e^{-0.7}$

$$= 1 - \left(1 + 0.7 + \dfrac{0.49}{2} + \dfrac{0.343}{6}\right) e^{-0.7}$$

$$= 1 - 0.9942 = 0.0058,$$

或者直接查表计算

$$P(X > 3) = \sum_{k=4}^{\infty} \dfrac{(0.7)^k}{k!} e^{-0.7} = 0.0058.$$

4. 超几何分布

先设计一个抽取产品的模型:一批产品共 N 件,其中 M 件为次品,现从中随机地逐件不放回地抽取 n 件,设 X 为 n 件中的次品数,则

$$P(X = k) = \dfrac{C_M^k C_{N-M}^{n-k}}{C_N^n}, \quad k = 0, 1, \cdots, m = \min(n, M),$$

此时称 X 服从参数为 n, N, M 的超几何分布,记为 $X \sim H(n, N, M)$.

容易验证超几何分布满足分布列的 2 个性质,令

$$A_k = \{n \text{ 件中有 } k \text{ 件次品}\}, \quad k = 0, 1, \cdots, m = \min(n, M),$$

有(1) $P(A_k) \geqslant 0$;

(2) 由于各 A_k 互不相容,且 $\sum_{k=0}^{m} P(A_k) = P(A_0 \bigcup A_1 \bigcup \cdots \bigcup A_m) = P(\Omega) = 1$,得

$$\sum_{k=0}^{m} P(A_k) = \dfrac{C_M^k C_{N-M}^{n-k}}{C_N^n} = 1, \quad m = \min(n, M).$$

超几何分布与二项分布都可应用于产品质量检验的场合,所不同之处在于前者是不放回抽样,后者是放回抽样.

当 $n \ll N$ 时,即抽样数 n 远小于产品总数 N 时,每次抽取后,总体中的不合格率 $p = \dfrac{M}{N}$ 改变甚微,所以不放回抽样可近似地看成放回抽样,这时超几何分布可用二项分布近似:

$$\dfrac{C_M^k C_{N-M}^{n-k}}{C_N^n} \approx C_n^k p^k (1-p)^{n-k}, \quad p = \dfrac{M}{N}.$$

5. 几何分布

在 Bernoulli 试验序列中,每次试验中事件 A 发生的概率为 p,如果 X 为事件 A 首

次发生时的试验次数,其分布列为

$$P(X = k) = (1-p)^{k-1} p, \ k = 1, 2, \cdots;$$

则称 X 服从参数为 p 的几何分布,记为 $X \sim G(p)$.

几何分布的规范性请读者自行证明. 凡是试验首次成功或失败的场合,均可用几何分布来描述,比如:

(1) 某产品的不合格率为 0.02,首次查到不合格品的检查次数 $X \sim G(0.02)$;

(2) 某射手命中率为 0.9,则首次击中目标的射击次数 $Y \sim G(0.9)$;

(3) 同时掷两枚骰子,首次出现两个点数之和为 10 的投掷次数 $Z \sim G\left(\dfrac{1}{12}\right)$.

几何分布具有无记忆性,即有如下定理:

定理 2.2　设 $X \sim G(p)$,则对任意正整数 m 与 n 有 $P(X > m+n \,|\, X > m) = P(X > n)$.

证　因为

$$P(X > n) = \sum_{k=n+1}^{+\infty} (1-p)^{k-1} p = 1 - \sum_{k=1}^{n} (1-p)^{k-1} p = 1 - p \frac{1-(1-p)^n}{1-(1-p)} = (1-p)^n,$$

所以对任意正整数 m 与 n 有

$$P(X > m+n \,|\, X > m) = \frac{P((X > m+n)(X > m))}{P(X > m)} = \frac{P(X > m+n)}{P(X > m)}$$

$$= \frac{(1-p)^{m+n}}{(1-p)^m} = (1-p)^n = P(X > n).$$

下面解释定理中概率等式的含义.

在伯努利试验序列中,事件 A 首次出现的试验次数 X 服从几何分布. 定理表明:在前 m 次试验中 A 没有出现的条件下,在接下去的 n 次试验中 A 仍未出现的概率只与 n 有关,而与以前的 m 次试验无关,似乎忘记了前 m 次试验结果,这便是无记忆性.

例 2.14　某人独立地射击,每次射击的命中率为 $p(0 < p < 1)$. 求首次击中目标时所需射击次数 X 的分布列和分布函数.

解　显然 $X \sim G(p)$ 其分布列为

$$P(X = k) = (1-p)^{k-1} p, \ k = 1, 2, \cdots;$$

因为

$$P(X \leqslant x) = \sum_{k=1}^{[x]} P(X = k) = \sum_{k=1}^{[x]} p(1-p)^{k-1},$$

其中 $[x]$ 是不超过 x 的最大整数,由此可得 X 的分布函数

$$F(x) = \begin{cases} 0, & x < 1, \\ \sum\limits_{k=1}^{[x]} p(1-p)^{k-1}, & x \geqslant 1, \end{cases}$$

化简

$$F(x) = \begin{cases} 0, & x < 1, \\ 1-(1-p)^{[x]}, & x \geqslant 1. \end{cases}$$

6. 负二项分布

在 Benoulli 试验序列中,每次试验中事件 A 发生的概率为 p,如果 X 为事件 A 出现 n 次所需的试验次数,有

$$P(X = k) = C_{k-1}^{n-1}(1-p)^{k-n}p^n, \ k = n, \ n+1, \ n+2, \ \cdots.$$

此时称 X 服从参数为 n 和 p 的**负二项分布**,或称 **Pascal(帕斯卡)分布**,记为 $X \sim P(n, \ p)$.

当 $n = 1$ 时,负二项分布为几何分布,即 $P(n, \ p) = G(p)$. 令 $x = k-n$,则

$$P(X = x+n) = C_{x+n-1}^{n-1}p^n(1-p)^x, \ x = 0, \ 1, \ 2, \ \cdots,$$

如图 2.4 所示.

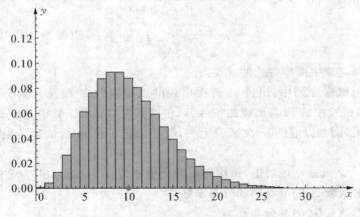

图 2.4　$n = 10$, $p = 0.5$ 的 Pascal 分布

下面利用幂级数在收敛域内可逐项求导的性质证明负二项分布的规范性:

当 $|x| < 1$ 时,$\sum\limits_{k=1}^{\infty} x^{k-1} = \dfrac{1}{1-x}$,两边求导得 $\sum\limits_{k=2}^{\infty}(k-1)x^{k-2} = \dfrac{1}{(1-x)^2}$,

再求导得

$$\sum_{k=3}^{\infty}(k-1)(k-2)x^{k-3}=\frac{2}{(1-x)^3},$$

整理得

$$\sum_{k=3}^{\infty}C_{k-1}^2 x^{k-3}=\frac{1}{(1-x)^3}.$$

利用归纳法可证得以下一般的结果：

$$\sum_{k=n}^{\infty}C_{k-1}^{n-1}x^{k-n}=\frac{1}{(1-x)^n},$$

令 $x=1-p$，得

$$\sum_{k=n}^{\infty}C_{k-1}^{n-1}(1-p)^{k-n}=\frac{1}{p^n},$$

从而

$$\sum_{k=n}^{\infty}C_{k-1}^{n-1}(1-p)^{k-n}p^n=1.$$

2.3　连续型随机变量的概率分布

2.3.1　连续型随机变量的概率密度函数

定义 2.6　设 $F(x)$ 是随机变量 X 的分布函数. 若存在非负函数 $f(x)$，对任意实数 x 有

$$F(x)=\int_{-\infty}^{x}f(t)dt \tag{2.2}$$

则称 X 为**连续型随机变量**，称 $f(x)$ 为 X 的**概率密度函数**，简称**密度函数**.

由式(2.2)知，连续型随机变量的分布函数 $F(x)$ 是连续函数（绝对连续），且在式(2.2)中改变密度函数 $f(x)$ 在个别点上的函数值，不会改变分布函数 $F(x)$ 的取值. 可见密度函数 $f(x)$ 不是唯一的.

若 X 为连续型随机变量，则对任意实数 a 有

$$P(X=a)=F(a)-F(a-0)=0.$$

由此得到重要结论：连续型随机变量取固定值的概率为零. 这是连续型随机变量与离散型随机变量之间的一个重要区别. 于是对任何连续型随机变量 X 有

$$P(a < X \leqslant b) = P(a \leqslant X \leqslant b) = P(a < X < b) = P(a \leqslant X < b)$$

$$= F(b) - F(a) = \int_a^b f(x)\mathrm{d}x$$

需指出的是,尽管 $P(X=a)=0$,但并不表明事件 $(X=a)$ 一定不发生. 例如:X 可取闭区间 $[0,1]$ 内的任一数,显然 $P(X=0.01)=0$,但 X 还是有可能取到 0.01 这个数的. 同理,概率为 1 的事件未必一定发生.

由定义 2.6 知密度函数 $f(x)$ 具有以下基本性质:

(1) **非负性**　$f(x) \geqslant 0$;

(2) **规范性**　$\displaystyle\int_{-\infty}^{+\infty} f(x)\mathrm{d}x = 1$;

(3) 若 $f(x)$ 在点 x 处连续,则得 $F'(x) = f(x)$.

若某个函数满足基本性质(1)与(2),则此函数可作为某个连续型随机变量的密度函数.

由性质(2)得 $F(+\infty) = \displaystyle\int_{-\infty}^{+\infty} f(x)\mathrm{d}x = 1$,此即表示介于曲线 $y = f(x)$ 与 Ox 轴之间平面图形的面积为 1(见图 2.5).

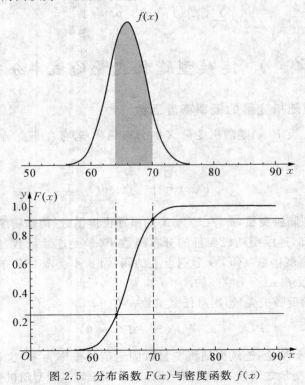

图 2.5　分布函数 $F(x)$ 与密度函数 $f(x)$

性质(3)建立了分布函数与密度函数之间的运算关系,同时也为我们揭示了密度函数的概率涵义.事实上由导数定义可知

$$f(x) = F'(x) = \lim_{\Delta x \to 0^+} \frac{F(x + \Delta x) - F(x)}{\Delta x} = \lim_{\Delta x \to 0^+} \frac{P(x < X \leqslant x + \Delta x)}{\Delta x}.$$

当 Δx 很小时,

$$P(x < X \leqslant x + \Delta x) \approx f(x) \cdot \Delta x.$$

这表明 $f(x)$ 本身并非概率,但它的大小却决定了落在区间 $(x, x + \Delta x]$ 里的概率的大小,亦即 $f(x)$ 反映了点 x 附近所分布的概率的"疏密"程度——即概率密度.或者我们从物理学角度看问题,线段质量等于线密度乘以线段长度,我们将上式左端的概率视作长为 Δx 的线段的质量,则 $f(x)$ 就是线密度了,这就是密度函数名称的由来.

例 2.15 设连续型随机变量 X 的分布函数

$$F(x) = \begin{cases} 0, & x < 0, \\ ax^3, & 0 \leqslant x < 2, \\ b, & x \geqslant 2. \end{cases}$$

试确定系数 a, b.

解 由 $F(+\infty) = 1$ 得 $b = 1$;由 $F(x)$ 的连续性有

$$\lim_{x \to 2^-} F(x) = \lim_{x \to 2^-} ax^3 = 8a = 1 = F(2),$$

得 $a = \dfrac{1}{8}$.

例 2.16 设 $f(x) = \dfrac{1}{ax^2 + bx + c}$,为使 $f(x)$ 成为某连续型随机变量在区间 $(-\infty, +\infty)$ 上的密度函数,系数 a, b, c 仅需满足什么条件?

解 由非负性 $f(x) \geqslant 0$ 得 $h(x) = ax^2 + bx + c > 0$,则抛物线 $h(x) = ax^2 + bx + c$ 必须开口向上,因此必须 $a > 0$;$h'(x) = 2ax + b$,$h''(x) = 2a$,当 $a > 0$ 时,$h''(x) = 2a > 0$,$h(x)$ 有最小值 $h\left(-\dfrac{b}{2a}\right) = c - \dfrac{b^2}{4a} > 0$ 得 $4ac - b^2 > 0$,由规范性

$$\int_{-\infty}^{+\infty} f(x) \mathrm{d}x = \int_{-\infty}^{+\infty} \frac{1}{ax^2 + bx + c} \mathrm{d}x = \frac{1}{a} \int_{-\infty}^{+\infty} \frac{1}{\left(x + \dfrac{b}{2a}\right)^2 - \dfrac{b^2}{4a} + \dfrac{c}{a}} \mathrm{d}x$$

$$= \frac{1}{a} \frac{1}{\sqrt{\dfrac{c}{a} - \dfrac{b^2}{4a^2}}} \arctan \frac{x + \dfrac{b}{2a}}{\sqrt{\dfrac{c}{a} - \dfrac{b^2}{4a^2}}} \Bigg|_{-\infty}^{+\infty} = \frac{2\pi}{\sqrt{4ac - b^2}} = 1,$$

得 $4ac - b^2 = 4\pi^2$.

因为当 $4ac - b^2 = 4\pi^2$ 时显然有 $4ac - b^2 > 0$,所以系数 a, b, c 仅需满足:

$$a > 0 \text{ 与 } 4ac - b^2 = 4\pi^2.$$

例 2.17 设随机变量 X 的密度函数为

$$f(x) = \begin{cases} 1 - |x|, & x \in [-1, 1], \\ 0, & x \notin [-1, 1], \end{cases}$$

求 X 的分布函数 $F(x)$.

解 由于密度函数 $f(x)$ 在区间 $(-\infty, +\infty)$ 上分为四段,所以分布函数也分为四段,具体计算如下:

当 $x < -1$ 时,$F(x) = \int_{-\infty}^{x} 0 \mathrm{d}t = 0$;

当 $-1 \leqslant x < 0$ 时,$F(x) = \int_{-1}^{x} (1+t)\mathrm{d}t = \dfrac{x^2}{2} + x + \dfrac{1}{2}$;

当 $0 \leqslant x < 1$ 时,$F(x) = \int_{-1}^{0} (1+t)\mathrm{d}t + \int_{0}^{x} (1-t)\mathrm{d}t = -\dfrac{x^2}{2} + x + \dfrac{1}{2}$;

当 $x \geqslant 1$ 时,$F(x) = \int_{-1}^{0} (1+t)\mathrm{d}t + \int_{0}^{1} (1-t)\mathrm{d}t = 1$.

从而 X 的分布函数为

$$F(x) = \begin{cases} 0, & x < -1, \\ x^2/2 + x + 1/2, & -1 \leqslant x < 0, \\ -x^2/2 + x + 1/2, & 0 \leqslant x < 1, \\ 1, & x \geqslant 1. \end{cases}$$

例 2.18 设枪靶是半径为 20 cm 的圆盘,射手击中靶上任一同心圆的概率与该圆的面积成正比,且每次射击都能中靶.求弹着点与圆心的距离 X 的密度函数 $f(x)$ 及概率 $P(|X - 5| \leqslant 5)$.

解 密度函数 $f(x)$ 是定义在整个数轴 $(-\infty, +\infty)$ 上的,插入两个分段点 $x = 0$, $x = 20$.

当 $x < 0$ 时,$(X \leqslant x)$ 是不可能事件,故 $F(x) = P(X \leqslant x) = 0$;

当 $x \geqslant 20$ 时,$(X \leqslant x)$ 是必然事件,故 $F(x) = P(X \leqslant x) = 1$;

当 $0 \leqslant x < 20$ 时,由题设可知 $P(0 \leqslant X < x) = k\pi x^2$. 而 $(0 \leqslant X < 20)$ 是必然事件,故有 $F(x) = P(0 \leqslant X < 20) = k\pi (20)^2 = 1$,得 $k\pi = \dfrac{1}{400}$,于是

$$F(x) = P(X \leqslant x) = P(X < 0) + P(0 \leqslant X \leqslant x) = \frac{x^2}{400},$$

X 的分布函数

$$F(x) = \begin{cases} 0, & x < 0, \\ \dfrac{x^2}{400}, & 0 \leqslant x < 20, \\ 1, & x \geqslant 20, \end{cases}$$

由性质(3)得 X 的密度函数

$$f(x) = F'(x) = \begin{cases} \dfrac{x}{200}, & 0 \leqslant x < 20, \\ 0, & \text{其他}, \end{cases}$$

$$P(|X-5| \leqslant 5) = P(0 \leqslant X \leqslant 10) = \int_0^{10} \frac{x}{200} \mathrm{d}x = 0.25,$$

当然,概率也可通过分布函数求,即

$$P(|X-5| \leqslant 5) = P(0 \leqslant X \leqslant 10) = F(10) - F(0) = 0.25.$$

注意,上例直接求密度函数 $f(x)$ 有些困难,不如先求 X 的分布函数 $F(x)$,然后通过性质(3)求得 $f(x)$,这个方法具有一般性.

值得注意的是,离散型随机变量的分布函数是阶梯函数,而连续型随机变量的分布函数是绝对连续的函数,因此介于两者之间还有一种类型的随机变量.

定义 2.7 设随机变量 X 的分布函数 $F(x)$ 为连续函数(不是绝对连续的),但其导数几乎处处为零,因此称 X 为**奇异型随机变量**.

由于奇异型随机变量极少出现,因此本书不作讨论. 只简单地介绍以下定理:

定理 2.3 任意随机变量 X 的分布函数 $F(x)$ 都可分解为:

$$F(x) = \sum_{i=1}^{3} a_i F_i(x)$$

其中: a_i 为任意实数,并且 $0 \leqslant a_i \leqslant 1$,$\sum_{i=1}^{3} a_i = 1$;$F_i(x)$,$i = 1, 2, 3$ 分别为离散型、连续型、奇异型随机变量的分布函数.

从定理 2.3 可知,除了离散型、连续型和奇异型随机变量以外,再没有其他类型的随机变量.

例 2.19 已知随机变量 X 的分布函数为

$$F(x) = \begin{cases} 0, & x < 0, \\ 1 - \mathrm{e}^{-x}, & 0 \leqslant x < 2, \\ 1, & x \geqslant 2. \end{cases}$$

问 $F(x)$ 是什么类型的随机变量的分布函数?

解 $F(x)$ 既不是离散型和连续型随机变量的分布函数,也不是奇异型随机变量的分布函数.根据定理 2.3 可知,$F(x)$ 是由离散型与连续型的分布函数组合成的组合型分布函数.

2.3.2 连续型随机变量的常用分布

下面介绍几种重要的连续型随机变量 X 及概率分布

1. 均匀分布

在第 1 章里已经讨论过几何概型问题,若用随机变量来描述的话,那会是什么分布呢? 先看下面的例题.

例 2.20 向线段 (a, b) 上任意掷一点,设 X 为该点的坐标,又该点落在 (a, b) 中任一小区间内的概率与这小区间的长度成正比,求 $f(x)$.

解 取任一数 $k \in \mathbf{R}$,由已知条件有

$$1 = P(\Omega) = P(a < X < b) = k(b - a),$$

解得 $k = \dfrac{1}{b-a}$. 取任意实数 $x, x + \Delta x \in (a, b)$ $(\Delta x \geqslant 0)$,有

$$P(x < X \leqslant x + \Delta x) = k \Delta x = \frac{\Delta x}{b - a},$$

$$F(x + \Delta x) - F(x) = P(x < X \leqslant x + \Delta x) = \frac{\Delta x}{b - a},$$

得

$$f(x) = F'(x) = \lim_{\Delta x \to 0} \frac{F(x + \Delta x) - F(x)}{\Delta x} = \frac{1}{b - a}.$$

因此,若连续型随机变量 X 具有概率密度函数(见图 2.6).

$$f(x) = \begin{cases} \dfrac{1}{b - a}, & a < x < b, \\ 0, & \text{其他}, \end{cases}$$

则称 X 在区间 (a, b) 上服从**均匀分布**,记为 $X \sim U(a, b)$.其分布函数(见图 2.7).

$$F(x) = \int_{-\infty}^{x} f(t)\,\mathrm{d}t = \begin{cases} 0, & x < a, \\ \dfrac{x - a}{b - a}, & a \leqslant x < b, \\ 1, & x \geqslant b. \end{cases}$$

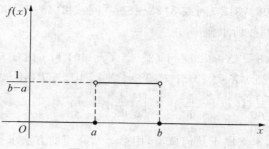

图 2.6　均匀分布的密度

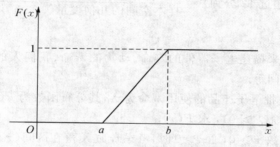

图 2.7　均匀分布的分布函数

由此可知,几何概型可用随机变量 X 服从均匀分布来描述. 对任一长度为 l 的子区间 $(c, c+l) \subseteq (a, b)$,有

$$P(c < X \leqslant c+l) = \int_c^{c+l} f(x) \mathrm{d}x = \int_c^{c+l} \frac{1}{b-a} \mathrm{d}x = \frac{l}{b-a}.$$

应用均匀分布的场合是很多的,比如:公交车站每隔 10 分钟有一班车经过,则任一乘客到达车站的时刻 T 服从 $(0, 10)$ 上的均匀分布;用最小刻度为百分之一秒的手动秒表为短跑运动员计时,所产生的随机误差 ε 服从 $(-0.005, 0.005)$ 上的均匀分布;汽车轮胎外侧圆周上的任一点接触地面的可能性是相同的,所以半径为 r 的轮胎外侧圆周接触地面的位置 X 服从 $(0, 2\pi r)$ 上的均匀分布,这只要看一看报废轮胎的四周磨损程度几乎是相同的就可以明白均匀分布的含义了.

例 2.21　某旅游集散地每天发出 3 班市内观光巴士,发车时间分别为上午 8 点 20 分、8 点 40 分和 9 点. 设一游客在 8 点至 9 点间任何时刻到达集散地是等可能的,求该游客候车时间不超过 12 分钟的概率.

解　设游客到达集散地的时间为 8 点过 X 分,则由题设可知 $X \sim U(0, 60)$,其密度函数

$$f(x) = \begin{cases} \dfrac{1}{60}, & 0 < x < 60 \\ 0, & \text{其他} \end{cases}$$

游客只有在 8:08~8:20 间或 8:28~8:40 间或 8:48~9:00 间到达,其候车时间才不超过 12 分钟,故所求概率

$$P((8 < X < 20) \bigcup (28 < X < 40) \bigcup (48 < X < 60))$$
$$= P(8 < X < 20) + P(28 < X < 40) + P(48 < X < 60)$$
$$= \int_8^{20} \frac{1}{60} dx + \int_{28}^{40} \frac{1}{60} dx + \int_{48}^{60} \frac{1}{60} dx = 0.6.$$

值得注意的是,本例属于几何概型,用第 1 章介绍的方法求概率更简单:

$$P(候车不超过 12 分钟) = \frac{子空间的几何度量}{样本空间的几何度量} = \frac{3 \times 12}{60} = 0.6.$$

2. 指数分布

指数分布常用来描述电子器件的寿命、动物的寿命、我们人的寿命以及随机服务系统中的等候时间等.

例 2.22　设一批电子产品的使用寿命为 X,其分布函数为 $F(x)$,若该批产品的瞬时老化率为常数 $\lambda(\lambda > 0)$,求 $F(x)$.

解　取任意实数 $x > 0$,$\Delta x > 0$ 时,考虑寿命 X 落在区间 $(x, x + \Delta x)$ 内的条件概率

$$P(x < X \leqslant x + \Delta x \mid X > x) = \frac{P((x < X \leqslant x + \Delta x)(X > x))}{P(X > x)}$$
$$= \frac{P(x < X \leqslant x + \Delta x)}{1 - P(X \leqslant x)}$$
$$= \frac{F(x + \Delta x) - F(x)}{1 - F(x)},$$

若以上条件概率除以区间的长度 Δx,则称

$$\frac{P(x < X \leqslant x + \Delta x \mid X > x)}{\Delta x} = \frac{F(x + \Delta x) - F(x)}{\Delta x (1 - F(x))}$$

为平均老化率(平均失效率). 称

$$\lim_{\Delta x \to 0} \frac{P(x < X \leqslant x + \Delta x \mid X > x)}{\Delta x} = \frac{1}{1 - F(x)} \lim_{\Delta x \to 0} \frac{F(x + \Delta x) - F(x)}{\Delta x}$$
$$= \frac{F'(x)}{1 - F(x)}$$

为瞬时老化率(瞬时失效率). 若瞬时老化率(老化的速度)为常数 $\lambda(\lambda > 0)$ 时,得

$$\frac{F'(x)}{1 - F(x)} = \lambda, \quad F(0) = 0,$$

即为一阶可分离变量的微分方程. 显然当 $x \leqslant 0$ 时,有 $F(x) = 0$; 当 $x > 0$ 时,解得

$$-\ln(1 - F(x)) = \lambda x + C,$$

其通解为 $F(x) = 1 - Ce^{-\lambda x}$,再由初始条件 $F(0) = 0$, 得 $C = 1$. 最后得

$$F(x) = \begin{cases} 1 - e^{-\lambda x}, & x > 0, \\ 0, & x \leqslant 0, \end{cases}$$

可验证是分布函数(见图 2.8),其概率密度函数为(见图 2.9).

$$f(x) = \begin{cases} \lambda e^{-\lambda x}, & x \geqslant 0, \\ 0, & x < 0, \end{cases}$$

因此称 X 服从参数为 $\lambda(\lambda > 0)$ 的**指数分布**,记为 $X \sim Exp(\lambda)$.

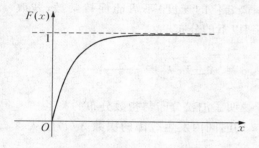

图 2.8　指数分布的分布函数　　　　图 2.9　指数分布的密度函数

例 2.23　设顾客在某银行窗口等待服务的时间 X 服从参数为 0.2 的指数分布,计时单位为分钟. 等待时间超过 10 分钟就离开. 此顾客一个月内要来银行 6 次,以 Y 表示一个月内他没有等到服务而离开窗口的次数. 求 Y 的分布列及至少有一次没有等到服务的概率.

解　由题设 $X \sim Exp(0.2)$, $Y \sim B(6, p)$, $p = P(X > 10)$, X 的密度函数

$$f(x) = \begin{cases} 0.2e^{-0.2x}, & x \geqslant 0, \\ 0, & x < 0, \end{cases}$$

$$p = P(X > 10) = \int_{10}^{+\infty} 0.2e^{-0.2x} \mathrm{d}x = -e^{-0.2x} \Big|_{10}^{+\infty} = e^{-2},$$

Y 的分布列

$$P(Y = k) = C_6^k (e^{-2})^k (1 - e^{-2})^{6-k}, \ k = 0, 1, \cdots, 6;$$

所求概率

$$P(Y \geqslant 1) = 1 - P(Y = 0) = 1 - (1 - e^{-2})^6 \approx 0.5821.$$

通常我们都假定器件的寿命服从指数分布,原因在于服从指数分布的随机变量

具有一种很特殊的性质——无记忆性，即

若 $X \sim Exp(\lambda)$，则 $P(X > s+t \mid X > s) = P(X > t)$. 事实上，

$$P(X > s+t \mid X > s) = \frac{P((X > s+t)(X > s))}{P(X > s)} = \frac{P(X > s+t)}{P(X > s)}$$

$$= \frac{1 - P(X \leqslant s+t)}{1 - P(X \leqslant s)} = \frac{1 - F(s+t)}{1 - F(s)} = \frac{e^{-\lambda(s+t)}}{e^{-\lambda s}}$$

$$= e^{-\lambda t} = 1 - F(t) = 1 - P(X \leqslant t) = P(X > t).$$

上述性质的实际意义可解释为：某电子器件已工作了 s 个小时，它再工作 t 个小时的概率与它最初能工作 s 个小时的概率相同，即该器件"忘记"了自己已工作了 s 个小时这件事，它仍旧可以被当做新器件看待. 指数分布的这种无记忆性被人们风趣地称为"永远年轻"的分布.

有时要考虑时间很长，那么瞬时老化率（老化的速度）不可能保持常数，若取 $\lambda x^m (\lambda > 0, m > 0)$ 随时间而上升，此时得到以下的分布

$$f(x) = \begin{cases} \lambda' \alpha x^{\alpha-1} e^{-\lambda' x^\alpha}, & x > 0 \\ 0, & x \leqslant 0 \end{cases}, \quad \alpha = m+1, \quad \lambda' = \frac{\lambda}{m+1},$$

称随机变量 X 服从 Weibull 分布. 下面例子说明了泊松分布与指数分布的关系.

例 2.24 假定一大型设备在任何长为 t 的时间内发生故障的次数 $X(t)$ 服从参数为 λt 的泊松分布. 求：

(1) 相继两次故障的时间间隔 T 的概率分布；

(2) 设备已经无故障运行 8 小时的情况下，再无故障运行 10 小时的概率.

解 (1) $F(t) = P(T \leqslant t) = \begin{cases} 1 - P(T > t), & t > 0, \\ 0, & t \leqslant 0, \end{cases}$

事件 $(T > t)$ 等价于事件 $(X(t) = 0)$，从而

$$P(T > t) = P(X = 0) = \frac{(\lambda t)^0}{0!} e^{-\lambda t},$$

代入上式得

$$F(t) = \begin{cases} 1 - e^{-\lambda t}, & t > 0, \\ 0, & t \leqslant 0, \end{cases}$$

即 $T \sim Exp(\lambda)$；

(2) 由指数分布的"无记忆性"得

$$P(T > 18 \mid T > 8) = P(T > 8+10 \mid T > 8) = P(T > 10) = e^{-10\lambda}.$$

3. 正态分布

正态分布是概率论与数理统计中最重要的一个分布，Gauss（高斯）在研究误差理论时首先用正态分布来刻画误差的分布，所以正态分布又称为 **Gauss 分布**.

若连续型随机变量 X 具有概率密度函数

$$f(x) = \frac{1}{\sqrt{2\pi}\,\sigma} \mathrm{e}^{-\frac{(x-\mu)^2}{2\sigma^2}}, \ -\infty < x < +\infty,$$

则称 X 服从参数为 μ，$\sigma^2(>0)$ 的**正态分布**，或称 X 为**正态变量**，记为 $X \sim N(\mu,\ \sigma^2)$.

$y = f(x)$ 是一条钟形曲线，见图 2.10，它中间高两头低，左右以 $x = \mu$ 为对称轴，当 $x = \mu$ 时有最大值 $f(\mu) = \frac{1}{\sqrt{2\pi}\,\sigma}$，在 $x = \mu \pm \sigma$ 处有拐点，$y = 0$ 为其水平渐近线.

X 的分布函数

$$F(x) = \frac{1}{\sqrt{2\pi}\,\sigma} \int_{-\infty}^{x} \mathrm{e}^{-\frac{(t-\mu)^2}{2\sigma^2}} \mathrm{d}t,$$

它是一条光滑上升的 S 形曲线，见图 2.11.

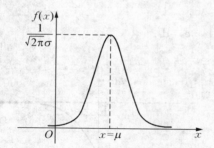

图 2.10　正态分布的密度函数

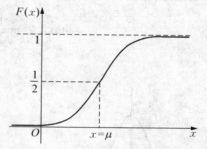

图 2.11　正态分布的分布函数

图 2.12 与 2.13 给出了 μ 和 σ 变化时，相应正态密度曲线的变化情况.

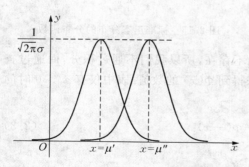

图 2.12　μ 变化时的正态密度曲线

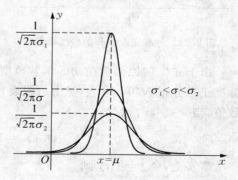

图 2.13　σ 变化时的正态密度曲线

若固定了 σ,改变 μ 的值,则图形沿 x 平移,而不改变其形状.也就是正态密度曲线的位置由 μ 所确定,故称 μ 为**位置参数**.

若固定了 μ,改变 σ 的值,则 σ 愈小,曲线呈高而瘦;σ 愈大,曲线呈矮而胖,也就是正态密度曲线的形状由 σ 所确定,故称 σ 为**形状参数**.

进一步的理论研究表明,一个变量如果受众多相互独立的随机因素影响,每一因素的影响都是微小的,且这些正负影响可以叠加,那么这个变量一般是一个正态变量.可用正态变量描述的实例极多,比如:各种测量的误差;人体的身高体重;弹着点与靶心的距离;农作物的收获量;海洋波浪的高度;金属线抗拉强度;热超声电流强度;理想气体的分子速度;学生的考试成绩等等都服从或近似服从正态分布.

参数 $\mu=0$,$\sigma=1$ 的正态分布称为**标准正态分布**,记为 $X \sim N(0,1)$,其密度函数记为(见图 2.14).

$$\varphi(x) = \frac{1}{\sqrt{2\pi}} \mathrm{e}^{-\frac{x^2}{2}}, \; -\infty < x < +\infty,$$

分布函数记为(见图 2.15).

$$\Phi(x) = \frac{1}{\sqrt{2\pi}} \int_{-\infty}^{x} \mathrm{e}^{-\frac{t^2}{2}} \mathrm{d}t.$$

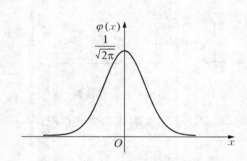

图 2.14　标准正态分布的密度函数

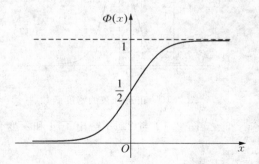

图 2.15　标准正态分布的分布函数

由于 e^{-x^2} 的原函数在初等函数范围内不存在,所以我们不通过积分,而通过查标准正态分布 $N(0,1)$ 表(见书后附表)来得到 $\Phi(x)$ 的数值.表中仅有 $x > 0$ 时的数值,当 $x < 0$ 时,有

$$\Phi(x) = 1 - \Phi(-x). \tag{2.3}$$

事实上,令 $s = -t$,则

$$\Phi(x) = \frac{1}{\sqrt{2\pi}} \int_{-\infty}^{x} e^{-\frac{t^2}{2}} dt = \frac{1}{\sqrt{2\pi}} \int_{+\infty}^{-x} -e^{-\frac{s^2}{2}} ds = \frac{1}{\sqrt{2\pi}} \int_{-x}^{+\infty} e^{-\frac{s^2}{2}} ds$$

$$= \frac{1}{\sqrt{2\pi}} \int_{-\infty}^{+\infty} e^{-\frac{s^2}{2}} ds - \frac{1}{\sqrt{2\pi}} \int_{-\infty}^{-x} e^{-\frac{s^2}{2}} ds = 1 - \Phi(-x).$$

由式(2.3)不难得到如下结论:

若 $X \sim N(0,1)$,则对任意常数 a 有

$$P(|X| \leqslant a) = 2\Phi(a) - 1. \tag{2.4}$$

定理 2.4　若 $X \sim N(\mu, \sigma^2)$,则 $\dfrac{X-\mu}{\sigma} \sim N(0, 1)$.

证　设 X 的分布函数与密度函数分别为 $F_X(x)$ 与 $f_X(x)$,$U = \dfrac{X-\mu}{\sigma}$ 的分布函数与密度函数分别为 $F_U(u)$ 与 $f_U(u)$.由分布函数的定义得

$$F_U(u) = P(U \leqslant u) = P\left(\frac{X-\mu}{\sigma} \leqslant u\right) = P(X \leqslant \mu + \sigma u) = F_X(\mu + \sigma u).$$

由于正态分布函数是严格单调增函数,且处处可导,故有

$$f_U(u) = F'_X(\mu + \sigma u) = f_X(\mu + \sigma u) \cdot \sigma = \frac{1}{\sqrt{2\pi}} e^{-\frac{u^2}{2}},$$

即得

$$U = \frac{X-\mu}{\sigma} \sim N(0, 1).$$

由定理 2.4 不难推出如下常用的计算公式:若 $X \sim N(\mu, \sigma^2)$,则

$$P(X \leqslant c) = \Phi\left(\frac{c-\mu}{\sigma}\right), \tag{2.5}$$

$$P(a < X \leqslant b) = \Phi\left(\frac{b-\mu}{\sigma}\right) - \Phi\left(\frac{a-\mu}{\sigma}\right). \tag{2.6}$$

例 2.25　设 $X \sim N(0, 1)$,求 $P(|X| \leqslant 3)$, $P(-2.15 < X \leqslant 1.5)$.

解　由式(2.4)

$$P(|X| \leqslant 3) = 2\Phi(3) - 1 = 2 \times 0.998\,7 - 1 = 0.997\,4,$$

由式(2.6)

$$P(-2.15 < X \leqslant 1.5) = \Phi(1.5) - \Phi(-2.15) = \Phi(1.5) + \Phi(2.15) - 1,$$

查表,$\Phi(1.5) = 0.9332$,$\Phi(2.15) = 0.9842$,$\Phi(3) = 0.9987$,故

$$P(-2.15 < X \leqslant 1.5) = 1.9174 - 1 = 0.9174.$$

有了标准正态分布 $N(0, 1)$ 表,就可以计算一般正态分布 $N(\mu, \sigma^2)$ 的分布函数值,因为

$$F(x) = \Phi\left(\frac{x - \mu}{\sigma}\right),$$

事实上,令 $s = \dfrac{t - \mu}{\sigma}$,则

$$F(x) = \frac{1}{\sqrt{2\pi}\sigma} \int_{-\infty}^{x} e^{-\frac{(t-\mu)^2}{2\sigma^2}} dt = \frac{1}{\sqrt{2\pi}} \int_{-\infty}^{\frac{x-\mu}{\sigma}} e^{-\frac{s^2}{2}} ds = \Phi\left(\frac{x - \mu}{\sigma}\right).$$

例 2.26 设 $X \sim N(88, 4^2)$,求常数 c,使得 $P(X \leqslant c) = 0.95$.

解 由式(2.5)得

$$P(X \leqslant c) = \Phi\left(\frac{c - 88}{4}\right) = 0.95, \text{ 或 } \Phi^{-1}(0.95) = \frac{c - 88}{4},$$

其中:Φ^{-1} 为 Φ 的反函数.由里向外反查标准正态分布表得

$$\Phi(1.64) = 0.9495, \quad \Phi(1.65) = 0.9505,$$

再用线性内插法可得

$$\Phi(1.645) = 0.95, \text{ 即 } \Phi^{-1}(0.95) = \frac{c - 88}{4} = 1.645,$$

从而 $c = 94.58$.

例 2.27 设 $X \sim N(\mu, \sigma^2)$,求 $P(\mu - \sigma < X < \mu + \sigma)$.

解
$$\begin{aligned}
P(\mu - \sigma < X < \mu + \sigma) &= F(\mu + \sigma) - F(\mu - \sigma) \\
&= \Phi\left(\frac{\mu + \sigma - \mu}{\sigma}\right) - \Phi\left(\frac{\mu - \sigma - \mu}{\sigma}\right) \\
&= \Phi(1) - \Phi(-1) \\
&= 2\Phi(1) - 1 = 0.6826,
\end{aligned}$$

类似地

$$P(\mu - 2\sigma < X < \mu + 2\sigma) = 2\Phi(2) - 1 = 0.9544,$$
$$P(\mu - 3\sigma < X < \mu + 3\sigma) = 2\Phi(3) - 1 = 0.9974.$$

当 $X \sim N(0, \sigma^2)$ 时,$P(|X| \geqslant 3\sigma) = 0.0026$,在实际问题中常常可认为事件 $(|X| \geqslant 3\sigma)$ 在一次试验中几乎不会发生,这种近似的说法被称作是正态分布的"3σ

原则",它应用于产品的质量控制中.

当 $X \sim N(0, 1)$ 时 $P(-3 < X < 3) = 0.9974$,于是有如下近似公式:

$$\Phi(x) \approx \begin{cases} 1, & x \geqslant 4, \\ 0, & x \leqslant -4. \end{cases}$$

例 2.28　某人在市内需乘车去机场赶班机.现有两条路线可供选择:第一条路线较短,但交通比较拥挤,据以往经验到机场所需时间 $T \sim N(50, 100)$(分钟);第二条路线较长,但出现意外堵塞较少,到机场所需时间 $T \sim N(60, 16)$.现有 70 分钟可用,应选择走哪条路线?

解　在规定时间内,哪条路线到达机场的概率大就选择哪条路线.走第一条路线及时赶到机场的概率

$$P(0 < T < 70) = \Phi\left(\frac{70 - 50}{10}\right) - \Phi\left(\frac{0 - 50}{10}\right)$$
$$= \Phi(2) - \Phi(-5) \approx \Phi(2),$$

走第二条路线及时赶到机场的概率

$$P(0 < T < 70) = \Phi\left(\frac{70 - 60}{4}\right) - \Phi\left(\frac{0 - 60}{4}\right)$$
$$= \Phi(2.5) - \Phi(-15) \approx \Phi(2.5),$$

由于分布函数单调不减,故 $\Phi(2.5) > \Phi(2)$,所以选择第二条路线.

2.4　随机变量函数的分布

在实际应用中经常遇到所关心的随机变量往往不易或不能由直接测量得到,但它却是某些能直接测量的随机变量的函数.例如要测量大楼的高度 h 时,我们没必要爬上楼顶,只要在地面上量出测量点到大楼的距离 d 及测量点与大楼顶端连线与地面的夹角 θ,然后由函数 $h = d\tan\theta$ 得到大楼高度.

本节讨论如何由已知随机变量 X 的概率分布 $F_X(x)$,去求它的函数 $Y = g(X)$ 的概率分布 $F_Y(y)$,这里 $y = g(x)$ 是已知的连续函数.其求解方法可归纳为一句话:把有关 Y 的事件转化为 X 的事件.

2.4.1　离散型随机变量函数的分布

设随机变量 X 的分布列为

$$P(X = x_k) = p_k, \ k = 1, 2, \cdots.$$

则当 $Y = g(X)$ 的所有取值为 $y_j (k = 1, 2, \cdots)$ 时,随机变量 Y 的分布列为

$$P(Y = y_j) = p_j = \sum_{g(x_k) = y_j} P(X = x_k), \quad j = 1, 2, \cdots.$$

其中: $\sum\limits_{g(x_k) = y_j}$ 表示所有满足 $g(x_k) = y_j$ 的 x_k 对应的 X 的概率 $P(X = x_k) = p_k$ 的和.

可见 Y 的分布列由 X 的分布列完全决定.

例 2.29 设 X 的分布列为 $\begin{pmatrix} -2 & -1 & 0 & 1 \\ 0.1 & 0.3 & 0.2 & 0.4 \end{pmatrix}$,求 $Y = X^2 + 1$ 的分布列.

解 Y 的全部可能取值是 $1, 2, 5$,取这些值的概率

$$P(Y = 1) = P(X = 0) = 0.2,$$
$$P(Y = 2) = P(X = -1) + P(X = 1) = 0.3 + 0.4 = 0.7,$$
$$P(Y = 5) = P(X = -2) = 0.1,$$

所以

$$Y \sim \begin{pmatrix} 1 & 2 & 5 \\ 0.2 & 0.7 & 0.1 \end{pmatrix}.$$

这个例子阐明了求离散型随机变量函数的分布的一般方法,即对应不同的 x_k 得到不同的 y_j 时,$P(Y = y_j) = P(X = x_k)$;对应若干个不同的 x_k 得到相同的 y_j 时,$P(Y = y_j)$ 等于若干个相对应的 $P(X = x_k)$ 的和.

2.4.2 连续型随机变量函数的分布

已知连续型随机变量 $X \sim f(x)$,求 $Y = g(X)$ 的概率密度的一般方法步骤:

(1) 先根据定义求出 Y 的分布函数 $F_Y(y)$;

(2) 再通过求导获得 Y 的密度函数 $f_Y(y) = F'_Y(y)$.

例 2.30 设随机变量 X 的概率密度

$$f(x) = \begin{cases} 4x^3, & 0 < x < 1, \\ 0, & \text{其他}, \end{cases}$$

求 $Y = 2X - 3$ 的概率密度 $f_Y(y)$.

解 $F_Y(y) = P(Y \leqslant y) = P(2X - 3 \leqslant y) = P\left(X \leqslant \dfrac{y+3}{2}\right) = F_X\left(\dfrac{y+3}{2}\right)$

两边对 y 求导

$$f_Y(y) = F'_Y(y) = \left[F_X\left(\frac{y+3}{2}\right)\right]' = \frac{1}{2}f_X\left(\frac{y+3}{2}\right)$$

$$= \begin{cases} \dfrac{1}{2} \times 4\left(\dfrac{y+3}{2}\right)^3, & 0 < \dfrac{y+3}{2} < 1 \\ 0, & \text{其他} \end{cases}$$

$$= \begin{cases} \dfrac{1}{4}(y+3)^3, & -3 < y < -1, \\ 0, & \text{其他}, \end{cases}$$

仿照例 2.30 解法可推出求连续随机变量的线性函数的密度函数公式.

设 $X \sim f_X(x)$,则 $Y = aX + b(a \neq 0)$ 的密度函数

$$f_Y(y) = f_X\left(\dfrac{y-b}{a}\right)\left|\dfrac{1}{a}\right|.$$

例 2.31　设随机变量 $X \sim f_X(x)$,求 $Y = X^2$ 的概率密度函数 $f_Y(y)$.

解　由于 $Y = X^2 \geqslant 0$,故当 $y \leqslant 0$ 时,$F_Y(y) = 0$;故当 $y > 0$ 时有

$$F_Y(y) = P(Y \leqslant y) = P(X^2 \leqslant y)$$
$$= P(-\sqrt{y} \leqslant X \leqslant \sqrt{y}) = \int_{-\sqrt{y}}^{+\sqrt{y}} f_X(x)\mathrm{d}x$$

两边对 y 求导

$$f_Y(y) = F_Y'(y) = \left(\int_{-\sqrt{y}}^{+\sqrt{y}} f_X(x)\mathrm{d}x\right)'$$
$$= \begin{cases} \dfrac{1}{2\sqrt{y}}(f_X(\sqrt{y}) + f_X(-\sqrt{y})), & y > 0, \\ 0, & y \leqslant 0. \end{cases}$$

若 $X \sim N(0,1)$,则 $Y = X^2$ 的概率密度函数为

$$f_Y(y) = \begin{cases} \dfrac{1}{\sqrt{2\pi}} y^{-\frac{1}{2}} \mathrm{e}^{-\frac{y}{2}}, & y > 0, \\ 0, & y \leqslant 0, \end{cases}$$

此时称 Y 服从自由度为 1 的 χ^2 分布. 自由度为 n 的 χ^2 分布的概率密度函数见第 6 章.

定理 2.5　设连续型随机变量 X 具有概率密度函数 $f_X(x)$, $x \in (-\infty, +\infty)$. $y = g(x)$ 在 $(-\infty, +\infty)$ 内严格单调,其反函数 $x = h(y)$ 有连续导数,则 $Y = g(X)$ 也是连续随机变量,且其概率密度函数

$$f_Y(y) = \begin{cases} f_X[h(y)] \cdot |h'(y)|, & \alpha < y < \beta, \\ 0, & \text{其他}, \end{cases} \tag{2.7}$$

其中：$\alpha = \min\{g(-\infty), g(+\infty)\}$，$\beta = \max\{g(-\infty), g(+\infty)\}$.

证 不妨设 $g(x)$ 是严格单调上升函数，则其反函数 $h(y)$ 也是严格单调上升函数，于是

$$F_Y(y) = P(Y \leqslant y) = P(g(X) \leqslant y) = P(X \leqslant h(y))$$
$$= \int_{-\infty}^{h(y)} f_X(x)\mathrm{d}x, \ g(-\infty) < y < g(+\infty),$$

由此得 Y 的概率密度函数

$$f_Y(y) = F_Y'(y) = \begin{cases} f_X[h(y)] \cdot h'(y), & g(-\infty) < y < g(+\infty), \\ 0, & \text{其他}, \end{cases}$$

同理可证当 $g(x)$ 是严格单调下降时有

$$f_Y(y) = \begin{cases} -f_X[h(y)] \cdot h'(y), & g(+\infty) < y < g(-\infty), \\ 0, & \text{其他}, \end{cases}$$

综合两种情况得

$$f_Y(y) = \begin{cases} f_X[h(y)] \cdot |h'(y)|, & \alpha < y < \beta, \\ 0, & \text{其他}. \end{cases}$$

例 2.32 证明正态变量的线性函数仍是正态变量.

证 设随机变量 $X \sim N(\mu, \sigma^2)$，只要证明 $Y = aX + b (a \neq 0)$ 也是正态变量.

$$f_X(x) = \frac{1}{\sqrt{2\pi}\sigma} \mathrm{e}^{-\frac{(x-\mu)^2}{2\sigma^2}}, \ -\infty < x < +\infty,$$

$y = ax + b$ 严格单调，反函数 $x = h(y) = \dfrac{y-b}{a}$，$h'(y) = \dfrac{1}{a}$，由定理 2.5 得

$$f_Y(y) = \frac{1}{|a|} f_X\left(\frac{y-b}{a}\right) = \frac{1}{|a|} \frac{1}{\sqrt{2\pi}\sigma} \mathrm{e}^{-\frac{\left(\frac{y-b}{a}-\mu\right)^2}{2\sigma^2}} = \frac{1}{\sqrt{2\pi}\,|a|\,\sigma} \mathrm{e}^{-\frac{(y-a\mu-b)^2}{2(a\sigma)^2}},$$

即 $Y \sim N(a\mu + b, (|a|\sigma)^2)$，命题得证.

定理 2.5 的推广：若 $y = g(x)$ 在定义域内不是严格单调，而是分段严格单调，则我们可以将定义域划分成相应的 n 个严格单调子区间，在每个子区间上 $y = g(x_i)$ 与其反函数 $x_i = h_i(y)$ 满足定理 2.5 的条件，于是有

$$f_Y(y) = \sum_{i=1}^{n} f_X(x_i) |x_i'|. \tag{2.8}$$

前面例 2.31 就可以利用上式直接计算 $f_Y(y)$，这里取 $n = 2$.

例 2.33 设 X 的密度函数

$$f_X(x) = \begin{cases} \dfrac{2x}{\pi^2}, & 0 < x < \pi, \\ 0, & \text{其他}, \end{cases}$$

求 $Y = \sin X$ 的密度函数.

解　方法一　显然，Y 在 $[0, 1]$ 上取值：

当 $y \leqslant 0$ 时，$F_Y(y) = P(Y \leqslant y) = 0$；

当 $y \geqslant 1$ 时，$F_Y(y) = P(Y \leqslant y) = 1$；

当 $0 < y < 1$ 时，$F_Y(y) = P(Y \leqslant y) = P(\sin X \leqslant y)$；

当 $0 < x < \pi$ 时，满足 $(\sin X \leqslant y)$ 的 X 落在区间 $(0, \arcsin y)$ 和 $(\pi - \arcsin y, \pi)$ 内. 记 $x_1 = \arcsin y$，$x_2 = \pi - \arcsin y$，则 Y 的分布函数

$$\begin{aligned}
F_Y(y) &= P(\sin X \leqslant y) = P((0 < X \leqslant x_1) \bigcup (x_2 < X \leqslant \pi)) \\
&= P(0 < X \leqslant x_1) + P(x_2 < X \leqslant \pi) \\
&= \int_0^{x_1} f_X(x) \mathrm{d}x + \int_{x_2}^{\pi} f_X(x) \mathrm{d}x.
\end{aligned}$$

当 $0 < y < 1$ 时，

$$\begin{aligned}
f_Y(y) &= F_Y'(y) = f_X(x_1) \frac{\mathrm{d}x_1}{\mathrm{d}y} - f_X(x_2) \frac{\mathrm{d}x_2}{\mathrm{d}y} \\
&= \frac{2}{\pi^2} \left[\arcsin y \cdot \frac{1}{\sqrt{1 - y^2}} + (\pi - \arcsin y) \cdot \frac{1}{\sqrt{1 - y^2}} \right] \\
&= \frac{2}{\pi \sqrt{1 - y^2}},
\end{aligned}$$

所以 $Y = \sin X$ 的密度函数

$$f_Y(y) = \begin{cases} \dfrac{2}{\pi \sqrt{1 - y^2}}, & 0 < y < 1, \\ 0, & \text{其他}. \end{cases}$$

方法二　$y = \sin x$ 在区间 $(0, \pi/2)$ 上严格单调增，在区间 $(\pi/2, \pi)$ 上严格单调减，则反函数 $x_1 = \arcsin y$ 在区间 $(0, 1)$ 上严格单调增，$x_2 = \pi - \arcsin y$ 在区间 $(0, 1)$ 上严格单调减，由式 (2.8)，当 $0 < y < 1$ 时，

$$\begin{aligned}
f_Y(y) &= \sum_{i=1}^{2} f_X(x_i) \mid x_i' \mid = f_X(x_1) \mid x_1' \mid + f_X(x_2) \mid x_2' \mid \\
&= \frac{2}{\pi^2} \left[\arcsin y \cdot \frac{1}{\sqrt{1 - y^2}} + (\pi - \arcsin y) \cdot \frac{1}{\sqrt{1 - y^2}} \right] \\
&= \frac{2}{\pi \sqrt{1 - y^2}},
\end{aligned}$$

所以 $Y = \sin X$ 的密度函数

$$f_Y(y) = \begin{cases} \dfrac{2}{\pi\sqrt{1-y^2}}, & 0 < y < 1, \\ 0, & \text{其他.} \end{cases}$$

例 2.34 若 X 的分布函数 $F(x)$ 为严格单调增的连续函数,求 $Y = F(X)$ 的分布函数 $F_Y(y)$.

解 由于 $y = F(x)$ 为严格单调增的连续函数,所以其反函数 $x = F^{-1}(y)$ 存在,且也是严格单调增的连续函数.

当 $y < 0$ 时,$F_Y(y) = P(Y \leqslant y) = P(\Phi) = 0$;

当 $y > 1$ 时,$F_Y(y) = P(Y \leqslant y) = P(\Omega) = 1$;

当 $0 \leqslant y \leqslant 1$ 时,$F_Y(y) = P(Y \leqslant y) = P(F(X) \leqslant y) = P(X \leqslant F^{-1}(y))$
$$= F(F^{-1}(y)) = y,$$

所以 $Y = F(X)$ 的分布函数

$$F_Y(y) = \begin{cases} 0, & y < 0, \\ y, & 0 \leqslant y < 1, \\ 1, & y \geqslant 1, \end{cases}$$

即 $Y \sim U(0, 1)$.

利用 Monte-Carlo 方法计算,则需要产生一系列服从某种分布的随机数,但是计算机只能产生均匀分布的随机数.因此先由计算机产生 $Y \sim U(0, 1)$ 的一系列随机数 $y_1, y_2, \cdots, y_i, \cdots$,然后利用本例便可得到服从任意分布连续型随机变量 $X \sim F(x)$ 的随机数 $x_i = F^{-1}(y_i)$,$i = 1, 2, \cdots$.

习　题　2

1. $F(x) = a + b\arctan x$ $(-\infty < x < +\infty)$ 是随机变量 X 的分布函数,求待定系数 a, b 的值.

2. 设 $G(x)$,$H(x)$ 是分布函数,a, b 是正常数,且 $a + b = 1$,试验证 $F(x) = aG(x) + bH(x)$ 也是分布函数.

3. 设随机变量 X 的分布函数为 $F(x)$,用分布函数表示下列概率:
(1) $P(X \geqslant a)$;(2) $P(|X| < a)$.

4. 一批产品分为一、二、三等,其中一等品是二等品的 3 倍,三等品是二等品的 $\dfrac{1}{6}$. 从这批产品中随机抽取一个检验,用随机变量 X 描述检验的可能结果,写出 X 的分布列和分布函数,并用不同方法计算 $P(1 < X \leqslant 3)$.

5. 一寝室 6 位同学的学号分别为 $2, 5, 7, 9, 13, 18$. 现从中任意选出 3 位同学, 用 X 表示选出的同学中学号最大的. 求 X 的分布函数, 并用分布函数计算 $P(X = 7)$, $P(2 < X < 7)$, $P(7 \leqslant X < 13)$.

6. 下面给出的是不是某个随机变量的分布列? 说明理由.

(1) $\begin{pmatrix} -2 & -1 & 0 & 3 & 4 \\ a & 0.3 & 0.2+b & 0.1 & c \end{pmatrix}$, 其中 $a+b+c = 0.4$;

(2) $\begin{pmatrix} 1 & 2 & \cdots & n & \cdots \\ 1/2 & 1/4 & \cdots & 1/2^n & \cdots \end{pmatrix}$;

(3) $\begin{pmatrix} 1 & 2 & 3 & \cdots & n \\ 1/2 & (1/2)(1/3) & (1/2)(1/3)^2 & \cdots & (1/2)(1/3)^{n-1} \end{pmatrix}$.

7. 同时掷 2 枚骰子, 设 X 是两枚骰子出现的最小点数, 求 X 的分布列.

8. 已知某独立试验每次成功的概率为 $\dfrac{3}{4}$, 以 X 表示首次试验失败所需试验次数. 写出 X 的分布列, 并计算 X 取偶数的概率.

9. 设离散型随机变量 X 的分布列

$$P(X = k) = \frac{a}{1 + 2k}, \ k = 0, 1, 2.$$

(1) 计算常数 a; (2) 计算 $P(0 \leqslant X < 2)$.

10. 某人获得 7 把外形相似的钥匙, 其中只有 1 把能打开保险柜, 但不知是哪一把, 只好逐把试开. 求此人将保险柜打开所需的试开次数 X 的分布列.

11. 设指示灯在每次试验中闪亮的概率为 0.3, 当指示灯不少于 3 次闪亮时, 报警器发出信号.

(1) 进行 5 次独立试验, 求报警器发出信号的概率;

(2) 进行 7 次独立试验, 求报警器发出信号的概率.

12. 某单位订购灯泡 $1\,000$ 只, 在运输途中, 灯泡被打碎的概率为 0.003, 设 X 为收到灯泡时被打破的灯泡数, 求概率:

(1) $P(X = 2)$; (2) $P(X < 2)$; (3) $P(X > 2)$; (4) $P(X \geqslant 1)$.

13. 假定某病菌(例如肝炎病菌)在全人口的带菌率为 10%, 带菌者呈阴、阳性反应的概率分别为 0.05 和 0.95, 而不带菌者呈阴、阳性反应的概率分别为 0.99 和 0.01. 求:

(1) 某人独立检测 3 次, 发现有 2 次呈阳性反应的概率;

(2) 在 (1) 发生时, 求该人为带菌者的概率.

14. 已知某型号电子元件的一级品率为 0.3, 现从一大批元件中随机抽取 10 只, 设 X 为 20 只电子元件中的一级品数. 问最可能抽到的一级品数 k 是多少? 并计算 $P(X = k)$.

15. 机器人通过迷宫的一项测试: 迷宫的起点到终点之间有 5 个路口, 每个路口有两条前进通道, 其中只有一条是正确的. 机器人在每个路口都需作出选择, 用以确定继续前进的通道. 设机器人在每个路口是否作出正确选择是相互独立的, 且只有 5 个路口的选择都正确时才能抵达终点. 某台机器人测试了 10 次, 其中有 3 次抵达终点. 试判断这台机器人在迷宫的路口是否具有作出选择的能力, 并简单论述你作出此判断的依据.

16. 珠宝商店出售某种钻石,根据以往经验,每月销售量 X 服从参数 $\lambda = 3$ 的泊松分布.问在月初进货时,要库存多少颗钻石才能以 99.6% 的概率充分满足顾客的需要?

17. 一电话交换台每分钟的呼唤次数服从参数为 4 的泊松分布,试求:

(1) 每分钟恰有 6 次呼唤的概率;

(2) 每分钟呼唤次数不超过 10 次的概率.

18. 某医疗急救中心在长度为 t 的时段内接到紧急呼救的次数 $X \sim \pi\left(\dfrac{t}{2}\right)$,与时段的起点无关(时间以小时计).求:

(1) 某天 1:00~4:00 没有接到紧急呼救的概率;

(2) 某天 19:00~24:00 至少接到 2 次紧急呼救的概率.

19. 设离散型随机变量 $X \sim \pi(\lambda)$,且 $P(X=1)=P(X=2)$,试比较 $P(X=3)$ 与 $P(X=4)$ 的大小.

20. 设离散型随机变量 $X \sim \pi(\lambda)$,当 k 取何值时,$P(X=k)$ 最大?

21. 设 X 服从泊松分布 $\pi(\lambda)$,证明 $\displaystyle\sum_{k=0}^{n} P(X=k) = \frac{1}{n!}\int_{\lambda}^{+\infty} x^n \mathrm{e}^{-x}\,\mathrm{d}x$.

22. 盒子中装有 10 只乒乓球,白色的与橘黄的各占一半.设 X 是从中任取 3 只球中的白球数,求 X 的分布列(分别用表格形式与解析式表达).

23. 一箱产品有 97 件正品,3 件次品.每次随机抽取 1 件,直到取到正品为止.就下面两种情况,求抽取次数 X 的分布列:

(1) 放回抽取;

(2) 不放回抽取.

24. 自动生产线在调整之后出现废品的概率为 p,当生产过程中出现废品时立即重新调整.求在两次调整之间生产的合格品数 X 的概率分布.

25. 试确定下面连续型随机变量的分布函数中的待定系数 a,b,c:

(1) $F(x) = \begin{cases} a + b\mathrm{e}^{cx}, & x \geqslant 0, \\ 0, & x < 0. \end{cases}$

(2) $F(x) = \begin{cases} a\mathrm{e}^{x}, & x < 0, \\ b + ax, & 0 \leqslant x < 2, \\ 1, & x \geqslant 2. \end{cases}$

26. 连续型随机变量 X 的分布函数

$$F(x) = \begin{cases} 0, & x < 1, \\ \ln x, & 1 \leqslant x < \mathrm{e}, \\ 1, & x \geqslant \mathrm{e}. \end{cases}$$

求(1) $P(X=2)$;$P(X<\mathrm{e})$,$P(2 \leqslant X < 3)$;$P(2 < X < 5/2)$.

(2) X 的密度函数 $f(x)$.

27. 设 $F(x)$ 是连续型随机变量 X 的分布函数,证明对于任意实数 $a,b(a<b)$ 有

$$\int_{-\infty}^{+\infty} \big[F(x+b) - F(x+a)\big]\,\mathrm{d}x = b - a.$$

28. 设连续型随机变量 X 的密度函数

$$f(x) = \begin{cases} ax, & 0 \leqslant x < 1, \\ b-x, & 1 \leqslant x < 2, \\ 0, & x < 0 \vee x \geqslant 2, \end{cases}$$

且 $P(X < 1) = 0.5$，求 (1) 系数 a, b；(2) X 的分布函数 $F(x)$.

29. 设连续型随机变量 X 的密度函数

$$f(x) = \begin{cases} a/\sqrt{1-x^2}, & |x| < 1, \\ 0, & |x| \geqslant 1. \end{cases}$$

求 (1) 系数 a；(2) $P(|X| < 1/2)$；(3) X 的分布函数 $F(x)$.

30. 服从 Laplace(拉普拉斯)分布的随机变量 X 的密度函数

$$f(x) = ae^{-|x|}, \ x \in (-\infty, +\infty),$$

求系数 a 及 X 的分布函数 $F(x)$.

31. 某型号电子管寿命 X(以小时计)的密度函数

$$f(x) = \begin{cases} 1\,000/x^2, & x > 1\,000, \\ 0, & x < 1\,000. \end{cases}$$

某一电子设备内装有 3 个这样的电子管. 试求电子管使用 1 500 小时内没有一个损坏的概率和只有 1 个损坏的概率.

32. 公共汽车站每隔 10 分钟有一辆车通过，乘客在 10 分钟内任一时刻到达车站是等可能的，求乘客候车时间不超过 6 分钟的概率.

33. 秒表的最小刻度值为百分之一秒. 若计时精度取最近的刻度值，求使用该秒表计时产生的随机误差 X 的概率密度函数 $f(x)$，并计算误差的绝对值不超过千分之二的概率.

34. (1) 设 $Y \sim U(0, 5)$，求方程 $x^2 + 2Yx + 4Y - 3 = 0$ 有实根的概率；

(2) 设 $Y \sim U(a, 5)$，且方程 $x^2 + Yx + 0.75Y + 1 = 0$ 没有实根的概率为 0.25，求常数 a.

35. 某计算机显示器的使用寿命(单位:千小时)X 服从参数为 $\lambda = 1/50$ 的指数分布. 生产厂家承诺:购买者使用一年内显示器损坏将免费予以更换.

(1) 假设一般用户每年使用计算机 2 000 小时，求厂家免费为其更换显示器的概率；

(2) 求显示器至少可以用 10 000 小时的概率；

(3) 已知某台显示器已经使用了 10 000 小时，求其至少还能再用 10 000 小时的概率.

36. 电子元件的寿命 $X \sim Exp\left(\dfrac{1}{3\,000}\right)$(单位:小时)，厂方规定寿命低于 300 小时的元件可以退换. 问该厂被退换元件的数量大约占总产量的百分之几？

37. 设每人每次打电话时间 $T \sim Exp(0.5)$(单位:分钟)，求 282 人次所打的电话中有 2 次或 2 次以上超过 10 分钟的概率.

38. 设 $X \sim N(8, 16)$. 求:

(1) $P(X > 9)$；(2) $P(5 < X < 8)$；(3) $P(|X| \leqslant 10)$.

39. 设 $X \sim N(2, 2)$，确定常数 c 使 $P(X > c) = P(X < c)$.

40. 设 $X \sim N(3, \sigma^2)$,且 $P(3 < X < 5) = 0.4$,求 $P(X > 1)$.

41. 某机器生产的螺栓的长度(cm)服从正态分布 $X \sim N(10, 0.06^2)$,若规定长度在 10 ± 0.12 内为合格品,求螺栓不合格的概率.

42. 某地区成年男子体重 X(kg)服从正态分布 $N(66, \sigma^2)$,且已知 $P(X \leqslant 60) = 0.25$.

若在该地区随机选出 3 人,求至少有 1 人体重超过 65 kg 的概率.

43. 设测量的随机误差 $X \sim N(0, 10^2)$.试求在 200 次独立重复测量中,至少有 4 次测量误差的绝对值大于 23.26 的概率.

44. 用正态分布估计高考录取最低分.某市有 9 万名应届与往届高中毕业生参加高考,按招生计划将有 5.4 万名被各类高校录取.已知满分为 600 分,540 分以上有 2 025 名,360 分以下有 13 500 名.试估计高考最低录取分.

45. 设随机变量 X 的分布函数

$$F(x) = \begin{cases} 0, & x < -2, \\ 0.3, & -2 \leqslant x < -1, \\ 0.9, & -1 \leqslant x < 2, \\ 1, & x \geqslant 2. \end{cases}$$

求随机变量 $Y = X^2 - 3$ 和 $Z = |X|$ 的分布列.

46. 设 $X \sim U(-2, 3)$,记

$$Y = \begin{cases} -1, & X < 0, \\ 1, & X \geqslant 0. \end{cases}$$

求 Y 的分布列.

47. 已知 X 的分布列为

$$P\left(X = \frac{k\pi}{2}\right) = p(1-p)^k, \quad k = 0, 1, 2, \cdots, \ 0 < p < 1,$$

求 $Y = \sin X$ 的分布列.

48. 设 $X \sim U(0, 1)$,求以下随机变量的概率密度函数:

(1) $Y = 1 - X$;(2) $Y = \ln X$;(3) $Y = e^X$;(4) $Y = X^2$.

49. 设 $X \sim Exp(1)$,求以下随机变量的概率密度函数:

(1) $Y = 2X + 1$;(2) $Y = e^X$;(3) $Y = X^2$.

50. 设 $X \sim N(0, 1)$,求以下随机变量的概率密度函数:

(1) $Y = 2X - 1$;(2) $Y = e^{-X}$;(3) $Y = |X|$.

51. 设 $X \sim N(0, 1)$,$\Phi(x)$ 为 X 的分布函数,求 $Y = X + |X|$ 的分布函数 $F_Y(y)$.

52. 设随机变量 X 的分布函数为 $F_X(x)$,求 $Y = 3 - 2X$ 的分布函数 $F_Y(y)$.

53. 设点随机地落在中心在原点的单位圆周上,并设随机点落在圆周上任一小段等长的弧上的概率相同,求此点横坐标 X 的概率密度 $f(x)$.

54. 通过点 $(0, 1)$ 任意作直线与 x 轴相交成 θ 角 $(0 < \theta < \pi)$,求直线在 x 轴上的截距的概率密度函数 $f(x)$.

多维随机变量及其分布

在上一章我们仅限于讨论一维随机变量的情况.但在实际问题中,对于某些随机试验的结果需要同时用两个或者两个以上的变量来描述.例如,为了研究某地区学龄前儿童的生长发育情况,对这一地区的儿童进行抽查,每个儿童都能观察到他的身高 H 和体重 W,在这里,样本空间 $\Omega=\{$某地区全部学龄前儿童的身高与体重$\}$,而 H,W 是定义在 Ω 上的两个随机变量.又如飞机飞行过程中在空间的位置是由其横坐标 X,纵坐标 Y 以及竖坐标 Z 来确定,而这三个坐标是定义在同一样本空间(飞机在空间的位置)的三个随机变量.

由于从二维随机变量推广到多维随机变量无实质性的困难,因而本章重点讨论二维随机变量.

3.1 二维随机变量及其分布

3.1.1 二维随机变量及其联合分布函数

定义 3.1 设 E 是一个随机试验,Ω 是其样本空间,X 与 Y 是定义在 Ω 上的两个随机变量,由它们构成的一个向量 (X,Y) 叫做**二维随机变量**或**二维随机向量**.

注意到,二维随机变量是定义在同一样本空间上的一对随机变量.对于随机试验的每一个结果,二维随机变量 (X,Y) 对应平面上的一个点 (x,y);二维随机变量的概率分布不仅依赖于各分量自身的概率分布,而且还要研究它们之间统计相依关系,为此引入联合分布函数.

定义 3.2 设 (X,Y) 为二维随机变量,对于任意实数 x,y,称定义在实平面上的二元函数

$$F(x,y) = P(\{X \leqslant x\} \bigcap \{Y \leqslant y\})$$
$$= P(X \leqslant x, Y \leqslant y)$$

为二维随机变量 (X,Y) 的**联合分布函数**,或简称为**联合分布**或**分布函数**.

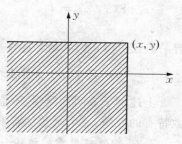

图 3.1 角形区域概率

分布函数 $F(x,y)$ 表示事件 $\{X \leqslant x\}$ 与 $\{Y \leqslant y\}$ 同时发生的概率,如果把 (X,Y) 看成平面上随机点的坐标,则分布函数 $F(x,y)$ 在点 (x,y) 处的函数值就是随机点 (X,Y) 落在如图 3.1 所示

的以点(x, y)为顶点而位于该点左下方的角形区域内的概率.

1. 二维随机变量联合分布函数的性质

由分布函数的定义及概率的性质可以证明分布函数具如下性质:

(1) $0 \leqslant F(x, y) \leqslant 1$,且:

$$F(-\infty, y) = 0, F(x, -\infty) = 0, F(-\infty, -\infty) = 0, F(+\infty, +\infty) = 1.$$

(2) $F(x, y)$对固定其中一个变量,关于另一个是单调不减的函数,即:对任意固定的y,当$x_1 < x_2$时,有:

$$F(x_1, y) \leqslant F(x_2, y),$$

对任意固定的x,当$y_1 < y_2$时,有:

$$F(x, y_1) \leqslant F(x, y_2).$$

(3) $F(x, y)$对固定其中一个变量,关于另一个是右连续函数,即:

$$F(x + 0, y) = F(x, y); F(x, y + 0) = F(x, y).$$

(4) 对任意a, b, c, d,且$a < b, c < d$,下述等式成立:

$$F(b, d) - F(a, d) - F(b, c) + F(a, c) = P(a < X \leqslant b, c < Y \leqslant d) \geqslant 0.$$

性质(4)表明平面上任何矩形内的概率都可用分布函数表示(见图 3.2),另一方面,如果一个普通二元函数具以上 4 条性质,则此函数可以作为某个二维随机变量的联合分布函数. 需要注意的是,与一维随机变量的情形对照,读者可能会问是否可由前三条导出第四条性质,不妨先看下面的例子.

例 3.1 设

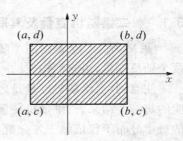

图 3.2 矩形内的概率

$$F(x, y) = \begin{cases} 1, & x + y \geqslant 1, \\ 0, & x + y < 1, \end{cases}$$

容易验证 $F(x, y)$ 满足上述性质(1)~(3),但不满足性质(4). 事实上,

$$F(1, 1) - F(1, 0) - F(0, 1) + F(0, 0) = -1 < 0.$$

上述例子表明性质(4)不能由性质(1)~(3)推出,这正是二维随机变量分布函数特有的性质,一个函数倘若不具备性质(4),当然不能成为分布函数.

2. 二维随机变量的边缘分布

定义 3.3 二维随机变量(X, Y)作为一个整体,其联合分布函数为$F(x, y)$,分量X和Y也都是随机变量,各自的分布函数分别记为$F_X(x)$和$F_Y(y)$,并依次称为随机变量(X, Y)关于 X 和 Y 的**边缘分布函数**.

由分布函数的定义可得到联合分布函数和边缘分布函数的关系,

$$F_X(x) = P(X \leqslant x) = P(X \leqslant x, Y < +\infty) = F(x, +\infty),$$

即

$$F_X(x) = F(x, +\infty),$$

同理可得

$$F_Y(x) = F(+\infty, y).$$

与一维随机变量的情形类似,对于二维随机变量,也是主要考虑离散型与连续型两种类型的随机变量.

3.1.2　二维离散型随机变量

定义 3.4　随机变量(X, Y)在二维平面上所有可能的取值有限对或可列对,则称(X, Y)为**二维离散型随机变量**.

定义 3.5　设二维随机变量(X, Y)的所有可能的取值为(x_i, y_j), $i, j = 1, 2, \cdots$,则称

$$P(X = x_i, Y = y_j) = p_{ij}, \ i, j = 1, 2, \cdots.$$

为二维离散型随机变量(X, Y)的**联合分布列**或**联合分布律**.

二维离散型随机变量(X, Y)的联合分布列如表 3.1 所示:

表 3.1　二维随机变量的联合分布列

X \ Y	y_1	y_2	$\cdots$	y_j	$\cdots$	$p_i \cdot$
x_1	p_{11}	p_{12}	$\cdots$	p_{1j}	$\cdots$	$p_1 \cdot$
x_2	p_{21}	p_{22}	$\cdots$	p_{2j}	$\cdots$	$p_2 \cdot$
$\vdots$	$\vdots$	$\vdots$		$\vdots$		$\vdots$
x_i	p_{i1}	p_{i2}	$\cdots$	p_{ij}	$\cdots$	$p_i \cdot$
$\vdots$	$\vdots$	$\vdots$		$\vdots$		$\vdots$
$p \cdot j$	$p \cdot 1$	$p \cdot 2$	$\cdots$	$p \cdot j$	$\cdots$	$\sum_i \sum_j p_{ij} = 1$

1. 二维离散型随机变量分布列的性质

(1) **非负性**　$p_{ij} \geqslant 0 \ (i, j = 1, 2, \cdots)$;

(2) **规范性** $\sum_i \sum_j p_{ij} = 1.$

反之,若某数列 $p_{ij}(i, j = 1, 2, \cdots)$ 满足上述两条性质,就可以作为某个二维离散型随机变量的分布列.

二维离散型随机变量分布函数与分布列互为确定,其分布函数可按下式求得:

$$F(x, y) = \sum_{x_i \leqslant x} \sum_{y_j \leqslant y} p_{ij}.$$

2. 二维离散型随机变量的边缘分布列

容易知道,二维离散型随机变量的两个分量也都是离散型的,不难得出两个边缘分布如下(见表 3.1 最后一行以及最后一列):

$$P(X = x_i) = \sum_j p_{ij} \triangleq p_i \cdot, \ i = 1, 2, \cdots,$$

$$P(Y = y_j) = \sum_i p_{ij} \triangleq p \cdot_j, \ j = 1, 2, \cdots.$$

例 3.2 袋中有 3 只红球,1 只白球,分别采用有放回和无放回地摸球,连续抽两次,每次一球.令

$$X = \begin{cases} 1, & \text{第一次摸到红球,} \\ 0, & \text{第一次摸到白球.} \end{cases} \qquad Y = \begin{cases} 1, & \text{第二次摸到红球,} \\ 0, & \text{第二次摸到白球.} \end{cases}$$

求 (X, Y) 的联合分布和边缘分布.

解 "有放回摸球"、"无放回摸球"两种情形 (X, Y) 的联合分布与边缘分布依次列于下表:

有放回摸球

X \ Y	0	1	$p_i \cdot$
0	$\frac{1}{16}$	$\frac{3}{16}$	$\frac{1}{4}$
1	$\frac{3}{16}$	$\frac{9}{16}$	$\frac{3}{4}$
$p \cdot_j$	$\frac{1}{4}$	$\frac{3}{4}$	

无放回摸球

X \ Y	0	1	$p_i \cdot$
0	0	$\frac{1}{4}$	$\frac{1}{4}$
1	$\frac{1}{4}$	$\frac{1}{2}$	$\frac{3}{4}$
$p \cdot_j$	$\frac{1}{4}$	$\frac{3}{4}$	

上例显示,"有放回摸球"与"无放回摸球"时 (X, Y) 有不同的联合分布,但它们相应的边缘分布却相同,这一事实表明,对 (X, Y) 中的分量的概率分布的讨论不能代替对 (X, Y) 作为整体的讨论,换句话说,虽然二维随机变量的联合分布完全确定了边缘分布,但反过来,一般来讲 (X, Y) 的两个边缘分布却不能完全确定其联合分布.这正是必须把 (X, Y) 作为一个整体来研究的理由.

例 3.3 已知随机变量 X 与 Y 的分布列分别为

$$\begin{pmatrix} 0 & 1 \\ 0.5 & 0.5 \end{pmatrix}, \quad \begin{pmatrix} -1 & 0 & 1 \\ 0.25 & 0.5 & 0.25 \end{pmatrix},$$

且 $P(XY = 0) = 1$，试求二维随机变量 (X, Y) 的联合分布列.

解 据 $P(XY = 0) = 1$，可得 $P(XY \neq 0) = 0$，由此知

$$P(X = 1, Y = -1) = P(X = 1, Y = 1) = 0.$$

根据联合分布列与边缘分布列之间的关系：

$$P(Y = -1) = p_{11} + 0 = 0.25, \quad P(Y = 0) = p_{12} + p_{22} = 0.5,$$
$$P(Y = 1) = p_{13} + 0 = 0.25, \quad P(X = 0) = p_{11} + p_{12} + p_{13} = 0.5,$$
$$P(X = 1) = 0 + p_{22} + 0 = 0.5,$$

得 $p_{11} = 0.25$，$p_{12} = 0$，$p_{13} = 0.25$，$p_{22} = 0.5$，故 (X, Y) 的联合分布列如下表：

X＼Y	−1	0	1
0	0.25	0	0.25
1	0	0.5	0

3.1.3 二维连续型随机变量

类似一维连续型随机变量的定义，给出二维连续型随机变量的定义如下：

定义 3.6 对于二维随机变量 (X, Y) 的分布函数 $F(x, y)$，如果存在一个二元非负可积函数 $f(x, y)$，使得对于任意一对实数 (x, y) 有

$$F(x, y) = \int_{-\infty}^{x} \int_{-\infty}^{y} f(u, v) \mathrm{d}u \mathrm{d}v$$

成立，则称 (X, Y) 为**二维连续型随机变量**，并称 $f(x, y)$ 为二维连续型随机变量的**联合概率密度函数**，简称**联合概率密度**或**联合密度**.

1. **二维连续型随机变量及联合概率密度的性质**

(1) **非负性** $f(x, y) \geqslant 0$，$-\infty < x < +\infty$，$-\infty < y < +\infty$；

(2) **规范性** $\displaystyle\int_{-\infty}^{+\infty} \int_{-\infty}^{+\infty} f(x, y) \mathrm{d}x \mathrm{d}y = 1.$

可以证明凡满足上述两条性质的任意二元函数 $g(x, y)$，一定可作为某个二维随机变量 (X, Y) 的联合密度函数.

(3) 设 (X, Y) 为二维连续型随机变量，则对平面上任一区域 D 有

$$P((X, Y) \in D) = \iint\limits_{D} f(x, y) \mathrm{d}x \mathrm{d}y.$$

(4) 在 $f(x, y)$ 的连续点处有

$$\frac{\partial^2 F(x, y)}{\partial x \, \partial y} = f(x, y).$$

应该注意的是,如果 (X, Y) 为二维连续型随机变量,对平面上任意一条简单曲线,有 $P((X, Y) \in L) = 0$.

2. 二维连续型随机变量的边缘概率密度

由边缘分布函数的定义:

$$F_X(x) = P(X \leqslant x) = P(X \leqslant x, Y < +\infty)$$
$$= \int_{-\infty}^{x} \int_{-\infty}^{+\infty} f(u, y) \mathrm{d}u \mathrm{d}y$$
$$= \int_{-\infty}^{x} \left[\int_{-\infty}^{+\infty} f(u, y) \mathrm{d}y \right] \mathrm{d}u;$$
$$F_Y(y) = P(Y \leqslant y) = P(X < +\infty, Y \leqslant y)$$
$$= \int_{-\infty}^{+\infty} \int_{-\infty}^{y} f(x, v) \mathrm{d}x \mathrm{d}v$$
$$= \int_{-\infty}^{y} \left[\int_{-\infty}^{+\infty} f(x, v) \mathrm{d}x \right] \mathrm{d}v.$$

从而得关于 X 与 Y 的边缘概率密度分别为

$$f_X(x) = \int_{-\infty}^{+\infty} f(x, y) \mathrm{d}y, \quad f_Y(y) = \int_{-\infty}^{+\infty} f(x, y) \mathrm{d}x.$$

例 3.4 设 $G = \{(x, y) \mid x^2 \leqslant y \leqslant 1, x \geqslant 0\}$,随机变量 (X, Y) 的分布密度函数如下

$$f(x, y) = \begin{cases} Axy, & (x, y) \in G, \\ 0, & \text{其他}. \end{cases}$$

求(1)A 的值;(2)概率 $P\left(X \leqslant \dfrac{1}{2}, Y \leqslant \dfrac{1}{2}\right)$;(3)两个边缘密度 $f_X(x)$,$f_Y(y)$.

解 (1) 由题设有:

$$1 = \int_{-\infty}^{+\infty} \int_{-\infty}^{+\infty} f(x, y) \mathrm{d}x \mathrm{d}y = \int_{0}^{1} \int_{x^2}^{1} Axy \mathrm{d}x \mathrm{d}y = \frac{A}{6},$$

故 $A = 6$.

(2) $P\left(X \leqslant \dfrac{1}{2}, Y \leqslant \dfrac{1}{2}\right) = \int_{0}^{\frac{1}{2}} \int_{x^2}^{\frac{1}{2}} 6xy \mathrm{d}x \mathrm{d}y = \dfrac{11}{128}.$

(3) $f_X(x) = \int_{-\infty}^{+\infty} f(x, y) \mathrm{d}y = \begin{cases} \int_{x^2}^{1} 6xy \mathrm{d}y, & 0 < x < 1, \\ 0, & \text{其他}, \end{cases}$

$$= \begin{cases} 3x(1-x^4), & 0 < x < 1, \\ 0, & \text{其他}, \end{cases}$$

$$f_Y(y) = \int_{-\infty}^{+\infty} f(x, y)\mathrm{d}x = \begin{cases} \int_0^{\sqrt{y}} 6xy\mathrm{d}x, & 0 < y < 1, \\ 0, & \text{其他}, \end{cases}$$

$$= \begin{cases} 3y^2, & 0 < y < 1, \\ 0, & \text{其他}. \end{cases}$$

3. 常用的二维连续型随机变量的分布

1）二维均匀分布

如果 (X, Y) 在二维平面上某个区域 G 上服从均匀分布，则它的联合概率密度为

$$f(x, y) = \begin{cases} \dfrac{1}{G \text{ 的面积}}, & (x, y) \in G, \\ 0, & \text{其他}. \end{cases}$$

例 3.5　如图 3.3，设 G 是由 $y = x$ 与 $y = x^2$ 所围成的区域，随机变量 (X, Y) 在区域 G 上均匀分布，求两个边缘密度 $f_X(x)$，$f_Y(y)$.

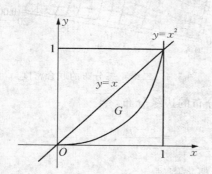

图 3.3　例 3.5 的图

解　可计算 G 的面积 $S = \int_0^1 (x - x^2)\mathrm{d}x = \dfrac{1}{6}$，故得 (X, Y) 的联合密度

$$f(x, y) = \begin{cases} 6, & (x, y) \in G, \\ 0, & \text{其他}. \end{cases}$$

由边缘密度函数的公式

$$f_X(x) = \int_{-\infty}^{+\infty} f(x, y)\mathrm{d}y = \begin{cases} \int_{x^2}^x 6\mathrm{d}y, & 0 \leqslant x \leqslant 1, \\ 0, & \text{其他}, \end{cases} = \begin{cases} 6(x - x^2), & 0 \leqslant x \leqslant 1, \\ 0, & \text{其他}. \end{cases}$$

$$f_Y(y) = \int_{-\infty}^{+\infty} f(x,y)\mathrm{d}x = \begin{cases} \int_y^{\sqrt{y}} 6\mathrm{d}x, & 0 \leqslant y \leqslant 1, \\ 0, & \text{其他}, \end{cases} = \begin{cases} 6(\sqrt{y} - y), & 0 \leqslant y \leqslant 1, \\ 0, & \text{其他}. \end{cases}$$

2) 二维正态分布 $N(\mu_1, \sigma_1^2; \mu_2, \sigma_2^2; \rho)$

如果(X,Y)的联合概率密度(见图 3.4)

$$f(x,y)$$
$$= \frac{1}{2\pi\sigma_1\sigma_2\sqrt{1-\rho^2}} \exp\left\{ -\frac{1}{2(1-\rho^2)} \left[\frac{(x-\mu_1)^2}{\sigma_1^2} - 2\rho\frac{(x-\mu_1)(y-\mu_2)}{\sigma_1\sigma_2} + \frac{(y-\mu_2)^2}{\sigma_2^2} \right] \right\}$$

则称(X,Y)服从二维正态分布,并记为

$$(X,Y) \sim N(\mu_1, \sigma_1^2; \mu_2, \sigma_2^2; \rho)$$

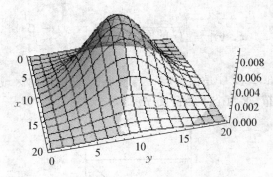

图 3.4 二维正态分布的联合密度

下面来看二维正态分布的边缘分布,令

$$u = \frac{x-\mu_1}{\sigma_1}, \ v = \frac{y-\mu_2}{\sigma_2},$$

则(X,Y)关于 X 的边缘概率密度

$$\begin{aligned}
f_X(x) &= \int_{-\infty}^{+\infty} \frac{1}{2\pi\sigma_1\sqrt{1-\rho^2}} \exp\left[-\frac{1}{2(1-\rho^2)}(u^2 - 2\rho uv + v^2) \right]\mathrm{d}v \\
&= \int_{-\infty}^{+\infty} \frac{1}{2\pi\sigma_1\sqrt{1-\rho^2}} \exp\left\{ -\frac{1}{2(1-\rho^2)}\left[(v-\rho u)^2 + (1-\rho^2)u^2 \right] \right\}\mathrm{d}v \\
&= \frac{1}{\sqrt{2\pi}\sigma_1} e^{-\frac{u^2}{2}} \int_{-\infty}^{+\infty} \frac{1}{\sqrt{2\pi}\sqrt{1-\rho^2}} \exp\left\{ -\frac{(v-\rho u)^2}{2(1-\rho^2)} \right\}\mathrm{d}v \\
&= \frac{1}{\sqrt{2\pi}\sigma_1} e^{-\frac{u^2}{2}} = \frac{1}{\sqrt{2\pi}\sigma_1} e^{-\frac{(x-\mu_1)^2}{2\sigma_1^2}}
\end{aligned}$$

所以 $X \sim N(\mu_1, \sigma_1^2)$，同理 $Y \sim N(\mu_2, \sigma_2^2)$.

　　我们看到二维正态分布的两个边缘分布都是一维正态分布，并且都不依赖参数 ρ，亦即对于给定的仅是参数 ρ 不同的二维正态分布，它们的边缘分布却都是一样的，这一事实表明，仅有关于 X 和 Y 的边缘分布，一般来说不能确定随机变量 X 和 Y 的联合分布. 另外，还需注意，二维正态分布的边缘分布是一维正态分布，但仅有 X 和 Y 服从一维正态分布，并不能推出 (X, Y) 服从二维正态分布，下面的例子说明了这一情况.

　　例 3.6　设二维随机变量 (X, Y) 的联合密度函数

$$f(x, y) = \frac{1}{2\pi} e^{-\frac{x^2+y^2}{2}} (1 + \sin x \sin y), \ -\infty < x, y < \infty,$$

求边缘密度 $f_X(x)$ 和 $f_Y(y)$.

　　解　由边缘密度函数的公式，可得

$$f_X(x) = \int_{-\infty}^{+\infty} \frac{1}{2\pi} e^{-\frac{x^2+y^2}{2}} (1 + \sin x \sin y) \mathrm{d}y = \frac{1}{2\pi} e^{-\frac{x^2}{2}} \int_{-\infty}^{+\infty} e^{-\frac{y^2}{2}} \mathrm{d}y = \frac{1}{\sqrt{2\pi}} e^{-\frac{x^2}{2}},$$

同理可得

$$f_Y(y) = \frac{1}{\sqrt{2\pi}} e^{-\frac{y^2}{2}},$$

由此可见，$X \sim N(0, 1)$，$Y \sim N(0, 1)$，但 (X, Y) 并不服从二维正态分布.

3.2　二维随机变量的条件分布

3.2.1　二维离散型随机变量的条件分布

　　设二维离散型变量 (X, Y) 的联合分布列为

$$P(X = x_i, Y = y_j) = p_{ij}, \ i, j = 1, 2, \cdots.$$

　　(X, Y) 中关于随机变量 X 和 Y 的边缘分布列分别为

$$p_i. = P(X = x_i) = \sum_j p_{ij}, \ i = 1, 2, \cdots;$$

$$p._j = P(Y = y_j) = \sum_i p_{ij}, \ j = 1, 2, \cdots.$$

　　当 $p._j > 0$ 时，在事件 $(Y = y_j)$ 已经发生的条件下，事件 $(X = x_i)$ 发生的条件概率

$$P(X = x_i \mid Y = y_j) = \frac{P(X = x_i, Y = y_j)}{P(Y = y_j)} = \frac{p_{ij}}{p._j}, \ i = 1, 2, \cdots$$

显然

$$P(X = x_i \mid Y = y_j) \geqslant 0,$$

$$\sum_i P(X = x_i \mid Y = y_j) = \sum_i \frac{p_{ij}}{p._j} = \frac{1}{p._j} \sum_i p_{ij} = 1,$$

故有以下定义.

定义 3.7　二维离散型变量(X, Y),对于固定的j,当$P(Y = y_j) > 0$,则称

$$P(X = x_i \mid Y = y_j) = \frac{P(X = x_i, Y = y_j)}{P(Y = y_j)} = \frac{p_{ij}}{p._j}, \ i = 1, 2, \cdots;$$

为条件$(Y = y_j)$下,随机变量X的**条件分布列**.

同样,当$P(X = x_i) > 0$时,称

$$P(Y = y_j \mid X = x_i) = \frac{P(X = x_i, Y = y_j)}{P(X = x_i)} = \frac{p_{ij}}{p_i.}, \ j = 1, 2, \cdots;$$

为条件$(X = x_i)$下,随机变量Y的**条件分布列**.

例 3.7　袋中有 3 只白球, 2 只红球,采用无放回地摸球,连续两次,每次一球. 令

$$X = \begin{cases} 1, & \text{第一次摸到红球} \\ 0, & \text{第一次摸到白球} \end{cases}, \quad Y = \begin{cases} 1, & \text{第二次摸到红球} \\ 0, & \text{第二次摸到白球} \end{cases}.$$

求在条件$(X = 0)$下,Y的条件分布列;和条件$(Y = 1)$下,X的条件分布列.

解　通过计算可得(X, Y)的联合分布列如下表:

X ＼ Y	0	1	$p_i.$
0	3/10	3/10	6/10
1	3/10	1/10	4/10
$p._j$	6/10	4/10	

由

$$P(Y = 0 \mid X = 0) = \frac{3/10}{6/10} = \frac{1}{2}, \ P(Y = 1 \mid X = 0) = \frac{3/10}{6/10} = \frac{1}{2},$$

可得在条件$(X = 0)$下,Y的条件分布列为

$Y \mid X = 0$	0	1
$P(Y = y_j \mid X = 0)$	1/2	1/2

同理,在$(Y=1)$下,分布X的条件分布列为

$X|Y=1$	0	1
$P(X=x_i|Y=1)$	3/4	1/4

3.2.2　二维连续型随机变量的条件分布

设(X,Y)为二维连续型随机变量,因为对于任意实数x,y,随机事件$(X=x)$和$(Y=y)$发生的概率都是0,所以无法直接用条件概率公式得到条件分布,自然考虑用极限的方法导出二维连续型随机变量的条件分布.

定义3.8　设y为定值,且对任意给定的$\varepsilon>0$有

$$P(y-\varepsilon<Y\leqslant y+\varepsilon)>0$$

若对任意实数x,极限

$$\lim_{\varepsilon\to0^+}P(X\leqslant x\mid y-\varepsilon<Y\leqslant y+\varepsilon)=\lim_{\varepsilon\to0^+}\frac{P(X\leqslant x,\ y-\varepsilon<Y\leqslant y+\varepsilon)}{P(y-\varepsilon<Y\leqslant y+\varepsilon)}$$

存在,则称此极限是在条件$(Y=y)$下,随机变量X的**条件分布函数**,记为$F_{X|Y}(x\mid y)$或$P(X\leqslant x\mid Y=y)$.

设$F(x,y)$为二维连续型随机变量(X,Y)的联合分布函数,其边缘分布函数分别为$F_X(x)$和$F_Y(y)$;$f(x,y)$为联合分布密度函数,边缘分布密度函数分别为$f_X(x)$和$f_Y(y)$.若在点(x,y)处,$f(x,y)$和$f_Y(y)$连续,且$f_Y(y)>0$,则有

$$\begin{aligned}
F_{X|Y}(x\mid y)&=\lim_{\varepsilon\to0^+}\frac{P(X\leqslant x,\ y-\varepsilon<Y\leqslant y+\varepsilon)}{P(y-\varepsilon<Y\leqslant y+\varepsilon)}\\
&=\lim_{\varepsilon\to0^+}\frac{F(x,\ y+\varepsilon)-F(x,\ y-\varepsilon)}{F_Y(y+\varepsilon)-F_Y(y-\varepsilon)}\\
&=\lim_{\varepsilon\to0^+}\frac{(F(x,\ y+\varepsilon)-F(x,\ y-\varepsilon))/2\varepsilon}{(F_Y(y+\varepsilon)-F_Y(y-\varepsilon))/2\varepsilon}=\frac{\partial F(x,\ y)}{\partial y}\bigg/\frac{\mathrm{d}F_Y(y)}{\mathrm{d}y},
\end{aligned}$$

因为

$$\frac{\partial F(x,\ y)}{\partial y}=\frac{\partial}{\partial y}\left(\int_{-\infty}^{x}\int_{-\infty}^{y}f(u,\ v)\mathrm{d}u\mathrm{d}v\right)=\int_{-\infty}^{x}f(u,\ y)\mathrm{d}u,$$

$$\frac{\mathrm{d}F_Y(y)}{\mathrm{d}y}=f_Y(y),$$

所以在条件$Y=y$下X的条件分布函数为

$$F_{X|Y}(x\mid y)=\frac{1}{f_Y(y)}\int_{-\infty}^{x}f(u,\ y)\mathrm{d}u=\int_{-\infty}^{x}\frac{f(u,\ y)}{f_Y(y)}\mathrm{d}u,$$

若在给定 $Y = y$ 的条件下 X 的**条件概率密度**记 $f_{X|Y}(x \mid y)$,则

$$f_{X|Y}(x \mid y) = \frac{f(x, y)}{f_Y(y)} \geqslant 0, \quad -\infty < x < +\infty,$$

其中 $f_Y(y) > 0$.

类似地,可得在给定 $X = x$ 的条件下,Y 的条件分布函数与条件概率密度函数分别为

$$F_{Y|X}(y \mid x) = \frac{1}{f_X(x)} \int_{-\infty}^{y} f(x, v) \mathrm{d}v, \quad -\infty < y < +\infty,$$

$$f_{Y|X}(y \mid x) = \frac{f(x, y)}{f_X(x)} \geqslant 0, \quad -\infty < y < +\infty,$$

其中 $f_X(x) > 0$.

例 3.8 设 $G = \{(x, y) \mid x^2 + y^2 \leqslant r^2\}$,随机变量 (X, Y) 在区域 G 上均匀分布,求关于 X 与 Y 边缘密度以及两个条件密度.

解 易得 (X, Y) 的联合密度

$$f(x, y) = \begin{cases} \dfrac{1}{\pi r^2}, & (x, y) \in G, \\ 0, & \text{其他.} \end{cases}$$

由边缘密度函数的公式

$$f_X(x) = \int_{-\infty}^{+\infty} f(x, y) \mathrm{d}y = \begin{cases} \displaystyle\int_{-\sqrt{r^2-x^2}}^{\sqrt{r^2-x^2}} \dfrac{1}{\pi r^2} \mathrm{d}y, & -r < x < +r, \\ 0, & \text{其他,} \end{cases}$$

$$= \begin{cases} \dfrac{2\sqrt{r^2-x^2}}{\pi r^2}, & -r < x < +r, \\ 0, & \text{其他.} \end{cases}$$

同理

$$f_Y(y) = \int_{-\infty}^{+\infty} f(x, y) \mathrm{d}x = \begin{cases} \dfrac{2\sqrt{r^2-y^2}}{\pi r^2}, & -r < y < +r, \\ 0, & \text{其他.} \end{cases}$$

求下面两个条件密度:

当 $-r < y < +r$ 时,

$$f_{X|Y}(x \mid y) = \frac{f(x, y)}{f_Y(y)} = \begin{cases} \dfrac{1}{2\sqrt{r^2-y^2}}, & -\sqrt{r^2-y^2} < x < +\sqrt{r^2-y^2}, \\ 0, & \text{其他.} \end{cases}$$

当 $-r < x < +r$ 时,

$$f_{Y|X}(y \mid x) = \frac{f(x, y)}{f_Y(x)} = \begin{cases} \dfrac{1}{2\sqrt{r^2 - x^2}}, & -\sqrt{r^2 - x^2} < y < +\sqrt{r^2 - x^2}, \\ 0, & \text{其他}. \end{cases}$$

注意到以上两个条件密度都是均匀分布.

例 3.9　已知随机变量 (X, Y),当 $y > 0$ 时,在条件 $(Y = y)$ 下,X 的条件密度函数

$$f_{X|Y}(x \mid y) = \begin{cases} \dfrac{1}{y}, & 0 < x < y, \\ 0, & \text{其他}. \end{cases}$$

随机变量 Y 的边缘密度函数

$$f_Y(y) = \begin{cases} y\mathrm{e}^{-y}, & y > 0, \\ 0, & y \leqslant 0. \end{cases}$$

求:(1) 随机变量 (X, Y) 的联合密度;

(2) 随机变量 X 的边缘密度函数,条件分布函数 $F_{X|Y}(x \mid 4)$.

解　(1) (X, Y) 的联合密度为 $f(x, y) = \begin{cases} \mathrm{e}^{-y}, & 0 < x < y, \\ 0, & \text{其他}. \end{cases}$

$$f_X(x) = \int_{-\infty}^{+\infty} f(x, y)\,\mathrm{d}y = \begin{cases} \int_x^{+\infty} \mathrm{e}^{-y}\,\mathrm{d}y, & x > 0, \\ 0, & x \leqslant 0, \end{cases} = \begin{cases} \mathrm{e}^{-x}, & x > 0, \\ 0, & x \leqslant 0; \end{cases}$$

(2) 由已知条件易得

$$f_{X|Y}(x \mid 4) = \begin{cases} \dfrac{1}{4}, & 0 \leqslant x < 4, \\ 0, & \text{其他}, \end{cases}$$

由此

$$F_{X|Y}(x \mid 4) = P(X < x \mid y = 4) = \int_{-\infty}^{x} f_{X|Y}(x \mid 4)\,\mathrm{d}x = \begin{cases} 0, & x < 0, \\ \dfrac{x}{4}, & 0 \leqslant x < 4, \\ 1, & x \geqslant 4. \end{cases}$$

3.3　随机变量的独立性

对于二维随机变量,各分量的取值有时会相互影响(如例 3.2 中无放回的抽取

情形),而有时会互不影响(如例 3.2 中有放回的抽取情形),当随机变量取值的统计规律相互之间没有影响时,就称它们是相互独立的.

定义 3.9 设(X, Y)是二维随机变量,对于任意实数 x, y,都有

$$P(X \leqslant x, Y \leqslant y) = P(X \leqslant x)P(Y \leqslant y),$$

则称随机变量 X 与 Y 是**相互独立的**.

由定义可见,若二维随机变量(X, Y)的联合分布函数为 $F(x, y)$,其边缘分布函数分别为 $F_X(x)$ 和 $F_Y(y)$,那么 X 与 Y 相互独立等价于对任意实数 x, y 都有

$$F(x, y) = F_X(x)F_Y(y),$$

下面不加证明给出随机变量相互独立性的一些性质与判别方法.

定理 3.1 (1) 若(X, Y)为二维离散型随机变量,其联合分布列为:

$$P(X = x_i, Y = y_j) = p_{ij}, i, j = 1, 2, \cdots,$$

随机变量 X 和 Y 相互独立的充分必要条件为

$$P(X = x_i, Y = y_j) = P(X = x_i)P(Y = y_j) \quad i, j = 1, 2, \cdots,$$

即

$$p_{ij} = p_{i.} \cdot p_{.j}, i, j = 1, 2, \cdots,$$

也就是联合分布列等于边缘分布列的乘积.

(2) 设(X, Y)为二维连续型随机变量,$f(x, y)$为联合密度函数,边缘分布密度函数分别为 $f_X(x)$ 和 $f_Y(y)$,则 X 与 Y 相互独立的充分必要条件为:

$$f(x, y) = f_X(x)f_Y(y),$$

在一切连续点上成立,即联合密度函数等于边缘分布密度函数的乘积.

(3) 若 X 与 Y 相互独立,$g_1(x)$ 与 $g_2(y)$ 是两个确定函数,则 $g_1(X)$ 与 $g_2(Y)$ 也相互独立.

例 3.10 已知随机变量(X, Y)的联合分布列为

X \ Y	1	2	3
1	1/3	a	b
2	1/6	1/9	1/18

试确定常数 a, b,使得 X 与 Y 相互独立.

解 先求出(X, Y)关于 X 与 Y 的边缘分布列,见下表的最后一列与最后一行

X＼Y	1	2	3	$p_i.$
1	1/3	a	b	$a+b+1/3$
2	1/6	1/9	1/18	1/3
$p._j$	1/2	$a+1/9$	$b+1/18$	

要使得 X 与 Y 相互独立,可用

$$P(X = x_i , Y = y_j) = P(X = x_i)P(Y = y_j),$$

确定常数 a, b. 由

$$P(X = 2, Y = 2) = P(X = 2)P(Y = 2),$$
$$P(X = 2, Y = 3) = P(X = 2)P(Y = 3),$$

即

$$\frac{1}{9} = \left(a + \frac{1}{9}\right) \times \frac{1}{3}, \quad \frac{1}{18} = \left(b + \frac{1}{18}\right) \times \frac{1}{3},$$

解得

$$a = \frac{2}{9}, \quad b = \frac{1}{9}.$$

定理 3.2　（独立性定理）

设 (X, Y) 是连续型二维随机变量,$f(x, y)$ 是 (X, Y) 的联合密度函数,则 X 与 Y 相互独立的充分必要条件是存在非负可积函数 $r(x)$ 和 $g(x)$,使得

$$f(x, y) = r(x)g(y), \quad -\infty < x < +\infty, \quad -\infty < y < +\infty$$

在一切连续点上成立. 这时

$$f_X(x) = \frac{r(x)}{\int_{-\infty}^{+\infty} r(x)\mathrm{d}x}, \quad f_Y(y) = \frac{g(y)}{\int_{-\infty}^{+\infty} g(y)\mathrm{d}y}.$$

证　必要性显然.

下面证明充分性,由边缘密度函数的公式

$$f_X(x) = \int_{-\infty}^{+\infty} f(x, y)\mathrm{d}y = \int_{-\infty}^{+\infty} r(x)g(y)\mathrm{d}y = r(x)\int_{-\infty}^{+\infty} g(y)\mathrm{d}y = cr(x),$$

又密度函数 $f_X(x)$ 满足规范性,所以

$$\int_{-\infty}^{+\infty} f_X(x)\mathrm{d}x = c\int_{-\infty}^{+\infty} r(x)\mathrm{d}x = 1,$$

因此

$$c = \frac{1}{\int_{-\infty}^{+\infty} r(x)\mathrm{d}x},$$

从而得到

$$f_X(x) = \frac{r(x)}{\int_{-\infty}^{+\infty} r(x)\mathrm{d}x},$$

同理,

$$f_Y(y) = \frac{g(y)}{\int_{-\infty}^{+\infty} g(y)\mathrm{d}y}.$$

再由 $f(x,y)$ 满足规范性得

$$\int_{-\infty}^{+\infty}\int_{-\infty}^{+\infty} f(x,y)\mathrm{d}x\mathrm{d}y = \int_{-\infty}^{+\infty}\int_{-\infty}^{+\infty} r(x)g(y)\mathrm{d}x\mathrm{d}y = \int_{-\infty}^{+\infty} r(x)\mathrm{d}x \int_{-\infty}^{+\infty} g(y)\mathrm{d}y = 1,$$

从而得

$$f(x,y) = f_X(x)f_Y(y), \quad -\infty < x < +\infty, \quad -\infty < y < +\infty,$$

因此 X 与 Y 相互独立. 注:对于 n 维随机变量有类似的结果.

例 3.11 已知随机变量 (X, Y) 的联合密度函数,

(1) $f(x,y) = \begin{cases} 4xy, & 0 < x < 1, 0 < y < 1, \\ 0, & \text{其他}; \end{cases}$

(2) $f(x,y) = \begin{cases} 6xy, & x^2 \leqslant y \leqslant 1, x \geqslant 0, \\ 0, & \text{其他}, \end{cases}$

试问随机变量 X 与 Y 是否相互独立?

解 (1) 容易知道

$$f(x,y) = r(x)g(y),$$

其中:

$$r(x) = \begin{cases} 2x, & 0 < x < 1, \\ 0, & \text{其他}, \end{cases} \qquad g(y) = \begin{cases} 2y, & 0 < y < 1, \\ 0, & \text{其他}, \end{cases}$$

由以上独立性定理,随机变量 X 与 Y 相互独立;

(2) 容易看出密度函数不满足独立性定理,因此其中的两个变量 X 与 Y 不相互独立. 也可以先得出两个边缘分布:

$$f_X(x) = \int_{-\infty}^{+\infty} f(x, y)\mathrm{d}y = \begin{cases} \int_{x^2}^{1} 6xy\mathrm{d}y, & 0 < x < 1, \\ 0, & \text{其他,} \end{cases} = \begin{cases} 3x(1-x^4), & 0 < x < 1, \\ 0, & \text{其他,} \end{cases}$$

$$f_Y(y) = \int_{-\infty}^{+\infty} f(x, y)\mathrm{d}x = \begin{cases} \int_{0}^{\sqrt{y}} 6xy\mathrm{d}x, & 0 < y < 1, \\ 0, & \text{其他,} \end{cases} = \begin{cases} 3y^2, & 0 < y < 1, \\ 0, & \text{其他,} \end{cases}$$

容易知道密度函数不满足 $f(x, y) = f_X(x)f_Y(y)$,因此其中的两个变量 X 与 Y 不相互独立.

例 3.12　已知随机变量 $(X, Y) \sim N(\mu_1, \sigma_1^2; \mu_2, \sigma_2^2; \rho)$,试证随机变量 X 与 Y 相互独立的充分必要条件是 $\rho = 0$.

证　因为 (X, Y) 的联合密度函数

$$f(x, y)$$

$$= \frac{1}{2\pi\sigma_1\sigma_2\sqrt{1-\rho^2}}\exp\left\{-\frac{1}{2(1-\rho^2)}\left[\frac{(x-\mu_1)^2}{\sigma_1^2} - 2\rho\frac{(x-\mu_1)(y-\mu_2)}{\sigma_1\sigma_2} + \frac{(y-\mu_2)^2}{\sigma_2^2}\right]\right\}.$$

(X, Y) 关于 X 与 Y 的边缘概率密度

$$f_X(x) = \frac{1}{\sqrt{2\pi}\sigma_1}\mathrm{e}^{-\frac{(x-\mu_1)^2}{2\sigma_1^2}}, \quad f_Y(y) = \frac{1}{\sqrt{2\pi}\sigma_2}\mathrm{e}^{-\frac{(y-\mu_2)^2}{2\sigma_2^2}},$$

易证,对任意实数 $x, y, f(x, y) = f_X(x)f_Y(y)$ 的充分必要条件为 $\rho = 0$,所以得出二维正态分布的随机变量 X 与 Y 相互独立的充分必要条件是参数 $\rho = 0$.

3.4　n 维随机变量

作为二维随机变量的自然推广,下面简述 n 维随机变量的有关定义与结果.

定义 3.10　设 $(X_1, X_2, \cdots, X_n)$ 为 n 维随机变量(或称 n 维随机向量),如果对任意的 $x_i \in \mathbf{R}, i = 1, 2, \cdots, n$,称

$$F(x_1, x_2, \cdots, x_n) = P(X_1 \leqslant x_2, X_2 \leqslant x_2, \cdots, X_n \leqslant x_n)$$

为 n 维随机变量 $(X_1, X_2, \cdots, X_n)$ 的**联合分布函数**,或简称为**分布函数**.

定义 3.11　称 n 维随机变量 $(X_1, X_2, \cdots, X_n)$ 的任意 k 个 $(1 \leqslant k < n)$ 分量所构成的 k 维随机变量的联合分布函数为 $(X_1, X_2, \cdots, X_n)$ 的 **k 维边缘分布函数**,特别地,当 $k=1$ 时称作**一维边缘分布函数**,记作 $F_{X_i}(x_i), (i = 1, 2, \cdots, n)$.

n 个随机变量独立性的结果也是两个随机变量独立性结果的自然推广.

定义 3.12　若 n 维随机变量 $(X_1, X_2, \cdots, X_n)$,对于任意实数 $x_1, x_2, \cdots, x_n \in \mathbf{R}$,都有

$$P(X_1 \leqslant x_1,\ X_2 \leqslant x_2,\ \cdots,\ X_n \leqslant x_n) = \prod_{i=1}^{n} P(X_i \leqslant x_i),$$

则称随机变量 X_1, X_2, $\cdots$, X_n **相互独立**,或者,等价地,联合分布函数与其 n 个一维边缘分布函数满足

$$F(x_1,\ x_2,\ \cdots,\ x_n) = F_{X_1}(x_1) \cdot F_{X_2}(x_2) \cdots \cdot F_{X_n}(x_n),\ (x_1,\ x_2,\ \cdots,\ x_n) \in \mathbf{R}^n,$$

则称 n 个随机变量**相互独立**.

注   利用联合分布函数的性质容易证明,若 n 个随机变量 X_1, X_2, $\cdots$, X_n 相互独立,则其中任意 k 个 $(2 \leqslant k < n)$ 随机变量也相互独立.

与二维随机变量类似,下面主要叙述离散型与连续型 n 维随机变量的一些主要内容.

定义 3.13   随机变量 $(X_1,\ X_2,\ \cdots,\ X_n)$ 在 n 维空间内的所有可能的取值有限或可列,则称 $(X_1,\ X_2,\ \cdots,\ X_n)$ 为 **n 维离散型随机变量**. 若 $(X_1,\ X_2,\ \cdots,\ X_n)$ 的所有可能的取值为 $(x_{1i_1},\ x_{2i_2},\ \cdots,\ x_{mi_n})$,$i_1$, i_2, $\cdots$, $i_n = 1, 2, \cdots$,则称

$$P(X_1 = x_{1i_1},\ X_2 = x_{2i_2},\ \cdots,\ X_n = x_{mi_n}),\ i_1,\ i_2,\ \cdots,\ i_n = 1,\ 2,\ \cdots,$$

为其**联合分布列**(**联合分布律**),且满足分布列的两条基本性质.

定理 3.3 n 维离散型随机变量 $(X_1,\ X_2,\ \cdots,\ X_n)$,其 n 个分量相互独立的充分必要条件是

$$P(X_1 = x_{1i_1},\ X_2 = x_{2i_2},\ \cdots,\ X_n = x_{mi_n}) = P(X_1 = x_{1i_1})P(X_2 = x_{2i_2})\cdots P(X_n = x_{mi_n}).$$

定义 3.14   设 $F(x_1,\ x_2,\ \cdots,\ x_n)$ 为 n 维随机变量的联合分布函数,如果存在非负可积函数 $f(x_1,\ x_2,\ \cdots,\ x_n)$ 使得

$$F(x_1,\ x_2,\ \cdots,\ x_n) = \int_{-\infty}^{x_1} \int_{-\infty}^{x_2} \cdots \int_{-\infty}^{x_n} f(u_1,\ u_2,\ \cdots,\ u_n)\,\mathrm{d}u_1\,\mathrm{d}u_2 \cdots \mathrm{d}u_n,$$

则称 $(X_1,\ X_2,\ \cdots,\ X_n)$ 为 **n 维连续型随机变量**,并称 $f(x_1,\ x_2,\ \cdots,\ x_n)$ 为 $(X_1,\ X_2,\ \cdots,\ X_n)$ 的**联合分布密度函数**.

定理 3.4 n 维连续型随机变量 $(X_1,\ X_2,\ \cdots,\ X_n)$ 中 n 个分量相互独立的充分必要条件是,在任意连续点 $(x_1,\ x_2,\ \cdots,\ x_n)$ 处有

$$f(x_1,\ x_2,\ \cdots,\ x_n) = f_{X_1}(x_1) \cdot f_{X_2}(x_2) \cdots \cdot f_{X_n}(x_n),\ (x_1,\ x_2,\ \cdots,\ x_n) \in \mathbf{R}^n.$$

3.5   多维随机变量函数的分布

多维随机变量函数的分布是一维随机变量函数分布问题的推广,例如,对二维

随机变量 (X, Y)，易知其函数 $Z = g(X, Y)$ 是一维随机变量. 下面介绍，如何从 (X, Y) 的概率分布求出 Z 的概率分布.

3.5.1　二维离散型随机变量函数的分布

设 (X, Y) 为二维离散型随机变量，其联合分布列为：

$$P(X = x_i, Y = y_j) = p_{ij}, \ i, j = 1, 2, \cdots,$$

又 $Z = g(X, Y)$，设 Z 的全部不同取值为 z_k，$k = 1, 2, \cdots$，并且所有使得 $g(x, y) = z_k$ 的点记为 (x_{i_k}, y_{j_k})，即 $z_k = g(x_{i_k}, y_{j_k})$. 不难理解 Z 的分布列可通过下式求得

$$P(Z = z_k) = P(g(X, Y) = z_k)$$
$$= \sum_{g(x_{i_k}, y_{j_k}) = z_k} P(X = x_{i_k}, Y = y_{j_k}), \ k = 1, 2, \cdots.$$

特别地，若 X 与 Y 相互独立，且 $P(X = k) = a_k$，$P(Y = k) = b_k$，$k = 0, 1, 2, \cdots$，则

$$P(Z = r) = P(X + Y = r) = \sum_{i=0}^{r} P(X = i, Y = r - i)$$

$$= \sum_{i=0}^{r} P(X = i) P(Y = r - i)$$

$$= \sum_{i=0}^{r} a_i b_{r-i},$$

该公式称为**离散卷积公式**.

例 3.13　已知二维随机变量 (X, Y) 的联合分布列为

X\Y	1	2	3
1	1/5	0	1/5
2	1/5	1/5	1/5

求 $Z_1 = X + Y$ 和 $Z_2 = \max\{X, Y\}$ 的分布列.

解　易知 Z_1 的全部不同取值为 $2, 3, 4, 5$，而

$$P(Z_1 = 2) = P(X + Y = 2) = P(X = 1, Y = 1) = \frac{1}{5},$$

$$P(Z_1 = 3) = P(X = 1, Y = 2) + P(X = 2, Y = 1) = \frac{1}{5},$$

$$P(Z_1 = 4) = P(X = 2, Y = 2) + P(X = 1, Y = 3) = \frac{2}{5},$$

$$P(Z_1 = 5) = P(X = 2, Y = 3) = \frac{1}{5},$$

所以 Z_1 的分布列为

$$\begin{pmatrix} 2 & 3 & 4 & 5 \\ 1/5 & 1/5 & 2/5 & 1/5 \end{pmatrix}.$$

同理 Z_2 的全部不同取值为 $1, 2, 3$, 而

$$P(Z_2 = 1) = P(X = 1, Y = 1) = \frac{1}{5},$$

$$P(Z_2 = 2) = P(X = 1, Y = 2) + P(X = 2, Y = 1) + P(X = 2, Y = 2) = \frac{2}{5},$$

$$P(Z_2 = 3) = P(X = 1, Y = 3) + P(X = 2, Y = 3) = \frac{2}{5},$$

所以 Z_2 的分布列为

$$\begin{pmatrix} 1 & 2 & 3 \\ 1/5 & 2/5 & 2/5 \end{pmatrix}.$$

两个可加性结论:

1) 二项分布的可加性

设随机变量 X 与 Y 相互独立, 且都服从二项分布, 即 $X \sim B(n_1, p)$, $Y \sim B(n_2, p)$. 则其和也服从二项分布, 即 $X + Y \sim B(n_1 + n_2, p)$.

2) Poisson 分布的可加性

设随机变量 X 与 Y 相互独立, 且都服从 Poisson 分布, 即 $X \sim \pi(\lambda_1)$, $Y \sim \pi(\lambda_2)$. 则其和也服从 Poisson 分布, 即 $X + Y \sim \pi(\lambda_1 + \lambda_2)$.

以上两结论的证明作为习题供读者练习.

3.5.2 二维连续型随机变量函数的分布

这个问题的一般解法(常称为**分布函数法**)是:

设 (X, Y) 的联合概率密度为 $f(x, y)$, $Z = g(X, Y)$, 由分布函数的定义, 不难理解随机变量函数 Z 的分布函数

$$F_Z(z) = P(Z \leqslant z) = P(g(X, Y) \leqslant z) = \iint\limits_{g(x, y) \leqslant z} f(x, y) \mathrm{d}x \mathrm{d}y,$$

如果我们求出一非负可积函数 $f_Z(z)$ 使得

$$F_Z(z) = \int_{-\infty}^{z} f_Z(u) \mathrm{d}u,$$

则随机变量函数 $Z = g(X, Y)$ 的概率密度

$$f_Z(z) = F'_Z(z).$$

然而,对于大多数的二元函数 $z = g(x, y)$,$F_Z(z)$ 的计算比较复杂. 为此,下面就几个具体的函数进行讨论.

1. 和 $Z = X + Y$ 的分布

设 (X, Y) 为连续型随机变量,联合密度函数为 $f(x, y)$,则

$$F_Z(z) = P(Z \leqslant z) = P(X + Y \leqslant z) = \iint\limits_{x+y \leqslant z} f(x, y)\mathrm{d}x\mathrm{d}y$$

$$= \int_{-\infty}^{+\infty} \mathrm{d}x \int_{-\infty}^{z-x} f(x, y)\mathrm{d}y \ (\text{或者} = \int_{-\infty}^{+\infty} \mathrm{d}y \int_{-\infty}^{z-y} f(x, y)\mathrm{d}x),$$

从而

$$f_Z(z) = \int_{-\infty}^{+\infty} f(x, z-x)\mathrm{d}x (\text{或者} = \int_{-\infty}^{+\infty} f(z-y, y)\mathrm{d}y).$$

特别地,若 X, Y 相互独立,则

$$f_Z(z) = \int_{-\infty}^{+\infty} f_X(x)f_Y(z-x)\mathrm{d}x \triangleq f_X(z) * f_Y(z),$$

或者

$$f_Z(z) = \int_{-\infty}^{+\infty} f_X(z-y)f_Y(y)\mathrm{d}y \triangleq f_X(z) * f_Y(z),$$

称之为函数 $f_X(z)$ 与 $f_Y(z)$ 的卷积.

设线性函数 $Z = aX + bY + c$,其中 a, b, c 为常数,$a, b \neq 0$,概率密度函数

$$f_Z(z) = \frac{1}{|b|} \int_{-\infty}^{+\infty} f\left(t, \frac{z-at-c}{b}\right)\mathrm{d}t \ (\text{或者} = \frac{1}{|a|} \int_{-\infty}^{+\infty} f\left(\frac{z-bt-c}{a}, t\right)\mathrm{d}t)$$

事实上,线性函数是和函数的推广,其概率密度函数推导方法类似于和的分布.

例 3.14　已知随机变量 (X, Y) 的联合密度函数

$$f(x, y) = \begin{cases} 3x, & 0 < x < 1, 0 < y < x, \\ 0, & \text{其他}. \end{cases}$$

$Z = X + Y$,求 $f_Z(z)$.

解

$$f_Z(z) = \int_{-\infty}^{+\infty} f(x, z-x)\mathrm{d}x,$$

$$f(x,\ z-x) = \begin{cases} 3x, & 0 < x < 1,\ x < z < 2x, \\ 0, & \text{其他}. \end{cases}$$

当 $z < 0,\ z > 2$ 时,

$$f_Z(z) = 0.$$

当 $0 < z < 1$ 时,

$$f_Z(z) = \int_{z/2}^{z} 3x\mathrm{d}x = \frac{9}{8}z^2.$$

当 $1 \leqslant z < 2$ 时,

$$f_Z(z) = \int_{z/2}^{1} 3x\mathrm{d}x = \frac{3}{2}\left(1 - \frac{z^2}{4}\right),$$

所以

$$f_Z(z) = \begin{cases} \dfrac{9}{8}z^2, & 0 < z < 1, \\ \dfrac{3}{2}\left(1 - \dfrac{z^2}{4}\right), & 1 \leqslant z < 2, \\ 0, & \text{其他}. \end{cases}$$

正态分布的可加性结论:

(1) 若 $X,\ Y$ 相互独立,且 $X \sim N(\mu_1,\ \sigma_1^2),\ Y \sim N(\mu_2,\ \sigma_2^2)$,则

$$X \pm Y \sim N(\mu_1 \pm \mu_2,\ \sigma_1^2 + \sigma_2^2);$$

(2) 若 $X_1,\ X_2,\ \cdots,\ X_n$ 相互独立,且 $X_i \sim N(\mu_i,\ \sigma_i^2),\ i = 1,\ 2,\ \cdots,\ n$,则

$$\sum_{i=1}^{n} X_i \sim N\left(\sum_{i=1}^{n} \mu_i,\ \sum_{i=1}^{n} \sigma_i^2\right).$$

2. 商的分布

已知 $(X,\ Y)$ 的联合概率密度 $f(x,\ y)$,求 $Z = \dfrac{X}{Y}$ 的密度函数.

$$F_Z(z) = P(Z \leqslant z) = P\left(\frac{X}{Y} \leqslant z\right)$$

$$= \iint_{\frac{x}{y} \leqslant z} f(x,\ y)\mathrm{d}x\mathrm{d}y = \int_0^{+\infty}\left(\int_{-\infty}^{yz} f(x,\ y)\mathrm{d}x\right)\mathrm{d}y + \int_{-\infty}^{0}\left(\int_{yz}^{+\infty} f(x,\ y)\mathrm{d}x\right)\mathrm{d}y,$$

$$f_Z(z) = \frac{\mathrm{d}}{\mathrm{d}z}F(z) = \int_0^{+\infty} f(zy,\ y)y\mathrm{d}y - \int_{-\infty}^{0} f(zy,\ y)y\mathrm{d}y$$

$$= \int_{-\infty}^{+\infty} f(zy,\ y)|y|\mathrm{d}y,$$

若 X 与 Y 相互独立时，

$$f_Z(z) = \int_{-\infty}^{+\infty} f_X(zy) f_Y(y) \mid y \mid \mathrm{d}y.$$

3. 平方和分布

已知 (X, Y) 的联合概率密度 $f(x, y)$，求 $Z = X^2 + Y^2$ 的分布

$$F_Z(z) = P(X^2 + Y^2 \leqslant z) = \begin{cases} 0, & z < 0, \\ \iint\limits_{x^2 + y^2 \leqslant z} f(x, y) \mathrm{d}x \mathrm{d}y, & z \geqslant 0, \end{cases}$$

$$= \begin{cases} 0, & z < 0, \\ \int_0^{2\pi} \mathrm{d}\theta \int_0^{\sqrt{z}} f(r\cos\theta, r\sin\theta) r \mathrm{d}r, & z \geqslant 0, \end{cases}$$

$$f_Z(z) = \begin{cases} 0, & z < 0, \\ \dfrac{1}{2} \int_0^{2\pi} f(\sqrt{z}\cos\theta, \sqrt{z}\sin\theta) \mathrm{d}\theta, & z \geqslant 0. \end{cases}$$

例 3.15　$X \sim N(0, 1)$，$Y \sim N(0, 1)$ 且相互独立，$Z = X^2 + Y^2$（称 Z 服从自由度是 2 的 χ^2 分布，见第 6 章 χ^2 的定义），则

$$f_Z(z) = \begin{cases} 0, & z < 0, \\ \dfrac{1}{2} \int_0^{2\pi} \dfrac{1}{\sqrt{2\pi}} \mathrm{e}^{\frac{z\cos^2\theta}{2}} \cdot \dfrac{1}{\sqrt{2\pi}} \mathrm{e}^{\frac{z\sin^2\theta}{2}} \mathrm{d}\theta, & z \geqslant 0, \end{cases}$$

$$= \begin{cases} 0, & z < 0, \\ \dfrac{1}{2} \mathrm{e}^{-\frac{z}{2}}, & z \geqslant 0, \end{cases}$$

从本例结果可以看出自由度为 2 的 χ^2 分布与参数 $\lambda = \dfrac{1}{2}$ 的指数分布相同.

4. 极值分布

设二维随机变量 (X, Y) 的联合分布函数为 $F(x, y)$，并且 $M = \max(X, Y)$ 和 $N = \min(X, Y)$，则 M、N 的分布函数分别为

$$\begin{aligned} F_M(u) &= P(M \leqslant u) = P(\max(X, Y) \leqslant u) \\ &= P(X \leqslant u, Y \leqslant u) = F(u, u), \\ F_N(v) &= P(N \leqslant v) = P(\min(X, Y) \leqslant v) \\ &= 1 - P(\min(X, Y) > v) \\ &= 1 - P(X > v, Y > v) \\ &= 1 - [1 - F(v, +\infty) - F(+\infty, v) + F(v, v)]. \end{aligned}$$

可以推广到 n 维随机变量的情形. 下面以讨论相互独立的随机变量的极值分布为主. 设 X 与 Y 相互独立, 其分布函数分别为 $F_X(x)$, $F_Y(y)$, $M = \max(X, Y)$, $N = \min(X, Y)$. 易得 M、N 的分布函数

$$F_M(u) = P(M \leqslant u) = P(\max(X, Y) \leqslant u) = P(X \leqslant u, Y \leqslant u) = F(u, u)$$
$$= P(X \leqslant u)P(Y \leqslant u) = F_X(u)F_Y(u),$$
$$F_N(v) = P(N \leqslant v) = P(\min(X, Y) \leqslant v) = 1 - P(\min(X, Y) > v)$$
$$= 1 - P(X > v)P(Y > v) = 1 - (1 - F_X(v))(1 - F_Y(v)).$$

一般地, 若 X_1, X_2, $\cdots$, X_n 相互独立, 且 X_i 的分布函数为 $F_{X_i}(x)$, $i = 1$, 2, $\cdots$, n. 设 $M = \max\limits_{1 \leqslant i \leqslant n}(X_i)$ 和 $N = \min\limits_{1 \leqslant i \leqslant n}(X_i)$, 则 M 与 N 的分布函数分别为

$$F_M(u) = \prod_{1 \leqslant i \leqslant n} F_{X_i}(u),$$
$$F_N(v) = 1 - \prod_{1 \leqslant i \leqslant n} (1 - F_{X_i}(v)).$$

特别地, 若 X_1, X_2, $\cdots$, X_n 相互独立并且有相同的分布函数 $F(x)$ 时, 有

$$F_M(u) = F^n(u), \quad F_N(v) = 1 - [1 - F(v)]^n,$$

若已知 X_i 为连续型随机变量并且它的密度为 $f(x)$, 得

$$f_M(u) = [F_M(u)]' = nF^{n-1}(u)f(u),$$
$$f_N(v) = [F_N(v)]' = n(1 - F(v))^{n-1}f(v).$$

例 3.16 设 (X, Y) 为 D 内的均匀分布, 其中 $D = \{(x, y) \mid 0 \leqslant x \leqslant 2, 0 \leqslant y \leqslant 1\}$ 以及 $M = \max(X, Y)$ 和 $N = \min(X, Y)$, 求 M, N 的分布函数.

解 方法一 用定义求, 由已知条件得联合密度函数为

$$f(x, y) = \begin{cases} \dfrac{1}{2}, & (x, y) \in D, \\ 0, & \text{其他}, \end{cases}$$

$$F_M(u) = F(u, u) = \iint\limits_{\substack{x \leqslant u \\ y \leqslant u}} f(x, y)\,\mathrm{d}x\mathrm{d}y = \begin{cases} 0, & u < 0, \\ \dfrac{1}{2}u^2, & 0 \leqslant u < 1, \\ \dfrac{1}{2}u, & 1 \leqslant u < 2, \\ 1, & u \geqslant 2. \end{cases}$$

$$F_N(v) = 1 - P(X > v, Y > v) = 1 - \iint\limits_{\substack{x > v \\ y > v}} f(x, y)\,\mathrm{d}x\mathrm{d}y$$

$$= \begin{cases} 0, & v < 0, \\ 1 - \dfrac{(1-v)(2-v)}{2}, & 0 \leqslant v < 1, \\ 1, & v \geqslant 1. \end{cases}$$

方法二 由独立性定理不难知道矩形内均匀分布的 X 与 Y 是相互独立的,且

$$F_X(x) = \begin{cases} 0, & x < 0 \\ \dfrac{1}{2}x, & 0 \leqslant x < 2, \\ 1, & x \geqslant 2 \end{cases} \quad F_Y(y) = \begin{cases} 0, & y < 0, \\ y, & 0 \leqslant y < 1, \\ 1, & y \geqslant 1, \end{cases}$$

$$F_M(u) = F_X(u)F_Y(u) = \begin{cases} 0, & u < 0, \\ \dfrac{1}{2}u^2, & 0 \leqslant u < 1, \\ \dfrac{1}{2}u, & 1 \leqslant u < 2, \\ 1, & u \geqslant 2, \end{cases}$$

$$F_N(v) = 1 - \big[(1 - F_X(v))(1 - F_Y(v))\big] = \begin{cases} 0, & v < 0, \\ 1 - \dfrac{(1-v)(2-v)}{2}, & 0 \leqslant v < 1, \\ 1, & v \geqslant 1. \end{cases}$$

3.5.3* 随机变量函数的联合分布

一般随机变量函数的联合分布问题含有比较丰富的内容,鉴于篇幅问题,为使读者对其方法有一定的了解,这里仅仅介绍较为特殊也较为简单的一种情形,下面的定理给出了在较强条件下,计算随机变量函数的联合密度的方法.

定理 3.5 已知 (X,Y) 的联合密度 $f_{XY}(x,y)$,设变量代换

$$\begin{cases} u = u(x,y), \\ v = v(x,y), \end{cases}$$

满足(1)存在唯一的反函数 $\begin{cases} x = h(u,v), \\ y = s(u,v); \end{cases}$

(2) $u(x,y)$ 与 $v(x,y)$ 有连续的偏导数,并且 Jacobi 行列式 $J(u,v) = \begin{vmatrix} \dfrac{\partial h}{\partial u} & \dfrac{\partial h}{\partial v} \\[2mm] \dfrac{\partial s}{\partial u} & \dfrac{\partial s}{\partial v} \end{vmatrix} \neq 0$,则 $U = u(X,Y)$,$V = v(X,Y)$ 的联合分布密度 $f_{UV}(u,v)$ 为

$$f_{UV}(u, v) = f_{XY}(h(u, v), s(u, v)) \mid J(u, v) \mid.$$

证 设(U, V)的联合分布函数为$F_{UV}(u, v)$,则

$$F_{UV}(u, v) = P(U \leqslant u, V \leqslant v) = P(u(X, Y) \leqslant u, v(X, Y) \leqslant v)$$

$$= \iint\limits_{\substack{u(x, y) \leqslant u \\ v(x, y) \leqslant v}} f_{XY}(x, y)\mathrm{d}x\mathrm{d}y$$

$$= \iint\limits_{\substack{u_1 \leqslant u \\ v_1 \leqslant v}} f_{XY}(h(u_1, v_1), s(u_1, v_1)) \mid J(u_1, v_1) \mid \mathrm{d}u_1\mathrm{d}v_1$$

$$= \int_{-\infty}^{v} \int_{-\infty}^{u} f_{XY}(h(u_1, v_1), s(u_1, v_1)) \mid J(u_1, v_1) \mid \mathrm{d}u_1\mathrm{d}v_1,$$

易得

$$f_{UV}(u, v) = f_{XY}(h(u, v), s(u, v)) \mid J(u, v) \mid.$$

例3.17 若X, Y是相互独立的随机变量,均服从标准正态分布$N(0, 1)$,试证$R = \sqrt{X^2 + Y^2}$与$\theta = \arctan\left(\dfrac{Y}{X}\right)$是相互独立的.

证 注意到极坐标变换$x = r\cos\theta, y = r\sin\theta$,因此$\begin{cases} r = \sqrt{x^2 + y^2} \\ \theta = \arctan\left(\dfrac{y}{x}\right) \end{cases}$存在唯一的反函数$\begin{cases} x = r\cos\theta \\ y = r\sin\theta \end{cases}$,由已知易得$(X, Y)$的联合密度函数为

$$f(x, y) = \frac{1}{2\pi}\mathrm{e}^{-\frac{x^2+y^2}{2}},$$

而 Jacobi 行列式为

$$J = \begin{vmatrix} \dfrac{\partial x}{\partial r} & \dfrac{\partial x}{\partial \theta} \\ \dfrac{\partial y}{\partial r} & \dfrac{\partial y}{\partial \theta} \end{vmatrix} = \begin{vmatrix} \cos\theta & -r\sin\theta \\ \sin\theta & r\cos\theta \end{vmatrix} = r,$$

故(R, θ)的密度函数

$$g(r, \theta) = \begin{cases} \dfrac{1}{2\pi}\mathrm{e}^{-\frac{x^2+y^2}{2}} \cdot r, & r \geqslant 0, 0 \leqslant \theta \leqslant 2\pi, \\ 0, & \text{其他}, \end{cases}$$

$$= \begin{cases} \dfrac{1}{2\pi}r\mathrm{e}^{-\frac{r^2}{2}}, & r \geqslant 0, 0 \leqslant \theta \leqslant 2\pi, \\ 0, & \text{其他}. \end{cases}$$

容易得出 R 与 θ 的密度函数分别为

$$g_R(r) = \begin{cases} re^{-\frac{r^2}{2}}, & r \geqslant 0, \\ 0, & \text{其他,} \end{cases} \qquad g_\theta(\theta) = \begin{cases} \dfrac{1}{2\pi}, & 0 \leqslant \theta \leqslant 2\pi, \\ 0, & \text{其他,} \end{cases}$$

并且有

$$g(r, \theta) = g_R(r) \cdot g_\theta(\theta),$$

所以 R 与 θ 相互独立.

在 3.5.2 节介绍了用分布函数法求连续型随机变量函数的分布问题,事实上,该问题还可以借助随机变量函数的联合分布的方法进行求解(这里我们称为**变量代换法**),主要归纳为下列步骤:

设 (X, Y) 的联合概率密度为 $f(x, y)$,$Z = g(X, Y)$,其中 $z = g(x, y)$ 具有连续的偏导数.

第一步:令变量代换

$$\begin{cases} z = g(x, y) \\ u = x \end{cases} \text{或者} \begin{cases} z = g(x, y), \\ u = y, \end{cases}$$

解出唯一的反函数 x 和 y

$$\begin{cases} x = u \\ y = h(u, z) \end{cases} \text{或者} \begin{cases} x = s(z, u), \\ y = u, \end{cases}$$

然后求 Jacobi 行列式

$$J = \begin{vmatrix} \dfrac{\partial x}{\partial u} & \dfrac{\partial x}{\partial z} \\ \dfrac{\partial y}{\partial u} & \dfrac{\partial y}{\partial z} \end{vmatrix} \neq 0 \text{ 或者 } J = \begin{vmatrix} \dfrac{\partial x}{\partial z} & \dfrac{\partial x}{\partial u} \\ \dfrac{\partial y}{\partial z} & \dfrac{\partial y}{\partial u} \end{vmatrix} \neq 0,$$

若 Jacobi 行列式 $J \neq 0$,表示变换成功.

第二步:利用定理 3.5 求得 (Z, U) 的联合密度函数 $f_{ZU}(z, u)$;

第三步:求边缘密度 $f_Z(z)$.

需要指出的是:当反函数不唯一时,或不易求时,仍需用分布函数法求二维随机变量函数的分布.

例 3.18　已知 (X, Y) 的联合密度函数

$$f(x, y) = \begin{cases} 3x, & 0 < x < 1,\ 0 < y < x, \\ 0, & \text{其他,} \end{cases}$$

$Z = X + Y$,求 $f_Z(z)$.

解 令 $\begin{cases} z = x + y \\ u = y \end{cases}$,则 $\begin{cases} x = z - u \\ y = u \end{cases}$, $|J| = \left| \begin{vmatrix} 1 & -1 \\ 0 & 1 \end{vmatrix} \right| = 1$,

由定理知

$$f_{ZU}(z, u) = f(z - u, u) \cdot 1 = \begin{cases} 3(z - u), & 0 < z - u < 1, 0 < u < z - u, \\ 0, & \text{其他}, \end{cases}$$

$$= \begin{cases} 3(z - u), & 2u < z < u + 1, 0 < u < 1, \\ 0, & \text{其他}, \end{cases}$$

$$f_Z(z) = \int_{-\infty}^{+\infty} f_{ZU}(z, u) du$$

$$= \begin{cases} \int_0^{z/2} 3(z - u) du = \dfrac{9}{8} z^2, & 0 < z < 1, \\ \int_{z-1}^{z/2} 3(z - u) du = \dfrac{3}{2} \left(1 - \dfrac{z^2}{4} \right), & 1 < z < 2, \\ 0, & \text{其他}, \end{cases}$$

利用此方法也可以求线性函数 $Z = aX + bY + c$ 的分布.

例 3.19 已知 (X, Y) 的联合分布密度函数为 $f(x, y)$,求 $Z = aX + bY + c$ 的密度函数 $f_Z(z)$,其中 a, b, c 为常数,$a, b \neq 0$.

解 令 $\begin{cases} z = ax + by + c \\ u = y \end{cases}$,则 $\begin{cases} x = \dfrac{z - bu - c}{a} \\ y = u \end{cases}$, $|J| = \left| \begin{vmatrix} \dfrac{1}{a} & -\dfrac{b}{a} \\ 0 & 1 \end{vmatrix} \right| = \dfrac{1}{|a|}$.

由定理得

$$f_{ZU}(z, u) = f\left(\frac{z - bu - c}{a}, u \right) \frac{1}{|a|},$$

求其边缘密度函数得

$$f_Z(z) = \int_{-\infty}^{+\infty} f\left(\frac{z - bu - c}{a}, u \right) \frac{1}{|a|} du.$$

利用此种方法也可以求某些其他函数的密度,例如求商 $Z = X/Y$ 的分布密度函数.

例 3.20 已知 (X, Y) 的联合分布密度函数为 $f(x, y)$,求 $Z = X/Y$ 的密度函数 $f_Z(z)$.

解 令 $\begin{cases} z = \dfrac{x}{y} \\ u = y \end{cases}$,则 $\begin{cases} x = zu \\ y = u \end{cases}$, $|J| = \left| \begin{vmatrix} u & z \\ 0 & 1 \end{vmatrix} \right| = |u|$.

由定理得

$$f_{ZU}(z, u) = f(zu, u) \mid u \mid,$$

从而

$$f_Z(z) = \int_{-\infty}^{+\infty} f_{ZU}(z, u)\mathrm{d}u = \int_{-\infty}^{+\infty} f(zu, u) \mid u \mid \mathrm{d}u.$$

习　题　3

1. 盒子中装有 3 只黑球、2 只红球、2 只白球,在其中任取 4 只,以 X 表示取到黑球的只数,以 Y 表示取到红球的只数,求(X, Y)的联合分布列.

2. 某高校学生会有 8 名委员,其中来自理科的 2 名,来自工科的和文科的各 3 名,要从这 8 名委员中随机地选出 3 名担任学生会主席候选人.设 X, Y 分别为候选人中来自理科、工科的人数,求 (X, Y) 的联合分布列以及两个边缘分布列.

3. 把一硬币连掷 3 次,X 表示前两次中出现正面的次数,Y 表示出现正面的次数,求 (X, Y) 的联合分布列以及两个边缘分布列.

4. 设 $X \sim U(-1, 2)$, $Y_1 = \begin{cases} 0, & X < 0, \\ 1, & 0 \leqslant X < 1, \\ 2, & X \geqslant 1, \end{cases}$ $Y_2 = \begin{cases} -1, & X > 0, \\ 1, & X \leqslant 0, \end{cases}$

求(Y_1, Y_2)的联合分布列与边缘分布列.

5. 设随机变量(X, Y)的联合密度函数为

$$f(x, y) = \begin{cases} k\mathrm{e}^{-3x-4y}, & x > 0, y > 0, \\ 0, & \text{其他}. \end{cases}$$

试求:(1)常数 k;(2) $P(0 \leqslant X \leqslant 1, 0 < Y \leqslant 2)$;(3)联合分布函数 $F(x, y)$.

6. 设随机变量(X, Y)的联合密度函数

$$f(x, y) = \begin{cases} k(2 - \sqrt{x^2 + y^2}), & x^2 + y^2 \leqslant 4, \\ 0, & \text{其他}. \end{cases}$$

试求:(1)常数 k;(2)$P(X^2 + Y^2 \leqslant 1)$.

7. 设随机变量(X, Y)的联合密度函数

$$f(x, y) = \begin{cases} kxy, & 0 \leqslant x \leqslant y, 0 \leqslant y \leqslant 1, \\ 0, & \text{其他} \end{cases}$$

试求:(1)常数 k;(2)$P(X+Y \leqslant 1)$;(3)两个边缘密度函数.

8. 设随机变量(X, Y)的联合密度函数为

$$f(x, y) = \begin{cases} kx^2 y, & x^2 \leqslant y \leqslant 1, \\ 0, & \text{其他}. \end{cases}$$

试求:(1)常数 k;(2)两个边缘密度函数.

9. 设随机变量(X,Y)在区域 $D = \{(x,y) \mid x^2 + y^2 \leqslant a^2, y \geqslant 0\}$内服从均匀分布,求:

(1) 两个边缘密度函数;(2)$P(X^2 + Y^2 \leqslant aX)$.

10. 设随机变量(X,Y)的联合密度函数

$$f(x,y) = \begin{cases} \mathrm{e}^{-y}, & 0 < x < y, \\ 0, & \text{其他}. \end{cases}$$

试求两个边缘密度函数.

11. X、Y 的分布列如下表

X	-1	0	2
$p_i .$	$\dfrac{1}{4}$	$\dfrac{1}{2}$	$\dfrac{1}{4}$

Y	0	1
$p . _j$	$\dfrac{1}{2}$	$\dfrac{1}{2}$

且 $P(XY = 0) = 1$.

(1)求(X,Y)的联合分布列;(2)X 与 Y 是否相互独立? 为什么?

12. 设随机变量(X,Y)的联合密度函数

$$f(x,y) = \begin{cases} 3x, & 0 \leqslant x \leqslant 1, 0 \leqslant y \leqslant x, \\ 0, & \text{其他}. \end{cases}$$

试求:(1)两个边缘密度函数;(2)X 与 Y 是否相互独立?

13. 设 X 与 Y 是相互独立的随机变量,$X \sim U(0,1)$,Y 的概率密度函数

$$f(y) = \begin{cases} \dfrac{1}{2}\mathrm{e}^{-\frac{y}{2}}, & y > 0 \\ 0, & y \leqslant 0 \end{cases}$$

(1) 求(X,Y)的联合密度函数;

(2) 设关于 a 的二次方程 $a^2 + 2Xa + Y = 0$,试求方程有实根的概率.

14. 设 X 与 Y 是相互独立的随机变量,它们的概率密度函数分别为

$$f_X(x) = \begin{cases} \dfrac{1}{1\,000}\mathrm{e}^{-\frac{x}{1\,000}}, & x > 0, \\ 0, & x \leqslant 0, \end{cases} \quad f_Y(y) = \begin{cases} \dfrac{1}{2\,000}\mathrm{e}^{-\frac{y}{2\,000}}, & y > 0, \\ 0, & y \leqslant 0. \end{cases}$$

求:(1)(X,Y)的联合密度函数;(2)$P(X > 1\,000, Y > 1\,000)$,$P(Y > X)$.

15. 设随机变量(X,Y) 在区域 $D = \{(x,y) \mid a < x < b, c < y < d\}$内均匀分布,试证明 X 与 Y 都是均匀分布,并且相互独立.

16. 设甲、乙约定 9:10 在车站见面,假设甲、乙到达车站的时间分别在 9:00~9:30 及 9:10~9:50 随机到达,且两人的到达时间相互独立,求下列事件的概率:

(1)甲先到;(2)先到者等待后到者的时间不超过 10 分钟的概率.

17. 随机变量 X 服从参数为 0.6 的$(0-1)$分布,在 $X=0$ 及 $X=1$ 的条件下随机变量 Y 的条件分布列如下:

Y	1	2	3
$P(Y\mid X=0)$	0.25	0.5	0.25

Y	1	2	3
$P(Y\mid X=1)$	$\dfrac{1}{2}$	$\dfrac{1}{6}$	$\dfrac{1}{3}$

求在 $Y=1$ 以及 $Y\neq 1$ 的条件下,随机变量 X 的条件分布列.

18. 设随机变量 (X,Y) 的联合密度函数

$$f(x,y)=\begin{cases} kx^2y, & x^2\leqslant y\leqslant 1,\\ 0, & 其他 \end{cases}$$

(1) 求条件密度函数 $f_{X\mid Y}(x\mid y)$,并写出 $Y=\dfrac{1}{2}$ 时 X 的条件密度函数;

(2) 求条件密度函数 $f_{Y\mid X}(y\mid x)$,并写出 $X=\dfrac{1}{3}$ 时 Y 的条件密度函数;

(3) 求 $P\left(Y\geqslant \dfrac{1}{4}\,\Big|\,X=\dfrac{1}{2}\right)$, $P\left(Y\geqslant \dfrac{3}{4}\,\Big|\,X=\dfrac{1}{2}\right)$.

19. 设随机变量 (X,Y) 的联合密度函数

$$f(x,y)=\begin{cases} 1, & |y|\leqslant x,0<x<1,\\ 0, & 其他. \end{cases}$$

试求条件密度函数 $f_{X\mid Y}(x\mid y)$, $f_{Y\mid X}(y\mid x)$.

20. 已知随机变量 (X,Y),当 $0<y<1$,在条件 $\{Y=y\}$ 下, X 的条件密度函数

$$f_{X\mid Y}(x\mid y)=\begin{cases} \dfrac{3x^2}{y^3}, & 0<x<y,\\ 0, & 其他; \end{cases}$$

随机变量 Y 的边缘密度函数

$$f_Y(y)=\begin{cases} 5y^4, & 0<y<1,\\ 0, & 其他. \end{cases}$$

求边缘密度函数 $f_X(x)$ 和概率 $P(X>0.5)$.

21. 设随机变量 $X\sim U(0,1)$,且当观察到 $X=x(0<x<1)$ 时, Y 服从参数为 $\dfrac{x}{2}$ 的指数分布,求:(1) 联合分布函数;(2) $P(X\geqslant Y)$.

22. 某公司生产的某种化工原料的月平均价格 X(万元/kg)和月销售量 Y(吨)都是随机变量,其联合密度函数为

$$f(x,y)=\begin{cases} 10xe^{-xy}, & 0.1<x<0.2,y>0,\\ 0, & 其他. \end{cases}$$

(1) 求公司某个月内销售此种产品的总收入超过 1 000 万元的概率;

(2) 求月平均价格 X 密度函数;

(3) 分别计算当价格 $X=0.15$、 $X=0.2$ 时销售量超过 4 吨的概率,比较这两个结果,说明其经济意义.

23. 设随机变量(X, Y)的联合密度函数为

$$f(x, y) = \begin{cases} x + y, & 0 < x < 1, 0 < y < 1, \\ 0, & 其他. \end{cases}$$

求:在条件$0 < X < \dfrac{1}{n}$下,Y的分布函数.

24. 设随机变量(X, Y)的联合分布列为

X＼Y	0	1	2	3	4	5
0	0	0.01	0.03	0.05	0.07	0.09
1	0.01	0.02	0.04	0.05	0.06	0.08
2	0.01	0.03	0.05	0.05	0.05	0.06
3	0.01	0.02	0.04	0.06	0.06	0.05

分别求$Z = X + Y$,$M = \max(X, Y)$和$N = \min(X, Y)$的分布列.

25. 设随机变量X与Y相互独立,其分布列分别为

$$P(X = k) = p(k), k = 0, 1, 2, \cdots,$$
$$P(Y = r) = q(r), r = 0, 1, 2, \cdots,$$

试证明随机变量$Z = X + Y$的分布列为

$$P(X = i) = \sum_{i=0}^{\infty} p(j)q(i - j), i = 0, 1, 2, \cdots.$$

26. 设随机变量X与Y相互独立,分别服从二项分布$B(n, p)$,$B(m, p)$,证明随机变量$Z = X + Y$服从二项分布$B(n + m, p)$.

27. 设X与Y相互独立,$X \sim \pi(\lambda_1)$,$Y \sim \pi(\lambda_2)$,求:

(1)$Z = X + Y$的分布列;(2)$X + Y = n$的条件下,X的条件分布列.

28. 设随机变量X、Y和Z相互独立,且$X \sim N(\mu, \sigma^2)$,$Y \sim N(-\mu, \dfrac{\sigma^2}{2})$,$Z \sim N(0, \dfrac{\sigma^2}{3})$,$P(X < 0) = 0.2$,求$P(\mu < 5X + 4Y - 3Z < 7\mu)$.

29. 设随机变量X与Y相互独立,概率密度函数分别为

$$f_X(x) = \begin{cases} 1, 0 < x < 1, \\ 0, 其他, \end{cases} \quad f_Y(y) = \begin{cases} e^{-y}, & y > 0, \\ 0, & y \leqslant 0. \end{cases}$$

求:(1)$Z_1 = X + Y$的概率密度函数;(2)$Z_2 = 2X + Y$的概率密度函数.

30. 设随机变量X与Y相互独立,且$X \sim N(\mu, \sigma^2)$,$Y \sim U(-b, b)$,求$Z = X + Y$的分布密度函数.

31. 某商品在每一星期内的需求量是随机变量T,其密度函数

$$f(t) = \begin{cases} te^{-t}, & t > 0, \\ 0, & t \leqslant 0. \end{cases}$$

设每个星期内的需求量是相互独立的,试求:(1)两星期内需求量的密度函数;(2)三星期内需求量的密度函数.

32. 设 X 与 Y 是相互独立、同分布的随机变量,其概率密度函数为

$$f_X(x) = \begin{cases} \dfrac{1\,000}{x^2}, & x > 1\,000, \\ 0, & x \leqslant 1\,000. \end{cases}$$

求 $Z = X/Y$ 的概率密度函数.

33. 设随机变量 X 与 Y 是相互独立,并且都服从正态分布 $N(0, \sigma^2)$,证明 $Z = \sqrt{X^2 + Y^2}$ 的密度函数为

$$f_Z(z) = \begin{cases} \dfrac{z}{\sigma^2} \mathrm{e}^{-\frac{z^2}{2\sigma^2}}, & z \geqslant 0, \\ 0, & z < 0. \end{cases}$$

(此时称 Z 服从参数为 $\sigma(\sigma > 0)$ 的 Rayleigh 分布.)

34. 对某种电子装置的输出测量了 5 次,得到观察值 X_1, X_2, X_3, X_4, X_5,设它们都服从 $\sigma = 2$ 的 Rayleigh 分布(见上题),且相互独立,试求:

(1) $Z = \max(X_1, X_2, X_3, X_4, X_5)$ 的分布函数;(2) $P(Z > 4)$.

35. 设随机变量 X 与 Y 的联合分布是正方形 $D = \{(x, y) \mid 1 \leqslant x \leqslant 3, 1 \leqslant y \leqslant 3\}$ 内的均匀分布,试求 $Z = |X - Y|$ 的概率分布密度函数.

36. 设二维随机变量 (X, Y) 的联合分布函数

$$F(x, y) = \begin{cases} 0, & \min(x, y) < 0, \\ \min(x, y), & 0 \leqslant \min(x, y) < 1, \\ 1, & \min(x, y) \geqslant 1. \end{cases}$$

(1)画出其图形;(2)问 $F(x, y)$ 是什么类型随机变量的分布函数?

随机变量的数字特征

前面讨论了(一维或多维)随机变量的分布,我们看到分布函数(分布列或密度函数)能够完整地描述随机变量的统计特性.随机变量的分布中往往含有一些参数,这些参数往往与某些数字特征有关,找到了这些特征,随机变量的分布也就确定了.但对一般的随机变量,要确定它的分布是很困难的,我们往往也不需要去求随机变量的整个分布.如要考查一个射手的射击水平,很难算出他击中十环的概率,我们只需要了解其命中环数的"平均值"及其发挥的稳定性,即命中点的"分散程度",并用一个数来反映.像这样通过一些确定的数来刻画随机变量的某些分布特性,这样的数称为随机变量的**数字特征**.

4.1　数　学　期　望

4.1.1　离散型随机变量的数学期望

例 4.1　甲、乙两个射手进行射击训练,在 100 次射击中的命中环数与次数分别为

甲命中环数(X)	8	9	10
次数	30	25	45

乙命中环数(Y)	8	9	10
次数	16	50	34

试评定甲、乙射手技术的优劣.

由表格中的数据很难判断优劣,我们以平均环数来判断:

甲射中的平均环数:

$$\frac{8 \times 30 + 9 \times 25 + 10 \times 45}{100} = 8 \times 0.3 + 9 \times 0.25 + 10 \times 0.45 = 9.15(环).$$

乙射中的平均环数:

$$\frac{8 \times 16 + 9 \times 50 + 10 \times 34}{100} = 8 \times 0.16 + 9 \times 0.5 + 10 \times 0.34 = 9.18(环).$$

故从射中的平均环数比较,乙的技术优于甲.

由此可知,要反映一个离散型随机变量 X 的"平均数",只需把 X 的取值 8,9,10 与其频率对应相乘再相加.一般地,我们有如下定义

定义 4.1　设离散型随机变量 X 的概率分布列为

X	x_1	$\cdots$	x_k	$\cdots$
P	p_1	$\cdots$	p_k	$\cdots$

若级数 $\sum\limits_{k=1}^{\infty} x_k p_k$ 绝对收敛,即 $\sum\limits_{k=1}^{\infty} |x_k| p_k < +\infty$,则称

$$E(X) = \sum_{k=1}^{\infty} x_k p_k$$

为随机变量 X 的**数学期望**(Expectation).

注　(1) 定义要求级数 $\sum\limits_{k=1}^{\infty} x_k p_k$ 绝对收敛,这是为了保证 $E(X)$ 由 X 的分布唯一确定,而不会受到求和次序的影响. 同时,在级数 $\sum\limits_{k}^{\infty} x_k p_k$ 绝对收敛的条件下, $E(X)$ 有许多很好的性质,后面将详细讨论. 若级数 $\sum\limits_{k=1}^{\infty} x_k p_k$ 不绝对收敛,则称 X 的**数学期望不存在**;

(2) $E(X)$ 是一个确定的实数,这个数反映了随机变量 X 的平均取值. 如果把 X 的概率分布看成是总质量为单位 1 的质点系,则 $E(X)$ 可看成是质点系质心的坐标.

例 4.2　某公司在决定明年的销售策略时有三种策略可供选择,每一种策略所得的利润与明年的经济形势有关. 据专家估计明年经济形势为不好、一般和较好的概率及各种策略在不同形势下所能获得的利润(百万元)如下表所示. 问应选择哪一种策略,使公司明年的经营最有利?

经济形势	较差	一般	好
概率	0.2	0.5	0.3
策略Ⅰ所得的利润	−7	45	40
策略Ⅱ所得的利润	−3	60	30
策略Ⅲ所得的利润	−18	40	70

解　设随机变量 X_i 为第 i 种策略所能获得的利润($i = 1, 2, 3$),则每种策略所能获得的平均利润为

$$E(X_1) = -7 \times 0.2 + 45 \times 0.5 + 40 \times 0.3 = 33.1(百万元)$$
$$E(X_2) = -3 \times 0.2 + 60 \times 0.5 + 30 \times 0.3 = 38.4(百万元)$$
$$E(X_3) = -18 \times 0.2 + 40 \times 0.5 + 70 \times 0.3 = 37.4(百万元)$$

故应选择第 2 种方案.

例 4.3 设 X 表示本周末光顾上海教育超市的人数,设 X 服从参数为 λ 的泊松分布,求本周末光顾上海教育超市的平均人数.

解 易知 $P(X=k) = \dfrac{\lambda^k}{k!}e^{-\lambda}$, $k = 0, 1, 2, \cdots$,由

$$E(X) = \sum_{k=1}^{\infty} k \frac{\lambda^k}{k!}e^{-\lambda} = \lambda \sum_{k=1}^{\infty} \frac{\lambda^{k-1}}{(k-1)!}e^{-\lambda} = \lambda,$$

故本周末光顾上海教育超市的平均人数为 λ.

例 4.4 设 X 服从参数为 p 的几何分布,即 $P(X=k) = pq^{k-1}$, $k = 1, 2, \cdots$,求 $E(X)$.

解
$$E(X) = \sum_{k=1}^{\infty} kpq^{k-1} = p\frac{\mathrm{d}}{\mathrm{d}q}\left(\sum_{k=1}^{\infty} q^k\right) = p\frac{\mathrm{d}}{\mathrm{d}q}\left(\frac{q}{1-q}\right) = \frac{1}{p}.$$

注 由例 4.3,例 4.4 可看出,随机变量的数学期望只依赖该随机变量的分布及其参数.

例 4.5 设 X 的分布律为 $P\left(X=(-1)^{k-1}\dfrac{2^k}{k}\right) = \dfrac{1}{2^k}$, $k=1, 2, \cdots$,由于

$$\sum_{k=1}^{\infty} (-1)^{k-1} \frac{2^k}{k} \frac{1}{2^k} = \sum_{k=1}^{\infty} (-1)^{k-1} \frac{1}{k} = \ln 2,$$

很多人会认为 $E(X) = \ln 2$.但这是错误的,因为

$$\sum_{k=1}^{\infty} |x_k| p_k = \sum_{k=1}^{\infty} \frac{1}{k} = \infty,$$

故 X 的数学期望不存在!事实上,由高等数学中的幂级数的知识可知,如果把级数 $\sum_{k=1}^{\infty} (-1)^{k-1}\dfrac{1}{k}$ 中的项交换顺序后可能收敛于不同的数,例如

$$1 + \frac{1}{3} - \frac{1}{2} + \frac{1}{5} + \frac{1}{7} - \frac{1}{4} + \cdots = \frac{3}{2}\ln 2,$$

$$1 - \frac{1}{2} - \frac{1}{4} + \frac{1}{3} - \frac{1}{6} - \frac{1}{8} + \cdots = \frac{1}{2}\ln 2,$$

这说明在定义数学期望的时候要求绝对收敛是必要的.

4.1.2 连续型随机变量的数学期望

设 X 为连续型随机变量,其密度函数为 $f(x)$,则 X 落入 $(x_k, x_k+\mathrm{d}x)$ 的概率近似为 $f(x_k)\mathrm{d}x$,与离散型随机变量类似,我们可以如下定义数学期望.

定义 4.2　设 X 为连续型随机变量,其密度函数为 $f(x)$,若广义积分 $\int_{-\infty}^{+\infty} xf(x)\mathrm{d}x$ 绝对收敛,则称

$$E(X) = \int_{-\infty}^{+\infty} xf(x)\mathrm{d}x$$

为随机变量 X 的**数学期望**,它反映了随机变量 X 的平均值,也叫 X 的**均值**. 若 $\int_{-\infty}^{+\infty} xf(x)\mathrm{d}x$ 不绝对收敛,则称 X 的**数学期望不存在**.

例 4.6　已知分子速度 X 服从麦克斯韦尔分布,其概率密度为

$$f(x) = \begin{cases} \dfrac{4x^2}{a^3\sqrt{\pi}}\mathrm{e}^{-\frac{x^2}{a^2}}, & x > 0, \\ 0, & x \leqslant 0, \end{cases}$$

其中 $a > 0$ 是常数,求分子的平均速度.

解　
$$E(X) = \int_{-\infty}^{+\infty} xf(x)\mathrm{d}x = \frac{4}{a^3\sqrt{\pi}}\int_0^{+\infty} x^3\mathrm{e}^{-\frac{x^2}{a^2}}\mathrm{d}x$$

$$= \frac{2a}{\sqrt{\pi}}\int_0^{+\infty} t\mathrm{e}^{-t}\mathrm{d}t$$

$$= \frac{2a}{\sqrt{\pi}}.$$

例 4.7　设某电子元件的寿命 X 服从参数为 λ 的指数分布,求平均寿命.

解　$E(X) = \int_0^{+\infty} x\lambda\mathrm{e}^{-\lambda x}\mathrm{d}x = -\int_0^{+\infty} x\mathrm{d}\mathrm{e}^{-\lambda x} = \int_0^{+\infty} \mathrm{e}^{-\lambda x}\mathrm{d}x = \frac{1}{\lambda}.$

例 4.8　有 3 个相互独立工作的电子元件,其寿命 $X_k(k=1, 2, 3)$ 服从参数为 λ 的指数分布.

(1) 若将这 3 个电子元件串联组成整机,求整机寿命 N 的数学期望;

(2) 若将这 3 个电子元件并联组成整机,求整机寿命 N 的数学期望.

解　由随机变量函数的分布可知

(1) $N = \min(X_1, X_2, X_3)$ 的分布函数为

$$F_N(x) = 1 - [1 - F(x)]^3 = \begin{cases} 1 - \mathrm{e}^{-3\lambda x}, & x > 0, \\ 0, & x \leqslant 0. \end{cases}$$

易知 $N \sim Exp(3\lambda)$,故 $E(N) = \dfrac{1}{3\lambda}$;

(2) $M = \max(X_1, X_2, X_3)$ 的分布函数为

$$F_M(x) = F^3(x) = \begin{cases} (1 - e^{-\lambda x})^3, & x > 0, \\ 0, & x \leqslant 0. \end{cases}$$

其密度函数为 $f_M(x) = [F_M(x)]' = \begin{cases} 3\lambda(1 - e^{-\lambda x})^2 e^{-\lambda x}, & x > 0, \\ 0, & x \leqslant 0. \end{cases}$ 从而

$$
\begin{aligned}
E(M) &= \int_0^\infty x f_M(x) \, dx = \int_0^\infty 3\lambda x (1 - e^{-\lambda x})^2 e^{-\lambda x} \, dx \\
&= 3\lambda \left(\int_0^\infty x e^{-\lambda x} \, dx - 2 \int_0^\infty x e^{-2\lambda x} \, dx + \int_0^\infty x e^{-3\lambda x} \, dx \right) \\
&= 3 \left(\int_0^\infty \lambda x e^{-\lambda x} \, dx - \int_0^\infty 2\lambda x e^{-2\lambda x} \, dx + \frac{1}{3} \int_0^\infty 3\lambda x e^{-3\lambda x} \, dx \right) \\
&= 3 \left(\frac{1}{\lambda} - \frac{1}{2\lambda} + \frac{1}{9\lambda} \right) \\
&= \frac{11}{6\lambda}.
\end{aligned}
$$

从例 4.8 可以看出，$\dfrac{E(M)}{E(N)} = \dfrac{11}{6} \times 3 = 5.5$，同样的 3 个电子元件，并联平均寿命是串联平均寿命的 5.5 倍!

例 4.9 设随机变量 X 服从 Cauchy(柯西)分布，其密度函数为

$$f(x) = \frac{1}{\pi(1 + x^2)}, \ x \in (-\infty, \infty),$$

试证 X 的数学期望不存在.

证 因为

$$
\begin{aligned}
\int_{-\infty}^\infty |x| f(x) \, dx &= \int_{-\infty}^\infty \frac{|x|}{\pi(1 + x^2)} \, dx \\
&= 2 \int_0^\infty \frac{|x|}{\pi(1 + x^2)} \, dx \\
&= \frac{1}{\pi} \ln(1 + x^2) \Big|_0^{+\infty} = +\infty,
\end{aligned}
$$

即 $\displaystyle\int_{-\infty}^\infty x f(x) \, dx$ 不绝对收敛，从而 X 的数学期望不存在.

4.1.3 随机变量函数的数学期望

定理 4.1 设 X 为随机变量，$Y = g(X)$，$g(x)$ 为一个确定函数，

(1) 若 X 为离散型随机变量，其分布列为 $P(X = x_k) = p_k$，$k = 1, 2, \cdots$，若级数 $\displaystyle\sum_{k=1}^\infty g(x_k) p_k$ 绝对收敛，则

$$E(Y) = E[g(X)] = \sum_{k=1}^{\infty} g(x_k) p_k;$$

（2）若 X 为连续型随机变量，其密度函数为 $f(x)$，若级数 $\int_{-\infty}^{\infty} g(x) f(x) \mathrm{d}x$ 绝对收敛，则

$$E(Y) = E[g(X)] = \int_{-\infty}^{\infty} g(x) f(x) \mathrm{d}x.$$

定理的证明超出了本书的范围，此处从略.

注　（1）此定理表明，在求 $Y = g(X)$ 的数学期望时，不必先求 Y 的分布，只需知道 X 的分布即可；

（2）特别地，设 A 为任意区间，如果取 $g(x)$ 为区间 A 上的**示性函数**

$$g(x) = I_A(x) = \begin{cases} 1, & x \in A, \\ 0, & x \notin A, \end{cases}$$

则 $E[g(X)] = 0 \times P(X \notin A) + 1 \times P(X \in A) = P(X \in A)$. 一般地，如果 X 为连续型随机变量，其密度函数为 $f(x)$，则对任意有界确定函数 $h(x)$ 都有

$$\begin{aligned} E[h(X) I_A(X)] &= \int_{-\infty}^{\infty} h(x) I_A(x) f(x) \mathrm{d}x \\ &= \int_A h(x) f(x) \mathrm{d}x. \end{aligned}$$

对于二维或多维随机变量的函数的数学期望，也有类似的结果：

推论 4.1　设 (X, Y) 是二维随机变量，$Z = g(X, Y)$，$g(x, y)$ 为确定性函数.

（1）若 (X, Y) 为离散型随机变量，其分布列为 $P(X = x_i, Y = y_j) = p_{ij}$，$i$, $j = 1, 2, \cdots$，若级数 $\sum_{i=1}^{\infty} \sum_{j=1}^{\infty} g(x_i, y_j) p_{ij}$ 绝对收敛，则：

$$E(Z) = E[g(X, Y)] = \sum_{i=1}^{\infty} \sum_{j=1}^{\infty} g(x_i, y_j) p_{ij}.$$

（2）若 (X, Y) 为连续型随机变量，其密度函数为 $f(x, y)$，若二重积分：

$$\int_{-\infty}^{\infty} \int_{-\infty}^{\infty} g(x, y) f(x, y) \mathrm{d}x \mathrm{d}y$$

绝对收敛，则

$$\begin{aligned} E(Z) &= E[g(X, Y)] \\ &= \int_{-\infty}^{\infty} \int_{-\infty}^{\infty} g(x, y) f(x, y) \mathrm{d}x \mathrm{d}y. \end{aligned}$$

例 4.10 设随机变量 $X \sim B(n, p)$，$Y = e^{3X} - 1$，求 $E(Y)$.

解 X 的分布列为

$$P(X = k) = C_n^k p^k (1-p)^{n-k}, \ k = 0, \cdots, n,$$

由定理 4.1 可知

$$E(Y) = E(e^{3X} - 1)$$

$$= \sum_{k=0}^{n} (e^{3k} - 1) C_n^k p^k (1-p)^{n-k}$$

$$= \sum_{k=0}^{n} e^{3k} C_n^k p^k (1-p)^{n-k} - \sum_{k=0}^{n} C_n^k p^k (1-p)^{n-k}$$

$$= \sum_{k=0}^{n} C_n^k (p e^3)^k (1-p)^{n-k} - 1$$

$$= (p e^3 + 1 - p)^n - 1.$$

例 4.11 设二维随机变量 (X, Y) 的联合分布列为

Y \ X	1	2	3
-1	0	$\dfrac{1}{5}$	$\dfrac{2}{15}$
2	$\dfrac{1}{6}$	$\dfrac{1}{4}$	$\dfrac{1}{4}$

求 $Z = X^2 Y$ 的数学期望.

解 由推论 4.1 可得

$$E(Z) = \sum_{i=1, 2, 3} \sum_{j=-1, 2} i^2 j P(X = i, Y = j)$$

$$= 1^2 \times (-1) \times 0 + 2^2 \times (-1) \times \frac{1}{5} + 3^2 \times (-1) \times \frac{2}{15}$$

$$+ 1^2 \times 2 \times \frac{1}{6} + 2^2 \times 2 \times \frac{1}{4} + 3^2 \times 2 \times \frac{1}{4}$$

$$= \frac{29}{6}.$$

例 4.12 设二维随机变量 $(X, Y) \sim N(0, 1; 0, 1; 0)$，$Z = \sqrt{X^2 + Y^2}$，求 $E(Z)$.

解 因为 (X, Y) 的联合密度函数为 $f(x, y) = \dfrac{1}{2\pi} e^{-\frac{x^2 + y^2}{2}}$，由推论 4.1 可得

$$E(Z) = E(\sqrt{X^2 + Y^2}) = \int_{-\infty}^{\infty} \int_{-\infty}^{\infty} \sqrt{x^2 + y^2} \frac{1}{2\pi} e^{-\frac{x^2+y^2}{2}} dx dy$$

$$\underset{\text{极坐标}}{=} \frac{1}{2\pi} \int_0^{2\pi} d\theta \int_0^{\infty} r^2 e^{-\frac{r^2}{2}} dr = \int_0^{\infty} r^2 e^{-\frac{r^2}{2}} dr$$

$$= \int_0^{\infty} -r de^{-\frac{r^2}{2}} = -r e^{-\frac{r^2}{2}} \Big|_0^{\infty} + \int_0^{\infty} e^{-\frac{r^2}{2}} dr$$

$$= \frac{1}{2} \int_{-\infty}^{\infty} e^{-\frac{r^2}{2}} dr = \frac{\sqrt{2\pi}}{2} \int_{-\infty}^{\infty} \frac{1}{\sqrt{2\pi}} e^{-\frac{r^2}{2}} dr$$

$$= \frac{\sqrt{2\pi}}{2}.$$

例 4.13 某水果商店销售某种高档水果,设顾客每周的需求量 X(单位:kg)服从$[200, 300]$上的均匀分布.每售出 1 kg 该水果可获利 5 元,若卖不出去,则要降价处理掉,1 kg 亏 2 元.

(1) 若每周进货量 y,试写出其利润函数;

(2) 求出每周的平均利润;

(3) 试确定每周进货量 y^*,使其每周的平均利润最大.

解 (1) 若每周进货量 y,设其利润为 Y,则

$$Y = g(X) = \begin{cases} 5y, & X \geqslant y, \\ 5X - 2(y-X), & X < y, \end{cases} = \begin{cases} 5y, & X \geqslant y, \\ 7X - 2y, & X < y; \end{cases}$$

(2) 每周的平均利润为

$$E(Y) = E[g(X)] = E[5yI_{\{X \geqslant y\}} + (7X - 2y)I_{\{X < y\}}]$$
$$= \int_{200}^{y} (7x - 2y) \frac{1}{100} dx + \int_{y}^{300} 5y \frac{1}{100} dx$$
$$= -0.035y^2 + 19y - 1400;$$

(3) 易知每周的平均利润是进货量的二次函数,当进货量为 $y^* = \dfrac{1900}{7} \approx$ 271.43(kg) 时,平均利润最大,最大平均利润为 1 178.57 元.

4.1.4 数学期望的性质

性质 1 设 X 为任意随机变量,则 X 的数学期望存在的充要条件是 $E(|X|) < +\infty$.

证 由 X 的数学期望存在的定义易知.

性质 2 设 X, Y 为任意两个数学期望存在的随机变量,且 $X \leqslant Y$,则 $E(X) \leqslant E(Y)$.

性质 3 (1) 设 c 为常数,则 $E(c) = c$.

(2) 设 X 为任意满足 $E(|X|) < \infty$ 的随机变量，c 为任意常数，则 $E(cX) = cE(X)$；

(3) 设 X，Y 为任意两个数学期望存在的随机变量，则 $X+Y$ 的数学期望也存在，且

$$E(X+Y) = E(X) + E(Y);$$

(4) 设 X，Y 为任意相互独立的随机变量，且 X，Y 的数学期望都存在，则 XY 的数学期望也存在，且 $E(XY) = E(X)E(Y)$.

证 仅证(3)，其余类似. 由于 X，Y 的数学期望都存在，$E(|X|) < \infty$，$E(|Y|) < \infty$，从而

$$E(|X+Y|) \leqslant E(|X|) + E(|Y|) < \infty,$$

从而 $X+Y$ 的数学期望存在. 设 (X, Y) 为二维连续型随机变量，

$$
\begin{aligned}
E(X+Y) &= \int_{-\infty}^{\infty} \int_{-\infty}^{\infty} (x+y) f(x, y) \mathrm{d}x \mathrm{d}y \\
&= \int_{-\infty}^{\infty} \int_{-\infty}^{\infty} x f(x, y) \mathrm{d}x \mathrm{d}y + \int_{-\infty}^{\infty} \int_{-\infty}^{\infty} y f(x, y) \mathrm{d}x \mathrm{d}y \\
&= E(X) + E(Y).
\end{aligned}
$$

推论 4.2 (1) 设 $X_1, \cdots, X_n$ 为任意 n 个数学期望存在的随机变量，则 $\sum_{i=1}^{n} X_i$ 的数学期望也存在，且 $E(\sum_{i=1}^{n} X_i) = \sum_{i=1}^{n} E(X_i)$.

(2) 设 $X_1, X_2, \cdots, X_n$ 为任意 n 个相互独立的随机变量，且 $X_1, X_2, \cdots, X_n$ 的数学期望都存在，则 $\prod_{i=1}^{n} X_i$ 的数学期望也存在，且 $E(\prod_{i=1}^{n} X_i) = \prod_{i=1}^{n} E(X_i)$.

注 在求一个分布比较复杂、比较难求数学期望的随机变量 X 时，我们可以利用推论 4.2，将其分解成若干个分布比较简单、容易求数学期望的随机变量之和，即 $X = \sum_{i=1}^{n} X_i$，再利用公式 $E(\sum_{i=1}^{n} X_i) = \sum_{i=1}^{n} E(X_i)$ 来计算数学期望.

例 4.14 (验血方案的选择)为普查某种疾病，n 个人需要验血. 验血方案有如下两种：

(1) 分别化验每个人的血，共需化验 n 次；

(2) 分组化验，即将 k 个人分成一组，将他们的血混在一起化验，若为阴性，则每组只需化验 1 次；若为阳性，则对 k 个人的血逐个化验，找出有病者，此时每组共需化验 $k+1$ 次.

设某地区每人血液呈阳性的概率为 p，且每个人化验结果相互独立，试说明选

择哪一种方案较经济.

解 只需计算方案(2)所需化验次数 X 的数学期望,要求出 X 的分布是很困难的,故我们需要将其分解.不妨设 $n = mk + j$,$j < k$,即共分成 $m+1$ 组,其中前 m 组每组 k 人,第 $m+1$ 组每组 j 人.设第 i 组所需的化验次数为 X_i,$i = 1, \cdots, m, m+1$,则 $X = \sum_{i=1}^{m+1} X_i$,X_i,$i = 1, \cdots, m$ 服从两点分布:

$$X_i \sim \begin{pmatrix} 1 & k+1 \\ (1-p)^k & 1-(1-p)^k \end{pmatrix}, i = 1, \cdots, m \Rightarrow E(X_i) = (k+1) - k(1-p)^k,$$

如果 $j = 0$,则 $X_{m+1} = 0$;如果 $j > 0$,则

$$X_{m+1} \sim \begin{pmatrix} 1 & j+1 \\ (1-p)^j & 1-(1-p)^j \end{pmatrix} \Rightarrow E(X_{m+1}) = (j+1) - j(1-p)^j,$$

从而,如果 $j = 0$,$E(X) = E(\sum_{i=1}^{m+1} X_i) = \sum_{i=1}^{m} E(X_i) = m(k+1) - mk(1-p)^k$;如果 $j > 0$,则

$$E(X) = E(\sum_{i=1}^{m+1} X_i) = \sum_{i=1}^{m} E(X_i) + E(X_{m+1})$$
$$= m(k+1) - mk(1-p)^k + (j+1) - j(1-p)^j$$
$$= n + m + 1 - n(1-p)^k + j[(1-p)^k - (1-p)^j].$$

例如 $n = 1\,006$,$p = 0.001$,$k = 10$ 时,

$$E(X) = 1\,006 + 100 + 1 - 1\,006(1-0.001)^{10} + 6[(1-0.001)^{10} - (1-0.001)^6]$$
$$\approx 110.99(\text{次}),$$

方案(2)比方案(1)少化验 $1\,006 - 110.99 = 895$(次).

4.2 随机变量的方差

4.2.1 方差的概念

先看一个例子.设甲、乙两炮射击的弹着点与目标的距离分别为 X,Y(为了简便起见,假定只取离散值),它们的分布规律如下:

$$X \sim \begin{pmatrix} 10 & 15 & 25 & 35 \\ 0.2 & 0.3 & 0.4 & 0.1 \end{pmatrix}, Y \sim \begin{pmatrix} 15 & 20 & 25 & 30 \\ 0.4 & 0.3 & 0.2 & 0.1 \end{pmatrix},$$

不难发现,两炮有相同的期望:$E(X) = 20 = E(Y)$.但比较两组数据的散点图可知,

乙炮比甲炮准确,因为它的弹着点比较集中.

由此可以看出,在实际生活当中,人们除了关心一个随机变量分布的"重心"——数学期望之外,往往还关心这个随机变量分布的分散程度.那么,如何刻画一个随机变量分布的分散程度呢?

如果随机变量 X 的数学期望 $E(X)$ 存在,则称 $X-E(X)$ 为 X 的离差.离差有可能为负,为了消除符号的影响,我们通常考虑 $[X-E(X)]^2$,称 $[X-E(X)]^2$ 为 X 的**平方离差**.

定义 4.3 设 X 是一个随机变量,若 $E\{[X-E(X)]^2\}$ 存在,则称其为 X 的**方差**,记为 $D(X)$ 或 $\mathrm{Var}(X)$(Variance),即

$$D(X) = E\{[X-E(X)]^2\},$$

称 $\sigma_X = \sqrt{D(X)}$ 为 X 的**均方差**或**标准差**,σ_X 与 X 的量纲相同.

方差 $D(X)$ 反映了随机变量 X 偏离其"分布重心"$E(X)$ 的程度:$D(X)$ 越大,X 偏离 $E(X)$ 的程度就越大,其分布就越分散;反之,其分布就比较集中.可以说,$D(X)$ 在某种意义上反映了 X 的"随机性"的大小,$D(X)$ 越大,X 的"随机性"越大.

从方差的定义可以看出,$D(X)$ 实际上是随机变量 X 的函数 $Y=[X-E(X)]^2$ 的数学期望,故可以利用定理 4.1 来计算:

$$D(X) = E\{[X-E(X)]^2\}$$
$$= \begin{cases} \sum_{i=1}^{\infty} [x_i - E(X)]^2 P(X=x_i), & \text{如果 } X \text{ 为离散型随机变量,} \\ \int_{-\infty}^{\infty} [x_i - E(X)]^2 f(x)\mathrm{d}x, & \text{如果 } X \text{ 为连续型随机变量.} \end{cases}$$

关于方差的计算,有如下公式:

$$D(X) = E(X^2) - [E(X)]^2. \tag{4.1}$$

事实上,

$$D(X) = E[X-E(X)]^2 = E[X^2 - 2E(X)X + E^2(X)]$$
$$= E(X^2) - 2E(X)E(X) + E^2(X)$$
$$= E(X^2) - E^2(X).$$

例 4.15 设随机变量 X 服从参数为 p 的$(0-1)$分布,求 $D(X)$.

解 易知 $X \sim \begin{pmatrix} 0 & 1 \\ 1-p & p \end{pmatrix}$,从而

$$E(X) = 0 \times (1-p) + 1 \times p = p,$$
$$E(X^2) = 0^2 \times (1-p) + 1^2 \times p = p,$$

故
$$D(X) = E(X^2) - E^2(X) = p - p^2 = p(1-p).$$

例 4.16　设随机变量 X 服从参数为 p 的几何分布,求 $D(X)$.

解　X 的分布列为

$$P(X = k) = p(1-p)^{k-1}, \ k = 1, 2, \cdots, 0 < p < 1.$$

由例 4.4 知 $E(X) = \dfrac{1}{p}$,从而

$$\begin{aligned}
E(X^2) &= E[X(X-1) + X] = E[X(X-1)] + \frac{1}{p} \\
&= \sum_{i=1}^{\infty} i(i-1)p(1-p)^{i-1} + \frac{1}{p} \\
&= p(1-p) \sum_{i=1}^{\infty} i(i-1)(1-p)^{i-2} + \frac{1}{p} \\
&= p(1-p) \frac{\mathrm{d}^2}{\mathrm{d}x^2} \Big(\sum_{i=0}^{\infty} x^i \Big)_{x=1-p} + \frac{1}{p} \\
&= p(1-p) \frac{2}{(1-x)^3} \Big|_{x=1-p} + \frac{1}{p} \\
&= \frac{2-p}{p^2},
\end{aligned}$$

故
$$D(X) = E(X^2) - E^2(X) = \frac{2-p}{p^2} - \frac{1}{p^2} = \frac{1-p}{p^2}.$$

例 4.17　设随机变量 X 服从参数为 λ 的指数分布,令 $Y = \min(X, m)$,其中 m 为一正常数. 求 $D(Y)$.

解　由题意知 $X \sim f(x) = \begin{cases} \lambda \mathrm{e}^{-\lambda x}, & x > 0, \\ 0, & x \leqslant 0, \end{cases}$ 得到

$$\begin{aligned}
E(Y) &= E[\min(X, m)] = \int_0^{\infty} \min(x, m) f(x) \mathrm{d}x \\
&= \int_0^m x\lambda \mathrm{e}^{-\lambda x} \mathrm{d}x + \int_m^{\infty} m\lambda \mathrm{e}^{-\lambda x} \mathrm{d}x \\
&= -\int_0^m x \mathrm{d}\mathrm{e}^{-\lambda x} + m\mathrm{e}^{-\lambda m} \\
&= -m\mathrm{e}^{-\lambda m} + \int_0^m \mathrm{e}^{-\lambda x} \mathrm{d}x + m\mathrm{e}^{-\lambda m} \\
&= \frac{1}{\lambda}(1 - \mathrm{e}^{-\lambda m}),
\end{aligned}$$

同理可得
$$E(Y^2) = \int_0^m x^2 \lambda e^{-\lambda x} \, dx + \int_m^\infty m^2 \lambda e^{-\lambda x} \, dx$$
$$= -m^2 e^{-\lambda m} + \frac{2}{\lambda} \int_0^m x \lambda e^{-\lambda x} \, dx + m^2 e^{-\lambda m}$$
$$= \frac{2}{\lambda} \left[-m e^{-\lambda m} + \frac{1}{\lambda}(1 - e^{-\lambda m}) \right],$$

故 $D(Y) = E(Y^2) - E^2(Y) = \dfrac{2}{\lambda} \left[-m e^{-\lambda m} + \dfrac{1}{\lambda}(1 - e^{-\lambda m}) \right] - \dfrac{1}{\lambda^2}(1 - e^{-\lambda m})^2$

$$= -\frac{2m}{\lambda} e^{-\lambda m} + \frac{2}{\lambda^2}(1 - e^{-\lambda m}) - \frac{1}{\lambda^2}(1 - e^{-\lambda m})^2$$
$$= \frac{1}{\lambda^2} - \frac{2m}{\lambda} e^{-\lambda m} - \frac{1}{\lambda^2} e^{-2\lambda m}.$$

4.2.2　方差的性质

性质 1　设 X 为任意随机变量,则 X 的方差存在的充要条件是 $E(|X|^2) < \infty$.

证　利用式(4.1)易知.

推论　设 X, Y 为任意的随机变量,若 X, Y 的方差都存在,则 $X \pm Y$ 的方差也存在.

证　由于 $(X \pm Y)^2 \leqslant 2X^2 + 2Y^2$,知 $E[(X \pm Y)^2] \leqslant 2E(X^2) + 2E(Y^2) < \infty$, 从而 $X \pm Y$ 的方差存在.

性质 2　(1) 设 c 为常数,则 $D(c) = 0$;

(2) 设 c 为常数,X 为方差存在的随机变量,则 $D(cX) = c^2 D(X)$;

(3) 设 X, Y 为相互独立的随机变量,X, Y 的方差都存在,则
$$D(X \pm Y) = D(X) + D(Y).$$

证　仅证(3).由于 X, Y 相互独立,$E(XY) = E(X)E(Y)$.从而
$$E[(X \pm Y)^2] = E(X^2) \pm 2E(X)E(Y) + E(Y^2),$$
$$[E(X \pm Y)]^2 = E^2(X) \pm 2E(X)E(Y) + E^2(Y),$$

故
$$D(X \pm Y) = E[(X + Y)^2] - E^2(X + Y)$$
$$= E(X^2) - E^2(X) + E(Y^2) - E^2(Y)$$
$$= D(X) + D(Y).$$

推论 4.3　设 $X_1, X_2, \cdots, X_n$ 为相互独立的方差存在的随机变量,则
$$D\left(\sum_{i=1}^n X_i \right) = \sum_{i=1}^n D(X_i).$$

性质 3　设 X 为一个方差存在的随机变量，则对任意实数 c 都有

$$D(X) \leqslant E[(X-c)^2].$$

证　利用数学期望的性质易知

$$
\begin{aligned}
E[(X-c)^2] &= E(X^2) - 2cE(X) + c^2 \\
&= E(X^2) - [E(X)]^2 + [E(X) - c]^2 \\
&\geqslant E(X^2) - [E(X)]^2 \\
&= D(X).
\end{aligned}
$$

性质 4　设 X 为一个随机变量，则 $D(X)=0$ 的充要条件是存在一个常数 c，使得

$$P(X = c) = 1.$$

证　先证必要性，用反证法. 如果 $P(X = E(X)) < 1$，则 $P(X \neq E(X)) > 0$，一定存在 $\varepsilon > 0$，使得 $P(|X - E(X)| \geqslant \varepsilon) > 0$，从而

$$
\begin{aligned}
D(X) &= E\{[X - E(X)]^2\} \\
&= E\{[X - E(X)]^2 I_{(|X-E(X)|<\varepsilon)} + [X - E(X)]^2 I_{(|X-E(X)|\geqslant\varepsilon)}\} \\
&\geqslant E\{[X - E(X)]^2 I_{(|X-E(X)|\geqslant\varepsilon)}\} \\
&\geqslant \varepsilon^2 E(I_{(|X-E(X)|\geqslant\varepsilon)}) \\
&= \varepsilon^2 P(|X - E(X)| \geqslant \varepsilon) > 0,
\end{aligned}
$$

与 $D(X) = 0$ 矛盾. 再证充分性：

$$E(X) = c \times 1 = c, \quad E(X^2) = c^2 \times 1 = c^2,$$

故

$$D(X) = E(X^2) - [E(X)]^2 = c^2 - c^2 = 0.$$

例 4.18　设随机变量 $X \sim B(n, p)$，求 $D(X)$.

解　**方法一**　直接求.

$$
\begin{aligned}
E(X) &= \sum_{i=0}^{n} i C_n^i p^i (1-p)^{n-i} = \sum_{i=1}^{n} np\, C_{n-1}^{i-1} p^{i-1} (1-p)^{n-1-(i-1)} \\
&= np(p + 1 - p)^{n-1} = np,
\end{aligned}
$$

$$
\begin{aligned}
E(X^2) &= \sum_{i=0}^{n} i^2 C_n^i p^i (1-p)^{n-i} = \sum_{i=1}^{n} inp\, C_{n-1}^{i-1} p^{i-1} (1-p)^{n-1-(i-1)} \\
&= np \sum_{j=0}^{n-1} (j+1) C_{n-1}^j p^j (1-p)^{n-1-j} \\
&= np \left(\sum_{j=0}^{n-1} j C_{n-1}^j p^j (1-p)^{n-1-j} + 1 \right)
\end{aligned}
$$

$$= np[(n-1)p+1],$$

故　$D(X) = E(X^2) - [E(X)]^2 = np[(n-1)p+1] - (np)^2 = np(1-p).$

方法二　把 X 看成一个复杂的随机变量,利用推论 4.3 将其分解. 我们构造随机试验,独立重复做 n 次,每次事件 A 或 $\overline{A}$ 发生,$P(A) = p$,令

$$X_i = \begin{cases} 1, 第\ i\ 次\ A\ 发生, \\ 0, 第\ i\ 次\ \overline{A}\ 发生, \end{cases} i = 1, \cdots, n,$$

易知 $X_1, X_2, \cdots, X_n$ 相互独立,$X_i \sim \begin{pmatrix} 0 & 1 \\ 1-p & p \end{pmatrix}$,由例 4.15 知 $D(X_i) = p(1-p).$

因为 $X = \sum\limits_{i=1}^{n} X_i \sim B(n, p)$,从而 $D(X) = \sum\limits_{i=1}^{n} D(X_i) = np(1-p).$

从上例可以看出,将一个复杂的随机变量 X 分解成若干个简单的相互独立的随机变量之和,再利用推论 4.3 进行计算,往往可以简化计算.

例 4.19　某人练习射击,每次命中目标的概率为 $p(0 < p < 1)$. 他射击的方法为:若射不中目标则再射,直至射中目标 $r(r \geqslant 1)$ 次为止,记录射击的总次数为 X. 求 X 的期望 $E(X)$ 和方差 $D(X)$.

解　由题意可知 X 服从参数为 $p(0 < p < 1)$ 的 Pascal 分布,即

$$X \sim P(X = k) = C_{k-1}^{r-1} p^r (1-p)^{k-r}, k = r, r+1, \cdots, r \geqslant 1,$$

实际上归结为求 X 服从参数为 p 的 Pascal 分布的期望 $E(X)$ 和方差 $D(X)$.

设 $X_i(i = 1, 2, \cdots, r, r \geqslant 1)$ 为从命中第 $i-1$ 次目标后到命中第 i 次目标时所射击的次数,可知 $X_1, X_2, \cdots, X_r$ 相互独立并且服从几何分布

$$X_i \sim P(X_i = k_i) = (1-p)^{k_i-1} p, k_i = 1, 2, \cdots, i = 1, 2, \cdots, r,$$

以及 $E(X_i) = \dfrac{1}{p}, D(X_i) = \dfrac{1-p}{p^2}.$

根据期望和方差的性质,得总射击次数 $X = \sum\limits_{i=1}^{r} X_i$ 的期望和方差为

$$E(X) = E\left(\sum_{i=1}^{r} X_i\right) = \sum_{i=1}^{r} E(X_i) = \frac{r}{p},$$

$$D(X) = D\left(\sum_{i=1}^{r} X_i\right) = \sum_{i=1}^{r} D(X_i) = \frac{r(1-p)}{p^2}.$$

在概率论中,常需要将随机变量"标准化",即对任意随机变量 X,若 $E(X)$,$D(X)$ 存在,且 $D(X) > 0$,则称

$$X^* = \frac{X - E(X)}{\sqrt{D(X)}}$$

为 X 的**标准化随机变量**. 显然, $E(X^*) = 0$,

$$D(X^*) = D\left[\frac{X - E(X)}{\sqrt{D(X)}}\right] = \frac{1}{D(X)}D[X - E(X)] = \frac{1}{D(X)}D(X) = 1,$$

这就是称 X^* 为标准化随机变量的理由.

设 X 为任意随机变量, 令 $Y = aX + b(a > 0)$, 则 X 和 Y 有相同的标准化随机变量, 即 $X^* = Y^*$. 这说明标准化了的随机变量清除了"原点"和"尺度"的影响.

4.2.3　Chebyshev 不等式

定理 4.2　(Chebyshev 不等式)设随机变量 X 具有数学期望 $E(X) = \mu$, 方差 $D(X) = \sigma^2$, 则对于任意正数 ε, 恒有不等式

$$P(|X - \mu| \geqslant \varepsilon) \leqslant \frac{\sigma^2}{\varepsilon^2} \quad \text{或} \quad P(|X - \mu| < \varepsilon) > 1 - \frac{\sigma^2}{\varepsilon^2}.$$

证　由

$$\begin{aligned}
\sigma^2 &= E[|X - E(X)|^2] = E[|X - E(X)|^2(I_{(|X-E(X)|<\varepsilon)} + I_{(|X-E(X)|\geqslant\varepsilon)})] \\
&= E[|X - E(X)|^2 I_{(|X-E(X)|<\varepsilon)}] + E[|X - E(X)|^2 I_{(|X-E(X)|\geqslant\varepsilon)}] \\
&\geqslant E[|X - E(X)|^2 I_{(|X-E(X)|\geqslant\varepsilon)}] \\
&\geqslant E[\varepsilon^2 I_{(|X-E(X)|\geqslant\varepsilon)}] \\
&= \varepsilon^2 P(|X - E(X)| \geqslant \varepsilon),
\end{aligned}$$

得

$$P(|X - E(X)| \geqslant \varepsilon) \leqslant \frac{\sigma^2}{\varepsilon^2}.$$

对于任意随机变量 X, 无论其分布如何, 由 Chebyshev 不等式可知,

当 $\varepsilon = 3\sigma$ 时, $P(|X - \mu| < 3\sigma) > 1 - \dfrac{\sigma^2}{9\sigma^2} = \dfrac{8}{9} \approx 88.89\%$;

当 $\varepsilon = 4\sigma$ 时, $P(|X - \mu| < 4\sigma) > 1 - \dfrac{\sigma^2}{16\sigma^2} = \dfrac{15}{16} = 93.75\%$;

当 $\varepsilon = 5\sigma$ 时, $P(|X - \mu| < 5\sigma) > 1 - \dfrac{\sigma^2}{25\sigma^2} = \dfrac{24}{25} = 96\%$;

……

说明 σ 越大, 3σ, 4σ, … 越大, 从而 $(|X - \mu| < 3\sigma)$ 确定 X 的范围就越大, 从而 X 的分布就越分散, 再次说明方差是反映随机变量分散程度的度量.

例 4.20　某地区有 10 000 盏电灯, 夜晚每盏灯开灯的概率均为 0.7, 假定灯的开关是相互独立的, 试用 Chebyshev 不等式估计夜晚同时开着的灯数在 6 800 到

7 200盏之间的概率.

解 令 X 表示夜间同时开着的电灯数,则 $X \sim B(10\,000, 0.7)$,此时

$$E(X) = np = 7\,000, \quad D(X) = np(1-p) = 2\,100,$$

由 Chebyshev 不等式知

$$P(6\,800 < X < 7\,200) = P(\mid X - 7\,000 \mid < 200)$$

$$\geqslant 1 - \frac{2\,100}{200^2} = 0.947\,5,$$

若直接利用二项分布可算得

$$P(6\,800 < X < 7\,200) = \sum_{i=6\,801}^{7\,199} C_{10\,000}^{i} 0.7^{i} 0.3^{10\,000-i}$$

$$= 0.999\,99.$$

由此可知,Chebyshev 不等式虽可用来估计概率,但精度不够高. 还有在期望、方差都存在的情况下,用 Chebyshev 不等式估计 $P(a < X < b)$ 的条件是必须有 $b - \mu = \mu - a$. 但是 Chebyshev 不等式在理论上有着十分重要的应用.

4.2.4 重要随机变量的数学期望和方差

首先,(0—1)分布、几何分布、二项分布、Pascal 分布的期望与方差之前已经作了计算,这里就不赘述.

1. 泊松分布

设随机变量 X 服从参数为 λ 的泊松分布,则

$$P(X = k) = \frac{\lambda^k}{k!} e^{-\lambda}, \quad k = 0, 1, 2, \cdots,$$

又

$$E(X) = \sum_{i=0}^{\infty} i \frac{\lambda^i}{i!} e^{-\lambda} = e^{-\lambda} \lambda \sum_{i=1}^{\infty} \frac{\lambda^{i-1}}{(i-1)!} = \lambda e^{-\lambda} e^{\lambda} = \lambda,$$

$$E(X^2) = E[X(X-1) + X]$$

$$= \sum_{i=2}^{\infty} i(i-1) \frac{\lambda^i}{i!} e^{-\lambda} + E(X)$$

$$= e^{-\lambda} \lambda^2 \sum_{i=2}^{\infty} \frac{\lambda^{i-2}}{(i-2)!} + \lambda = \lambda^2 + \lambda,$$

得

$$D(X) = E(X^2) - [E(X)]^2 = \lambda^2 + \lambda - \lambda^2 = \lambda.$$

2. 均匀分布

设 X 服从 (a, b) 上的均匀分布,其密度函数为

$$f(x) = \begin{cases} \dfrac{1}{b-a}, & a < x < b, \\ 0, & \text{其他}, \end{cases}$$

则

$$E(X) = \int_a^b x\,\frac{1}{b-a}\mathrm{d}x = \frac{b^2 - a^2}{2(b-a)} = \frac{a+b}{2},$$

$$E(X^2) = \int_a^b x^2\,\frac{1}{b-a}\mathrm{d}x = \frac{1}{b-a}\,\frac{b^3 - a^3}{3} = \frac{b^2 + ab + a^2}{3},$$

得

$$D(X) = \frac{a^2 + ab + b^2}{3} - \frac{(a+b)^2}{4} = \frac{(b-a)^2}{12}.$$

也就是说,如果 X 表示电脑产生的 (a, b) 上的随机数,则 X 可看成 (a, b) 上的均匀分布,其均值为区间中点 $\dfrac{a+b}{2}$,其方差为 $\dfrac{(b-a)^2}{12}$. 由此可以看出,方差与区间长度有关,区间的长度越长,分布就越分散,"随机性"就越大,方差也就越大,再一次说明方差是刻画随机变量分布分散程度的数字特征.

3. 指数分布

设 X 服从参数为 λ 的指数分布,其密度函数

$$f(x) = \begin{cases} \lambda \mathrm{e}^{-\lambda x}, & x \geqslant 0, \\ 0, & x < 0, \end{cases}$$

则

$$\begin{aligned} E(X) &= \int_0^\infty x\lambda \mathrm{e}^{-\lambda x}\mathrm{d}x = -\int_0^\infty x\mathrm{d}\mathrm{e}^{-\lambda x} \\ &= -x\mathrm{e}^{-\lambda x}\Big|_0^{+\infty} + \frac{1}{\lambda}\int_0^\infty \lambda \mathrm{e}^{-\lambda x}\mathrm{d}x \\ &= \frac{1}{\lambda}, \end{aligned}$$

$$\begin{aligned} E(X^2) &= \int_0^\infty x^2 \lambda \mathrm{e}^{-\lambda x}\mathrm{d}x = -\int_0^\infty x^2 \mathrm{d}\mathrm{e}^{-\lambda x} \\ &= \int_0^\infty 2x\mathrm{e}^{-\lambda x}\mathrm{d}x = \frac{2}{\lambda}E(X) \\ &= \frac{2}{\lambda^2}, \end{aligned}$$

得

$$D(X) = \frac{2}{\lambda^2} - \frac{1}{\lambda^2} = \frac{1}{\lambda^2}.$$

这说明一个电子元件的使用寿命如果服从参数为 λ 的指数分布,则其平均寿命为参数的倒数. 参数 λ 越大,平均使用寿命越短.

4. 正态分布

设 $X \sim N(\mu, \sigma^2)$,其密度函数为

$$f(x) = \frac{1}{\sqrt{2\pi}\sigma} \mathrm{e}^{\frac{(x-\mu)^2}{2\sigma^2}}, \quad -\infty < x < \infty,$$

则

$$
\begin{aligned}
E(X) &= \int_{-\infty}^{\infty} x \, \frac{1}{\sqrt{2\pi}\sigma} \mathrm{e}^{\frac{(x-\mu)^2}{2\sigma^2}} \, \mathrm{d}x \\
&= \int_{-\infty}^{\infty} (t+\mu) \frac{1}{\sqrt{2\pi}\sigma} \mathrm{e}^{-\frac{t^2}{2\sigma^2}} \, \mathrm{d}t \\
&= \int_{-\infty}^{\infty} \frac{t}{\sqrt{2\pi}\sigma} \mathrm{e}^{-\frac{t^2}{2\sigma^2}} \, \mathrm{d}t + \mu \int_{-\infty}^{\infty} \frac{1}{\sqrt{2\pi}\sigma} \mathrm{e}^{-\frac{t^2}{2\sigma^2}} \, \mathrm{d}t \\
&= \mu,
\end{aligned}
$$

同样,由变量代换 $t = x - \mu$ 及分部积分法得

$$
\begin{aligned}
D(X) &= E[(X - E(X))^2] = E[(X-\mu)^2] \\
&= \int_{-\infty}^{\infty} (x-\mu)^2 \frac{1}{\sqrt{2\pi}\sigma} \mathrm{e}^{\frac{(x-\mu)^2}{2\sigma^2}} \, \mathrm{d}x = \int_{-\infty}^{\infty} t^2 \frac{1}{\sqrt{2\pi}\sigma} \mathrm{e}^{-\frac{t^2}{2\sigma^2}} \, \mathrm{d}t \\
&= -\sigma^2 \int_{-\infty}^{\infty} t \frac{1}{\sqrt{2\pi}\sigma} \mathrm{d}\mathrm{e}^{-\frac{t^2}{2\sigma^2}} \\
&= -\sigma^2 t \frac{1}{\sqrt{2\pi}\sigma} \mathrm{e}^{-\frac{t^2}{2\sigma^2}} \Big|_{-\infty}^{\infty} + \sigma^2 \int_{-\infty}^{\infty} \frac{1}{\sqrt{2\pi}\sigma} \mathrm{e}^{-\frac{t^2}{2\sigma^2}} \, \mathrm{d}t \\
&= \sigma^2.
\end{aligned}
$$

可见,正态分布的期望和方差就是它的两个参数.反过来,一个正态分布的随机变量,如果知道它的期望与方差,就能立即写出其密度函数,也就是说正态分布由其期望方差唯一确定.

常用分布的期望和方差,见表 4.1.

表 4.1 常用分布的期望和方差

分　布	分布律或密度函数	期望	方　差
$(0-1)$分布 $B(1, p)$	$P(X = k) = p^k(1-p)^{1-k},\ k = 0, 1$ $0 < p < 1$	p	$p(1-p)$
二项分布 $B(n, p)$	$P(X = k) = C_n^k p^k (1-p)^{n-k},\ k = 0, \cdots, n,$ $0 < p < 1$	np	$np(1-p)$
泊松分布 $\pi(\lambda)$	$P(X = k) = \frac{\lambda^k}{k!} \mathrm{e}^{-\lambda},\ k = 0, 1, 2, \cdots$ $\lambda > 0$	λ	λ
几何分布 $G(p)$	$P(X = k) = p(1-p)^{k-1},\ k = 1, 2, \cdots$ $0 < p < 1$	$\dfrac{1}{p}$	$\dfrac{1-p}{p^2}$

（续表）

分　布	分布律或密度函数	期望	方　差
超几何分布 $H(n, M, N)$	$P(X=k)=\dfrac{C_M^k C_{N-M}^{n-k}}{C_N^n}$，$k=0, 1, 2, \cdots, n$	$n\dfrac{M}{N}$	$n\dfrac{M}{N}\left(1-\dfrac{M}{N}\right)\dfrac{N-n}{N-1}$
帕斯卡 (Pascal)分布 $P(n, p)$	$P(X=k)=C_{k-1}^{r-1} p^r (1-p)^{k-r}$，$k=r, r+1, \cdots$，$0<p<1$	$\dfrac{r}{p}$	$\dfrac{r(1-p)}{p^2}$
均匀分布 $U[a, b]$	$f(x)=\begin{cases}\dfrac{1}{b-a}, & a\leqslant x\leqslant b, \\ 0, & 其他,\end{cases}$	$\dfrac{a+b}{2}$	$\dfrac{(b-a)^2}{12}$
指数分布 $Exp(\lambda)$	$f(x)=\begin{cases}\lambda e^{-\lambda x}, & x\geqslant 0, \\ 0, & x<0,\end{cases}$	$\dfrac{1}{\lambda}$	$\dfrac{1}{\lambda^2}$
正态分布 $N(\mu, \sigma^2)$	$f(x)=\dfrac{1}{\sqrt{2\pi}\sigma}e^{-\frac{(x-\mu)^2}{2\sigma^2}}$，$-\infty<x<\infty$，$-\infty<\mu<\infty$，$\sigma>0$	μ	σ^2

4.3　协方差和相关系数

4.3.1　协方差、相关系数的概念

对于二维随机变量 (X, Y)，X 与 Y 之间往往存在相互关系，现在来讨论描述 X 与 Y 的"相互关系"的数字特征.

前面我们知道，如果 X 与 Y 相互独立，X 的取值与 Y 的取值没有任何关系，此时有

$$E[(X-E(X))(Y-E(Y))]=E(XY)-E(X)E(Y)=0,$$

一般地，如果 X 与 Y 之间存在"相互关系"，$E[(X-E(X))(Y-E(Y))]$ 可能不是 0，于是有如下定义：

定义4.4　若 $E[(X-E(X))(Y-E(Y))]$ 存在，则称它为随机变量 X, Y 的协方差(Covariance)，记为 $\mathrm{cov}(X, Y)$，即

$$\mathrm{cov}(X, Y)=E[(X-E(X))(Y-E(Y))].$$

当 $D(X)>0, D(Y)>0$ 时，称

$$\rho_{XY}=\frac{\mathrm{cov}(X, Y)}{\sqrt{D(X)}\cdot\sqrt{D(Y)}}$$

为随机变量 X 与 Y 的**相关系数**.

显然,$\mathrm{cov}(X, Y)$依赖随机变量 X,Y 的量纲,而 ρ_{XY} 是一个无量纲的数.相关系数实质上是"标准化"了的协方差,即

$$\rho_{XY} = \mathrm{cov}(X^*, Y^*).$$

当 $\rho_{XY} = 0$ 时,则称 X 与 Y 是**不相关**的.

由定义可知方差是协方差的特例: $D(X) = \mathrm{cov}(X, X)$.

本质上,协方差是随机变量(X, Y)的函数 $Z = [X-E(X)][Y-E(Y)]$ 的数学期望,故有如下计算公式:

$$\mathrm{cov}(X, Y) = \begin{cases} \sum\limits_{i=1}^{\infty} \sum\limits_{j=1}^{\infty} [x_i - E(X)][y_j - E(Y)]p_{ij}, & \text{离散型情形}, \\ \int_{-\infty}^{\infty} \int_{-\infty}^{\infty} [x - E(X)][y - E(Y)]f(x, y)\mathrm{d}x\mathrm{d}y, & \text{连续型情形}. \end{cases}$$

通常计算协方差的公式为

$$\mathrm{cov}(X, Y) = E(XY) - E(X)E(Y), \tag{4.2}$$

$$\mathrm{cov}(X, Y) = \frac{1}{2}[D(X+Y) - D(X) - D(Y)], \tag{4.3}$$

事实上,

$$\begin{aligned} \mathrm{cov}(X, Y) &= E[(X-E(X))(Y-E(Y))] \\ &= E[XY - XE(Y) - YE(X) + E(X)E(Y)] \\ &= E(XY) - E(X)E(Y), \end{aligned}$$

$$\begin{aligned} D(X+Y) &= E[(X+Y)^2] - [E(X) + E(Y)]^2 \\ &= [E(X^2) - E^2(X)] + [E(Y^2) - E^2(Y)] + 2[E(XY) - E(X)E(Y)] \\ &= D(X) + D(Y) + 2\mathrm{cov}(X, Y). \end{aligned}$$

例 4.21 一批产品共 N 件,其中有 M 件次品,采取从中不放回取 n 件产品,设 X 为 n 件中的次品数,则由第 2 章知 $X \sim H(n, M, N)$,求 $E(X)$ 和 $D(X)$.

解 把 M 件次品排成一列,令

$$X_i = \begin{cases} 1, & \text{取到第 } i \text{ 件为次品}, \\ 0, & \text{其他}, \end{cases} \quad i = 1, 2, \cdots, M;$$

则由古典概型的理论知

$$P(X_i = 1) = \frac{1 \times C_{N-1}^{n-1}}{C_N^n} = \frac{n}{N},$$

从而 X_i 的分布列为

$$X_i \sim \begin{pmatrix} 0 & 1 \\ 1 - \dfrac{n}{N} & \dfrac{n}{N} \end{pmatrix}$$

得到 $E(X_i) = \dfrac{n}{N}$，$D(X_i) = \dfrac{n}{N}\left(1 - \dfrac{n}{N}\right)$，且 $X = \sum\limits_{i=1}^{M} X_i$. 依据期望的性质，有

$$E(X) = E(\sum_{i=1}^{M} X_i) = \sum_{i=1}^{M} E(X_i) = n\frac{M}{N}.$$

但 X_1，X_2，$\cdots$，X_M 不是相互独立的，此时 $D(X) = \sum\limits_{i=1}^{M} D(X_i) + 2\sum\limits_{1 \leqslant i \neq j \leqslant M} \mathrm{cov}(X_i, X_j)$，因此还需要求出 $\mathrm{cov}(X_i, X_j)$.

记 $X_i X_j = \begin{cases} 1, & \text{第 } i \text{ 件和第 } j \text{ 件次品同时被抽到，} \\ 0, & \text{其他，} \end{cases}$ $i, j = 1, 2, \cdots, M, i \neq j,$

经计算得

$$\begin{aligned} P(X_i X_j = 1) &= P(X_i = 1)P(X_j = 1 \mid X_i = 1) \\ &= \frac{1 \times \mathrm{C}_{N-1}^{n-1}}{\mathrm{C}_N^n} \frac{1 \times \mathrm{C}_{N-2}^{n-2}}{\mathrm{C}_{N-1}^{n-1}} \\ &= \frac{n(n-1)}{N(N-1)}. \end{aligned}$$

分布列为

$$X_i X_j \sim \begin{pmatrix} 0 & 1 \\ 1 - \dfrac{n(n-1)}{N(N-1)} & \dfrac{n(n-1)}{N(N-1)} \end{pmatrix}$$

由 $E(X_i X_j) = \dfrac{n(n-1)}{N(N-1)}$ 得到

$$\begin{aligned} \mathrm{cov}(X_i, X_j) &= E(X_i X_j) - E(X_i)E(X_j) \\ &= \frac{n(n-1)}{N(N-1)} - \left(\frac{n}{N}\right)^2 \\ &= -\frac{n(N-n)}{N^2(N-1)}, \end{aligned}$$

故

$$D(X) = \sum_{i=1}^{M} D(X_i) + 2\sum_{1 \leqslant i \neq j \leqslant M} \mathrm{cov}(X_i, X_j)$$

$$= \sum_{i=1}^{M} D(X_i) - 2C_M^2 \frac{n(N-n)}{N^2(N-1)}$$

$$= \frac{Mn(N-n)}{N^2} - \frac{M(M-1)n(N-n)}{N^2(N-1)}$$

$$= \frac{M(N-M)n(N-n)}{N^2(N-1)}.$$

例 4.22 设二维随机变量 (X,Y) 的联合分布列为

Y \ X	1	2
-1	$\frac{1}{4}$	$\frac{1}{2}$
1	0	$\frac{1}{4}$

求 ρ_{XY}.

解 由题意知

$$E(X) = 1 \times \frac{1}{4} + 2 \times \left(\frac{1}{2} + \frac{1}{4}\right) = \frac{7}{4},$$

$$E(X^2) = 1^2 \times \frac{1}{4} + 2^2 \times \left(\frac{1}{2} + \frac{1}{4}\right) = \frac{13}{4},$$

$$D(X) = E(X^2) - [E(X)]^2 = \frac{13}{4} - \frac{49}{16} = \frac{3}{16},$$

$$E(Y) = -1 \times \left(\frac{1}{4} + \frac{1}{2}\right) + 1 \times \frac{1}{4} = -\frac{1}{2},$$

$$E(Y^2) = (-1)^2 \times \left(\frac{1}{4} + \frac{1}{2}\right) + 1^2 \times \frac{1}{4} = 1,$$

$$D(Y) = E(Y^2) - [E(Y)]^2 = 1 - \left(-\frac{1}{2}\right)^2 = \frac{3}{4},$$

$$E(XY) = 1 \times (-1) \times \frac{1}{4} + 1 \times 1 \times 0 + 2 \times (-1) \times \frac{1}{2} + 2 \times 1 \times \frac{1}{4}$$

$$= -\frac{3}{4},$$

得 $$\text{cov}(X,Y) = E(XY) - E(X)E(Y) = -\frac{3}{4} - \frac{7}{4} \times \left(-\frac{1}{2}\right) = \frac{1}{8},$$

$$\rho_{XY} = \frac{\text{cov}(X,Y)}{\sqrt{D(X)} \cdot \sqrt{D(Y)}} = \frac{\frac{1}{8}}{\sqrt{\frac{3}{16}}\sqrt{\frac{3}{4}}} = \frac{1}{3}.$$

例 4.23　设二维连续型随机变量 (X, Y) 的联合密度函数

$$f(x, y) = \begin{cases} y\mathrm{e}^{-x-y}, & x > 0, y > 0, \\ 0, & \text{其他,} \end{cases}$$

计算 ρ_{XY}.

解
$$E(X) = \int_{-\infty}^{\infty} \int_{-\infty}^{\infty} x f(x, y) \mathrm{d}x \mathrm{d}y = \int_0^{\infty} \int_0^{\infty} xy\mathrm{e}^{-x-y} \mathrm{d}x \mathrm{d}y$$

$$= \int_0^{\infty} x\mathrm{e}^{-x} \mathrm{d}x \int_0^{\infty} y\mathrm{e}^{-y} \mathrm{d}y = 1,$$

同理
$$E(Y) = \int_0^{\infty} \mathrm{e}^{-x} \mathrm{d}x \int_0^{\infty} y^2 \mathrm{e}^{-y} \mathrm{d}y = 1 \times 2 = 2,$$

$$E(XY) = \int_0^{\infty} x\mathrm{e}^{-x} \mathrm{d}x \int_0^{\infty} y^2 \mathrm{e}^{-y} \mathrm{d}y = 1 \times 2 = 2,$$

从而,$\mathrm{cov}(X, Y) = E(XY) - E(X)E(Y) = 2 - 1 \times 2 = 0$, 故 $\rho_{XY} = 0$.

4.3.2　协方差和相关系数的性质

性质 1　设 X, Y 的协方差存在,则 $\mathrm{cov}(X, Y) = \mathrm{cov}(Y, X)$.

性质 2　设 X, Y 的协方差存在,a, b 为任意常数,则 $\mathrm{cov}(aX, bY) = ab\mathrm{cov}(X, Y)$.

性质 3　设随机变量 X, Y, Z 满足协方差 $\mathrm{cov}(X, Z)$ 与 $\mathrm{cov}(Y, Z)$ 都存在,则 $\mathrm{cov}(X+Y, Z)$ 也存在,且 $\mathrm{cov}(X + Y, Z) = \mathrm{cov}(X, Z) + \mathrm{cov}(Y, Z)$.

性质 4　设 (X, Y) 为二维随机变量,X, Y 的方差存在,则 X, Y 的协方差也存在,且

$$| \mathrm{cov}(X, Y) | \leqslant \sqrt{D(X)} \cdot \sqrt{D(Y)}. \tag{4.4}$$

当 $D(X) > 0, D(Y) > 0$, 仅当存在常数 t_0 使得

$$P(Y - E(Y) = t_0(X - E(X))) = 1$$

时式 (4.4) 取等号. 此不等式又称为 **Cauchy - Schwarz(柯西-许瓦兹)不等式**.

证　利用定义易证性质 1、性质 2 和性质 3.

性质 4 的证明,若 X, Y 的方差存在,由 4.2.1 节性质的推论知,对任意常数 t, $tX + Y$ 的方差也存在,进而 $\mathrm{cov}(X, Y) = \dfrac{1}{2}[D(X + Y) - D(X) - D(Y)]$ 也存在.

令
$$g(t) = D(-tX + Y) = D(-tX) + 2\mathrm{cov}(-tX, Y) + D(Y)$$

$$= t^2 D(X) - 2t\mathrm{cov}(X, Y) + D(Y),$$

为关于 t 的二次函数. 由于对任意实数 t, $g(t) \geqslant 0$, 意味着

$$\Delta = 4\text{cov}(X, Y)^2 - 4D(X)D(Y) \leqslant 0,$$

得 $|\text{cov}(X, Y)| \leqslant \sqrt{D(X)} \cdot \sqrt{D(Y)}$.

等式成立 $\Leftrightarrow \Delta = 0 \Leftrightarrow g(t) = 0$ 有两个相等的实根：$t_0 = \dfrac{\text{cov}(X, Y)}{D(X)} = \pm \sqrt{\dfrac{D(Y)}{D(X)}}$,

即 $\quad g(t_0) = D(-t_0 X + Y) = 0 \Leftrightarrow$ 存在常数 c 使得 $P(-t_0 X + Y = c) = 1$

$$\Leftrightarrow P(-t_0 X + Y = E(-t_0 X + Y)) = 1,$$

即 $P(Y - E(Y) = t_0(X - E(X))) = 1$.

推论 4.4 随机变量 X, Y 的相关系数 ρ_{XY} 满足

(1) $|\rho_{XY}| \leqslant 1$；

(2) $|\rho_{XY}| = 1$ 的充要条件为 $P(Y^* = \pm X^*) = 1$.

当 $\rho_{XY} = 1 \Rightarrow \text{cov}(X, Y) > 0 \Rightarrow P(Y^* = X^*) = 1 \Rightarrow X, Y$ 完全正相关；

当 $\rho_{XY} = -1 \Rightarrow \text{cov}(X, Y) < 0 \Rightarrow P(Y^* = -X^*) = 1 \Rightarrow X, Y$ 完全负相关.

证 (1)显然成立,仅证(2). 由 4.3.2 节的性质 2 证明可知, $|\rho_{XY}| = 1$ 当且仅当

$$P(Y - E(Y) = t_0(X - E(X))) = 1,$$

既然 $t_0 = \pm \sqrt{\dfrac{D(Y)}{D(X)}}$, 故

$$P\left(\frac{Y - E(Y)}{\sqrt{D(Y)}} = \pm \frac{X - E(X)}{\sqrt{D(X)}} \right) = 1.$$

我们可以换一个角度来考虑. 设 X, Y 是两个随机变量,用 X 的线性函数 $aX + b$ 去估计 Y,所产生的均方误差为

$$g(a, b) = E[(Y - aX - b)^2]$$

$$= E(Y^2) - 2aE(XY) + a^2 E(X^2) - 2bE(Y) + 2abE(X) + b^2,$$

我们称 $\min\limits_{a, b} g(a, b)$ 为 **Y 关于 X 线性均方误差**,利用高等数学的相关知识易知,当

$$\begin{cases} \hat{a} = \dfrac{\text{cov}(X, Y)}{D(X)} = \rho_{XY} \sqrt{\dfrac{D(Y)}{D(X)}}, \\ \hat{b} = E(Y) - \hat{a}E(X) = E(Y) - \rho_{XY} \sqrt{\dfrac{D(Y)}{D(X)}} E(X), \end{cases}$$

时,$g(a, b)$ 达最小,即

$$g(\hat{a}, \hat{b}) = \min\limits_{a, b} g(a, b) = \min\limits_{a, b} E[(Y - aX - b)^2]$$

$$= D(Y)(1 - \rho_{XY}^2).$$

由此可见，$|\rho_{XY}|$ 越大，Y 关于 X 的线性均方误差就越小，Y 和 X 的线性关系就越强. 特别地，当 $|\rho_{XY}|=1$ 时，Y 关于 X 的线性均方误差为 0，X 的线性函数 $aX+b$"完全"能估计出 Y，从而 Y 和 X 就以概率 1 线性相关. 反之，$|\rho_{XY}|$ 越小，Y 关于 X 的线性均方误差就越大，Y 和 X 的线性关系就越弱. 特别地，当 $|\rho_{XY}|=0$ 时，Y 和 X 不线性相关. 这说明，$|\rho_{XY}|$ 的大小是 Y 与 X 间的线性关系强弱的一种度量.

注　关于 X 与 Y 不相关，有

（1）若随机变量 X 与 Y 的方差都存在，则 X 与 Y 相互独立 $\Rightarrow X$ 与 Y 不相关；

（2）设随机变量 X 与 Y 的方差都存在，且 $D(X)>0$，$D(Y)>0$，下列命题等价：① X 与 Y 不相关；② $\rho_{XY}=0$；③ $\mathrm{cov}(X,Y)=0$；④ $E(XY)=E(X)E(Y)$；⑤ $D(X\pm Y)=D(X)+D(Y)$.

需要强调，若随机变量 X 与 Y 的方差都存在，X 与 Y 独立，则不相关. 反之不然. 下例将说明这一点.

例 4.24　设 $X\sim N(0,1)$，$Y=X^2$，试证明 X 与 Y 不相关也不独立.

证　由于 $X\sim N(0,1)$，其密度函数

$$f(x)=\frac{1}{\sqrt{2\pi}}\mathrm{e}^{-\frac{x^2}{2}},\ -\infty<x<\infty,$$

为偶函数，从而 $E(X)=0$，且

$$E(XY)=E(X^3)=\int_{-\infty}^{\infty}x^3\frac{1}{\sqrt{2\pi}}\mathrm{e}^{-\frac{x^2}{2}}\mathrm{d}x=0,$$

得　　　　$$\mathrm{cov}(X,Y)=E(XY)-E(X)E(Y)=0-0\times E(Y)=0,$$

故 X 与 Y 不相关. 又因为

$$\begin{aligned}P(X\leqslant 2,Y\leqslant 4)&=P(X\leqslant 2,X^2\leqslant 4)=P(X\leqslant 2,-2\leqslant X\leqslant 2)\\&=P(-2\leqslant X\leqslant 2)\\&\neq P(X\leqslant 2)P(-2\leqslant X\leqslant 2)\\&=P(X\leqslant 2)P(Y\leqslant 4),\end{aligned}$$

所以，X 与 Y 不独立.

例 4.25　设 $(X,Y)\sim N(\mu_1,\sigma_1^2;\mu_2,\sigma_2^2;\rho)$，求 ρ_{XY}.

解　已知 $E(X)=\mu_1$，$D(X)=\sigma_1^2$；$E(Y)=\mu_2$，$D(Y)=\sigma_2^2$. 令

$$\frac{x-\mu_1}{\sigma_1}=s,\ \frac{y-\mu_2}{\sigma_2}=t,$$

则

$$\text{cov}(X, Y) = E\left[(X - E(X))(Y - E(Y))\right]$$

$$= \int_{-\infty}^{\infty}\int_{-\infty}^{\infty} (x-\mu_1)(y-\mu_2)\frac{1}{2\pi\sigma_1\sigma_2\sqrt{1-\rho^2}}e^{\frac{1}{2(1-\rho^2)}\left(\frac{(x-\mu_1)^2}{\sigma_1^2}-2\rho\frac{x-\mu_1}{\sigma_1}\frac{y-\mu_2}{\sigma_2}+\frac{(y-\mu_2)^2}{\sigma_2^2}\right)}\mathrm{d}x\mathrm{d}y$$

$$= \frac{\sigma_1\sigma_2}{2\pi\sqrt{1-\rho^2}}\int_{-\infty}^{\infty}\int_{-\infty}^{\infty} st\, e^{-\frac{1}{2(1-\rho^2)}(s^2-2\rho st+t^2)}\mathrm{d}s\mathrm{d}t$$

$$\underset{s-\rho t=u}{=} \frac{\sigma_1\sigma_2}{2\pi\sqrt{1-\rho^2}}\int_{-\infty}^{\infty}\int_{-\infty}^{\infty} (u+\rho t)t\, e^{-\frac{u^2}{2(1-\rho^2)}-\frac{t^2}{2}}\mathrm{d}s\mathrm{d}t$$

$$= \sigma_1\sigma_2\rho\frac{1}{2\pi\sqrt{1-\rho^2}}\int_{-\infty}^{\infty} e^{-\frac{u^2}{2(1-\rho^2)}}\mathrm{d}u\int_{-\infty}^{\infty} t^2 e^{-\frac{t^2}{2}}\mathrm{d}t$$

$$= \sigma_1\sigma_2\rho,$$

得 $\rho_{XY} = \dfrac{\text{cov}(X, Y)}{\sqrt{D(X)}\cdot\sqrt{D(Y)}} = \rho.$

注 从上例可以看出:

(1) 二维正态分布完全由每个随机变量的期望 μ_1,μ_2,方差 σ_1^2,σ_2^2 及相关系数 ρ 唯一确定.

(2) 由第 3 章知道,对二维正态分布的随机变量(X,Y),X 与 Y 相互独立的充要条件是 $\rho = 0$. 现在又知 $\rho_{XY} = \rho$,所以对二维正态随机变量(X,Y),X 与 Y 不相关和 X 与 Y 相互独立是等价的.

4.4 矩和协方差矩阵

定义4.5 设 X,Y 是随机变量.

(1) 若 $E(|X|^k) < \infty$,$k = 1, 2, \cdots$,则称 $E(X^k)$ 为 X 的 k **阶原点矩**,称 $E\left[(X-E(X))^k\right]$ 为 X 的 k **阶中心矩**;

(2) 若 $E(|X|^k|Y|^l) < \infty$,$k, l = 1, 2, \cdots$,则称 $E(X^kY^l)$ 为 X 和 Y 的$k+l$ **阶混合矩**,称 $E\left[(X-E(X))^k(Y-E(Y))^l\right]$ 为 X 的 $k+l$ **阶混合中心矩**.

由定义可知,X 的数学期望 $E(X)$ 是 X 的一阶原点矩,方差 $D(X)$ 是 X 的二阶中心距,协方差 $\text{cov}(X, Y)$ 是 X 和 Y 的 $1+1$ 阶混合中心距.

定义4.6 设 $(X_1, X_2, \cdots, X_n)$ 为 n 维随机变量,$X_1, X_2, \cdots, X_n$ 的二阶矩都存在,记

$$c_{ij} = \text{cov}(X_i, X_j), \quad i, j = 1, \cdots, n,$$

则称矩阵

$$C = \begin{pmatrix} c_{11} & \cdots & c_{1n} \\ \vdots & & \vdots \\ c_{n1} & \cdots & c_{nn} \end{pmatrix}$$

为 n 维随机变量 $(X_1, X_2, \cdots, X_n)$ 的**协方差矩阵**.

由于 $c_{ij} = c_{ji}$，故协方差矩阵 C 是一个对称阵.

性质 1　设 $(X_1, X_2, \cdots, X_n)$ 为 n 维随机变量，$X_1, X_2, \cdots, X_n$ 的二阶矩都存在，C 为其协方差矩阵，则

（1）对任意实数 $t_1, \cdots, t_n$，$D(t_1 X_1 + \cdots + t_n X_n) = (t_1, \cdots, t_n) C \begin{pmatrix} t_1 \\ \vdots \\ t_n \end{pmatrix}$；

（2）C 是一个半正定阵.

证　对任意实数 $t_1, \cdots, t_n$，

$$D(t_1 X_1 + \cdots + t_n X_n) = \mathrm{cov}\left(\sum_{i=1}^{n} t_i X_i, \sum_{j=1}^{n} t_j X_j\right) = \sum_{i=1}^{n} \sum_{j=1}^{n} t_i t_j \mathrm{cov}(X_i, X_j)$$

$$= \sum_{i=1}^{n} \sum_{j=1}^{n} t_i t_j c_{ij} = (t_1, \cdots, t_n) C \begin{pmatrix} t_1 \\ \vdots \\ t_n \end{pmatrix},$$

由于 $D(t_1 X_1 + \cdots + t_n X_n) \geqslant 0$，所以 C 为半正定阵.

下面利用协方差矩阵来讨论多维正态随机变量. 先看二维正态分布的密度函数：

$$f(x_1, x_2) = \frac{1}{2\pi \sqrt{1-\rho^2}} \mathrm{e}^{-\frac{1}{2(1-\rho^2)}\left(\frac{(x_1-\mu_1)^2}{\sigma_1^2} - 2\rho \frac{x_1-\mu_1}{\sigma_1}\frac{x_2-\mu_2}{\sigma_2} + \frac{(x_2-\mu_2)^2}{\sigma_2^2}\right)}$$

$$= \frac{1}{2\pi \mid C \mid^{1/2}} \mathrm{e}^{-\frac{1}{2}(x-\mu)^{\mathrm{T}} C^{-1}(x-\mu)},$$

其中：$C = \begin{pmatrix} \sigma_1^2 & \sigma_1 \sigma_2 \rho \\ \sigma_1 \sigma_2 \rho & \sigma_2^2 \end{pmatrix}$，$\mid C \mid$ 为 C 的行列式，C^{-1} 为 C 的逆矩阵，$x = \begin{pmatrix} x_1 \\ x_2 \end{pmatrix}$，$\mu = \begin{pmatrix} \mu_1 \\ \mu_2 \end{pmatrix}$. 类似地，我们定义 n 维正态随机变量.

定义 4.7　设 $(X_1, X_2, \cdots, X_n)$ 为 n 维随机变量，如果 $(X_1, X_2, \cdots, X_n)$ 的联合密度函数满足

$$f(x_1, x_2, \cdots, x_n) = \frac{1}{(2\pi)^{n/2} \mid C \mid^{1/2}} \exp\left\{-\frac{1}{2}(x-\mu)^{\mathrm{T}} C^{-1}(x-\mu)\right\},$$

其中：C 是一个正定阵，$\boldsymbol{\mu} = (\mu_1, \mu_2, \cdots, \mu_n)^{\mathrm{T}}$ 为 n 维列向量，$\boldsymbol{x} = (x_1, x_2, \cdots, x_n)^{\mathrm{T}}$，则称 $(X_1, X_2, \cdots, X_n)$ 服从均值为 $\boldsymbol{\mu} = (\mu_1, \mu_2, \cdots, \mu_n)^{\mathrm{T}}$、协方差矩阵为 C 的 n 维正态分布.

性质 2 设 $(X_1, X_2, \cdots, X_n)$ 服从均值为 $\boldsymbol{\mu} = (\mu_1, \mu_2, \cdots, \mu_n)^{\mathrm{T}}$、协方差矩阵为 C 的 n 维正态分布，则

(1) $X_1, X_2, \cdots, X_n$ 的任意线性组合仍服从正态分布；

(2) $X_1, X_2, \cdots, X_n$ 相互独立的充要条件是 C 为对角阵.

习 题 4

1. 上海某地区每户家庭拥有的手机数为随机变量 X，其分布列

$$X \sim \begin{pmatrix} 0 & 1 & 2 & 3 & 4 & 5 \\ 0.03 & 0.28 & 0.39 & 0.24 & 0.05 & 0.01 \end{pmatrix}.$$

求每户家庭拥有手机数的数学期望 $E(X)$.

2. 某系学生会共有 9 位委员，其中 4 位是女委员，现从中任抽调 3 位委员参加校学联工作，求抽调女委员数的数学期望.

3. 一批玉米种子的发芽率为 60%，播种时每穴播 4 粒种子. 每粒种子是否发芽相互独立，求每穴发芽颗数的数学期望.

4. 中日围棋天元进行七番棋决战，谁先胜 4 局比赛结束. 设两个天元每局获胜的概率相同，求比赛局数的数学期望.

5. 一打零件中有 9 件正品 3 件次品. 安装机器时从中任取一件，若取出次品不再放回. 求在取得正品前已取出的次品数的数学期望.

6. m 个人在一楼进入电梯，楼上有 n 层. 若每个乘客在任何一层楼走出电梯的概率相同，直到电梯中的乘客走空为止. 求电梯需停次数的数学期望.

7. 某保险公司准备开始办理交通事故死亡险. 发生交通死亡事故的概率为 p，若事故发生，保险公司将赔付给客户 m 元. 要使保险公司收益的期望值达到赔付金额的 5%，公司要求客户缴纳的最低保费是多少？

8. 某商城举办购物有奖活动，每购 1 000 份某种商品中有一等奖 1 名，奖金 500 元；二等奖 3 名，奖金 100 元；三等奖 16 名，奖金 50 元；四等奖 100 名，可得价值 5 元的奖品一份. 商城把每份 7.5 元的物品以 10 元出售，求每个顾客买一份商品平均付多少钱？

9. 已知离散型随机变量 X 的可能取值为 $-1, 0, 1$，且 $E(X) = 0.1$，$E(X^2) = 0.9$，求 X 的分布列.

10. 设随机变量 X 的密度函数

$$f(x) = \begin{cases} 2(1-x), & 0 < x < 1, \\ 0, & \text{其他}. \end{cases}$$

求 $E(X)$，$E(2X+1)$，$E(e^{-X})$.

11. 设随机变量 X 服从参数为 $\lambda = 1$ 的指数分布，求 $E(2X)$，$E(e^{-2X})$.

12. 对球的直径作近似测量，其值均匀分布在区间 $[a, b]$ 上，求球体积的数学期望.

13. 设由自动线加工的某种零件内径 X（单位：mm）服从正态分布 $N(\mu, 1)$，内径小于 10 mm 或大于 12 mm 的为次品，销售每件次品要亏损，已知销售利润 T（单位：元）与销售零件的内径 X 有如下关系：

$$T = \begin{cases} -1, & X < 10, \\ 20, & 10 \leqslant X \leqslant 12, \\ -5, & X > 12. \end{cases}$$

问平均内径 μ 为何值时，销售一个零件的平均利润最大？

14. 汽车始发站分别于每小时的 10 分、30 分和 55 分发车. 若乘客不知道发车时间，在每小时内的任意时刻随机到达车站，求乘客等候时间的数学期望（精确到秒）.

15. 设随机变量 X 与 Y 相互独立，其密度函数分别为

$$f_X(x) = \begin{cases} 2x, & 0 \leqslant x \leqslant 1, \\ 0, & \text{其他}, \end{cases}$$

$$f_Y(y) = \begin{cases} e^{-(y-5)}, & y > 5, \\ 0, & \text{其他}, \end{cases}$$

求 $E(XY)$，$D(X-Y)$.

16. 设二维随机变量的联合密度函数为

$$f(x, y) = \begin{cases} 8e^{-2x-4y}, & x > 0, y > 0, \\ 0, & \text{其他}, \end{cases}$$

求 $E(X+Y)$，$E(2X-3Y^2)$，$D(X+Y)$.

17. 某人有 n 把钥匙，其中只有一把能打开门，从中任取一把试开，试过的不重复，直至把门打开为止. 求试开次数的期望与方差.

18. 抛掷 6 枚骰子，求出现的点数之和的数学期望与方差.

19. 设随机变量 X 的密度函数为

$$f(x) = \begin{cases} ax, & 0 < x < 2, \\ cx + b, & 2 \leqslant x \leqslant 4, \\ 0, & \text{其他}, \end{cases}$$

已知 $E(X) = 2$，$P(1 < X < 3) = \dfrac{3}{4}$，求：

(1) a，b，c 的值；

(2) 随机变量 $Y = e^X$ 的数学期望与方差.

20. 设随机变量 X 服从 $\left[0, \dfrac{1}{2}\right]$ 上的均匀分布，求 $E(2X^2)$，$D(2X^2)$.

21. 设随机变量 X 与 Y 相互独立,它们的密度函数分别是

$$f_X(x) = \frac{1}{2\sqrt{\pi}} e^{\frac{-x^2 + 2x - 1}{4}}, \quad -\infty < x < \infty,$$

$$f_Y(x) = \frac{1}{\sqrt{2\pi}} e^{-(0.5y^2 + 2y + 2)}, \quad -\infty < x < \infty,$$

设随机变量 $Z = 2X - Y + 8$,求 Z 的期望和方差.

22. 在长为 l 的线段上任取两点,求两点间的距离的数学期望与方差.

23. 证明:在一次试验中,事件 A 发生的次数 X 的方差满足 $D(X) \leqslant \frac{1}{4}$.

24. 设连续型随机变量 X 的一切可能取值在区间 $[a, b]$ 内,其密度函数为 $f(x)$.证明:

(1) $a \leqslant E(X) \leqslant b$;(2) $D(X) \leqslant \dfrac{(b-a)^2}{4}$.

25. 设随机变量 X,Y 相互独立,方差有限,证明:$D(XY) \geqslant D(X)D(Y)$.

26. 设随机变量 X,Y 相互独立,X 服从 $(1, 3)$ 上的均匀分布,Y 服从参数为 $\lambda = \dfrac{1}{2}$ 的指数分布,计算 $D(XY)$.

27. 某地区大面积种植水稻.以往统计资料显示平均亩产量是 412 kg,标准差是 16 kg.试估计亩产量与 412 kg 的偏差不小于 47 kg 的概率.

28. 已知正常男性成人血液中,每一毫升含白细胞的平均数是 7 300,标准差是 700.试利用切比雪夫不等式估计每毫升含白细胞数在 5 200~9 400 之间的概率.

29. 在相同的条件下,对某建筑物的高度进行 n 次独立测量.设各次测量结果 X_i(单位:m)均服从正态分布 $N(300, 100)$,$i = 1, \cdots, n$.记 $\overline{X} = \dfrac{1}{n} \sum\limits_{i=1}^{n} X_i$,试利用切比雪夫不等式估计 $\overline{X}$ 落在 $[270, 330]$ 之间的概率.

30. 设二维随机变量的联合分布列为

Y \ X	0	1
0	0.1	0.3
1	0.2	0.4

求 $E(X)$,$E(Y)$,$D(X)$,$D(Y)$,$\mathrm{cov}(X, Y)$,ρ_{XY} 及协方差矩阵 $\boldsymbol{C}$.

31. 设二维随机变量 (X, Y) 的联合密度函数为

$$f(x, y) = \begin{cases} \dfrac{1}{8}(x + y), & 0 \leqslant x \leqslant 2, 0 \leqslant y \leqslant 2, \\ 0, & \text{其他}, \end{cases}$$

求 $E(X)$,$E(Y)$,$D(X)$,$D(Y)$,$\mathrm{cov}(X, Y)$,ρ_{XY} 及协方差矩阵 $\boldsymbol{C}$.

32. 设二维随机变量的联合分布列为

Y \ X	-1	0	1
-1	$\dfrac{1}{8}$	$\dfrac{1}{8}$	$\dfrac{1}{8}$
0	$\dfrac{1}{8}$	0	$\dfrac{1}{8}$
1	$\dfrac{1}{8}$	$\dfrac{1}{8}$	$\dfrac{1}{8}$

试验证 X 和 Y 既不相关,也不独立.

33. 设 A, B 是试验 E 的两个随机事件,且 $P(A) > 0$, $P(B) > 0$,并定义随机变量 X 与 Y 如下:

$$X = \begin{cases} 1, & A \text{ 发生,} \\ 0, & \overline{A} \text{ 发生,} \end{cases} \qquad Y = \begin{cases} 1, & B \text{ 发生,} \\ 0, & \overline{B} \text{ 发生,} \end{cases}$$

证明:若 X 与 Y 不相关,则 X 与 Y 必定相互独立.

34. 设 (X, Y) 为二维正态随机变量,且 $E(X) = 0$, $E(Y) = 0$, $D(X) = 16$, $D(Y) = 25$, $\mathrm{cov}(X, Y) = 12$. 求 (X, Y) 的联合密度函数.

35. 设随机变量 X, Y 满足 $D(X) = 25$, $D(Y) = 36$, $\rho_{XY} = 0.4$,求 $D(X+Y)$ 与 $D(X-Y)$.

36. 设随机变量 X, Y 满足 $D(X) = 1$, $D(Y) = 4$, $\mathrm{cov}(X, Y) = 1$,记 $U = X - 2Y$, $V = 2X - Y$,求 ρ_{UV}.

大数定律和中心极限定理

第5章

大数定律和中心极限定理是概率论中两类极限定理的统称,它们都由实际需要而产生.

实践中需要回答的问题有:

(1) 为何当试验次数足够多时,可用事件的频率作为事件概率的估计?

(2) 为何能用从整体数据中随机抽取的一部分数据的算术均值来估计该整体数据的数学期望?

(3) 为何许多随机变量服从或近似服从正态分布?

前两个问题由大数定律予以回答,后一个问题由中心极限定理予以回答.

5.1　大　数　定　律

5.1.1　Bernoulli 大数定律

在第 1 章中,我们曾提到过频率有稳定性,即事件 A 的频率随试验次数的增大会逐渐稳定在一个常数 p 附近,并且摆动的幅度会越来越小,历史上许多科学家通过试验也证实了频率有稳定性,这仅是直观地描述了频率的稳定性.而下面的大数定律将给出"频率稳定性"的确切含义和理论依据.

定义 5.1　设 Y_1 , Y_2 , $\cdots$, Y_n , $\cdots$,是一个**随机变量序列**(简称**随机序列**),a 是常数.若对任意的 $\varepsilon > 0$,有

$$\lim_{n\to\infty} P(\,|\,Y_n - a\,|\, < \varepsilon) = 1,$$

则称随机序列 $\{Y_n\}$ **依概率收敛于** a,记作 $Y_n \overset{P}{\longrightarrow} a$.

$Y_n \overset{P}{\longrightarrow} a$ 的直观解释是:对任意的 $\varepsilon > 0$,事件"Y_n 与 a 的偏差大于正数 ε"这一事件发生的概率很小,即随着 n 不断增大,$P(\,|\,Y_n - a\,|\, > \varepsilon)$ 收敛于 0.这里的收敛性是在概率意义上的收敛性,也就是说不论给定怎样小的正数 ε,Y_n 与 a 的偏差大于 ε 是可能的,但当 n 很大时,出现这种偏差的可能性很小.因此当 n 很大时,我们有很大把握保证 Y_n 很接近于 a.

设 ξ_n 是 n 重 Bernoulli 试验中事件 A 发生的次数,则事件 A 发生的频率为 $\dfrac{\xi_n}{n}$.

记一次试验中 A 发生的概率为 p，则 $\xi_n \sim B(n,\, p)$，频率的数学期望与方差分别为

$$E\left(\frac{\xi_n}{n}\right) = p,\ D\left(\frac{\xi_n}{n}\right) = \frac{p(1-p)}{n}.$$

下面讨论 $n \to \infty$ 时，频率 $\frac{\xi_n}{n}$ 的极限状态.

显然，当 $n \to \infty$ 时，$E\left(\frac{\xi_n}{n}\right) = p$，保持不变，方差 $D\left(\frac{\xi_n}{n}\right) \to 0$. 随机变量方差为 0 的充分必要条件是该随机变量依概率 1 取常数，也就是频率 $\frac{\xi_n}{n}$ "依概率收敛" 于概率 p.

1713 年，在 Bernoulli 发表的文章中是这样描述频率 "收敛于" 概率的：当 n 充分大时，频率 $\frac{\xi_n}{n}$ 与概率 p 有大偏差的概率很小，而且随着 n 充分地增大，它愈来愈小. 换用数学语言描述，就是 $\forall \varepsilon > 0$，有

$$\lim_{n \to \infty} P\left(\left|\frac{\xi_n}{n} - p\right| \geqslant \varepsilon\right) = 0,$$

即 ξ_n 频率 $\frac{\xi_n}{n}$ 依概率收敛于 p.

定理 5.1（Bernoulli 大数定律）设 ξ_n 是 n 重 Bernoulli 试验中事件 A 发生的次数，p 为每次试验中 A 发生的概率，则对任意的 $\varepsilon > 0$，有

$$\lim_{n \to \infty} P\left(\left|\frac{\xi_n}{n} - p\right| \geqslant \varepsilon\right) = 0,$$

或

$$\lim_{n \to \infty} P\left(\left|\frac{\xi_n}{n} - p\right| < \varepsilon\right) = 1.$$

证 因为 $\xi_n \sim B(n,\, p)$，且 $E\left(\frac{\xi_n}{n}\right) = p$，$D\left(\frac{\xi_n}{n}\right) = \frac{p(1-p)}{n}$，由 Chebyshev 不等式得

$$0 \leqslant P\left(\left|\frac{\xi_n}{n} - p\right| \geqslant \varepsilon\right) \leqslant \frac{D\left(\frac{\xi_n}{n}\right)}{\varepsilon^2} = \frac{p(1-p)}{n\varepsilon^2}.$$

当 $n \to \infty$ 时，上式右端趋于 0，因此

$$\lim_{n \to \infty} P\left(\left|\frac{\xi_n}{n} - p\right| \geqslant \varepsilon\right) = 0.$$

结论得证.

Bernoulli 大数定律实际上讨论的是一个相互独立同分布的随机序列 $\{X_n\}$,其中 $X_i \sim B(1, p)$, $i = 1, 2, \cdots, n, \cdots$. 该序列前项和

$$\xi_n = \sum_{i=1}^{n} X_i \sim B(n, p),$$

得到频率 $\dfrac{\xi_n}{n} = \dfrac{1}{n} \sum\limits_{i=1}^{n} X_i$ 和频率的数学期望为

$$E\left(\frac{\xi_n}{n}\right) = E\left(\frac{1}{n} \sum_{i=1}^{n} X_i\right) = \frac{1}{n} \sum_{i=1}^{n} E(X_i) = p,$$

则,对任意的 $\varepsilon > 0$,有

$$\lim_{n \to \infty} P\left(\left|\frac{1}{n} \sum_{i=1}^{n} X_i - \frac{1}{n} \sum_{i=1}^{n} E(X_i)\right| < \varepsilon\right) = 1. \tag{5.1}$$

定义 5.2 设一随机序列 $\{X_n\}$,若它具有式(5.1)的性质,则称该随机序列 $\{X_n\}$ 服从**大数定律**.

Bernoulli 大数定律说明:随着 n 的增大,事件 A 发生的频率 $\dfrac{\xi_n}{n}$ 与其概率 p 的偏差 $\left|\dfrac{\xi_n}{n} - p\right|$ 大于预先给定的正数 ε 的可能性愈来愈小,小到可以忽略不计,这就是第 1 章曾指出的频率稳定于概率的含义.

若事件 A 的概率很小,则由 Bernoulli 大数定律可知事件 A 的频率也很小,或者说事件 A 很少发生."概率很小的随机事件在个别试验中几乎不发生"这一原理称为小概率事件的实际不可能性原理,它在国家经济建设中有广泛的应用.至于"小概率"小到什么程度才能看作实际上不可能发生,则要视具体情况的要求和性质而定.

例如,自动车床加工零件出现次品的概率为 0.01. 若零件的重要性不大且价格又低,则完全可允许有 1% 的次品率,即可忽视 100 个零件中出现一个次品的可能性.但若零件用于飞机发动机上的,那么这 1% 的次品率也是不允许忽视的,因为它可能危及数百名乘客的生命安全.

Bernoulli 大数定律提供了用频率来确定概率的理论依据.既然频率 $\dfrac{\xi_n}{n}$ 与其概率 p 有较大偏差的可能性很小,那么我们就可以通过做试验确定某事件发生的概率,并把它作为相应概率的估计,这种方法称为参数估计,它是数理统计中主要的研究课题之一.参数估计的一个重要理论基础就是大数定律.

5.1.2　常用的几个大数定律

不同的大数定律的差别只是对不同的随机变量序列 $\{X_n\}$ 而言,有的是相互独立同分布的随机变量序列,有的是相互独立的随机变量序列,有的是同分布的随机变量序列,有的是不同分布的随机变量序列等.

1. Chebyshev 大数定律

人们在实践中发现,除了频率具有稳定性以外,大量观察值的平均值也具有稳定性,这就是 Chebyshev 大数定律.

定理 5.2（Chebyshev 大数定律）　设 $\{X_n\}$ 为两两不相关的随机序列,若它们的方差存在,且有共同的上界,即 $D(X_i) \leqslant c$, $i = 1, 2, \cdots, n, \cdots$. 则 $\{X_n\}$ 服从大数定律,即对任意的 $\varepsilon > 0$, 式(5.1)成立.

证　因为 $\{X_n\}$ 两两不相关,且方差有共同上界,故

$$D\left(\frac{1}{n}\sum_{i=1}^{n}X_i\right) = \frac{1}{n^2}D\left(\sum_{i=1}^{n}X_i\right) = \frac{1}{n^2}\sum_{i=1}^{n}D(X_i) \leqslant \frac{c}{n}.$$

由 Chebyshev 不等式得:对任意的 $\varepsilon > 0$, 有

$$P\left(\left|\frac{1}{n}\sum_{i=1}^{n}X_i - \frac{1}{n}\sum_{i=1}^{n}E(X_i)\right| < \varepsilon\right) \geqslant 1 - \frac{D\left(\dfrac{1}{n}\sum\limits_{i=1}^{n}X_i\right)}{\varepsilon^2} \geqslant 1 - \frac{c}{n\varepsilon^2}.$$

当 $n \to \infty$ 时,有

$$\lim_{n\to\infty}P\left(\left|\frac{1}{n}\sum_{i=1}^{n}X_i - \frac{1}{n}\sum_{i=1}^{n}E(X_i)\right| < \varepsilon\right) = 1.$$

注 1　Bernoulli 大数定律是 Chebyshev 大数定律的一个特例.

Chebyshev 大数定律的条件比 Bernoulli 大数定律的条件减弱,它并不要求随机变量序列 $\{X_n\}$ 独立同分布,只要求互不相关,方差有限. 假如随机变量序列 $\{X_n\}$ 独立同分布,且方差有限,则它一定服从大数定律.

注 2　定理 5.2 的证明中,只要有

$$\frac{1}{n^2}D\left(\sum_{i=1}^{n}X_i\right) \to 0, \quad (n \to \infty) \tag{5.2}$$

则大数定律就能成立.

式(5.2)被称为 **Markov(马尔可夫)条件**.

2. Markov 大数定律

定理 5.3（Markov 大数定律）　对随机序列 $\{X_n\}$,若满足式(5.2),则 $\{X_n\}$ 服从

大数定律,即对任意的 $\varepsilon > 0$,式(5.1)成立.

利用 Chebyshev 不等式,类似于证明定理 5.2 的方法即可得证.

注意,Markov 大数定律的条件比 Chebyshev 大数定律的条件还要弱,它对随机变量序列 $\{X_n\}$ 已没有任何同分布、独立性、不相关的假设.

例 5.1 设 $\{X_n\}$ 为独立的随机变量序列,其中 X_n 服从参数为 $\sqrt{\pi}$ 的 Poisson 分布.问 $\{X_n\}$ 是否服从大数定律?

解 由题设知 $D(X_n) = \sqrt{\pi}$,从而

$$\frac{1}{n^2}D\Big(\sum_{i=1}^{n}X_i\Big) = \frac{1}{n^2}\sum_{i=1}^{n}D(X_i) = \frac{\sqrt{\pi}}{n} \to 0,\ (n \to \infty),$$

所以由 Markov 大数定律知 $\{X_n\}$ 服从大数定律.

3. Khintchine(辛钦)大数定律

第 4 章告诉我们:一个随机变量的方差存在,其数学期望必定存在;反之不真.以上几个大数定律均假设随机变量序列 $\{X_n\}$ 的方差存在,能不能条件再减弱些?譬如假设独立同分布的随机变量序列 $\{X_n\}$ 中每个 X_i 的数学期望存在,$\{X_n\}$ 是否还服从大数定律?

答案是肯定的,请见如下的辛钦大数定律.

定理 5.4(Khintchine 大数定律) 设 $\{X_n\}$ 为独立同分布的随机序列,若 X_i 的数学期望存在,则 $\{X_n\}$ 服从大数定律.

定理的证明超出本书范围(略).

Khintchine 大数定律表明:当 n 很大时,随机变量在 n 次观察中的算术平均值 $\overline{X} = \frac{1}{n}\sum_{i=1}^{n}X_i$ 依概率收敛于它的数学期望,这就为我们提供了求随机变量数学期望 $E(X)$ 的近似值的方法.对随机变量 X 独立重复观察 n 次,得到 X_1,X_2,$\cdots$,X_n,显然,它们与 X 同分布,在 $E(X)$ 存在的条件下,按照 Khintchine 大数定律,当足够大时,可将平均观察值 $\frac{1}{n}\sum_{i=1}^{n}X_i$ 作为 $E(X)$ 的近似值.

事实上,在日常生活中常用观察结果的平均值来作为整体均值的近似值.例如可用观察到的某地区各单位 1 000 人的年平均工资,作为该地区人均年工资;用某地区一部分有代表性地块的粮食平均亩产量作为这一地区粮食的平均亩产量.

例 5.2 设 $0 \leqslant f(x) \leqslant 1$,且 $f(x)$ 在初等函数范围内其原函数不存在.利用 Monte-Carlo(蒙特卡罗)方法计算 $f(x)$ 在区间 $[0, 1]$ 上的积分值:

$$J = \int_0^1 f(x)\mathrm{d}x.$$

解 方法一(随机投点法) 设 (X, Y) 服从正方形区域

$$D = \{(x, y) \mid 0 \leqslant x \leqslant 1, 0 \leqslant y \leqslant 1\}$$

上的均匀分布并且 X 与 Y 独立,则可知 $X \sim U[0, 1]$,$Y \sim U[0, 1]$. 则事件 A 的概率

$$p = P(A) = P(Y \leqslant f(X)) = \int_0^1 \int_0^{f(x)} \mathrm{d}y \mathrm{d}x = \int_0^1 f(x) \mathrm{d}x = J,$$

即定积分的值 $J = P(A) = p$. 由 Bernoulli 大数定律,可用重复试验中 A 出现的频率作为 p 的估计值. 这种求定积分的方法也称为 **随机投点法**,即把 (X, Y) 看成是向正方形区域

$$D = \{(x, y) \mid 0 \leqslant x \leqslant 1, 0 \leqslant y \leqslant 1\}$$

内的随机投点,用随机点落在区域 $(y \leqslant f(x))$ 中的频率作为定积分的近似值.

下面用 Monte – Carlo 方法来得到 A 出现的频率:

(1) 先用计算机产生 $(0, 1)$ 上均匀分布的 $2n$ 个随机数:$x_i, y_i, i = 1, 2, \cdots, n$;

(2) 对 n 对数据 (x_i, y_i),记录满足不等式

$$y_i \leqslant f(x_i)$$

的次数,这就是事件 A 发生的频数 ξ_n,由此得事件 A 发生的频率为 $\dfrac{\xi_n}{n}$,则

$$J \approx \frac{\xi_n}{n}.$$

例 设 $f(x) = \dfrac{1}{\sqrt{2\pi}} \mathrm{e}^{-\frac{x^2}{2}}$,计算 $J = \int_0^1 f(x) \mathrm{d}x$,其精确值 $n = 10^4$,$n = 10^5$ 时的模拟值如下:

精确值	$n = 10^4$	$n = 10^5$
0.341 344	0.340 876	0.341 357

方法二(平均值法) 设随机变量 $X \sim U(0, 1)$,则 X 的密度函数

$$g(x) = \begin{cases} 1, & x \in (0, 1), \\ 0, & x \notin (0, 1). \end{cases}$$

于是 $Y = f(X)$ 的数学期望为

$$E[f(X)] = \int_0^1 f(x) g(x) \mathrm{d}x = \int_0^1 f(x) \mathrm{d}x = J.$$

可见估计 J 的值就是估计 $f(X)$ 的数学期望的值. 由 Khintchine 大数定律,可

用 $f(X)$ 的观察值的均值去估计 $f(X)$ 的数学期望的值. 具体做法如下:

(1) 先用计算机产生 n 个 $(0,1)$ 上均匀分布的随机数:x_i, $i = 1, 2, \cdots, n$;

(2) 对每个 x_i 计算 $f(x_i)$.

最后,得 J 的估计值

$$J \approx \frac{1}{n} \sum_{i=1}^{n} f(x_i).$$

例 设 $f(x) = \dfrac{1}{\sqrt{2\pi}} e^{-\frac{x^2}{2}}$,计算 $J = \displaystyle\int_0^1 f(x)\mathrm{d}x$,其精确值 $n = 10^4$,$n = 10^5$ 时的模拟值如下:

精确值	$n = 10^4$	$n = 10^5$
0.341 344	0.341 361	0.341 354

注 对于一般区间 $[a, b]$ 上的定积分

$$\widetilde{J} = \int_a^b g(x)\mathrm{d}x.$$

作线性变换 $y = \dfrac{x - a}{b - a}$ 即可化成 $[0, 1]$ 区间上的积分. 进一步若 $c \leqslant g(x) \leqslant d$,可令

$$f(y) = \frac{1}{d - c} [g((b - a)y + a - c)],$$

则 $0 \leqslant f(x) \leqslant 1$. 此时有

$$\widetilde{J} = \int_a^b g(x)\mathrm{d}x = (b - a)(d - c)\int_0^1 f(y)\mathrm{d}y + c(b - a),$$

这说明以上用 Monte - Carlo 方法计算定积分的方法具有普遍意义.

5.2 中心极限定理

数学中有这样的情况:有时一个有限和式的和很难求,但是一经取极限,由有限过渡到无限,其和反而容易求. 例如,要计算下面和式

$$S_n(x) = x - \frac{x^3}{3!} + \frac{x^5}{5!} - \frac{x^7}{7!} + \cdots + (-1)^{n-1} \frac{x^{2n-1}}{(2n-1)!}.$$

当 n 固定但很大时,其结果很难求. 而取极限就马上得到简单的结果

$$\lim_{n \to \infty} S_n(x) = \sin x,$$

利用这个结果,当 n 很大时,可以把 $\sin x$ 作为 $S_n(x)$ 的近似值.

在概率论中也存在着这种情况.对于一个随机变量和式

$$Y_n = X_1 + X_2 + \cdots + X_n,$$

其分布很不容易求.因而自然地会提出问题:能否利用极限的方法得到 Y_n 的分布?回答是肯定的,前人研究的结果告诉我们:在一般的情况下,Y_n 的极限分布就是正态分布.这一结果显示了正态分布的重要性.在概率论中,习惯于把和的分布收敛于正态分布的那一类定理都叫做"中心极限定理".极限定理的研究也是概率论早期研究时的中心课题.

5.2.1　Lindeberg - Lévy(林德贝格-勒维)中心极限定理

对独立随机变量和最关心的是:当 $n \to \infty$ 时,Y_n 服从什么分布? 当然我们可以通过第 3 章介绍的卷积公式计算出 Y_n 的分布.但是这样的计算是相当复杂且不易实现.

下面的例子将告诉我们:即使能写出 Y_n 的分布,由于其形式复杂也无法使用.

例 5.3　设 $\{X_n\}$ 为独立的随机序列并且服从同一均匀分布 $X_i \sim U(0,1)$.记 $f_n(y)$ 为 $Y_n = \sum\limits_{i=1}^{n} X_i$ 的密度函数,由独立随机变量和的卷积公式分别得到 $n = 1, 2, 3, 4$ 时的密度:

$$f_1(y) = \begin{cases} 1, & 0 < y < 1, \\ 0, & \text{其他.} \end{cases}$$

$$f_2(y) = \begin{cases} y, & 0 < y < 1, \\ 2 - y, & 1 \leqslant y < 2, \\ 0, & \text{其他.} \end{cases}$$

$$f_3(y) = \begin{cases} y^2/2, & 0 < y < 1, \\ -(y - 3/2)^2 + 3/4, & 1 \leqslant y < 2, \\ (3 - y)^2/2, & 2 \leqslant y < 3, \\ 0, & \text{其他.} \end{cases}$$

$$f_4(y) = \begin{cases} y^2/6, & 0 < y < 1, \\ y^3/6 - 2(y-1)^3/3, & 1 \leqslant y < 2, \\ (4 - y)^3/6 - 2(3 - y)^3/3, & 2 \leqslant y < 3, \\ (4 - y)^3/6, & 3 \leqslant y < 4, \\ 0, & \text{其他.} \end{cases}$$

将 $f_1(y)$,$f_2(y)$,$f_3(y)$,$f_4(y)$ 画于同一图中.从图 5.1 中看出:随着 n 的增

加，$f_n(y)$的图形愈来愈光滑，愈来愈接近正态分布密度的曲线.

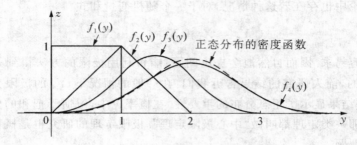

图 5.1　例 5.3 的图

可以设想当 $n = 100$ 时，用卷积公式分 100 段求出 $f_{100}(y)$ 的表达式，它们分别是 99 次多项式. 如此复杂的形式，即使求出也无法使用. 这就迫使人们去寻求 Y_n 的近似分布. 记 Y_n 的分布函数为 $F_n(y)$，在依概率收敛的含义下，求出其极限分布 $F(y)$，则当 n 很大时，就可用 $F(y)$ 作为 $F_n(y)$ 的近似分布.

在图 5.1 中可看到，当 n 增大时，由于 $f_n(y)$ 的中心向右移动，其方差增大. 这意味着当 $n \to \infty$ 时，Y_n 的分布中心和方差都会趋向 $+\infty$，这种情况就无意义了. 为克服这个缺点，需先对 Y_n 进行标准化

$$Y_n^* = \frac{Y_n - E(Y_n)}{\sqrt{D(Y_n)}}.$$

由于 $E(Y_n^*) = 0, D(Y_n^*) = 1$，这就有可能得出 Y_n^* 的极限分布为标准正态分布 $N(0, 1)$.

定理 5.5　（Lindeberg - Lévy 中心极限定理）

设 $\{X_n\}$ 为独立的随机序列，且 $E(X_i) = \mu, D(X_i) = \sigma^2 > 0, (i = 1, 2, \cdots)$，记

$$Y_n^* = \frac{\sum_{k=1}^{n} X_k - n\mu}{\sigma \sqrt{n}},$$

则对任意实数 y，有

$$\lim_{n \to \infty} P(Y_n^* \leqslant y) = \frac{1}{\sqrt{2\pi}} \int_{-\infty}^{y} e^{-\frac{x^2}{2}} dx = \Phi(y).$$

定理的证明要用到特征函数等概念，超出本书范围，故只给出结论而不予证明，感兴趣的读者可参阅相关的概率论教材. Lindeberg - Lévy 中心极限定理也称为**独立同分布中心极限定理**.

注　由本定理可知，不管 $\{X_n\}$ 服从什么分布，是离散型的还是连续型的，只要

$\{X_n\}$独立同分布并且方差存在,那么当 n 很大时($n \geqslant 50$),$\sum\limits_{i=1}^{n} X_i$ 的近似分布为正态分布.

在 Monte-Carlo 方法中经常需要产生正态分布 $N(\mu, \sigma^2)$ 的随机数,但一般计算机只具备产生区间$(0,1)$上的均匀分布随机数的功能.以下的例题将介绍中心极限定理如何利用$(0,1)$上的服从均匀分布的随机数,来产生正态分布 $N(\mu, \sigma^2)$ 的随机数.

例5.4(正态随机数的产生)　设 $X \sim U(0,1)$,则 $E(X) = 1/2, D(X) = 1/12$,令

$$Y_{12} = \sum_{i=1}^{12} X_i$$

其中:$X_1, X_2, \cdots, X_{12}$ 是$(0,1)$上的服从均匀分布的随机变量,则 $E(Y_{12}) = 6$,$D(Y_{12}) = 1$,由 Lindeberg-Lévy 中心极限定理,近似地有 $Y_{12} - 6 \sim N(0,1)$.

于是产生一般正态分布 $N(\mu, \sigma^2)$ 随机数的步骤如下:

(1) 从计算机上产生 12 个$(0,1)$上均匀分布的随机数,记为 $x_1, x_2, \cdots, x_{12}$;

(2) 计算 $y = \sum\limits_{i=1}^{12} x_i - 6$,将 y 视作来自标准正态分布 $N(0,1)$ 的一个随机数;

(3) 计算 $z = \mu + \sigma y$,将 z 视作来自一般正态分布 $N(\mu, \sigma^2)$ 的一个随机数;

(4) 重复(1)~(3)n 次得到一般正态分布 $N(\mu, \sigma^2)$ 的 n 个随机数.

例5.5(数值计算中的误差分析)　在数值计算中,任何实数 x 都只能用一定位数的小数 $\tilde{x}$ 来近似.譬如 $\pi = 3.141\,592\,654\cdots$ 的 5 位近似小数是 $\tilde{\pi} = 3.141\,59$,原数的第 6 位以后的小数都用四舍五入方法舍去.

现在要求 n 个实数 $x_1, x_2, \cdots, x_n$ 的和 S,在数值计算中,只能用 x_i 的近似数 $\tilde{x}_i$ 来得到 S 的近似数 $\tilde{S}$.记个别误差为 $\varepsilon_i = x_i - \tilde{x}_i$,则总误差

$$\varepsilon = S - \tilde{S} = \sum_{i=1}^{n} x_i - \sum_{i=1}^{n} \tilde{x}_i = \sum_{i=1}^{n} \varepsilon_i.$$

若在数值计算中,取 k 位小数,试估计总误差.

解　方法一　(粗略估计)个别误差 $\varepsilon_i \sim U(-0.5 \times 10^{-k}, 0.5 \times 10^{-k})$,由于 $|\varepsilon_i| \leqslant 0.5 \times 10^{-k}$,所以总误差

$$|\varepsilon| = \left| \sum_{i=1}^{n} \varepsilon_i \right| \leqslant \sum_{i=1}^{n} |\varepsilon_i| \leqslant n \times 0.5 \times 10^{-k}.$$

方法二　(用 Lindeberg-Lévy 中心极限定理作较精确的估计)

因为$\{\varepsilon_i\}$独立同分布,且 $E(\varepsilon_i) = 0, D(\varepsilon_i) = \dfrac{10^{-2k}}{12}$,则对总误差有

$$E(\varepsilon) = 0, \; D(\varepsilon) = \frac{n10^{-2k}}{12}.$$

由 Lindeberg – Lévy 中心极限定理,对任意实数 x,有

$$P(|\varepsilon| \leqslant x) \approx \Phi\left(\frac{x\sqrt{12}}{\sqrt{n10^{-2k}}}\right) - \Phi\left(-\frac{x\sqrt{12}}{\sqrt{n10^{-2k}}}\right)$$

$$= 2\Phi\left(\frac{x\sqrt{12}}{\sqrt{n10^{-2k}}}\right) - 1,$$

要从上式中求出总误差 ε 的上限 x,可令上式右边的概率为 0.99,由此得

$$\Phi\left(\frac{x\sqrt{12}}{\sqrt{n10^{-2k}}}\right) = 0.995,$$

查表得

$$\frac{x\sqrt{12}}{\sqrt{n10^{-2k}}} = 2.575,$$

解得

$$x = \frac{2.575\sqrt{n10^{-2k}}}{\sqrt{12}} = 0.743\,3 \times 10^{-k}\sqrt{n}.$$

若取 $k = 5, n = 10\,000$ 得

$$P(|\varepsilon| \leqslant 0.000\,743\,3) \approx 0.99,$$

即以 99% 的概率可以保证一万个近似数的总误差绝对值不超过万分之七左右.

例 5.5 告诉我们在误差分析中,利用中心极限定理不仅可以求概率,而且还能求随机变量和的上限.

例 5.6 一部件包含 10 部分,每部分的长度是一个随机变量,相互独立且服从同一分布,其期望是 2,标准差是 0.05.规定总长度为 (20 ± 0.1)mm 时产品合格,求产品合格的概率.

解 设第 i 部分长度为 X_i,则 $X_1, X_2, \cdots, X_{10}$ 独立同分布,且

$$E(X_i) = 2, \; D(X_i) = (0.05)^2, \; i = 1, 2, \cdots, 10.$$

部件总长度期望 $X = \sum_{i=1}^{10} X_i$ 的数学期望和方差

$$E(X) = 20, \; D(X) = 0.025.$$

由 Lindeberg - Lévy 中心极限定理,近似地有

$$X \sim N(20, 0.025),$$

故产品合格的概率为

$$P(20 - 0.1 < X < 20 + 0.1) \approx \Phi\left(\frac{0.1}{\sqrt{0.025}}\right) - \Phi\left(\frac{-0.1}{\sqrt{0.025}}\right)$$

$$= 2\Phi\left(\frac{\sqrt{10}}{5}\right) - 1 = 2\Phi(0.63) - 1 = 0.471\,4.$$

5.2.2 De Moivre - Laplace(棣莫弗-拉普拉斯)中心极限定理

定理 5.6 (De Moivre - Laplace 中心极限定理) 设随机变量 $\xi_n \sim B(n, p)$,
$(0 < p < 1)$,记 $Y_n^* = \dfrac{\xi_n - np}{\sqrt{np(1-p)}}$,则对任意实数 y,有

$$\lim_{n \to \infty} P(Y_n^* \leqslant y) = \Phi(y) = \frac{1}{\sqrt{2\pi}} \int_{-\infty}^{y} \mathrm{e}^{-\frac{x^2}{2}} \mathrm{d}x.$$

证 服从二项分布 $B(n, p)$ 的随机变量 ξ_n 可视为 n 个相互独立的服从同一参
数 p 的 $(0, 1)$ 分布的随机变量 $X_1, X_2, \cdots, X_n$ 之和,即 $\xi_n = \sum\limits_{i=1}^{n} X_i$,则

$$\mu = E(\xi_i) = p, \quad \sigma^2 = D(\xi_i) = p(1-p), \quad i = 1, 2, \cdots, n.$$

由 Lindeberg - Lévy 中心极限定理可得

$$\lim_{n \to \infty} P(Y_n^* \leqslant y) = \lim_{n \to \infty} P\left[\frac{\xi_n - np}{\sqrt{np(1-p)}} \leqslant y\right] = \lim_{n \to \infty} P\left[\frac{\sum\limits_{i=1}^{n} X_i - n\mu}{\sigma\sqrt{n}} \leqslant y\right]$$

$$= \frac{1}{\sqrt{2\pi}} \int_{-\infty}^{y} \mathrm{e}^{-\frac{x^2}{2}} \mathrm{d}x = \Phi(y).$$

显然,定理 5.6 是定理 5.5 的特例.定理 5.6 表明:正态分布是二项分布的极限
分布.当 n 充分大时,服从二项分布 $B(n, p)$ 的随机变量 ξ_n 的概率的计算可转化为
正态随机变量的概率计算:

$$P(\xi_n = k) \approx \frac{1}{\sqrt{2\pi np(1-p)}} \mathrm{e}^{-\frac{(k-np)^2}{2np(1-p)}};$$

$$P(a < \xi_n \leqslant b) \approx \Phi\left[\frac{b - np}{\sqrt{np(1-p)}}\right] - \Phi\left[\frac{a - np}{\sqrt{np(1-p)}}\right].$$

例 5.7 高射机枪打飞机,独立射击 5 000 次. 每次命中率为 0.001. 利用 De Moivre–Laplace 中心极限定理,求:

(1) $P_{5\,000}(5)$;

(2) $P(X \geqslant 1)$.

解 $X \sim B(5\,000, 0.001)$,

(1) $P_{5\,000}(5) = P(X = 5) \approx \dfrac{1}{\sqrt{10\pi(0.999)}} e^{-\frac{(5-5)^2}{10(0.999)}}$

$= \dfrac{1}{\sqrt{10\pi(0.999)}} = 0.178\,5$;

(2) $P(X \geqslant 1) = 1 - P(X = 0) \approx 1 - \dfrac{1}{\sqrt{10\pi(0.999)}} e^{-\frac{(0-5)^2}{10(0.999)}} = 0.985\,4$,

注 在例 2.8 中用二项分布计算的结果分别为

$$P_{5\,000}(5) = C_{5\,000}^5 (0.001)^5 (0.999)^{4\,995} \approx 0.175\,6,$$

与(1)的结果比,两者相差 0.002 9;

$$P(X \geqslant 1) = 1 - (0.999)^{5\,000} \approx 0.993\,3,$$

与(2)的结果比,两者相差 0.007 9.

例 5.8 某出租汽车公司有 4 000 辆车参加保险,一年里出租车发生事故的概率为 0.005,若出事故,保险公司最多赔付 25 万元,参保车辆每年交 3 000 元保险费. 计算保险公司一年内在此项业务中,获得总收益在 600 万元到 800 万元之间的概率.

解 设 X 表示 4 000 辆出租汽车中发生事故的车辆数,则 $X \sim B(4\,000, 0.005)$,且

$$E(X) = 20, \quad D(X) = 19.9,$$

由 De Moivre–Laplace 中心极限定理,近似地有

$$X \sim N(20, 19.9),$$

于是总收益在 600 万元到 800 万元的概率

$$P(600 \leqslant 0.3 \times 4\,000 - 25X \leqslant 800) = P(16 \leqslant X \leqslant 24)$$

$$\approx \Phi\left(\frac{24-20}{\sqrt{19.9}}\right) - \Phi\left(\frac{16-20}{\sqrt{19.9}}\right) = 2\Phi\left(\frac{4}{\sqrt{19.9}}\right) - 1$$

$$= 2\Phi(0.9) - 1 = 2 \times 0.815\,9 - 1 = 0.631\,8.$$

习 题 5

1. 设 $\{X_n\}$ 为独立随机变量序列,且

$$P(X_n = 0) = 1 - p_n, \; P(X_n = 1) = p_n, \; n = 1, 2, \cdots,$$

证明$\{X_n\}$服从大数定律.

2. 设$\{X_n\}$为独立随机变量序列,且 $P(X_1 = 0) = 1$,

$$P(X_n = 0) = 1 - \frac{2}{n}, \; P(X_n = \pm\sqrt{n}) = \frac{1}{n}, \; n = 2, 3, \cdots,$$

证明$\{X_n\}$服从大数定律.

3. 设$\{X_n\}$为独立随机变量序列,且

$$X_n \sim \begin{pmatrix} -\sqrt{\ln n} & \sqrt{\ln n} \\ 0.5 & 0.5 \end{pmatrix}, \; n = 1, 2, \cdots,$$

证明$\{X_n\}$服从大数定律.

4. 设$\{X_n\}$为独立同分布的随机变量序列,方差存在,令 $Y_n = \sum_{i=1}^{n} X_i$. 若级数 $\sum_{i=1}^{+\infty} a_n$ 绝对收敛,则$\{a_n Y_n\}$服从大数定律.

5. 设$\{X_n\}$为独立同分布的随机变量序列,且 $X_n \sim U(a, b)$,$f(x)$ 是(a, b)上的连续函数,证明当 $n \to \infty$ 时,$\dfrac{b-a}{n} \sum_{i=1}^{n} f(X_i)$ 依概率收敛于 $\int_a^b f(x) \mathrm{d}x$.

6. 设随机变量序列 $X_1, X_2, \cdots, X_n, \cdots$ 服从方差有限的同一分布,且当 $|j - i| \geqslant 2$ 时,X_j 与 X_i 相互独立,证明:

$$\lim_{n \to \infty} P\left(\left| \frac{1}{n} \sum_{i=1}^{n} X_i - \mu \right| < \varepsilon \right) = 1,$$

其中:$\mu = E(X_i)$,$D(X_i) = \sigma^2 < +\infty$,$i = 1, 2, \cdots$.

7. 分别用随机投点法和平均值法计算下列积分:

$(1) J = \int_0^1 \dfrac{\mathrm{e}^x - 1}{\mathrm{e} - 1} \mathrm{d}x$;$(2) J = \int_0^\pi (\sin x)^2 \mathrm{d}x$;$(3) J = \int_{-1}^1 \mathrm{e}^x \mathrm{d}x$.

8. 某大学有 800 个电话分机,每个分机有 10% 的时间要使用外线通话. 假定每个分机是否使用外线是相互独立的,问该大学总机要安装多少条外线才能以 90% 以上的概率保证分机使用外线时不等待?

9. 一加法器同时收到 30 个噪声电压 V_i($i = 1, 2, \cdots, 30$),设它们相互独立,且都服从区间 $[0, 10]$ 上的均匀分布. 记 $V = \sum_{i=1}^{30} V_i$,计算 $P(V > 145)$ 的近似值.

10. 某银行每月 10 日向附近地区 15 000 人发放养老金,每人 2 000 元左右. 假定退休者 10 日这一天去银行领取养老金的概率不超过 0.4,问银行 10 日这一天至少需要准备多少现金,才能以不低于 99% 的概率保证养老金的发放.

11. 电力公司供应某地区 7 500 户居民用电,各户用电情况相互独立. 已知每户每日用电量(单位:kW·h)在$[0, 20]$上服从均匀分布,求:

(1) 这 7 500 户居民每日用电总量超过 76 000 kW·h 的概率;

(2) 要以 99.9% 的概率保证该地区居民用电的需要,电力公司每天至少需向该地区供应多少

kW·h 电?

12. 某超市每天接待 3 600 名顾客,设每位顾客的消费额(元)$X \sim U(10, 150)$,且顾客的消费额是相互独立的.求:

(1) 该超市每天的平均营业额;

(2) 该超市每天的营业额与平均营业额的误差在 $\pm 3\,000$ 元内的概率.

13. 对敌阵地进行炮击 50 次,每次炮击命中的炮弹数服从同一分布,其数学期望为 3,标准差为 2.5.求至少命中 130 发炮弹的概率.

14. 设 ξ_n 为 n 重 Bernoulli 试验中成功的次数,$p\,(0 < p < 1)$ 为每次成功的概率,当 n 充分大时,试用 De Moivre - Laplace 极限定理证明

$$P\left(\left|\frac{\xi_n}{n} - p\right| < \varepsilon\right) \approx 2\Phi\left(\varepsilon\sqrt{\frac{n}{p(1-p)}}\right) - 1.$$

15. 设有 30 个电子器件,它们的使用寿命 $T_i \sim Exp(0.1)$, $i = 1, 2, \cdots, 30$. 其使用情况是前一个损坏时后一个立即使用,令 $T = \sum_{i=1}^{30} T_i$,求 T 超过 320 小时的概率.

16. 某地电视台需作节目 A 的收视率调查.每天在播电视的同时,随机地向当地居民打电话询问是否在看电视.若在看电视,再问是否在看节目 A,设回答看电视的居民户数为 n.若要以 95% 的概率保证使调查误差控制在 10% 之内,n 应取多少? 每晚节目 A 播出 1 小时,调查需同时进行,设每小时能调查 20 户,该地每户居民每晚看电视的概率为 70%,电视台需安排多少人作调查?

数理统计的基本概念

概率论与数理统计学是两个有密切联系的姐妹学科,前者是后者的基础,后者是前者的重要应用.在西方,"数理统计学"一词是专指统计方法的数学基础理论部分;在我国则有较广的含义,既包括基础理论也包括方法和应用,而这在西方被称为"统计学".在我国,因为还有一门被认为是社会科学的统计学存在,将这两个名词区别使用,有时是必要的.

通过前 5 章的学习,我们应该有这样的结论:随机变量及其概率分布能够全面地描述随机现象的统计规律性,故要研究一个随机现象,首先要知道它的概率分布.在概率论的许多问题中,概率分布通常被假定是已知的,而一切计算与推理均基于这个已知的分布进行.但是在实际问题中,情况并非如此.一个随机现象所服从的分布是什么概型可能完全不知道,或者知道其概型,但不知道其分布函数中所含的参数.

比如高清数字彩电的寿命服从什么分布是完全不知道的,又比如一批产品中既有正品也有次品,那么仅知道这批产品的次品数服从二点分布 $B(1, p)$,但分布中的参数 p,即次品率是不知道的.

怎样才能知道一个随机现象的分布或其参数呢?这就是数理统计所要解决的一个首要问题.为了要掌握高清数字彩电的寿命分布,就要抽取部分电视机试验一段时期,为了要得到一批产品的次品率 p,也需要抽取其中一部分产品作质量检验.

在数理统计学中我们总是从所要研究的对象全体中抽取一部分进行观察或试验以取得信息,从而对整体作出推断.显然这种推断含有一定程度的不确定性,而不确定性用概率的大小来表示,这种伴随有一定概率的推断称为统计推断.

6.1 总体与样本

6.1.1 总体与个体

在数理统计的问题中,我们把研究对象的全体元素组成的集合称为**总体**,总体中的每个元素称为**个体**.

例 6.1 有一批集成电路共 5 000 块,每块集成电路按标准分成三个等级,即一等品、二等品、次品.我们要研究该批集成电路的质量,5 000 块集成电路的等级构成一个总体,每块集成电路的等级为个体.

例 6.2 某工厂为了研究在新工艺条件下生产的一批节能灯的质量,若只考虑节能灯的寿命,那么这批节能灯中每个节能灯寿命的全体为一个总体,而每个节能灯的各自的寿命为个体.

例 6.3 某城市的教育研究所为了研究该市高中阶段的教学质量,若考虑两门数学和语文高考的成绩,那么该市全体考生的数学和语文高考的成绩为一个总体,每个考生的数学和语文高考的成绩为个体.

从以上的例子中可见,所谓元素常常是指元素的某一项或某几项数量指标 X,在例 6.1 中,若一等品用"1"、二等品用"2"、次品用"0"表示,那么 X 是指每个集成电路的等级指标,总体为"1"、"2"、"3"三个数的集合;例 6.2 中,X 表示节能灯的寿命;例 6.3 中,$X = (X_1, X_2)$ 表示考生的数学和语文高考的成绩.可见总体不但与数量指标 X 有关,并且还是由数量指标 X 的一切可能取值构成的.

数量指标 X 的一切可能取值构成了一种数据的分布,因此把这种数据的分布称为**总体分布**.

当然我们还关心的是数量指标 X 在总体中的分布情况.例如:求节能灯寿命 X 在区间 D 中在总体中所占的比例为多少?从大量重复试验的条件下,X 是个随机变量.从而节能灯寿命 X 在区间 D 中在总体中所占的比例,则是随机事件 $(X \in D)$ 的概率 $P(X \in D)$. 这样就可把数量指标与随机变量,总体的分布与随机变量的概率分布联系起来了.可见总体的分布就是与总体相联系的数量指标 X 的概率分布.对总体的研究,就是对相应的随机变量 X 分布的研究.据此,X 的分布函数与数字特征分别为总体的分布函数与数字特征,以后不再加以区别总体和相应的随机变量.

总体按其包含的个体总数分为有限总体和无限总体.通常,若一个有限总体含有的个体相当多的情况下,可认为是一个无限总体.例如一个城市的全体考生、一箱螺栓等.

易知,总体 X 的分布函数应为 $F(x) = P(X \leqslant x)$,$F(x)$ 主要有离散型和连续型两种,相应的总体也分为连续总体和离散总体和连续总体.如例 6.1 中集成电路的等级指标 X 是离散总体;例 6.2 中节能灯的寿命 X 为连续总体.通常总体分布为正态分布时,此时总体称为正态总体.正态总体是数理统计中最为常见,最为重要的一种总体.在实际问题中,我们所研究总体的分布函数 $F(x)$ 常为未知的和部分未知的.

例 6.4 某企业有一批产品,含有正品和次品.为考察其质量,要建立相应的数量指标:

从这批产品中任取一个,设

$$X = \begin{cases} 1, & 取到次品, \\ 0, & 取到正品. \end{cases}$$

因此总体 X 服从(0—1)分布:

$$X \sim \begin{pmatrix} 0 & 1 \\ 1-p & p \end{pmatrix},$$

其中：$p = \dfrac{\text{次品数}}{\text{产品总数}}$ 为次品率（未知）.

6.1.2 样本

一般，总体的分布是全部或部分未知的，为了了解总体 X 的分布，需要对总体进行若干次观察. 由观察得到总体的一组数值 $(x_1, x_2, \cdots, x_n)$，称为**样本容量为** n 的**样本观察值**，其中个体 x_i 为第 i 次观察结果. 样本观察值是对总体分布进行分析、推断的基础.

这种从总体中随机抽出若干个体进行观察或试验，称为**随机抽样观察**，从总体中随机抽出的若干个体称为**样本**，记为 $(X_1, X_2, \cdots, X_n)$. 其中 X_i 称为样本的分量. 由于是随机抽取的，X_i 是随机变量. 样本 $(X_1, X_2, \cdots, X_n)$ 所有可能取值的全体称为**样本空间**，记为 Ω.

从总体中抽取样本可以有不同的抽法，为了能由样本对总体作出较可靠的推断，就希望样本能很好地代表总体. 这就需要对抽样方法提出一些要求：

（1）样本具有代表性，即总体中每个个体 X_i 都有同等机会被选入样本，每个 X_i 与总体 X 有相同的分布；

（2）样本具有独立性，即样本中每个个体的观察结果与其他个体的观察结果互不影响，这意味着 $X_1, X_2, \cdots, X_n$ 相互独立.

满足上述两个要求所抽取的样本称为**简单随机样本**，也简称**样本**. 除非特别说明，本书提到的样本都指简单随机样本.

对于个体为有限的总体来说，采用放回随机抽样就能得到简单随机样本. 但放回随机抽样使用起来不方便，又由于当总体有无限个体时，放回抽样与不放回抽样没有什么区别. 因此，在实际问题中，当总体中个体数 N 很大，而样本容量 n 相应较小（例如 $n/N < 0.05$）时，即可将总体看做是无限的，从而可以用不放回抽样代替放回抽样.

例 6.5 化肥厂生产的化肥规定每袋重 50 kg，由于包装机的误差，不可能使所有化肥每袋都为 50 kg，现在从该厂当天生产的 10 吨化肥中不放回地随机抽取 7 袋，测定其重量如下：

$$49.7 \quad 49.9 \quad 49.8 \quad 50.1 \quad 49.7 \quad 50.1 \quad 50.3$$

这是一个容量为 7 的样本的观测值，对应的总体为该厂当天生产的一批化肥的每袋重量.

本例中 10 吨化肥可装 200 袋，$7/200 = 0.035 < 0.05$，所以可以用不放回抽样代替放回抽样.

例 6.6 对一批产品的合格情况进行检查，从中有放回地随机抽取 n 件，分别以

1 和 0 表示某件产品为合格品或次品,以 p 表示产品的合格率,则总体 $X \sim B(1, p)$.

这样抽取得到的观察结果 $(X_1, X_2, \cdots, X_n)$ 为一个简单随机样本,样本的联合分布列为

$$P(X_1 = x_1, X_2 = x_2, \cdots, X_n = x_n) = \prod_{i=1}^{n} p^{x_i}(1-p)^{1-x_i},$$

$$x_i = 0, 1; i = 1, 2, \cdots, n.$$

每组观察值 $(x_1, x_2, \cdots, x_n)$ 为由 $0, 1$ 组成的一个 n 维向量,其样本空间为

$$\Omega = \{(x_1, x_2, \cdots, x_n) \mid x_i = 0, 1; i = 1, 2, \cdots, n\},$$

共有 2^n 个样本点.

一般,若总体 X 的分布函数为 $F(x)$,则样本 $(X_1, X_2, \cdots, X_n)$ 的联合分布函数为

$$F(x_1, x_2, \cdots, x_n) = \prod_{i=1}^{n} F(x_i).$$

若总体 X 的分布列为 $P(X = x_i) = p_i$, $i = 1, 2, \cdots$,则样本 $(X_1, X_2, \cdots, X_n)$ 的联合分布列为

$$P(X_1 = x_{i1}, \cdots, X_n = x_{in}) = \prod_{j=1}^{n} P(X = x_{ij}) = \prod_{j=1}^{n} p_{ij}, i = 1, 2, \cdots.$$

若总体 X 的密度函数为 $f(x)$,则样本 $(X_1, X_2, \cdots, X_n)$ 的联合密度函数为

$$f(x_1, x_2, \cdots, x_n) = \prod_{i=1}^{n} f(x_i).$$

6.1.3　统计量和样本矩

样本的观测值中含有总体各方面的信息,但这些信息较为分散,且又隐含在样本内,不能直接用样本对总体进行分析推断,需要对样本进行加工,表和图是一类加工形式,它使人们直观地对总体有了初步认识.当人们需要进一步对总体的各种参数有所认识时,最常用的加工方法就是构造样本的函数,不同的函数反映总体的不同特征.

定义 6.1　设 $(X_1, X_2, \cdots, X_n)$ 为取自总体 X 的一个样本,若样本函数 $T = g(X_1, X_2, \cdots, X_n)$ 中不含有任何未知参数,则称 T 为**统计量**.

显然统计量也是一个随机变量,虽然它不依赖于未知参数,但是它的分布一般是依赖于未知参数的.以后针对不同的问题,总是需要构造相应的统计量以实现对总体的统计推断.

例　若 $(X_1, X_2, \cdots, X_n)$ 为取自总体 $X \sim N(\mu, \sigma^2)$ 的一个样本,其中 μ, σ^2 未

知. 依据定义 6.1, 可知 $\sum\limits_{i=1}^{n} X_i$ 和 $\sum\limits_{i=1}^{n} X_i^2$ 是统计量, $\dfrac{1}{n}\sum\limits_{i=1}^{n} X_i - \mu$ 和 $\dfrac{1}{\sigma^2}\sum\limits_{i=1}^{n} X_i^2$ 则不是统计量.

设 $(X_1, X_2, \cdots, X_n)$ 为来自总体 X 的一个样本, 一次抽取得样本观察值 $(x_1, x_2, \cdots, x_n)$, 下面介绍几种常用的统计量:

1. r 阶样本原点矩

定义 6.2　称 $A_r = \dfrac{1}{n}\sum\limits_{i=1}^{n} X_i^r, r = 1, 2, \cdots,$ 为 r 阶样本原点矩.

当 $r = 1$ 时, 称为**样本均值**, 记作 $\overline{X} = A_1 = \dfrac{1}{n}\sum\limits_{i=1}^{n} X_i$.

定义 6.3　称 $a_r = \dfrac{1}{n}\sum\limits_{i=1}^{n} x_i^r, r = 1, 2, \cdots,$ 为样本观察值的 r 阶原点矩.

当 $r = 1$ 时, 称为样本观察值的**均值**, 记作 $\overline{x} = a_1 = \dfrac{1}{n}\sum\limits_{i=1}^{n} x_i$.

2. r 阶样本中心矩

定义 6.4　称 $B_r = \dfrac{1}{n}\sum\limits_{i=1}^{n} (X_i - \overline{X})^r, r = 1, 2, \cdots,$ 为 r 阶**样本中心矩**.

当 $r = 2$ 时, 为二阶中心矩, 记作 $S_n^2 = B_2 = \dfrac{1}{n}\sum\limits_{i=1}^{n} (X_i - \overline{X})^2$.

特别地, 称 $S^2 = \dfrac{1}{n-1}\sum\limits_{i=1}^{n} (X_i - \overline{X})^2$ 为**样本方差**. 其算术根 $S = \sqrt{S^2}$ 称为**样本标准差**. 在实际中, 用 S^2 取代 S_n^2 作为样本方差.

定义 6.5　称 $b_r = \dfrac{1}{n}\sum\limits_{i=1}^{n} (x_i - \overline{x})^r, r = 1, 2, \cdots,$ 为样本观察值的 r 阶**中心矩**.

当 $r = 2$ 时, 为样本观察值的二阶中心矩, 记作 $s_n^2 = b_2 = \dfrac{1}{n}\sum\limits_{i=1}^{n} (x_i - \overline{x})^2$.

特别地, 称 $s^2 = \dfrac{1}{n-1}\sum\limits_{i=1}^{n} (x_i - \overline{x})^2$ 为样本观察值的方差. 其算术根 $s = \sqrt{s^2}$ 称为样本观察值的**标准差**.

通过简单运算可得以下结果:

(1) $S_n^2 = \dfrac{1}{n}\sum\limits_{i=1}^{n} X_i^2 - \overline{X}^2, S^2 = \dfrac{1}{n-1}\sum\limits_{i=1}^{n} X_i^2 - \dfrac{n}{n-1}\overline{X}^2$;

(2) $S^2 = \dfrac{n}{n-1}S_n^2$.

例 6.7　设总体 X 的期望 $E(X) = \mu$ 和方差 $D(X) = \sigma^2$ 存在, $(X_1, X_2, \cdots, X_n)$ 为来自总体 X 的样本, 求 $E(\overline{X}), D(\overline{X})$ 和 $E(S^2)$.

解 由期望和方差的性质,得

$$E(\overline{X}) = E\left(\frac{1}{n}\sum_{i=1}^{n}X_i\right) = \frac{1}{n}\sum_{i=1}^{n}E(X_i) = \mu,$$

$$D(\overline{X}) = D\left(\frac{1}{n}\sum_{i=1}^{n}X_i\right) = \frac{1}{n^2}\sum_{i=1}^{n}D(X_i) = \frac{\sigma^2}{n},$$

$$E(S^2) = \frac{1}{n-1}E\Big[\sum_{i=1}^{n}(X_i - \overline{X})^2\Big]$$

$$= \frac{1}{n-1}E\Big(\sum_{i=1}^{n}X_i^2 - n\overline{X}^2\Big)$$

$$= \frac{1}{n-1}\sum_{i=1}^{n}E(X_i^2) - \frac{n}{n-1}E(\overline{X}^2)$$

$$= \frac{1}{n-1}\sum_{i=1}^{n}\{D(X_i) + [E(X_i)]^2\} - \frac{n}{n-1}\{D(\overline{X}) + [E(\overline{X})]^2\}$$

$$= \frac{1}{n-1}\sum_{i=1}^{n}(\sigma^2 + \mu^2) - \frac{n}{n-1}\Big(\frac{\sigma^2}{n} + \mu^2\Big) = \sigma^2.$$

由于例 6.7 的三个结果在统计中常用,故有必要记住.比如样本$(X_1, X_2, \cdots, X_n)$为来自正态总体 $D(X) = N(\mu, \sigma^2)$,则样本均值 $\overline{X} \sim N(\mu, \sigma^2/n)$.

3. 顺序统计量

定义6.6 设$(X_1, X_2, \cdots, X_n)$为来自总体 X 的一个样本,一次抽取观察值为$(x_1, x_2, \cdots, x_n)$,此时将观察值的各个分量按其值的大小从小到大重新排列,得

$$x_{(1)} \leqslant x_{(2)} \leqslant \cdots \leqslant x_{(n)},$$

定义 $X_{(k)}$ 的取值为 $x_{(k)}(k = 1, 2, \cdots, n)$, 称

$$(X_{(1)}, X_{(2)}, \cdots, X_{(n)}),$$

为样本的**顺序统计量**. 显然有

$$X_{(1)} \leqslant X_{(2)} \leqslant \cdots \leqslant X_{(n)},$$

其中:$X_{(1)} = \min_{1 \leqslant k \leqslant n}\{X_k\}$ 称**最小顺序统计量**, $X_{(n)} = \max_{1 \leqslant k \leqslant n}\{X_k\}$ 称**最大顺序统计量**. 称

$$\tilde{x} = \begin{cases} x_{(\frac{n+1}{2})}, & n\text{ 为奇数}, \\ [x_{(\frac{n}{2})} + x_{(\frac{n}{2}+1)}]/2, & n\text{ 为偶数}, \end{cases}$$

为样本观察值$(x_1, x_2, \cdots, x_n)$的中位数.

顺序统计量的每个分量 $X_{(k)}$ 是样本 $(X_1, X_2, \cdots, X_n)$ 的函数,因此 $X_{(k)}$ 是随机变量.一般来说 $X_{(1)}, X_{(2)}, \cdots, X_{(n)}$ 不再是相互独立的而且分布也不同.

例 6.8　设总体 X 为如下离散型均匀分布:

X	0	1	2
P	1/3	1/3	1/3

现从中抽取容量为 3 的样本,求顺序统计量 $X_{(1)}, X_{(2)}, X_{(3)}$ 各自的分布列.

解　(X_1, X_2, X_3) 的一切可能取值有 $3^3 = 27$ 种,

$$P(X_{(1)} = 2) = 1/27,$$

$$P(X_{(1)} = 1) = 7/27 \Rightarrow P(X_{(1)} = 0) = 1 - 1/27 - 7/27 = 19/27,$$

所以 $X_{(1)} \sim \begin{pmatrix} 0 & 1 & 2 \\ 19/27 & 7/27 & 1/27 \end{pmatrix}$,

由对称性 $X_{(3)} \sim \begin{pmatrix} 0 & 1 & 2 \\ 1/27 & 7/27 & 19/27 \end{pmatrix}$,

再由对称性

$$P(X_{(2)} = 2) = 7/27 = P(X_{(1)} = 0) \Rightarrow P(X_{(1)} = 1)$$
$$= 1 - 7/27 - 7/27 = 13/27,$$

所以 $X_{(2)} \sim \begin{pmatrix} 0 & 1 & 2 \\ 7/27 & 13/27 & 7/27 \end{pmatrix}$.

由例 6.8 可见,$X_{(1)}, X_{(2)}, X_{(3)}$ 并不是同一分布,而它们不相互独立是显然的.

例 6.9　设总体 X 的密度函数

$$f(x) = \begin{cases} 2\mathrm{e}^{-2x}, & x \geqslant 0, \\ 0, & x < 0. \end{cases}$$

并且 $(X_1, X_2, \cdots, X_n)$ 为取自总体 X 的样本,求 $X_{(1)}$ 的分布密度.

解　总体 X 的分布函数

$$F(x) = \begin{cases} 1 - \mathrm{e}^{-2x}, & x \geqslant 0, \\ 0, & x < 0. \end{cases}$$

由极值分布公式得 $X_{(1)}$ 的分布函数

$$F_{X_{(1)}}(z) = 1 - [1 - F(z)]^n,$$

$X_{(1)}$ 的分布密度

$$f_{X_{(1)}}(z) = F'_{X_{(1)}}(z) = \begin{cases} 2n\mathrm{e}^{-2nz}, & z \geqslant 0, \\ 0, & z < 0. \end{cases}$$

由例 6.9 可得如下结论：

若总体 $X \sim Exp(\lambda)$，则 $X_{(1)} = \min\limits_{1 \leqslant i \leqslant n} \{X_i\} \sim Exp(n\lambda)$.

6.1.4 样本数据处理

1. 经验分布函数

定义 6.7 设 $x_1, x_2, \cdots, x_n$ 是取自总体分布函数 $F(x)$ 的样本观察值,将它们由小到大排列为 $x_{(1)}, x_{(2)}, \cdots, x_{(n)}$,称为**有序样本**,用有序样本定义如下函数

$$F_n(x) = \begin{cases} 0, & x < x_{(1)}, \\ k/n, & x_{(k)} \leqslant x < x_{(k+1)}, \ k = 1, 2, \cdots, n-1, \\ 1, & x \geqslant x_{(n)}. \end{cases}$$

则 $F_n(x)$ 为单调不减并且右连续的函数,且满足 $F_n(-\infty) = 0$,$F_n(+\infty) = 1$,所以 $F_n(x)$ 是一个分布函数,称为**经验分布函数**.

例 6.10 根据例 6.5 的样本观察值

$$49.7 \quad 49.9 \quad 49.8 \quad 50.1 \quad 49.7 \quad 50.1 \quad 50.3$$

求样本均值 $\bar{x}$,样本中位数 $\tilde{x}$,并作出样本的经验分布函数.

解 有序样本

$$x_{(1)} = x_{(2)} = 49.7, \ x_{(3)} = 49.8, \ x_{(4)} = 49.9,$$

$$x_{(5)} = x_{(6)} = 50.1, \ x_{(7)} = 50.3,$$

则

$$\bar{x} = \sum_{i=1}^{7} x_i = \frac{349.6}{7} = 49.94,$$

$$\tilde{x} = x_{(4)} = 49.9,$$

所求经验分布函数为

$$F_n(x) = \begin{cases} 0, & x < 49.7, \\ 2/7, & 49.7 \leqslant x < 49.8, \\ 3/7, & 49.8 \leqslant x < 49.9, \\ 4/7, & 49.9 \leqslant x < 50.1, \\ 6/7, & 50.1 \leqslant x < 50.3, \\ 1, & x \geqslant 50.3. \end{cases}$$

对每个固定的 x,$F(x)$ 表示事件 $(X \leqslant x)$ 的概率,$F_n(x)$ 是样本中事件 $(X_i \leqslant x)$ 发生的频率. 当 n 固定时,$F_n(x)$ 是样本的函数,它是随机变量. 由 Bernoulli 大数定律,当 $n \to \infty$ 时,$F_n(x)$ 依概率收敛于 $F(x)$. 当 n 相当大时,经验分布函数 $F_n(x)$ 是总

体分布函数 $F(x)$ 的一个良好的近似. 统计学中一切统计推断都以样本为依据,其理由就在于此.

2. 频数频率分布表

样本数据的整理是统计研究的基础,最常用方法是作出频率分布表. 下面通过具体例子介绍如何根据样本观察值作出频率分布表.

例 6.11　为考察全校 9 个学院 4 000 名本科生学习概率统计的情况,从每个学院随机抽取 10 名学生的考试成绩,得容量为 $n = 90$ 的样本:

52　71　60　56　56　88　46　80　58　82　36　74　96　57　96　76　97　85
97　93　92　61　65　94　76　88　71　42　99　46　80　69　81　71　39　78
42　62　80　55　69　98　54　40　96　56　79　81　88　77　59　95　80　93
68　77　75　86　59　76　39　83　85　81　75　90　83　55　96　85　95　77
92　64　66　43　72　93　97　78　71　93　59　77　76　73　81　84　60　28

解　(1) 对样本进行分组.

首先确定组数 k. 根据一般原则,k 的大小与样本容量 n 成正比. 组数通常为 5～20,目的是用足够的组来表示数据的变异. 本例有 90 个数据,分为 7 组较好,即 $k = 7$.

(2) 确定每组组距.

每组区间长度称为**组距**,组距可以相同也可以不同,一般选用等距区间以便于进行比较,组距近似公式为:

$$组距\ d = (样本最大观察值 - 样本最小观察值)/组数$$

$$d = \frac{99 - 28}{7} \approx 10.14,$$

为方便取 $d = 10$,最后一组取 11.

(3) 统计频数频率.

频数指样本数据落入每个区间的个数,

表 6.1　频数频率分布表

组序	分组区间	组中值	频数	频率	累计频率/%
1	[28, 38]	33	2	0.02	2
2	(38, 48]	43	8	0.09	11
3	(48, 58]	53	9	0.10	21
4	(58, 68]	63	11	0.12	33
5	(68, 78]	73	21	0.24	57
6	(78, 88]	83	20	0.22	79
7	(88, 99]	93	19	0.21	100
合计			90	1	

由组中值与频数可计算 90 名学生的平均成绩:

$$\overline{x} = \frac{1}{90}(33 \times 2 + 43 \times 8 + 53 \times 9 + 63 \times 11 + 73 \times 21 + 83 \times 20 + 93 \times 19)$$

$$= \frac{6\,540}{90} \approx 72.67,$$

与样本的算术平均成绩: $\dfrac{1}{90}\sum\limits_{i=1}^{90} x_i = \dfrac{6\,548}{90} \approx 72.76$ 仅差 0.09.

3. 频数频率直方图

频数分布的图形表示就是直方图(见图 6.1),在等组距场合用等宽的长条矩形表示,矩形的高低表示频数的大小.横坐标表示变量取值区间,纵坐标表示频数.

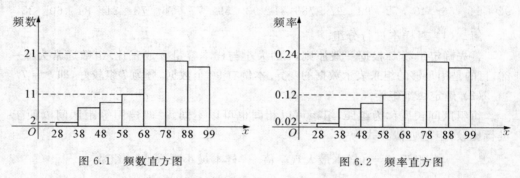

图 6.1 频数直方图　　　　　　　图 6.2 频率直方图

若纵轴表示频率,就得到频率直方图(见图 6.2).

将纵轴取为频率/组距,则各长条矩形面积之和为 1. 这样的直方图称为单位频率直方图(见图 6.3).

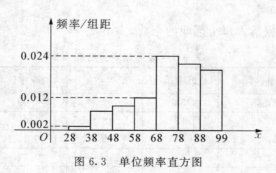

图 6.3 单位频率直方图

6.1.5 分位点

这里介绍数理统计中经常用到的分位点的概念.

定义 6.8　设随机变量 X 的密度为 $f(x)$，若对任意给定的 $\alpha\,(0<\alpha<1)$，存在实数 $x_\alpha \in \mathbf{R}$，满足

$$P(X>x_\alpha)=\alpha,$$

则称 x_α 为该分布的 α **上侧分位点**（见图 6.4）．若对任意给定的 $\gamma\,(0<\gamma<1)$，存在实数 $y_{1-\gamma} \in \mathbf{R}$，满足

$$P(X\leqslant y_{1-\gamma})=1-\gamma,$$

则称 y_γ 为该分布的 γ **下侧分位点**．

由定义可知，$x_\alpha=y_{1-\alpha}$，$y_\gamma=x_{1-\gamma}$．本书约定，以后使用分位数时只采用**上侧分位点**，或称**单侧分位点**．

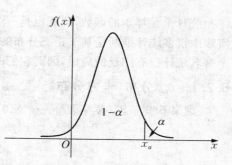

图 6.4　α 上侧分位点

设随机变量 X 的密度 $f(x)$ 为偶函数，若对任意给定的 $\alpha\,(0<\alpha<1)$，存在实数 $x_{\alpha/2} \in \mathbf{R}$，满足

$$P(\,|\,X\,|>x_{\alpha/2})=\alpha,$$

则称 $x_{\alpha/2}$ 为该分布的 α **双侧分位点**（见图 6.5）．

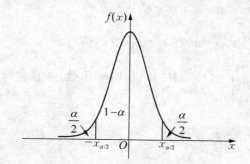

图 6.5　α 双侧分位点

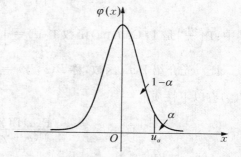

图 6.6　标准正态分布的 α 单侧分位点

若 $U\sim N(0,1)$，存在 $u_\alpha \in \mathbf{R}$，使 $P(U>u_\alpha)=\alpha$，则 u_α 就是标准正态分布的 α 单侧分位点（见图 6.6）．

由 $\alpha=P(U>u_\alpha)=1-P(U\leqslant u_\alpha)=1-\Phi(u_\alpha)$ 得 $\Phi(u_\alpha)=1-\alpha$，即要查 u_α 的值，对应标准正态分布表中的概率为 $1-\alpha$．

例如　求 $u_{0.05}$，应查 $\Phi(u_{0.05})=1-0.05=0.95$，得 $u_{0.05}=1.645$，

求 $u_{0.025}$，应查 $\Phi(u_{0.025})=1-0.025=0.975$，得 $u_{0.025}=1.96$．

6.2 抽 样 分 布

统计量是样本的函数,因此也是一个随机变量,统计量的分布称为抽样分布. 由于实践中很多统计推断是基于正态分布的假设的,故以标准正态变量为基石而构造的三个著名统计量有广泛的应用,因而它们的分布被称为统计中的"三大抽样分布".

6.2.1 χ^2 分布(卡方分布)

定义 6.9 设$(X_1, X_2, \cdots, X_n)$为来自总体 $X \sim N(0, 1)$的一个样本,则称

$$\chi^2 = \sum_{i=1}^{n} X_i^2$$

为 χ^2 统计量,且服从自由度为 n 的 χ^2 分布,记作 $\chi^2 \sim \chi^2(n)$. 自由度 n 是指独立随机变量的个数.

定理 6.1 由定义 6.9 的 χ^2 统计量的概率密度函数为

$$g_n(y) = \begin{cases} \dfrac{1}{2^{\frac{n}{2}} \Gamma\left(\dfrac{n}{2}\right)} y^{\frac{n}{2}-1} e^{-\frac{y}{2}}, & y > 0, \\ 0, & y \leqslant 0. \end{cases} \tag{6.1}$$

其中:$\Gamma\left(\dfrac{n}{2}\right)$ 是 Γ(Gamma) 函数 $\Gamma(\alpha) = \displaystyle\int_0^{+\infty} t^{\alpha-1} e^{-t} dt$ 在 $x = \dfrac{n}{2}$ 处的值.

证 先介绍 Beta 函数,称 $B(\alpha, \gamma) = \displaystyle\int_0^1 t^{\alpha-1} (1-t)^{\gamma-1} dt$ 为 Beta 函数,并且它与 $\Gamma(\alpha)$ 有以下性质

$$\frac{\Gamma(\alpha)\Gamma(\gamma)}{\Gamma(\alpha+\gamma)} = B(\alpha, \gamma)$$

利用数学归纳法证明.

当 $n = 1$ 时,已知 $X_1 \sim N(0, 1)$,在例 2.31 中已证明 X_1^2 的密度函数

$$g_1(y) = \begin{cases} \dfrac{1}{2^{\frac{1}{2}} \Gamma\left(\dfrac{1}{2}\right)} y^{\frac{1}{2}-1} e^{-\frac{y}{2}}, & y > 0, \\ 0, & y \leqslant 0, \end{cases}$$

其中:$\Gamma\left(\dfrac{1}{2}\right) = \sqrt{\pi}$,所以式(6.1)成立.

设当 $n = k$ 时,式(6.1)成立,即 $\displaystyle\sum_{i=1}^{k} X_i^2$ 的密度函数

$$g_k(y) = \begin{cases} \dfrac{1}{2^{\frac{k}{2}}\Gamma\left(\dfrac{k}{2}\right)}y^{\frac{k}{2}-1}\,\mathrm{e}^{-\frac{y}{2}}, & y>0, \\[3mm] 0, & y\leqslant 0. \end{cases}$$

则当 $n = k+1$ 时，利用独立随机变量和的密度卷积公式，得到 $\sum\limits_{i=1}^{k} X_i^2 + X_{k+1}^2$ 的密度函数为：当 $y \leqslant 0$ 时，$g_{k+1}(y) = 0$；当 $y > 0$ 时，

$$\begin{aligned}
g_{k+1}(y) &= \int_0^y g_k(t)g_1(y-t)\,\mathrm{d}t \\[2mm]
&= \int_0^y \frac{1}{2^{\frac{k}{2}}\Gamma\left(\frac{k}{2}\right)}t^{\frac{k}{2}-1}\,\mathrm{e}^{-\frac{t}{2}}\,\frac{1}{2^{\frac{1}{2}}\Gamma\left(\frac{1}{2}\right)}(y-t)^{\frac{1}{2}-1}\,\mathrm{e}^{-\frac{y-t}{2}}\,\mathrm{d}t \\[2mm]
&= \frac{\mathrm{e}^{-\frac{y}{2}}}{2^{\frac{k+1}{2}}\Gamma\left(\frac{k}{2}\right)\Gamma\left(\frac{1}{2}\right)}\int_0^y t^{\frac{k}{2}-1}(y-t)^{\frac{1}{2}-1}\,\mathrm{d}t \\[2mm]
&\xlongequal{u=\frac{t}{y}} \frac{y^{\frac{k+1}{2}-1}\,\mathrm{e}^{-\frac{y}{2}}}{2^{\frac{k+1}{2}}\Gamma\left(\frac{k}{2}\right)\Gamma\left(\frac{1}{2}\right)}\int_0^1 u^{\frac{k}{2}-1}(1-u)^{\frac{1}{2}-1}\,\mathrm{d}u \\[2mm]
&= \frac{y^{\frac{k+1}{2}-1}\,\mathrm{e}^{-\frac{y}{2}}}{2^{\frac{k+1}{2}}\Gamma\left(\frac{k}{2}\right)\Gamma\left(\frac{1}{2}\right)}B\left(\frac{k}{2},\frac{1}{2}\right) = \frac{y^{\frac{k+1}{2}-1}\,\mathrm{e}^{-\frac{y}{2}}}{2^{\frac{k+1}{2}}\Gamma\left(\frac{k+1}{2}\right)}.
\end{aligned}$$

其中：$B\left(\dfrac{k}{2},\dfrac{1}{2}\right) = \dfrac{\Gamma\left(\dfrac{k}{2}\right)\Gamma\left(\dfrac{1}{2}\right)}{\Gamma\left(\dfrac{k}{2}+\dfrac{1}{2}\right)}$. 所以式(6.1)对 $n = k+1$ 时成立，证毕.

图 6.7 所示为 χ^2 分布密度函数 $g_n(y)$ 的曲线，由图 6.7 可见 $g_n(y)$ 的图形还与自由度 n 有关. 由中心极限定理可知 χ^2 分布的极限分布是正态分布.

χ^2 分布具有如下性质：

性质 1　可加性　若 $\chi_1^2 \sim \chi^2(n_1)$，$\chi_2^2 \sim \chi^2(n_2)$，且 χ_1^2 与 χ_2^2 相互独立，则

$$\chi_1^2 + \chi_2^2 \sim \chi^2(n_1+n_2).$$

利用第 3 章的独立随机变量和的密度

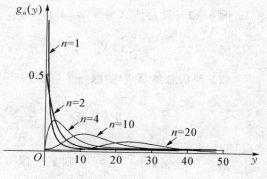

图 6.7　χ^2 分布密度函数曲线

卷积公式可证明性质 1.

性质 2 若 $\chi^2 \sim \chi^2(n)$,则 $E(\chi^2) = n, D(\chi^2) = 2n$.

证 由 $X_i \sim N(0, 1)$ 得

$$E(X_i^2) = D(X_i) = 1,$$

$$D(X_i^2) = E(X_i^4) - E^2(X_i^2) = 3 - 1 = 2, i = 1, 2, \cdots, n$$

从而得

$$E(\chi^2) = E\left(\sum_{i=1}^{n} X_i^2\right) = \sum_{i=1}^{n} E(X_i^2) = n,$$

$$D(\chi^2) = D\left(\sum_{i=1}^{n} X_i^2\right) = \sum_{i=1}^{n} D(X_i^2) = 2n.$$

当随机变量 $\chi^2 \sim \chi^2(n)$ 时,称满足 $P(\chi^2 > \chi_\alpha^2(n)) = \alpha$ 的 $\chi_\alpha^2(n)$ 为 χ^2 分布的 α 单侧分位点(见图 6.8).例如 $n = 10, \alpha = 0.05$ 从 χ^2 分布表上查得

$$\chi_{0.05}^2(10) = 18.307.$$

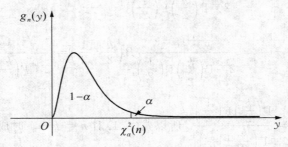

图 6.8 χ^2 分布的 α 单侧分位点

例 6.12 设总体 $X \sim N(\mu, \sigma^2)$, $(X_1, X_2, \cdots, X_n)$ 为来自总体 X 的一个样本.

(1) 求 $\chi^2 = \dfrac{1}{\sigma^2} \sum_{i=1}^{n} (X_i - \mu)^2$ 的分布;

(2) 现从总体 X 中抽取一个容量为 20 的一个样本 $(X_1, X_2, \cdots, X_{20})$,计算

$$P\left(0.62\sigma^2 \leqslant \frac{1}{20} \sum_{i=1}^{20} (X_i - \mu)^2 \leqslant 1.5\sigma^2\right).$$

解 (1) 令 $Y_i = \dfrac{X_i - \mu}{\sigma}$,则 $Y_i \sim N(0, 1), i = 1, 2, \cdots, n$,且 $Y_1, Y_2, \cdots, Y_n$ 相互独立,由 χ^2 分布定义可得

$$\chi^2 = \frac{1}{\sigma^2} \sum_{i=1}^{n} (X_i - \mu)^2 = \sum_{i=1}^{n} \left(\frac{X_i - \mu}{\sigma}\right)^2 = \sum_{i=1}^{n} Y^2 \sim \chi^2(n);$$

(2) 由 (1) 可知 $\chi^2 = \sum_{i=1}^{20} \left(\frac{X_i - \mu}{\sigma}\right)^2 \sim \chi^2(20)$,

$$P\left(0.62\sigma^2 \leqslant \frac{1}{20} \sum_{i=1}^{20} (X_i - \mu)^2 \leqslant 1.5\sigma^2\right)$$

$$= P(12.4 \leqslant \chi^2 \leqslant 30) = P(\chi^2 \geqslant 12.4) - P(\chi^2 \geqslant 30),$$

查 χ^2 分布表, 当 $n = 20$ 时,

$$P(\chi^2 \geqslant 12.4) = 0.9, \ P(\chi^2 \geqslant 30) = 0.05,$$

所以

$$P\left(0.62\sigma^2 \leqslant \frac{1}{20} \sum_{i=1}^{20} (X_i - \mu)^2 \leqslant 1.5\sigma^2\right) = 0.85.$$

6.2.2　t 分布

定义 6.10　设 $X \sim N(0, 1)$, $Y \sim \chi^2(n)$ 且 X 与 Y 相互独立, 则称

$$T = \frac{X}{\sqrt{Y/n}}$$

为 T 统计量, 且服从自由度为 n 的 t 分布, 记作 $T \sim t(n)$.

定理 6.2　由定义 6.10 的 T 统计量的密度函数为

$$h(t) = \frac{\Gamma\left(\dfrac{n+1}{2}\right)}{\sqrt{n\pi}\,\Gamma\left(\dfrac{n}{2}\right)} \left(1 + \frac{t^2}{n}\right)^{-\frac{n+1}{2}}, \ -\infty < t < +\infty \tag{6.2}$$

证　已知 X 的密度为

$$\varphi(x) = \frac{1}{\sqrt{2\pi}} \mathrm{e}^{-\frac{x^2}{2}}, \ -\infty < x < +\infty,$$

令 $Z = \sqrt{Y/n}$, 由 $Y \sim \chi^2(n)$ 以及随机变量函数的密度公式, 得 Z 的密度

$$f_Z(z) = \begin{cases} \dfrac{n^{\frac{n}{2}} z^{n-1} \mathrm{e}^{-\frac{nz^2}{2}}}{2^{\frac{n}{2}-1} \Gamma\left(\dfrac{n}{2}\right)}, & z > 0, \\ 0, & z \leqslant 0. \end{cases}$$

又 X 与 Z 相互独立,再由独立随机变量商的概率密度公式,得 T 统计量的密度

$$h(t) = \int_{-\infty}^{+\infty} |z| \varphi(tz) f_Z(z) \mathrm{d}z = \frac{n^{\frac{n}{2}}}{\sqrt{\pi} 2^{\frac{n}{2}} \Gamma\left(\frac{n}{2}\right)} \int_0^{+\infty} z^n \mathrm{e}^{-\frac{(n+t^2)z^2}{2}} \mathrm{d}z$$

$$\xlongequal{s=\frac{(n+t^2)z^2}{2}} \frac{1}{\sqrt{n\pi} \Gamma\left(\frac{n}{2}\right)} \left(1+\frac{t^2}{n}\right)^{-\frac{n+1}{2}} \int_0^{+\infty} s^{\frac{n-1}{2}} \mathrm{e}^{-s} \mathrm{d}s$$

$$= \frac{\Gamma\left(\frac{n+1}{2}\right)}{\sqrt{n\pi} \Gamma\left(\frac{n}{2}\right)} \left(1+\frac{t^2}{n}\right)^{-\frac{n+1}{2}},$$

其中:$\Gamma\left(\dfrac{n+1}{2}\right) = \int_0^{+\infty} s^{\frac{n-1}{2}} \mathrm{e}^{-s} \mathrm{d}s$,即为式(6.2),证毕.

在图 6.9 中可看到 t 分布密度函数 $h(t)$ 的曲线关于纵轴对称,即 $h(-t) = h(t)$,所以 t 分布的密度函数 $h(t)$ 为偶函数.它与标准正态分布的密度函数形状类似,只是峰值比标准正态分布低一些,尾部的概率比标准正态分布的大一些.并且 $h(t)$ 的图形也与自由度 n 有关.

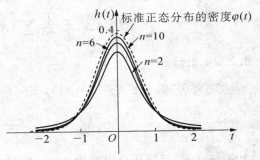

图 6.9 t 分布与标准正态分布密度函数曲线

还有以下一些性质,设 $T \sim t(n)$,则:

(1) 当 $n = 1$ 时,t 分布就是柯西分布,其数学期望不存在;

(2) 当 $n > 1$ 时,t 分布的数学期望存在且为 $E(T) = 0$;

(3) 当 $n > 2$ 时,t 分布的方差存在,且为 $D(T) = n/(n-2)$;

(4) 当 n 较大(如 $n > 40$)时,t 分布可以用 $N(0, 1)$ 分布近似.

t 分布与标准正态分布的微小差别是英国统计学家 Gosset(哥塞特)发现的.Gosset 年轻时在牛津大学研修数学和化学,1899 年开始在一家酿酒厂任技师,从事试验和数据分析工作.由于 Gosset 接触的样本容量都较小,只有 4 或 5 个,通过大量试验数据的积累,他发现 $T = \dfrac{\overline{X} - \mu}{S/\sqrt{n-1}}$ 的分布与 $N(0, 1)$ 分布并不同,特别是尾部概率相差较大.由此 Gosset 怀疑是否还有另一个分布族存在?通过深入研究,他证明了 t 分布,并于 1908 年以"Student"的笔名发表了此项研究结果,故后人把 t 分布亦称为学生氏分布.t 分布的发现打破了正态分布一统天下的局面,开创了小样本统计推断的新时代.

当随机变量 $T \sim t(n)$ 时，称满足 $P(T > t_\alpha(n)) = \alpha$ 的 $t_\alpha(n)$ 为 t 分布的单侧 α 分位点（见图 6.10）.

利用 t 分布的对称性，可得 t 分布分位点的一个性质：

$$t_{1-\alpha}(n) = -t_\alpha(n)$$

当 $n > 45$ 时，有 $t_\alpha(n) \approx u_\alpha$. 例如 $n = 10$，$\alpha = 0.05$ 时，从 t 分布表上查得

$$t_{0.05}(10) = 1.812\,5,\ t_{0.95}(10)$$
$$= -t_{0.05}(10) = -1.812\,5,$$
$$t_{0.05}(50) \approx u_{0.05} = 1.645.$$

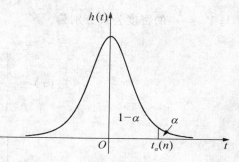

图 6.10　t 分布的单侧 α 分位点

例 6.13　设总体 $X \sim N(0, \sigma^2)$，(X_1, X_2, X_3, X_4) 为总体 X 的一个样本. 令

$$Y = \frac{\sqrt{3}\,X_4}{\sqrt{X_1^2 + X_2^2 + X_3^2}},$$

求：(1)Y 的分布；(2)$E(Y)$.

解　(1) 设 $U = \dfrac{X_4}{\sigma} \sim N(0, 1)$，$V = \dfrac{1}{\sigma^2}\sum\limits_{i=1}^{3}X_i^2 \sim \chi^2(3)$，又 U 与 V 相互独立，则由 t 分布的定义可得：

$$Y = \frac{U}{\sqrt{V/3}} = \frac{\sqrt{3}\,X_4}{\sqrt{X_1^2 + X_2^2 + X_3^2}} \sim t(3).$$

(2) 由 t 分布密度函数的对称性，得 $E(Y) = 0$.

6.2.3　F 分布

定义 6.11　设 $U \sim \chi^2(m)$，$V \sim \chi^2(n)$，且 X 与 Y 相互独立，则称

$$F = \frac{U/m}{V/n}$$

为 F 统计量，且服从第一自由度为 m 和第二自由度为 n 的 F 分布，记作 $F \sim F(m, n)$.

定理 6.3　由定义 6.11 的 F 统计量的密度函数

$$f(z) = \begin{cases} \dfrac{\Gamma\left(\dfrac{m+n}{2}\right)}{\Gamma\left(\dfrac{m}{2}\right)\Gamma\left(\dfrac{n}{2}\right)}\left(\dfrac{m}{n}\right)^{\frac{m}{2}}z^{\frac{m}{2}-1}\left(1+\dfrac{m}{n}z\right)^{-\frac{m+n}{2}}, & z > 0, \\ 0, & z \leqslant 0. \end{cases} \tag{6.3}$$

证 已知 $U \sim \chi^2(m)$ 和 $V \sim \chi^2(n)$,由随机变量函数分布的密度公式,得 $X = \dfrac{U}{m}$ 与 $Y = \dfrac{V}{n}$ 的密度公式分别为

$$f_X(x) = \begin{cases} \dfrac{m^{\frac{m}{2}} x^{\frac{m}{2}-1} \mathrm{e}^{-\frac{mx}{2}}}{2^{\frac{m}{2}} \Gamma\left(\dfrac{m}{2}\right)}, & x > 0, \\ 0, & x \leqslant 0; \end{cases}$$

$$f_Y(y) = \begin{cases} \dfrac{n^{\frac{n}{2}} y^{\frac{n}{2}-1} \mathrm{e}^{-\frac{ny}{2}}}{2^{\frac{n}{2}} \Gamma\left(\dfrac{n}{2}\right)}, & y > 0, \\ 0, & y \leqslant 0. \end{cases}$$

又 $X = \dfrac{U}{m}$ 与 $Y = \dfrac{V}{n}$ 相互独立,由相互独立随机变量商的概率密度公式,得 $F = \dfrac{X}{Y}$ 的密度函数

$$f(z) = \int_{-\infty}^{+\infty} |y| f_X(zy) f_Y(y) \mathrm{d}y = \frac{n^{\frac{n}{2}}}{2^{\frac{n}{2}} \Gamma\left(\dfrac{n}{2}\right)} \int_0^{+\infty} y^{\frac{n}{2}} \mathrm{e}^{-\frac{ny}{2}} f_X(zy) \mathrm{d}y,$$

其中:

$$f_X(zy) = \begin{cases} \dfrac{m^{\frac{m}{2}} (zy)^{\frac{m}{2}-1} \mathrm{e}^{-\frac{mx}{2}}}{2^{\frac{m}{2}} \Gamma\left(\dfrac{m}{2}\right)}, & zy > 0, \\ 0, & zy \leqslant 0, \end{cases}$$

所以,当 $z \leqslant 0$ 时,$f(z) = 0$;当 $z > 0$ 时

$$f(z) = \frac{n^{\frac{n}{2}}}{2^{\frac{n}{2}} \Gamma\left(\dfrac{n}{2}\right)} \int_0^{+\infty} y^{\frac{n}{2}} \mathrm{e}^{-\frac{ny}{2}} \frac{m^{\frac{m}{2}} (zy)^{\frac{m}{2}-1} \mathrm{e}^{-\frac{mzy}{2}}}{2^{\frac{m}{2}} \Gamma\left(\dfrac{m}{2}\right)} \mathrm{d}y$$

$$= \frac{m^{\frac{m}{2}} n^{\frac{n}{2}} z^{\frac{n}{2}-1}}{2^{\frac{m+n}{2}} \Gamma\left(\dfrac{m}{2}\right) \Gamma\left(\dfrac{n}{2}\right)} \int_0^{+\infty} y^{\frac{m+n}{2}-1} \mathrm{e}^{-\frac{(m+nz)y}{2}} \mathrm{d}y$$

$$\overset{s=\frac{(m+nz)y}{2}}{=} \frac{m^{\frac{m}{2}} n^{\frac{n}{2}} z^{\frac{n}{2}-1}}{2^{\frac{m+n}{2}} \Gamma\left(\dfrac{m}{2}\right) \Gamma\left(\dfrac{n}{2}\right)} \left(\frac{2}{m+nz}\right)^{\frac{m+n}{2}} \int_0^{+\infty} s^{\frac{m+n}{2}-1} \mathrm{e}^{-s} \mathrm{d}s$$

$$= \frac{\Gamma\left(\dfrac{m+n}{2}\right)}{\Gamma\left(\dfrac{m}{2}\right)\Gamma\left(\dfrac{n}{2}\right)}\left(\frac{m}{n}\right)^{\frac{m}{2}} z^{\frac{m}{2}-1}\left(1+\frac{m}{n}z\right)^{-\frac{m+n}{2}},$$

其中：$\Gamma\left(\dfrac{m+n}{2}\right) = \displaystyle\int_0^{+\infty} s^{\frac{m+n}{2}-1} e^{-s}\mathrm{d}s$，即为式（6.3），证毕.

由图 6.11 可见 $f(z)$ 的密度函数图形与第一自由度 m 与第二自由度 n 都有关.

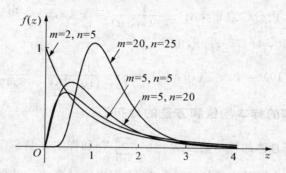

图 6.11　F 分布密度函数曲线

由定义 6.11 知 F 分布有如下性质：

性质　若 $F \sim F(m, n)$，则 $\dfrac{1}{F} \sim F(n, m)$.

当随机变量 $F \sim F(m, n)$ 时，称满足 $P(F > F_\alpha(m, n)) = \alpha$ 的 $F_\alpha(m, n)$ 为 F 分布的 α 单侧分位点（见图 6.12）.

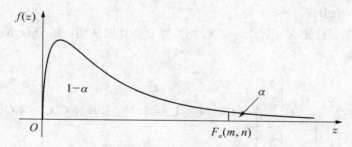

图 6.12　F 分布的 α 单侧分位点

F 分布的分位点有以下性质：
性质

$$F_{1-\alpha}(m, n) = \frac{1}{F_\alpha(n, m)}.$$

证　设 $F \sim F(m, n)$，由分位点定义

$$1 - \alpha = P(F > F_{1-\alpha}(m, n)) = P\left(\frac{1}{F} \leqslant \frac{1}{F_{1-\alpha}(m, n)}\right)$$

$$= 1 - P\left(\frac{1}{F} > \frac{1}{F_{1-\alpha}(m, n)}\right) = 1 - P\left(\frac{1}{F} \geqslant \frac{1}{F_{1-\alpha}(m, n)}\right)$$

$$\Rightarrow P\left(\frac{1}{F} \geqslant \frac{1}{F_{1-\alpha}(m, n)}\right) = \alpha,$$

由于 $\frac{1}{F} \sim F(n, m)$,由分位点定义有 $\frac{1}{F_{1-\alpha}(m, n)} = F_\alpha(n, m)$,得证.

例 由 $F_{0.05}(10, 16) = 2.49$,得

$$F_{0.95}(16, 10) = F_{1-0.05}(16, 10) = \frac{1}{F_{0.05}(10, 16)} = \frac{1}{2.49} = 0.401\,6.$$

6.2.4 正态总体的样本均值和方差的分布

来自一般正态总体的样本均值 $\overline{X} = \frac{1}{n}\sum_{i=1}^{n}X_i$ 和样本方差 $S^2 = \frac{1}{n-1}\sum_{i=1}^{n}(X_i - \overline{X})^2$ 的抽样分布是应用最广泛的抽样分布,下面以定理形式予以介绍.

定理 6.4 设 $(X_1, X_2, \cdots, X_n)$ 为来自总体 $N(\mu, \sigma^2)$ 的一个样本,则

(1) $\overline{X} \sim N\left(\mu, \dfrac{\sigma^2}{n}\right)$;

(2) $\dfrac{(n-1)S^2}{\sigma^2} \sim \chi^2(n-1)$;

(3) 样本均值 $\overline{X}$ 与样本方差 S^2 相互独立.

先证明一个引理.

引理 6.1 已知 $X_1, X_2, \cdots, X_n$ 相互独立并且服从同一的分布 $X_i \sim N(0, 1)$,若作正交变换

$$\boldsymbol{Y} = \begin{pmatrix} Y_1 \\ Y_2 \\ \vdots \\ Y_n \end{pmatrix} = \boldsymbol{C}\begin{pmatrix} X_1 \\ X_2 \\ \vdots \\ X_n \end{pmatrix} = \boldsymbol{CX},\text{其中 } \boldsymbol{C} = (c_{ij})_{n \times n},\text{并且 } \boldsymbol{C}^{\mathrm{T}}\boldsymbol{C} = \boldsymbol{CC}^{\mathrm{T}} = \boldsymbol{E},$$

则(1)$Y_1, Y_2, \cdots, Y_n$ 相互独立并且服从同一的分布 $Y_i \sim N(0, 1)$;(2)Y_1 与 $g(Y_2, Y_3, \cdots, Y_n) = \sum_{i=2}^{n}Y_i^2$ 相互独立.

证 由已知条件得 $(X_1, X_2, \cdots, X_n)$ 的联合密度

$$f_1(x_1, x_2, \cdots, x_n) = \prod_{i=1}^{n}\varphi(x_i) = \left(\frac{1}{\sqrt{2\pi}}\right)^n \mathrm{e}^{-\frac{1}{2}\sum_{i=1}^{n}x_i^2}.$$

设正交变换为

$$\boldsymbol{y} = \begin{pmatrix} y_1 \\ y_2 \\ \vdots \\ y_n \end{pmatrix} = \boldsymbol{C} \begin{pmatrix} x_1 \\ x_2 \\ \vdots \\ x_n \end{pmatrix} = \boldsymbol{C}\boldsymbol{x} \text{,其中} \boldsymbol{C} = (c_{ij})_{n \times n} \text{,并且} \boldsymbol{C}^{\mathrm{T}}\boldsymbol{C} = \boldsymbol{C}\boldsymbol{C}^{\mathrm{T}} = \boldsymbol{E} \text{,}$$

解得 $\boldsymbol{x} = \boldsymbol{C}^{-1}\boldsymbol{y} = \boldsymbol{C}^{\mathrm{T}}\boldsymbol{y}$，此时 Jacobi 行列式为

$$J = \frac{\partial(x_1, x_2, \cdots, x_n)}{\partial(y_1, y_2, \cdots, y_n)} = |\boldsymbol{C}^{-1}| = 1,$$

并且有

$$\sum_{i=1}^{n} y_i^2 = \boldsymbol{y}^{\mathrm{T}}\boldsymbol{y} = \boldsymbol{x}^{\mathrm{T}}\boldsymbol{C}^{\mathrm{T}}\boldsymbol{C}\boldsymbol{x} = \boldsymbol{x}^{\mathrm{T}}\boldsymbol{x} = \sum_{i=1}^{n} x_i^2,$$

因此得 $(Y_1, Y_2, \cdots, Y_n)$ 的联合密度

$$f_2(y_1, y_2, \cdots, y_n) = f_1(x_1(y_1, y_2, \cdots, y_n), \cdots, x_n(y_1, y_2, \cdots, y_n)) |J|$$

$$= \left(\frac{1}{\sqrt{2\pi}}\right)^n \mathrm{e}^{-\frac{1}{2}\sum_{i=1}^{n} x_i^2} = \left(\frac{1}{\sqrt{2\pi}}\right)^n \mathrm{e}^{-\frac{1}{2}\sum_{i=1}^{n} y_i^2} = \prod_{i=1}^{n} \varphi(y_i).$$

根据随机变量相互独立的定义,得 $Y_1, Y_2, \cdots, Y_n$ 相互独立并且服从同一的分布 $Y_i \sim N(0, 1)$,显然有 Y_1 与 $g(Y_2, Y_3, \cdots, Y_n) = \sum_{i=2}^{n} Y_i^2$ 是相互独立的.

证(定理 6.4 的证明)　令

$$Y_i = \frac{X_i - \mu}{\sigma}, \ i = 1, 2, \cdots, n,$$

则 $Y_1, Y_2, \cdots, Y_n$ 相互独立并且服从同一的分布 $Y_i \sim N(0, 1)$,作正交变换

$$\boldsymbol{Z} = \begin{pmatrix} Z_1 \\ Z_2 \\ \vdots \\ Z_n \end{pmatrix} = \boldsymbol{C} \begin{pmatrix} Y_1 \\ Y_2 \\ \vdots \\ Y_n \end{pmatrix} \text{,其中} \boldsymbol{C} = \begin{pmatrix} \frac{1}{\sqrt{n}} & \cdots & \frac{1}{\sqrt{n}} \\ c_{21} & \cdots & c_{2n} \\ \vdots & & \vdots \\ c_{n1} & \cdots & c_{nn} \end{pmatrix}_{n \times n} \text{,} \boldsymbol{C}^{\mathrm{T}}\boldsymbol{C} = \boldsymbol{C}\boldsymbol{C}^{\mathrm{T}} = \boldsymbol{E} \text{,}$$

并且有

$$Z_1 = \frac{1}{\sqrt{n}}(Y_1 + \cdots + Y_n) = \frac{1}{\sqrt{n}} \sum_{i=1}^{n} Y_i = \sqrt{n}\,\overline{Y}.$$

由引理 6.1 可知,Z_1,Z_2,$\cdots$,Z_n 相互独立并且服从同一的分布 $Z_i \sim N(0,1)$ 以及 Z_1 与 $\sum\limits_{i=2}^{n} Z_i^2$ 也相互独立.

(1) 由

$$\frac{\overline{X} - \mu}{\sigma/\sqrt{n}} = \frac{\frac{1}{n}[(X_1 + \cdots + X_n) - n\mu]}{\sigma/\sqrt{n}} = \sqrt{n}\,\frac{1}{n}\left[\left(\frac{X_1 - \mu}{\sigma}\right) + \cdots + \left(\frac{X_n - \mu}{\sigma}\right)\right]$$

$$= \frac{1}{\sqrt{n}} \sum_{k=1}^{n} Y_k = Z_1 \sim N(0,1),$$

得 $\overline{X} \sim N\left(\mu, \dfrac{\sigma^2}{n}\right)$.

(2) 由

$$\frac{(n-1)S^2}{\sigma^2} = \sum_{i=1}^{n}\left(\frac{X_i - \mu}{\sigma} - \frac{\overline{X} - \mu}{\sigma}\right)^2 = \sum_{i=1}^{n}(Y_i - \overline{Y})^2$$

$$= \sum_{i=1}^{n} Y_i^2 - n\overline{Y}^2 = \sum_{i=1}^{n} Z_i^2 - Z_1^2 = \sum_{i=2}^{n} Z_i^2,$$

又 $Z_i \sim N(0,1)$,得 $\dfrac{(n-1)S^2}{\sigma^2} \sim \chi^2(n-1)$.

(3) 由于 $Z_1 = \dfrac{\overline{X} - \mu}{\sigma/\sqrt{n}}$ 与 $\sum\limits_{i=2}^{n} Z_i^2 = \dfrac{(n-1)S^2}{\sigma^2}$ 是相互独立的,因此得到 $\overline{X}$ 与 $\dfrac{(n-1)S^2}{\sigma^2}$ 相互独立.

推论 6.1 $\dfrac{\overline{X} - \mu}{S/\sqrt{n}} \sim t(n-1)$.

证 由定理 6.4 得

$$\frac{\overline{X} - \mu}{\sigma/\sqrt{n}} \sim N(0,1), \quad \frac{(n-1)S^2}{\sigma^2} \sim \chi^2(n-1),$$

且两者相互独立,由定义 6.11 可知

$$T = \frac{\dfrac{\overline{X} - \mu}{\sigma/\sqrt{n}}}{\sqrt{\dfrac{(n-1)S^2/\sigma^2}{n-1}}} = \frac{\overline{X} - \mu}{S/\sqrt{n}} \sim t(n-1).$$

推论 6.2 设 $(X_1,X_2,\cdots,X_m)$ 与 $(Y_1,Y_2,\cdots,Y_n)$ 为来自总体 $N(\mu_1,\sigma_1^2)$ 和

$N(\mu_2, \sigma_2^2)$的样本,且两样本之间相互独立. 记

$$S_1^2 = \frac{1}{m-1} \sum_{i=1}^{m} (X_i - \overline{X})^2, \ S_2^2 = \frac{1}{n-1} \sum_{i=1}^{n} (X_i - \overline{X})^2,$$

则

(1) $F = \dfrac{S_1^2}{S_2^2} \cdot \dfrac{\sigma_2^2}{\sigma_1^2} \sim F(m-1, n-1)$;

(2) 若 $\sigma_1^2 = \sigma_2^2 = \sigma^2$,则

$$T = \frac{\overline{X} - \overline{Y} - (\mu_1 - \mu_2)}{S_W \sqrt{\dfrac{1}{m} + \dfrac{1}{n}}} \sim t(m+n-2),$$

其中:

$$S_W^2 = \frac{(m-1)S_1^2 + (n-1)S_2^2}{m+n-2}.$$

证　(1) 由已知条件,得$\dfrac{(m-1)S_1^2}{\sigma_1^2}$与$\dfrac{(n-1)S_2^2}{\sigma_2^2}$相互独立并且

$$\frac{(m-1)S_1^2}{\sigma_1^2} \sim \chi^2(m-1), \frac{(n-1)S_2^2}{\sigma_2^2} \sim \chi^2(n-1).$$

从而由定理 6.3 知

$$F = \frac{\dfrac{(m-1)S_1^2}{\sigma_1^2} \Big/ (m-1)}{\dfrac{(n-1)S_2^2}{\sigma_2^2} \Big/ (n-1)} = \frac{S_1^2}{S_2^2} \cdot \frac{\sigma_2^2}{\sigma_1^2} \sim F(m-1, n-1);$$

(2) 由定理 6.4(1)知

$$\overline{X} - \overline{Y} \sim N\left(\mu_1 - \mu_2, \left(\frac{1}{m} + \frac{1}{n}\right)\sigma^2\right),$$

故

$$Q = \frac{\overline{X} - \overline{Y} - (\mu_1 - \mu_2)}{\sigma \sqrt{\dfrac{1}{m} + \dfrac{1}{n}}} \sim N(0, 1).$$

又由定理 6.4(2)以及 χ^2 分布的可加性,得

$$R = \frac{(m-1)S_1^2 + (n-1)S_2^2}{\sigma^2} \sim \chi^2(m+n-2)$$

最后根据定理 6.4(3)知 Q 与 R 相互独立,从而由定理 6.2 得

$$T = \frac{\overline{X} - \overline{Y} - (\mu_1 - \mu_2)}{S_w \sqrt{\dfrac{1}{m} + \dfrac{1}{n}}} = \frac{Q}{\sqrt{R/(m+n-2)}} \sim t(m+n-2).$$

例 6.14 设总体 $X \sim N(\mu, \sigma^2)$,$(X_1, X_2, \cdots, X_n)$ 为总体 X 的一个样本.令

$$Y = \frac{\overline{X} - \mu}{S_n} \sqrt{n-1},$$

其中:$S_n^2 = \dfrac{1}{n} \displaystyle\sum_{i=1}^{n} (X_i - \overline{X})^2$,求:(1)$Y$ 的分布;(2)$E(Y)$.

解 (1) 由 $E(\overline{X}) = \mu$,$D(\overline{X}) = \dfrac{\sigma^2}{n}$,得 $\dfrac{\overline{X} - \mu}{\sigma/\sqrt{n}} \sim N(0, 1)$,由定理 6.4 得

$$\frac{nS_n^2}{\sigma^2} = \frac{(n-1)S^2}{\sigma^2} \sim \chi^2(n-1).$$

由 T 分布定义

$$\frac{\dfrac{\overline{X} - \mu}{\sigma/\sqrt{n}}}{\sqrt{\dfrac{nS_n^2}{\sigma^2(n-1)}}} = \frac{\overline{X} - \mu}{S_n} \sqrt{n-1} = Y \sim t(n-1).$$

(2) 由 t 分布的对称性,得 $E(Y) = 0$.

例 6.15 设某品牌计算机的使用寿命 $X \sim N(5\,000, \sigma^2)$(单位:小时),现抽得容量为 16 的样本,算得样本均方差 $s = 800$,计算 $P(\overline{X} \geqslant 4\,600)$.

解 本题 σ^2 未知,用 S^2 代替 σ^2,由推论 6.1 得统计量

$$T = \frac{\overline{X} - \mu}{S/\sqrt{n}} = \frac{\overline{X} - 5\,000}{800/\sqrt{16}} = \frac{\overline{X} - 5\,000}{200} \sim t(15),$$

于是

$$P(\overline{X} \geqslant 4\,600) = P\left(\frac{\overline{X} - 5\,000}{200} \geqslant \frac{4\,600 - 5\,000}{200}\right) = P(T \geqslant -2)$$

$$= 1 - P(T < -2).$$

由 t 分布的对称性得 $P(T < -2) = P(T > 2)$.

令 $t_a(15) = 2$,查 t 分布表得

$$t_{0.05}(15) = 1.753\,1, \quad t_{0.025}(15) = 2.131\,5.$$

显然有 $0.025 < \alpha < 0.05$，由插值得 $\alpha = 0.033$，即 $P(T > 2) = 0.033$，从而

$$P(\overline{X} \geqslant 4\,600) = 1 - P(T < -2) = 1 - P(T > 2) = 0.967.$$

习　题　6

1. 为了了解金融学专业本科生就业后的薪水情况，某高校就业办公室调查了某地区 48 名两年前毕业的金融专业本科生现在的月薪情况.

（1）该项研究的总体是什么？

（2）该项研究的样本是什么？

（3）该项研究的样本容量是多少？

2. 某大学根据毕业生回校参加校庆活动时填写的基本情况登记表，宣布该校毕业生的年平均工资为 9 万人民币，你对此有何评论？

3. 设 $(X_1, X_2, \cdots, X_n)$ 为总体 $X \sim B(N, p)$ 的样本，其中 N 为某正整数，$p \in (0, 1)$ 未知，

（1）写出 $(X_1, X_2, \cdots, X_n)$ 的样本空间；

（2）求 $(X_1, X_2, \cdots, X_{10})$ 的联合分布列；

（3）计算 $E(\overline{X})$，$D(\overline{X})$，$E(S^2)$.

4. 设 $(X_1, X_2, \cdots, X_n)$ 为总体 $X \sim N(\mu, 36)$ 的样本，问样本容量 n 多大时才能使得样本均值 $\overline{X}$ 与 μ 的差的绝对值小于 1 的概率不小于 95%？

5. 设 $(X_1, X_2, \cdots, X_n)$ 为总体 $X \sim U(-1, 4)$ 的样本，计算 $E(\overline{X})$，$D(\overline{X})$.

6. 设总体二阶矩存在，$(X_1, X_2, \cdots, X_n)$ 为取自某总体的样本，求 $X_i - \overline{X}$ 与 $X_j - \overline{X}$ 的相关系数，并予以解释.

7. 由正态总体 $N(20, 3)$ 抽取两个独立样本，样本均值分别为 $\overline{X}$，$\overline{Y}$，样本容量分别为 10，15. 计算 $P(|\overline{X} - \overline{Y}| > 0.3)$.

8. 设 (X_1, X_2, X_3, X_4) 为来自正态总体 $N(\mu, \sigma^2)$ 的一个样本，其中 μ 未知，σ^2 已知. 指出下列随机变量中哪些是统计量？哪些是顺序统计量？

（1）$(X_1, X_2 - X_4, X_3 + X_4)^T$；　　　　（2）$\min\{X_1, X_2, X_3, X_4\}$；

（3）$\max\{X_2, X_4\}$；　　　　（4）$\sum\limits_{i=1}^{4}(X_i - \mu)^2$；

（5）$\sum\limits_{i=1}^{4}\dfrac{X_i^2}{\sigma^2}$；　　　　（6）$\dfrac{1}{\sigma}(\overline{X} - \mu)^2$；

（7）$\dfrac{1}{2}(X_{(2)} + X_{(3)})$；　　　　（8）$\dfrac{1}{\sigma}X_{(3)}$.

9. 设 $(X_1, X_2, \cdots, X_n)$ 来自指数分布 $Exp(\lambda)$ 的总体，求顺序统计量 $X_{(1)}$ 和 $X_{(n)}$ 的数学期望.

10. 证明：（1）当 $a = \overline{X}$ 时，$\sum\limits_{i=1}^{n}(X_i - a)^2$ 达到最小；

(2) $\sum_{i=1}^{n}(X_i - \overline{X})^2 = \sum_{i=1}^{n} X_i^2 - n\overline{X}^2$.

11. 随机地从一批钉子中取 12 枚,测得其长度(cm)为

   2.11   2.10   2.12   2.13   2.10   2.11   2.10   2.11   2.10   2.11   2.11   2.12

(1) 求样本均值 $\overline{x}$,样本中位数 $\widetilde{x}$;

(2) 试由这批数据构造经验分布函数 $F_n(x)$ 并作图.

12. 下表是理科试点班 20 位学生"数学分析"考试成绩整理后得到的分组样本

组　　序	1	2	3	4	5
分组区间	$[48, 58]$	$(58, 68]$	$(68, 78]$	$(78, 88]$	$(88, 98]$
频　　数	3	4	8	3	2

试画出此分组样本的频数直方图.

13. 下面是某地 80 名 11 岁男孩体重(kg)表:

   53   45   44   47   40   49   50   48   46   45

   47   51   48   39   46   42   47   43   45   49

   46   43   45   60   43   44   43   41   49   47

   45   46   48   41   46   48   45   44   51   42

   51   44   46   45   38   47   45   52   47   40

   49   41   48   47   49   44   45   39   36   41

   47   37   47   50   45   47   42   42   46   47

   49   46   42   43   44   45   48   52   50   46

(1) 构造该批数据的频数分布表(分 6 组);

(2) 作出频数直方图和频率直方图.

14. 从正态总体 $N(\mu, 0.25)$ 中抽取样本 $(X_1, X_2, \cdots, X_{10})$,

(1) 已知 $\mu = 0$,求概率 $P(\sum_{i=1}^{10} X_i^2 \geqslant 4)$;

(2) μ 未知,求概率 $P(\sum_{i=1}^{10}(X_i - \overline{X})^2 \geqslant 4.229\,8)$.

15. 设 (X_1, X_2, X_3, X_4) 为来自正态总体 $N(0, 4)$ 的一个样本,求常数 a, b,使得随机变量

$$Y = a(X_1 - 2X_2)^2 + b(3X_3 - 4X_4)^2$$

服从 χ^2 分布.

16. 设 $(X_1, X_2, \cdots, X_9)$ 为来自正态总体 $N(0, 1)$ 的一个样本,求:

(1) 统计量 $Y = \frac{1}{3}(\sum_{i=1}^{3} X_i)^2 + \frac{1}{6}(\sum_{i=4}^{9} X_i)^2$ 的概率分布;

(2) $E(Y)$,$E(Y^2)$.

17. 设 $(X_1, X_2, \cdots, X_6)$ 为来自正态总体 $X \sim N(0, \sigma^2)$ 的一个样本,求统计量

$$Y = \frac{X_1 + X_3 + X_5}{\sqrt{X_2^2 + X_4^2 + X_6^2}}$$

的概率分布.

18. 设 $(X_1, X_2, \cdots, X_n)$ 为来自正态总体 $X \sim N(\mu, \sigma^2)$ 的一个样本,X_{n+1} 是对总体 X 的又一次独立观测,求统计量 $Y = \dfrac{X_{n+1} - \overline{X}}{S} \sqrt{\dfrac{n}{n+1}}$ 的概率分布.

19. 设随机变量 $X \sim F(12, 12)$,求 $P(X > 1)$.

20. 设 $(X_1, X_2, \cdots, X_n)$ 为来自正态总体 $N(0, 1)$ 的一个样本,求下列统计量的分布:

(1) $Y = \left(\dfrac{X_1 + X_2}{X_1 - X_2}\right)^2$;　　(2) $Z = (n-1)X_1^2 / \sum\limits_{i=2}^{n} X_i^2$.

21. 设 (X_1, X_2) 为来自正态总体 $N(0, 1)$ 的一个样本,试求常数 k,使得

$$P\left(\frac{(X_1 + X_2)^2}{(X_1 - X_2)^2 + (X_1 + X_2)^2} > k\right) = 0.05.$$

22. 设 $(X_1, X_2, \cdots, X_n)$ 为来自总体的一个样本,且总体的分布函数 $F(x)$ 是严格单调增的连续函数,证明统计量 $W = -2 \sum\limits_{i=1}^{n} \ln F(X_i) \sim \chi^2(2n)$.

23. 若 $X \sim t(n)$,$Y = X^2$,证明 $[t_{1-\frac{\alpha}{2}}(n)]^2 = F_\alpha(1, n)$.

24. 设总体 $X \sim Exp(\lambda)$,$\overline{X}$ 为取自总体 X 的样本 $(X_1, X_2, \cdots, X_n)$ 的均值,证明 $2n\lambda \overline{X} \sim \chi^2(2n)$.

第 7 章

参 数 估 计

从总体 X 抽取样本以后，通过样本来推断总体的分布或者总体的分布中的某些未知参数，这些问题称为**统计推断问题**，是数理统计中非常重要的一个内容．统计推断问题可分成两大类，一类是**参数估计问题**，另一类是**假设检验问题**．本章介绍总体参数的点估计法和区间估计法．

7.1 点 估 计 法

我们时常会遇到总体的分布 $F(x；\theta)$ 已经知道了，但其中有未知参数 θ．例如，在选举前为了要估计某候选人的得票率 θ，而进行电话抽样调查．若被调查到的选民支持该候选人记为 1，不支持记为 0，此时 X 服从参数为 $\theta（0<\theta<1）$ 的 $0-1$ 分布，其中 θ 未知．又如，要评估一所中学初三学生的身体素质，身高是身体素质的一个重要的指标．而身高 X 服从正态分布 $N(\theta_1，\theta_2^2)$，其中 $\theta_1，\theta_2$ 为未知参数．

那么如何估计未知参数呢？一般地，已知总体 X 的分布 $F(x；\theta)$，其中 $\theta=(\theta_1，\theta_2，\cdots，\theta_k)$ 为未知，然后利用从总体 X 抽取到的一个样本 $(X_1，X_2，\cdots，X_n)$ 所提供的信息，来估计未知参数 θ．若从样本 $(X_1，X_2，\cdots，X_n)$ 出发可构造一个样本的函数 $\hat{\theta}=\hat{\theta}(X_1，X_2，\cdots，X_n)$ 来取代未知参数 θ 的话，那么这种方法称为**点估计问题**．$\hat{\theta}=\hat{\theta}(X_1，X_2，\cdots，X_n)$ 称为未知参数 θ 的**估计量**．对于一次抽取得到观察值 $(x_1，x_2，\cdots，x_n)$ 代入 $\hat{\theta}$ 后，称 $\hat{\theta}=\hat{\theta}(x_1，x_2，\cdots，x_n)$ 为未知参数 θ 的**估计值**，在不至于混淆的情况下可统称为 θ 的**估计**．以下介绍几种常用的点估计方法．

7.1.1 频率替换法

设 μ_n 是 n 重 Bernoulli 试验中事件 A 发生的次数并且一次试验中事件 A 的概率 $p=P(A)$，由 Bernoulli 大数定理可知，对任意的 $\varepsilon>0$ 有

$$\lim_{n\to\infty}P\left(\left|\frac{\mu_n}{n}-p\right|<\varepsilon\right)=1,$$

因此当 n 较大时（$n\geqslant50$），可用频率 $\dfrac{\mu_n}{n}$ 作为未知参数 p 的估计，此种方法称为**频率替换法**．

例 7.1 有一批产品要出厂，检验工程师要估计出这批产品的次品率 θ，以便判

断该批产品是否可以出厂.

解 检验工程师采取的是每次随机取一件产品经检验后再放回的抽样方法,共取 n 件.设

$$X_i = \begin{cases} 1, & \text{第 } i \text{ 次抽到次品}, \\ 0, & \text{其他}, \end{cases} \quad i = 1, 2, \cdots, n;$$

则 n 次抽取中所得到的次品的总数为 $\mu_n = \sum_{i=1}^{n} X_i$,频率是 $\dfrac{\mu_n}{n} = \dfrac{1}{n} \sum_{i=1}^{n} X_i = \overline{X}$. 当 n

较大时,根据频率替换法得到次品率 θ 的估计量 $\hat{\theta} = \dfrac{1}{n} \sum_{i=1}^{n} X_i = \overline{X}$. 一次抽取得到

观察值 $(x_1, x_2, \cdots, x_n)$,代入得到次品率 θ 的估计值 $\hat{\theta} = \dfrac{1}{n} \sum_{i=1}^{n} x_i = \overline{x}$.

7.1.2 顺序统计量法

设 $(X_1, X_2, \cdots, X_n)$ 为来自总体 X 的一个样本,且

$$(X_{(1)}, X_{(2)}, \cdots, X_{(n)})$$

为样本的顺序统计量,其中 $X_{(1)} = \min\limits_{1 \leqslant k \leqslant n} \{X_k\}$ 称最小顺序统计量,$X_{(n)} = \max\limits_{1 \leqslant k \leqslant n} \{X_k\}$ 称最大顺序统计量. 则**样本中位数**的定义是

$$\widetilde{X} = \begin{cases} X_{\left(\frac{n+1}{2}\right)}, & n \text{ 为奇数}, \\ \dfrac{1}{2}\left[X_{\left(\frac{n}{2}\right)} + X_{\left(\frac{n}{2}+1\right)}\right], & n \text{ 为偶数}, \end{cases}$$

它的值为

$$\widetilde{x} = \begin{cases} x_{\left(\frac{n+1}{2}\right)}, & n \text{ 为奇数}, \\ \dfrac{1}{2}\left[x_{\left(\frac{n}{2}\right)} + x_{\left(\frac{n}{2}+1\right)}\right], & n \text{ 为偶数}. \end{cases}$$

样本中位数与样本均值一样是刻画样本平均取值的数字特征. 若在样本中有个别的分量出现异常值的话,那么中位数比均值更具有代表性.

样本极差的定义为

$$R = X_{(n)} - X_{(1)} = \max\limits_{1 \leqslant k \leqslant n} \{X_k\} - \min\limits_{1 \leqslant k \leqslant n} \{X_k\},$$

它的值为

$$r = x_{(n)} - x_{(1)} = \max\limits_{1 \leqslant k \leqslant n} \{x_k\} - \min\limits_{1 \leqslant k \leqslant n} \{x_k\}.$$

样本极差反映了样本值的变化幅度或离散程度的数字特征,其功能与方差类似. 对于总体 X 无论服从什么分布,都可以用中位数 $\widetilde{X}$ 作为总体均值 $\mu = E(X)$ 的估计

量,用极差 R 可作为总体均方差 $\sigma = \sqrt{D(X)}$ 的估计量.此种方法称顺序统计量估计法.这种方法简单实用,但精度较差.

例 7.2　一面粉厂用自动生产线包装面粉.现在一批产品中随机抽取 10 袋,测得重量(单位:kg)如下:

$$25.3 \quad 24.7 \quad 24 \quad 24.8 \quad 25.4 \quad 25.0 \quad 24.9 \quad 24.6 \quad 25.2 \quad 25.1$$

试用顺序统计量法分别估计总体均值和方差.

解　由测得观察值,算得总体均值 μ 和均方差 σ 的估计值为

$$\hat{\mu} = \widetilde{x} = \frac{1}{2}(24.9 + 25.0) = 24.95,$$

$$\hat{\sigma} = r = 25.4 - 24 = 1.4.$$

7.1.3　矩估计法

由大数定律可知,样本矩依概率收敛于总体矩.也就是说,只要样本容量 n 较大时,可用样本矩来作为相应总体矩的估计.即用样本的 k 阶原点矩 $A_k = \frac{1}{n}\sum_{i=1}^{n} X_i^k$ 估计总体 k 阶原点矩 $E(X^k)$,同时也可用样本的 k 阶中心矩 $B_k = \frac{1}{n}\sum_{i=1}^{n}(X_i - \overline{X})^k$ 估计总体 k 阶中心矩 $E[(X - E(X))^k]$,由此可得到未知参数 θ 的估计量,此种方法称**矩估计法**.矩估计法得到的估计量称为**矩估计量**,同样矩估计法得到的估计值称为**矩估计值**.矩估计法最早是由英国统计学家 K. Pearson(K. 皮尔逊)在 1894 年提出的.

矩估计法的具体计算方法是(连续型随机变量为例,同理可推到离散型随机变量的情形):

(1) 设总体 X 为连续随机变量,其密度为:

$$f(x; \theta_1, \theta_2, \cdots, \theta_k), \theta_r \text{ 为未知参数}, r = 1, 2, \cdots, k;$$

(2) 因为有 k 个未知参数,要求出总体 X 的 1 阶到 k 阶原点矩:

$$\begin{cases} \mu_1 = E(X) = \int_{-\infty}^{+\infty} x f(x; \theta_1, \theta_2, \cdots, \theta_k)\mathrm{d}x = g_1(\theta_1, \theta_2, \cdots, \theta_k), \\ \mu_2 = E(X^2) = \int_{-\infty}^{+\infty} x^2 f(x; \theta_1, \theta_2, \cdots, \theta_k)\mathrm{d}x = g_2(\theta_1, \theta_2, \cdots, \theta_k), \\ \vdots \\ \mu_k = E(X^k) = \int_{-\infty}^{+\infty} x^k f(x; \theta_1, \theta_2, \cdots, \theta_k)\mathrm{d}x = g_k(\theta_1, \theta_2, \cdots, \theta_k); \end{cases}$$

（3）解上述方程组,得：

$$\begin{cases} \theta_1 = h_1(\mu_1, \mu_2, \cdots, \mu_k), \\ \theta_2 = h_2(\mu_1, \mu_2, \cdots, \mu_k), \\ \vdots \\ \theta_k = h_k(\mu_1, \mu_2, \cdots, \mu_k); \end{cases}$$

（4）用相应的样本矩 $A_r = \dfrac{1}{n} \displaystyle\sum_{i=1}^{n} X_i^r$ 取代上述方程组中的总体矩 μ_r,得到总体未知参数 θ_r 的矩估计量 $\hat{\theta}_r$:

$$\begin{cases} \hat{\theta}_1 = h_1(A_1, A_2, \cdots, A_k), \\ \hat{\theta}_2 = h_2(A_1, A_2, \cdots, A_k), \\ \vdots \\ \hat{\theta}_k = h_k(A_1, A_2, \cdots, A_k). \end{cases}$$

例 7.3　设 $(X_1, X_2, \cdots, X_n)$ 为来自总体 X 的一个样本,并且总体 X 的二阶矩存在. 求总体 X 的均值 μ 与方差 σ^2 的矩估计量.

解　由 $\begin{cases} \mu_1 = E(X) = \mu, \\ \mu_2 = E(X^2) = D(X) + E^2(X) = \sigma^2 + \mu^2, \end{cases}$
然后解以上方程组,得

$$\begin{cases} \mu = E(X) = \mu_1, \\ \sigma^2 = \mu_2 - \mu^2 = \mu_2 - \mu_1^2. \end{cases}$$

用相应的样本矩取代上述方程中的总体矩,得到均值 μ 与方差 σ^2 的矩估计量,

$$\begin{cases} \hat{\mu} = \dfrac{1}{n} \displaystyle\sum_{i=1}^{n} X_i = \overline{X}, \\ \hat{\sigma}^2 = \dfrac{1}{n} \displaystyle\sum_{i=1}^{n} X_i^2 - \overline{X}^2 = \dfrac{1}{n} \displaystyle\sum_{i=1}^{n} (X_i - \overline{X})^2, \end{cases}$$

从上述结果可看出,这两个矩估计量的表达式与总体的分布无关.

例 7.4　设总体 X 在 $[\theta_1, \theta_2]$ 上服从均匀分布,其中 θ_1, θ_2 未知. 设 $(X_1, X_2, \cdots, X_n)$ 为来自总体 X 的一个样. 求 θ_1, θ_2 的矩估计量.

解　已知 X 的密度为

$$f(x; \theta_1, \theta_2) = \begin{cases} \dfrac{1}{\theta_2 - \theta_1}, & x \in [\theta_1, \theta_2], \\ 0, & x \notin [\theta_1, \theta_2], \end{cases}$$

然后求得总体的一阶矩与二阶矩为

$$\begin{cases} \mu_1 = E(X) = \int_{\theta_1}^{\theta_2} \dfrac{x}{\theta_2 - \theta_1} \mathrm{d}x = \dfrac{\theta_2 + \theta_1}{2}, \\ \mu_2 = E(X^2) = D(X) + E^2(X) = \dfrac{(\theta_2 - \theta_1)^2}{12} + \left(\dfrac{\theta_2 + \theta_1}{2} \right)^2, \end{cases}$$

从上述方程组解得

$$\begin{cases} \theta_1 = \mu_1 - \sqrt{3(\mu_2 - \mu_1^2)}, \\ \theta_2 = \mu_1 + \sqrt{3(\mu_2 - \mu_1^2)}, \end{cases}$$

用相应的样本矩分别取代总体矩后得到 θ_1, θ_2 的矩估计量为

$$\begin{cases} \hat{\theta}_1 = \overline{X} - \sqrt{\dfrac{3}{n} \displaystyle\sum_{i=1}^{n} (X_i - \overline{X})^2}, \\ \hat{\theta}_2 = \overline{X} + \sqrt{\dfrac{3}{n} \displaystyle\sum_{i=1}^{n} (X_i - \overline{X})^2}. \end{cases}$$

矩估计法简便而直观. 特别是当总体 X 的分布 $F(x)$ 未知时, 从总体 X 抽取样本以后, 仍可利用矩估计法对期望 $E(X)$ 和方差 $D(X)$ 作出估计. 反之若总体分布已知时, 不管什么分布得到的结果均为一样, 由于没有充分利用到总体的分布提供的信息, 这样的结果就显得精度差. 其次用矩估计法要求总体 X 的原点矩存在, 例如柯西分布的原点矩不存在, 就不能使用矩估计法.

7.1.4　最大似然估计法

最大似然估计法最早是由英国统计学家 R. A. Fisher(费歇尔)于 1912 年提出的. 它的理论依据是实际推断原理: "**概率最大的随机事件在一次试验中最可能发生**". 例如, 做随机试验, 事件 A 发生的概率分别为 $P(A) = 0.1$, 0.9, 若一次试验中事件 A 发生了, 那么自然可认为事件 A 的概率是 $P(A) = 0.9$, 而不是 $P(A) = 0.1$.

(1) 设总体 X 为离散型随机变量, 其分布列为:

$$P(X = x; \theta), \quad \theta = (\theta_1, \theta_2, \cdots, \theta_k)$$ 为未知参数,

又 $(X_1, X_2, \cdots, X_n)$ 为来自总体 X 的一个样本, 则样本的联合分布列为

$$P_n(X_1 = x_1, X_2 = x_2, \cdots, X_n = x_n; \theta) = \prod_{i=1}^{n} P(X = x_i; \theta).$$

若一次抽取得样本观察值 $(a_1, a_2, \cdots, a_n)$, 此时样本 $(X_1, X_2, \cdots, X_n)$ 取定观察值 $(a_1, a_2, \cdots, a_n)$ 处的概率

$$L(\theta) = \prod_{i=1}^{n} P(X = a_i \,;\, \theta), \theta = (\theta_1, \theta_2, \cdots, \theta_k),$$

上式中由于样本已取定观察值，$L(\theta)$ 仅是 θ 的函数，故称 $L(\theta)$ 为**似然函数**.

（2）设总体 X 为连续型随机变量，其密度为：

$$f(x\,;\,\theta), \theta = (\theta_1, \theta_2, \cdots, \theta_k) \text{ 为未知参数,}$$

又 $(X_1, X_2, \cdots, X_n)$ 为来自总体 X 的一个样本，则样本的联合密度为

$$f_n(x_1, x_2, \cdots, x_n\,;\,\theta) = \prod_{i=1}^{n} f(x_i\,;\,\theta),$$

若一次抽取得样本观察值 $(a_1, a_2, \cdots, a_n)$，则 $\forall \delta > 0$，并且当 δ 取较小的条件下，此时样本 $(X_1, X_2, \cdots, X_n)$ 落在观察值附近的概率为

$$P(a_1 < X_1 \leqslant a_1 + \delta, a_2 < X_2 \leqslant a_2 + \delta \cdots, a_k < X_k \leqslant a_k + \delta\,;\,\theta)$$

$$= \prod_{i=1}^{n} P(a_i < X_i \leqslant a_i + \delta\,;\,\theta)$$

$$= \prod_{i=1}^{n} \int_{a_i}^{a_i+\delta} f(x_i\,;\,\theta)\mathrm{d}x_i \approx \Big[\prod_{i=1}^{n} f(a_i\,;\,\theta)\Big]\delta^n.$$

从上式中可看到在 δ 取定的条件下，样本落在观察值附近的概率仅与 θ 有关，令似然函数 $L(\theta)$ 为

$$L(\theta) = \prod_{i=1}^{n} f(a_i\,;\,\theta), \theta = (\theta_1, \theta_2, \cdots, \theta_k),$$

依据实际推断原理，既然一次抽取得到观察值，那么样本取观察值处或落在附近应该有较大的概率. 所以我们使 $L(\theta)$ 达到最大的点 θ^*，即

$$L(\theta^*) = \max_{\theta \in \Theta} L(\theta)$$

来作为未知参数 θ 的估计 $\hat{\theta} = \theta^*$，这种求未知参数的估计方法称为**最大似然估计法**.

由于我们关心的是使 $L(\theta)$ 达到最大的点，而不是最大值. 又注意到 $L(\theta)$ 与 $\ln L(\theta)$ 同时达到最大. 因此可利用微积分中求函数极值的方法来得到 $\ln L(\theta)$ 的最大点. 称

$$\frac{\partial \ln L(\theta)}{\partial \theta_i} = 0, i = 1, 2, \cdots, k$$

为**似然方程组**. 通过求解似然方程组得到使一阶导数等于零的点，若能判断该点是

最大点的话,那么该点(解)就是未知参数 θ 的最大似然估计.

求最大似然估计的步骤:

(1) 写出似然函数 $L(\theta)$ 和对数似然函数 $\ln L(\theta)$;

(2) 求似然方程组

$$\frac{\partial \ln L(\theta)}{\partial \theta_i} = 0, \ i = 1, 2, \cdots, k;$$

(3) 求解上述方程组,并且确定其为最大点 $\theta_i^* = \theta_i^*(a_1, a_2, \cdots, a_n)$.

最后得未知参数 θ_i 的**最大似然估计值**为 $\hat{\theta}_i = \theta_i^*$,若用样本 $(X_1, X_2, \cdots, X_n)$ 代替观察值 $(a_1, a_2, \cdots, a_n)$,则 $\hat{\theta}_i(X_1, X_2, \cdots, X_n)$ 为未知参数 θ_i 的**最大似然估计量**.

这里介绍一个判断是否为最大点的简便方法:**若似然方程组有唯一解并且该解不是在未知参数的取值范围的边界上取得的,那么该解就是最大点.**

例 7.5 设总体 X 的分布列为

X	1	2	3
P	θ^2	$(1-\theta)^2$	$2\theta(1-\theta)$

其中 $\theta(0 < \theta < 1)$ 为未知参数.已知 $(x_1, x_2, x_3) = (1, 2, 1)$ 为来自总体 X 的一个观察值,求未知参数 θ 的最大似然估计值.

解 (1) 先求似然函数:

$$L(\theta) = P(x_1; \theta)P(x_2; \theta)P(x_3; \theta) = P(1; \theta)P(2; \theta)P(1; \theta)$$
$$= \theta^2 \times (1-\theta)^2 \times \theta^2 = \theta^4(1-\theta)^2;$$

(2) 取对数,求似然方程:

$$\ln L(\theta) = 4\ln \theta + 2\ln(1-\theta),$$

$$\frac{d\ln L(\theta)}{d\theta} = \frac{4}{\theta} - \frac{2}{1-\theta} = 0;$$

(3) 解似然方程,得 $\theta = \dfrac{2}{3}$. 由于是唯一解,根据以上判断最大点的简便方法,得到 θ 的最大似然估计值为 $\hat{\theta} = \dfrac{2}{3}$.

例 7.6 设 $(X_1, X_2, \cdots, X_n)$ 为来自总体 $X \sim N(\mu, \sigma^2)$ 的一个样本,求 μ, σ^2 的最大似然估计量.

解 由于 X 的密度为:

$$f(x;\mu,\sigma^2) = \frac{1}{\sqrt{2\pi}\sigma}\exp\left\{-\frac{(x-\mu)^2}{2\sigma^2}\right\};$$

(1) 一次抽取观察值为 $(x_1, x_2, \cdots, x_n)$，故似然函数为：

$$L(\mu,\sigma^2) = \prod_{i=1}^{n}\frac{1}{\sqrt{2\pi}\sigma}\exp\left\{-\frac{(x_i-\mu)^2}{2\sigma^2}\right\}$$

$$= \left(\frac{1}{2\pi\sigma^2}\right)^{-\frac{n}{2}}\exp\left\{-\frac{1}{2\sigma^2}\sum_{i=1}^{n}(x_i-\mu)^2\right\},$$

$$\ln L(\mu,\sigma^2) = -\frac{n}{2}\ln(2\pi\sigma^2) - \frac{1}{2\sigma^2}\sum_{i=1}^{n}(x_i-\mu)^2;$$

(2) 似然方程组为：

$$\frac{\partial}{\partial\mu}\ln L = \frac{1}{\sigma^2}\sum_{i=1}^{n}(x_i-\mu) = 0,$$

$$\frac{\partial}{\partial(\sigma^2)}\ln L = -\frac{n}{2\sigma^2} + \frac{1}{2\sigma^4}\sum_{i=1}^{n}(x_i-\mu)^2 = 0;$$

(3) 解似然方程组得唯一解：

$$\mu = \frac{1}{n}\sum_{i=1}^{n}x_i = \overline{x},$$

$$\sigma^2 = \frac{1}{n}\sum_{i=1}^{n}(x_i-\overline{x})^2,$$

根据以上判断最大点的简便方法，因此未知参数 μ 和 σ^2 的最大似然估计量为

$$\hat{\mu} = \frac{1}{n}\sum_{i=1}^{n}X_i = \overline{X},$$

$$\hat{\sigma}^2 = \frac{1}{n}\sum_{i=1}^{n}(X_i-\overline{X})^2 = S_n^2.$$

例 7.7 设总体 X 服从均匀分布，其密度函数为

$$f(x;\theta) = \begin{cases} \dfrac{1}{\theta}, & x \in [0,\theta], \\ 0, & x \notin [0,\theta], \end{cases}$$

其中：$\theta(0 < \theta < +\infty)$ 为未知，求 θ 的最大似然估计量.

解 从总体 X 一次抽取得观察值 $(x_1, x_2, \cdots, x_n)$，似然函数为

$$L(\theta) = \prod_{i=1}^{n} f(x_i; \theta) = \begin{cases} \dfrac{1}{\theta^n}, & 0 \leqslant x_1, x_2, \cdots, x_n \leqslant \theta, \\ 0, & \text{其他}. \end{cases}$$

但对上述似然函数无法用求导的方法来得到极值点,这并不意味着最大似然估计法失败.可以直接从定义出发求解,从两个方面去考察:①注意到 L 是 θ 的单调递减函数,θ 越小则 L 越大.②另外 θ 不能取得太小,因为区间 $[0, \theta]$ 要包含所有观察值的分量 x_i.因此只有取 $\theta^* = \max\limits_{1 \leqslant i \leqslant n}\{x_i\}$ 才能同时满足以上两个条件.最后得到 θ 的最大估计量为

$$\hat{\theta} = X_{(n)} = \max_{1 \leqslant i \leqslant n}\{X_i\}.$$

例 7.8 为了要估计池塘里某种鱼的总数 N,现从池塘中捕捉了 M 条同种类型的鱼做上记号后放回池塘.等鱼充分混合后再从池塘中任意捕捉了 n 条同种类型的鱼,发现其中有 s 条作有记号,求 N 的最大似然估计值.

解 设标有记号的鱼数为 X,则 X 服从超几何分布

$$P(X = k) = \frac{C_M^k C_{N-M}^{n-k}}{C_N^n}, \ k = 0, 1, 2, \cdots, \min(n, M),$$

捕捉了 n 条同种类型的鱼中有 s 条作有记号的概率,也就是似然函数 $L(N)$ 为

$$L(N) = P(X = s) = \frac{C_M^s C_{N-M}^{n-s}}{C_N^n}.$$

从定义出发求解,根据最大似然估计法,求 N^* 使得 $L(N^*) = \max\limits_{N \in \mathbf{N}} L(N)$.令

$$R(N) = \frac{L(N)}{L(N-1)} = \frac{C_M^s C_{N-M}^{n-s}}{C_N^n} \frac{C_{N-1}^n}{C_M^s C_{N-1-M}^{n-s}}$$

$$= \frac{(N-M)(N-n)}{N(N-M-n+s)} = \frac{N^2 - NM - Nn + Mn}{N^2 - NM - Nn + Ns}.$$

当 $Mn < Ns$ 时,$R(N) < 1$.即 $N > \dfrac{Mn}{s}$ $(s > 0)$ 时,$L(N)$ 是随 N 递减的;而当 $Mn > Ns$ 时,$R(N) > 1$.即 $N < \dfrac{Mn}{s}$ $(s > 0)$ 时,$L(N)$ 是随 N 递增的.所以取 $N^* = \dfrac{Mn}{s}$ 可使 $L(N)$ 达到最大,故 N 的最大似然估计值为 $\hat{N} = \left[\dfrac{Mn}{s}\right]$.

设 $\hat{\theta}$ 是未知参数 θ 的最大似然估计,又 $g(\theta)$ 是 θ 的连续函数,则 $\hat{g} = g(\hat{\theta})$ 是 $g = g(\theta)$ 的最大似然估计.此性质称为**最大似然不变性原理**.但不变性原理对矩估计来说不一定成立.

例 7.9 设总体 X 服从 $N(\mu, \sigma^2)$ 的正态分布,μ 和 σ^2 未知,$(X_1, X_2, \cdots, X_n)$

为来自总体 X 的一个样本. 求 $g(\mu, \sigma^2) = P(X > 3)$ 的最大似然估计.

解 因为

$$g(\mu, \sigma^2) = P(X > 3) = 1 - P(X \leqslant 3)$$

$$= 1 - P\left(\frac{X - \mu}{\sigma} \leqslant \frac{3 - \mu}{\sigma}\right)$$

$$= 1 - \Phi\left(\frac{3 - \mu}{\sigma}\right),$$

由例 7.6 知, μ 和 σ^2 的最大似然估计量为 $\hat{\mu} = \overline{X}$ 和 $\hat{\sigma}^2 = S_n^2$. 根据最大似然不变性原理, 得 $g(\mu, \sigma^2) = P(X > 3)$ 最大似然估计量为

$$\hat{g} = g(\hat{\mu}, \hat{\sigma}^2) = 1 - \Phi\left(\frac{3 - \overline{X}}{S_n}\right).$$

7.2 估计量的评价标准

我们已经知道可以用不同的方法求得总体 X 中的未知参数 θ 的估计量. 有时会碰到对于同一未知参数 θ, 而得到几个不同的估计量 $\hat{\theta}$, 那么究竟采取哪一个好呢? 评价一个估计量的优劣标准是什么呢? 这就产生评价估计量的好坏问题. 直观的想法是希望未知参数 θ 与它的估计量 $\hat{\theta}$ 应该在某种意义下最为接近. 常用的评价标准有三种: 无偏性、有效性和一致性.

7.2.1 无偏性

定义 7.1 设参数 θ 的估计量为 $\hat{\theta} = \hat{\theta}(X_1, X_2, \cdots, X_n)$, 若有

$$E(\hat{\theta}) = \theta,$$

则称 $\hat{\theta}$ 是 θ 的**无偏估计量**. 反之若 $E(\hat{\theta}) \neq \theta$, 称 $\varepsilon = E(\hat{\theta}) - \theta$ 为估计量 θ 的**偏差**.

对一个未知参数 θ 的估计量 $\hat{\theta}$ 来说, 最基本要求是满足无偏性. 它的重要意义在于确定一个估计量的好坏, 不能仅根据某一次的观察结果来衡量, 而是希望在多次观察中 $\hat{\theta}$ 在未知参数 θ 附近摆动, 即平均地来说与被估计的未知参数 θ 相同.

例 7.10 设总体 X 期望 $\mu = E(X)$ 和方差 $\sigma^2 = D(X)$ 均存在, 又 $(X_1, X_2, \cdots, X_n)$ 为来自总体 X 的一个样本. 验证: 样本均值 $\overline{X} = \dfrac{1}{n} \sum_{i=1}^{n} X_i$, 样本的二阶中心矩 $S_n^2 = \dfrac{1}{n} \sum_{i=1}^{n} (X_i - \overline{X})^2$ 的无偏性; 若有偏的话把它修正为无偏的估计量.

证 由于 $(X_1, X_2, \cdots, X_n)$ 为简单随机样本, 故有

$$E(X_i) = E(X) = \mu, \ D(X_i) = D(X) = \sigma^2, \ i = 1, 2, \cdots, n.$$

$$E(\overline{X}) = \frac{1}{n} \sum_{i=1}^{n} E(X_i) = \mu,$$

$$D(\overline{X}) = \frac{1}{n^2} \sum_{i=1}^{n} D(X_i) = \frac{\sigma^2}{n},$$

又

$$E(S_n^2) = \frac{1}{n} \Big[\sum_{i=1}^{n} E(X_i^2) - nE(\overline{X}^2) \Big]$$

$$= \frac{1}{n} \Big[\sum_{i=1}^{n} (D(X_i) + E^2(X_i)) - n(D(\overline{X}) + E^2(\overline{X})) \Big]$$

$$= \frac{1}{n} (n\sigma^2 + n\mu^2 - \sigma^2 - n\mu^2) = \frac{n-1}{n}\sigma^2 \neq \sigma^2.$$

从以上可知，$\overline{X}$ 是总体 X 期望 $\mu = E(X)$ 的无偏估计量. 而二阶中心矩 S_n^2 不是总体 X 方差 $\sigma^2 = D(X)$ 的无偏估计量，此时可修正为无偏估计量，设 a 使得

$$E(aS_n^2) = aE(S_n^2) = a\frac{n-1}{n}\sigma^2 = \sigma^2,$$

解得 $a = \dfrac{n}{n-1}$，代入 aS_n^2，得 $S^2 = \dfrac{n}{n-1}S_n^2 = \dfrac{1}{n-1} \sum_{i=1}^{n} (X_i - \overline{X})^2$. 所以用 S^2 取代 S_n^2 作为样本的方差.

同时也可看到不论总体 X 服从什么分布，$\overline{X}$ 与 S^2 均是总体 X 的期望 $\mu = E(X)$ 和方差 $\sigma^2 = D(X)$ 的无偏估计量.

对于估计量 $\hat{\mu} = \sum_{i=1}^{n} \alpha_i X_i$，其中 $\sum_{i=1}^{n} \alpha_i = 1$，可验证

$$E(\hat{\mu}) = \sum_{i=1}^{n} \alpha_i E(X_i) = \mu \sum_{i=1}^{n} \alpha_i = \mu,$$

$\hat{\mu}$ 是 μ 的无偏估计量，因此一个未知参数的无偏估计量并不是唯一的.

另外，当 $g(\theta)$ 为 θ 的实值函数时，若 $\hat{\theta}$ 为 θ 的无偏估计时，那么 $g(\hat{\theta})$ 不一定是 $g(\theta)$ 的无偏估计. 例如，若 $E(\overline{X}) = \mu, \ D(X) \neq 0$，则

$$E(\overline{X}^2) = D(\overline{X}) + E^2(\overline{X}) = \frac{D(\overline{X})}{n} + \mu^2 \neq \mu^2,$$

由此可见虽然 $\overline{X}$ 是 μ 的无偏估计量，但 $\overline{X}^2$ 不再是 μ^2 的无偏估计量.

7.2.2 有效性

无偏性虽然是评价估计量的一个重要标准，然而有时会出现对一个未知参数有

多个无偏估计量,于是又涉及判定哪一个无偏估计量为最好的问题.因此要在无偏性的基础上增加对其方差的要求,如果无偏估计量的方差越小,表明该估计量的取值越集中在待估参数附近,则可认为是理想中的估计量.

定义 7.2 设 $\hat{\theta}_1 = \hat{\theta}_1(X_1, X_2, \cdots, X_n)$ 和 $\hat{\theta}_2 = \hat{\theta}_2(X_1, X_2, \cdots, X_n)$ 均为 θ 的无偏估计量,对任意 n 有

$$D(\hat{\theta}_1) < D(\hat{\theta}_2)$$

则称 $\hat{\theta}_1$ 比 $\hat{\theta}_2$ 有效.

例 7.11 设总体 $X \sim P(X=k; \theta) = \dfrac{\theta^k}{k!} e^{-\theta}$, $k=0, 1, \cdots$, $\theta > 0$(未知),又(X_1, X_2, X_3)为来自总体 X 的一个样本,判断下列未知参数 θ 的三个估计量中哪一个为最有效?

$$\hat{\theta}_1 = \frac{1}{5}X_1 + \frac{3}{10}X_2 + \frac{1}{2}X_3,$$

$$\hat{\theta}_2 = \frac{1}{3}X_1 + \frac{1}{3}X_2 + \frac{1}{3}X_3,$$

$$\hat{\theta}_3 = \frac{1}{3}\sum_{i=1}^{3}(X_i - \overline{X})^2.$$

解 估计量要在无偏的条件下,才可评价其有效性.因此首先要评价三个估计量的无偏性,

$$E(\hat{\theta}_1) = \frac{1}{5}E(X_1) + \frac{3}{10}E(X_2) + \frac{1}{2}E(X_3) = \theta,$$

$$E(\hat{\theta}_2) = \frac{1}{3}E(X_1) + \frac{1}{3}E(X_2) + \frac{1}{3}E(X_3) = \theta,$$

$$E(\hat{\theta}_3) = \frac{1}{3}\sum_{i=1}^{3}E(X_i^2) - E(\overline{X}^2) = D(X_i) + E^2(X_i) - D(\overline{X}) - E^2(\overline{X})$$

$$= \theta + \theta^2 - \frac{\theta}{3} - \theta^2 = \frac{2}{3}\theta,$$

即 $\hat{\theta}_1$, $\hat{\theta}_2$ 为 θ 的无偏估计量.又

$$D(\hat{\theta}_1) = \frac{1}{25}D(X_1) + \frac{9}{100}D(X_2) + \frac{1}{4}D(X_3) = \frac{19}{50}\theta,$$

$$D(\hat{\theta}_2) = \frac{1}{9}D(X_1) + \frac{1}{9}D(X_2) + \frac{1}{9}D(X_3) = \frac{1}{3}\theta.$$

且 $D(\hat{\theta}_2) < D(\hat{\theta}_1)$.所以 $\hat{\theta}_2$ 比 $\hat{\theta}_1$ 有效.

设($X_1, X_2, \cdots, X_n$)为来自总体 X 的一个样本,那么可证得一切形如 $\hat{\mu} =$

$\sum\limits_{i=1}^{n} \alpha_i X_i \left(\sum\limits_{i=1}^{n} \alpha_i = 1, \alpha_i \in \mathbf{R}\right)$ 的 μ 的无偏估计量中,样本均值 $\overline{X}$ 为最有效.

接着会产生一个问题,既然无偏估计量的方差越小越好,那么是否可以达到任意小呢? 事实上不可能达到任意小,无偏估计量的方差是有下界的.

Rao - Cramer 不等式

设(1)总体 X 为离散型随机变量,其分布列为:

$$P(X = x; \theta) = P(x; \theta), \theta \in \Theta, 其中 \Theta 为实数轴上开区间;$$

(2)总体 X 为连续型随机变量,其密度为:

$$f(x; \theta), \theta \in \Theta, 其中 \Theta 为实数轴上开区间;$$

并且 $(X_1, X_2, \cdots, X_n)$ 为来自总体 X 的一个样本. 若

(1) $\hat{\theta}$ 是 θ 的无偏估计量;

(2) 集合 $\{x \mid P(x; \theta) > 0\}$(或 $\{x \mid f(x; \theta) > 0\}$)与 θ 无关;

(3) $E\left[\left(\dfrac{\partial \ln P(X; \theta)}{\partial \theta}\right)^2\right] > 0$(或 $E\left[\left(\dfrac{\partial \ln f(X; \theta)}{\partial \theta}\right)^2\right] > 0$);

则 $D(\hat{\theta})$ 有下列结果:

$$D(\hat{\theta}) \geqslant G = \frac{1}{nE\left[\left(\dfrac{\partial \ln P(X; \theta)}{\partial \theta}\right)^2\right]} > 0,$$

或

$$D(\hat{\theta}) \geqslant G = \frac{1}{nE\left[\left(\dfrac{\partial \ln f(X; \theta)}{\partial \theta}\right)^2\right]} > 0,$$

G 为下界.

证 以连续型总体 X 为例,同理可推广到离散型总体 X. 已知

$$\int_{-\infty}^{+\infty} f(x, \theta) \mathrm{d}x = 1,$$

样本 $(X_1, X_2, \cdots, X_n)$ 的联合密度为

$$f_n(x_1, x_2, \cdots, x_n) = \prod_{i=1}^{n} f(x_i; \theta).$$

令 $H = H(x_1, x_2, \cdots, x_n; \theta) = \sum\limits_{i=1}^{n} \dfrac{\partial \ln f(x_i; \theta)}{\partial \theta}$,求得

$$E(H) = \sum_{i=1}^{n} E\left(\frac{\partial \ln f(X_i; \theta)}{\partial \theta}\right) = nE\left(\frac{\partial \ln f(X; \theta)}{\partial \theta}\right)$$

$$= n \int_{-\infty}^{+\infty} \frac{\partial \ln f(x; \theta)}{\partial \theta} f(x; \theta) \mathrm{d}x = n \int_{-\infty}^{+\infty} \frac{1}{f(x; \theta)} \frac{\partial f(x; \theta)}{\partial \theta} f(x; \theta) \mathrm{d}x$$

$$= n \frac{\partial}{\partial \theta} \int_{-\infty}^{+\infty} f(x;\theta) \mathrm{d}x = 0,$$

$$D(H) = \sum_{i=1}^{n} D\left(\frac{\partial \ln f(X;\theta)}{\partial \theta}\right) = nD\left(\frac{\partial \ln f(X;\theta)}{\partial \theta}\right)$$

$$= n\left\{E\left[\left(\frac{\partial \ln f(X;\theta)}{\partial \theta}\right)^2\right] - E^2\left[\left(\frac{\partial \ln f(X;\theta)}{\partial \theta}\right)\right]\right\}$$

$$= nE\left[\left(\frac{\partial \ln f(X;\theta)}{\partial \theta}\right)^2\right],$$

$$\mathrm{cov}(H,\hat{\theta}) = E(H\hat{\theta}) - E(H)E(\hat{\theta})$$

$$= \int_{-\infty}^{+\infty}\cdots\int_{-\infty}^{+\infty} \hat{\theta} \sum_{i=1}^{n} \frac{\partial \ln f(x_i;\theta)}{\partial \theta} \prod_{i=1}^{n} f(x_i;\theta) \mathrm{d}x_1\cdots\mathrm{d}x_n$$

$$= \int_{-\infty}^{+\infty}\cdots\int_{-\infty}^{+\infty} \hat{\theta} \sum_{i=1}^{n} \frac{1}{f(x_i;\theta)} \frac{\partial f(x_i;\theta)}{\partial \theta} \prod_{i=1}^{n} f(x_i;\theta) \mathrm{d}x_1\cdots\mathrm{d}x_n$$

$$= \int_{-\infty}^{+\infty}\cdots\int_{-\infty}^{+\infty} \hat{\theta} \frac{\partial}{\partial \theta} \prod_{i=1}^{n} f(x_i;\theta) \mathrm{d}x_1\cdots\mathrm{d}x_n$$

$$= \frac{\partial}{\partial \theta}\int_{-\infty}^{+\infty}\cdots\int_{-\infty}^{+\infty} \hat{\theta} \prod_{i=1}^{n} f(x_i;\theta) \mathrm{d}x_1\cdots\mathrm{d}x_n$$

$$= \frac{\partial}{\partial \theta}E(\hat{\theta}) = 1 \ (E(\hat{\theta}) = \theta),$$

然后从 Cauchy - Schwarz 不等式,得

$$1 = \mathrm{cov}^2(H,\hat{\theta}) \leqslant D(H)D(\hat{\theta}),$$

证得

$$D(\hat{\theta}) \geqslant \frac{1}{D(H)} = \frac{1}{nE\left[\left(\frac{\partial \ln f(X;\theta)}{\partial \theta}\right)^2\right]} = G > 0.$$

定义 7.3　设 $\hat{\theta}_0$ 是未知参数 θ 的一个无偏估计量,如果在所有 θ 的无偏估计量 $\hat{\theta}$ 中均有

$$D(\hat{\theta}_0) \leqslant D(\hat{\theta})$$

成立,称 $\hat{\theta}_0$ 是 θ 的**有效估计量**.

　　Rao - Cramer 不等式给出了如何确定 θ 的有效估计量的一个方法,只要 θ 的无偏估计量 $\hat{\theta}$ 的方差达到下界 G 的话,那么 $\hat{\theta}$ 就是 θ 的有效估计量.

　　例 7.12　设总体 X 服从参数为 λ(未知)的 Poisson 分布,$(X_1, X_2, \cdots, X_n)$ 为来自总体 X 的一个样本.证明:估计量 $\hat{\lambda} = \overline{X}$ 是 λ 的有效估计量.

　　证　先要验证 $\hat{\lambda}$ 的无偏性.由 $E(\hat{\lambda}) = E(\overline{X}) = \lambda$,可知估计量 $\hat{\lambda} = \overline{X}$ 是 λ 的无偏

估计量.

(1) 对 Poisson 分布的分布列:

$$P(x;\lambda) = \frac{\lambda^x}{x!}e^{-\lambda},\ x = 0,1,2,\cdots$$

取对数,得

$$\ln P(x,\lambda) = x\ln\lambda - \lambda - \ln(x!).$$

(2) 对 λ 求导:

$$\frac{\partial \ln P(x;\lambda)}{\partial \lambda} = \frac{x}{\lambda} - 1.$$

(3) 对上述导数平方后,求期望:

$$E\left[\left(\frac{\partial \ln P(X;\lambda)}{\partial \lambda}\right)^2\right] = E\left[\left(\frac{X}{\lambda} - 1\right)^2\right] = \frac{E[(X-\lambda)^2]}{\lambda^2}$$
$$= \frac{1}{\lambda^2}D(X) = \frac{1}{\lambda}.$$

求得下界

$$G = \frac{1}{nE\left[\left(\dfrac{\partial \ln P(X;\lambda)}{\partial \lambda}\right)^2\right]} = \frac{\lambda}{n}.$$

又 $\hat{\lambda}$ 的方差 $D(\hat{\lambda}) = \dfrac{\lambda}{n} = G$,最后证得估计量 $\hat{\lambda} = \overline{X}$ 是 λ 的有效估计量.

7.2.3 一致性

总体 X 的未知参数 θ 的估计量 $\hat{\theta}_n = \hat{\theta}_n(X_1,X_2,\cdots,X_n)$ 也依赖于样本的容量 n,那么要考察当容量 n 无限增大时,$\hat{\theta}_n$ 在无穷远点处的性态. 即 $\hat{\theta}_n$ 的极限性态是否在某种意义下收敛于未知参数 θ.

定义7.4 设 $\hat{\theta}_n = \hat{\theta}_n(X_1,X_2,\cdots,X_n)$ 为未知参数 θ 的估计量,如果序列 $\{\hat{\theta}_n\}$ 依概率收敛于 θ,即 $\forall \varepsilon > 0$,有

$$\lim_{n\to\infty} P(|\hat{\theta}_n - \theta| < \varepsilon) = 1 \ (\text{或} \lim_{n\to\infty} P(|\hat{\theta}_n - \theta| \geqslant \varepsilon) = 0),$$

则称 $\hat{\theta}_n$ 是 θ 的**一致估计量(相合估计量)**.

一致性的概念是在极限意义下引进的,相对于大样本的情况有着重要意义. 因此如果样本的容量 n 取得比较大的条件下,满足一致性是对估计量的基本要求.

由大数定律可知,样本矩依概率收敛于总体矩.因此用矩估计法得到的矩估计量 $\hat{\theta}_n$ 是 θ 的一致估计量.其次,可证明最大似然估计量也是未知参数的一致估计量.

例如,若总体 X 的 μ 和 σ^2 存在,则 $\hat{\mu}=\overline{X}$ 是 μ 的一致估计量.事实上,根据独立同分布大数定律即可得证.

定理 7.1 设 $\hat{\theta}_n=\hat{\theta}_n(X_1, X_2, \cdots, X_n)$ 为未知参数 θ 的无偏估计量,若

$$\lim_{n \to \infty} D(\hat{\theta}_n)=0$$

则 $\hat{\theta}_n$ 是 θ 的一致估计量.

证 由于 $E(\hat{\theta}_n)=\theta, \forall \varepsilon>0$,根据 Chebyshev 不等式,

$$0 \leqslant P(|\hat{\theta}_n-\theta| \geqslant \varepsilon)=P(|\hat{\theta}_n-E(\hat{\theta}_n)| \geqslant \varepsilon) \leqslant \frac{D(\hat{\theta}_n)}{\varepsilon^2} \to 0, n \to \infty,$$

即 $\hat{\theta}_n$ 是 θ 的一致估计量.

设 $(X_1, X_2, \cdots, X_n)$ 为来自总体 $X \sim N(\mu, \sigma^2)$ 的一个样本,可知 $\hat{\sigma}^2=S^2$ 是 σ^2 的无偏估计量,由于

$$\lim_{n \to \infty} D(S^2)=\lim_{n \to \infty} \frac{2\sigma^4}{n-1}=0,$$

根据上述定理即可得 $\hat{\sigma}^2=S^2$ 是 σ^2 的一致估计量.

例 7.13 设总体 $X \sim U[1, \theta]$,$\theta>0$ 未知,$(X_1, X_2, \cdots, X_n)$ 为来自总体 X 的一个样本,

(1) 求 θ 的矩估计量和最大似然估计量;

(2) 评价上述两个估计量的无偏性,若是有偏的话,则修正为无偏的估计量;

(3) 评价(2)中两个无偏估计量的有效性和一致性.

解 总体 X 的密度为

$$f(x; \theta)=\begin{cases} \dfrac{1}{\theta-1}, & x \in [1, \theta], \\ 0, & x \notin [1, \theta]. \end{cases}$$

(1) 由于 $\mu_1=E(X)=\dfrac{\theta+1}{2}$,则 $\theta=2\mu_1-1$,用样本均值 $\overline{X}$ 取代 μ_1,得到未知参数 θ 的矩估计量为

$$\hat{\theta}_1=2\overline{X}-1.$$

设一次抽取样本观察值为 $(x_1, x_2, \cdots, x_n)$,此时似然函数为

$$L(\theta) = \begin{cases} \dfrac{1}{(\theta-1)^n}, & x_1, x_2, \cdots, x_n \in [1, \theta] \\ 0, & \text{其他} \end{cases}$$

直接从定义出发求解,要满足两个条件:①$L(\theta)$是θ的单调减函数,θ越小则$L(\theta)$越大;②区间$[1, \theta]$要包含所有样本观察值的每个分量x_i,因此使得$L(\theta)$达到最大的点θ^*只能取

$$\theta^* = x_{(n)} = \max_{1 \leqslant i \leqslant n}\{x_i\},$$

则未知参数θ的最大估计量为

$$\hat{\theta}_2 = X_{(n)} = \max_{1 \leqslant i \leqslant n}\{X_i\};$$

(2) 评价上述两估计量的无偏性,由于

$$E(\hat{\theta}_1) = 2E(\overline{X}) - 1 = 2 \times \frac{\theta+1}{2} - 1 = \theta,$$

因此矩估计量$\hat{\theta}_1$是θ的无偏估计量. 又 $X_{(n)}$ 的密度函数为

$$f_U(u) = \begin{cases} \dfrac{n(u-1)^{n-1}}{(\theta-1)^n}, & u \in [1, \theta], \\ 0, & u \notin [1, \theta], \end{cases}$$

故最大似然估计量$\hat{\theta}_2$的期望为

$$E(\hat{\theta}_2) = \int_1^{\theta} u \frac{n(u-1)^{n-1}}{(\theta-1)^n} \mathrm{d}u = \frac{n}{n+1}(\theta-1) + 1,$$

显然不是θ的无偏估计量. 要进行修正,令$\tilde{\theta}_2 = a\hat{\theta}_2 + b$,其中$a, b$为待定系数,使得

$$E(\tilde{\theta}_2) = aE(\hat{\theta}_2) + b = \frac{an}{n+1}\theta + \frac{a}{n+1} + b = \theta,$$

比较两边系数,从

$$\begin{cases} \dfrac{an}{n+1} = 1, \\ \dfrac{a}{n+1} + b = 0, \end{cases}$$

解得 $a = \dfrac{n+1}{n}, b = -\dfrac{1}{n}$. 则未知参数$\theta$的最大似然无偏估计量为

$$\tilde{\theta}_2 = \frac{n+1}{n}\hat{\theta}_2 - \frac{1}{n};$$

（3）评价（2）中两个无偏估计量的有效性和一致性，由于

$$D(\hat{\theta}_1) = D(2\overline{X} - 1) = 4D(\overline{X}) = 4 \times \frac{(\theta-1)^2}{12} = \frac{(\theta-1)^2}{3n},$$

又

$$E(\hat{\theta}_2^{\,2}) = \int_1^\theta u^2 \frac{n(u-1)^{n-1}}{(\theta-1)^n} \mathrm{d}u = \frac{n(\theta-1)^2}{n+2} + \frac{2n(\theta-1)}{n+1} + 1,$$

得到 $\hat{\theta}_2$ 的方差

$$
\begin{aligned}
D(\hat{\theta}_2) &= E(\hat{\theta}_2^{\,2}) - E^2(\hat{\theta}_2) \\
&= \frac{n(\theta-1)^2}{n+2} + \frac{2n(\theta-1)}{n+1} + 1 - \left[\frac{n}{n+1}(\theta-1) + 1 \right]^2 \\
&= \frac{n(\theta-1)^2}{(n+2)(n+1)^2},
\end{aligned}
$$

则未知参数 θ 的最大似然无偏估计量 $\tilde{\theta}_2$ 的方差为

$$D(\tilde{\theta}_2) = D\left(\frac{n+1}{n}\hat{\theta}_2 - \frac{1}{n} \right) = \frac{(n+1)^2}{n^2} D(\hat{\theta}_2) = \frac{(\theta-1)^2}{n(n+2)}.$$

对于任意 $\theta > 1$ 并且 $n > 1$，有

$$D(\tilde{\theta}_2) < D(\hat{\theta}_1),$$

因此 $\tilde{\theta}_2$ 比 $\hat{\theta}_1$ 有效. 由于

$$\lim_{n \to \infty} D(\hat{\theta}_1) = \lim_{n \to \infty} \frac{(\theta-1)^2}{3n} = 0,$$

$$\lim_{n \to \infty} D(\tilde{\theta}_2) = \lim_{n \to \infty} \frac{(\theta-1)^2}{n(n+1)} = 0,$$

根据定理 7.1，可知 $\tilde{\theta}_2$ 与 $\hat{\theta}_1$ 均为未知参数 θ 的一致估计量.

7.3　区间估计法

　　点估计法就是用一个数去估计未知参数 θ，它给了我们一个明确的数量概念，非常直观而且实用. 但是点估计仅是给出了 θ 的一个近似值，既没有提供这个近似值的可信度，也不知道它的误差范围. 为了克服点估计的缺点，现在提出参数的区间估计法. 顾名思义，区间估计就是用一个区间来估计未知参数，同时又能知道这个区间包含这个未知参数的可信度.

7.3.1　区间估计的定义

设总体 X 的分布为 $F(x; \theta)$，θ 未知，并且 $(X_1, X_2, \cdots, X_n)$ 为来自总体 X 的一个样本. 然后构造 2 个统计量

$$\hat{\theta}_1 = \hat{\theta}_1(X_1, X_2, \cdots, X_n),$$

$$\hat{\theta}_2 = \hat{\theta}_2(X_1, X_2, \cdots, X_n),$$

并且 $\hat{\theta}_1 \leqslant \hat{\theta}_2$，这样把未知参数 θ 估计在区间 $(\hat{\theta}_1, \hat{\theta}_2)$ 之间. 当然对于区间 $(\hat{\theta}_1, \hat{\theta}_2)$ 要满足以下两个条件：

(1) 区间 $(\hat{\theta}_1, \hat{\theta}_2)$ 要以很大的可信度包含 θ；

(2) 估计的精度尽可能要高，也就是区间的平均长度 $E(|\hat{\theta}_2 - \hat{\theta}_1|)$ 尽可能要小.

若你要去做一项工程预算，首先要有尽可能高的可信度，以取得上司和同事对你的信任；其次要有很高的精度，可提高你的工作业绩. 有时还得兼顾两者之间的关系，比如为了提高可信度，把一个人的年龄估计在 $(0, 90)$ 之间，但精度太差没有实用价值.

我们希望可信度高的同时精度也高，但是在样本容量 n 固定的条件下，不可能使两者同时都高. 于是面临着一个如何处理好两者之间的关系的问题，统计学家 Neyman(奈曼)提出一个原则：先保证可信度，然后再提高精度. 在奈曼看来可信度是优先的，这符合我们日常习惯. 因为在可信度不高的条件下，精度再高也没有实际使用价值. 据以上原则基础，他定义了置信度(可信度).

定义 7.5　设总体 X 的分布 $F(x; \theta)$ 含有一个未知参数 θ，并且 $(X_1, X_2, \cdots, X_n)$ 为来自总体 X 的一个样本. 若 $\forall \alpha(0 < \alpha < 1)$，存在 $\hat{\theta}_1 = \hat{\theta}_1(X_1, X_2, \cdots, X_n)$ 和 $\hat{\theta}_2 = \hat{\theta}_2(X_1, X_2, \cdots, X_n)$，使得 $P(\hat{\theta}_1 < \theta < \hat{\theta}_2) = 1 - \alpha$ 成立. 则称区间 $(\hat{\theta}_1, \hat{\theta}_2)$ 是 **θ 的置信度为 $1 - \alpha$ 的置信区间**，$\hat{\theta}_1$ 和 $\hat{\theta}_2$ 分别称为**置信下限与置信上限**.

从定义可知置信区间 $(\hat{\theta}_1, \hat{\theta}_2)$ 是一个随机区间，而 θ 是一个数(未知真值). 应该说随机区间 $(\hat{\theta}_1, \hat{\theta}_2)$ 包含 θ 的置信度为 $1 - \alpha$，不能说成 θ 落在区间 $(\hat{\theta}_1, \hat{\theta}_2)$ 内的概率为 $1 - \alpha$.

对于一次抽取，得到样本观察值 $(x_1, x_2, \cdots, x_n)$，代入 $\hat{\theta}_1$ 和 $\hat{\theta}_2$ 后是两个确定的数，从而只有两种可能：$\theta \in (\hat{\theta}_1, \hat{\theta}_2)$ 或 $\theta \notin (\hat{\theta}_1, \hat{\theta}_2)$.

置信度为 $1 - \alpha$ 的含义是指在重复取样下，将得到许多不同确定的区间 $(\hat{\theta}_1, \hat{\theta}_2)$，这些区间中大约有 $100(1 - \alpha)\%$ 的区间包含未知参数 θ，这与频率的概念有些类似.

例如，取 $1 - \alpha = 0.95$，若重复抽样 100 次，那么得到的置信区间大约有 95 次包含未知参数 θ，因此特别要注意置信度与概率概念上的区别.

以下通过一个实例,介绍如何用区间估计法来求总体 X 的未知参数 θ 的置信区间.

例 7.14 已知某旅游胜地游客日消费额 $X \sim N(\mu, \sigma^2)$,且 μ 未知. 根据以往经验 $\sigma^2 = 12^2$. 为调查游客日平均消费额 μ,现随机抽取了 100 名游客,算得日平均消费额 $\overline{X} = 80$ 元. 求 μ 的置信度为 $1 - \alpha = 0.95$ 的置信区间.

解 先要构造一个样本的函数

$$U = \frac{\overline{X} - \mu}{\sigma / \sqrt{n}} \sim N(0, 1),$$

满足二个条件:

(1) 含有待估参数 μ 并且没有其他任何未知参数;

(2) 分布已确定并且分布不依赖其他任何未知参数.

此时样本的函数 U 称为**枢轴量**.

把给定的置信度 $1 - \alpha$ 看成概率 $1 - \alpha$,然后将 α 平分在枢轴量 U 的密度两侧,使得

$$P(-u_{\alpha/2} < U < u_{\alpha/2}) = 1 - \alpha.$$

通过查标准正态分布表求得相应的分位点 $u_{\alpha/2}$. 然后利用不等式变形,由枢轴量 U 落在区间 $(-u_{\mu/2}, u_{\alpha/2})$ 内的概率转换成待估参数 μ 的置信度(见图 7.1).

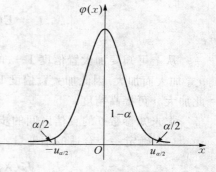

$$P\left(-u_{\alpha/2} < \frac{\overline{X} - \mu}{\sigma / \sqrt{n}} < u_{\alpha/2}\right) = 1 - \alpha,$$

$$P\left(\overline{X} - u_{\alpha/2} \frac{\sigma}{\sqrt{n}} < \mu < \overline{X} + u_{\alpha/2} \frac{\sigma}{\sqrt{n}}\right) = 1 - \alpha,$$

即得到 μ 的置信度为 $1 - \alpha$ 的置信区间

图 7.1　例 7.14 的图

$$(\hat{\mu}_1, \hat{\mu}_2) = \left(\overline{X} - u_{\alpha/2} \frac{\sigma}{\sqrt{n}}, \overline{X} + u_{\alpha/2} \frac{\sigma}{\sqrt{n}}\right),$$

本例中,$\alpha = 0.05$, $\sigma = 12$, $n = 100$, $\overline{x} = 80$, $u_{\alpha/2} = u_{0.025} = 1.96$,算得

$$\hat{\mu}_1 = \overline{x} - u_{\alpha/2} \frac{\sigma}{\sqrt{n}} = 80 - 1.96 \frac{12}{\sqrt{100}} = 77.648,$$

$$\hat{\mu}_2 = \overline{x} + u_{\alpha/2} \frac{\sigma}{\sqrt{n}} = 80 + 1.96 \frac{12}{\sqrt{100}} = 82.352,$$

最后得 μ 的置信度为 0.95 的置信区间(77.648,82.352).也就是说游客日平均消费

额 μ 在 77.648 元到 82.352 元之间,有 95% 的可信度.

注 (1) 置信度为 $1-\alpha$ 的置信区间不是唯一的. 对上例来说,对给定的 α,若不平分也可以的(如图 7.2 所示),则由:

$$P\left(-u_{4\alpha/5} < \frac{\overline{X}-\mu}{\sigma/\sqrt{n}} < u_{\alpha/5}\right) = 0.95,$$

得 μ 的另一个置信度为 0.95 的置信区间

$$\left(\overline{X} - u_{\alpha/5}\frac{\sigma}{\sqrt{n}},\ \overline{X} + u_{4\alpha/5}\frac{\sigma}{\sqrt{n}}\right),$$

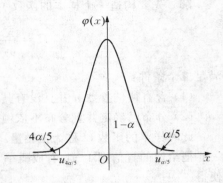

原则是在保证置信度的条件下尽可能提高精度,如何提高精度呢? 可证明若总体 X 的密度为对称的,并且样本容量 n 为固定的条件下,此时 α 平分所得到的置信区间的精度为最高.

图 7.2 例注(1)的图

(2) 若以 α 平分为例,得到置信区间的平均长度:

$$L = E(\hat{\mu}_2 - \hat{\mu}_1) = \frac{2\sigma}{\sqrt{n}}u_{\alpha/2}.$$

从上可知要加大置信度 $1-\alpha$ 的同时 α 会减小,使得分位点 $u_{\alpha/2}$ 加大了,此时 L 随 $u_{\alpha/2}$ 加大而加大. 因此加大置信度 $1-\alpha$,会使精度变差. 另外 L 随 n 的增加而减小,因此加大 n 可提高精度.

求未知参数 θ 的置信区间的步骤:

(1) 确定一个合适的枢轴量:

$$U(X_1,\ X_2,\ \cdots,\ X_n;\ \theta),$$

满足 U 仅含待估参数 θ 而没有其他未知参数,U 的分布确定并且不依赖任何未知参数;

(2) 由给定的置信度 $1-\alpha$ 看成概率 $1-\alpha$,使得:

$$P(a < U < b) = 1-\alpha,$$

由于 U 的分布确定,可通过查表求 a,b.

(3) 利用不等式变形,从概率 $P(a < U < b) = 1-\alpha$ 转化为置信度:

$$P(\hat{\theta}_1 < \theta < \hat{\theta}_2) = 1-\alpha,$$

从而得到 θ 的置信度为 $1-\alpha$ 的置信区间 $(\hat{\theta}_1,\ \hat{\theta}_2)$.

7.3.2 正态总体 $N(\mu, \sigma^2)$ 中均值 μ 的置信区间

设已知置信度 $1-\alpha$，$(X_1, X_2, \cdots, X_n)$ 为来自正态总体 $N(\mu, \sigma^2)$ 的一个样本，且样本均值和样本方差分别为 $\overline{X} = \dfrac{1}{n} \sum\limits_{i=1}^{n} X_i$，$S^2 = \dfrac{1}{n-1} \sum\limits_{i=1}^{n} (X_i - \overline{X})^2$.

(1) 方差 σ^2 已知，求均值 μ 的置信区间：

由例 7.13 已经得到 μ 的置信度为 $1-\alpha$ 的置信区间为

$$\left(\overline{X} - u_{\alpha/2} \frac{\sigma}{\sqrt{n}}, \ \overline{X} + u_{\alpha/2} \frac{\sigma}{\sqrt{n}} \right),$$

(2) 方差 σ^2 未知，求均值 μ 的置信区间：

由于方差 σ^2 未知，$U = \dfrac{\overline{X} - \mu}{\sigma / \sqrt{n}}$ 不再是枢轴量了. 若用样本的均方差 S 取代 U 中的总体均方差 σ，根据第 6 章抽样分布定理得到枢轴量

$$T = \frac{\overline{X} - \mu}{S / \sqrt{n}} \sim t(n-1).$$

在给定置信度 $1-\alpha$ 下，由

$$P(-t_{\alpha/2}(n-1) < T < t_{\alpha/2}(n-1)) = 1-\alpha,$$

如图 7.3 所示，得

$$P\left(\overline{X} - t_{\alpha/2}(n-1) \frac{S}{\sqrt{n}} < \mu < \overline{X} + t_{\alpha/2}(n-1) \frac{S}{\sqrt{n}} \right) = 1-\alpha,$$

于是 μ 的置信度为 $1-\alpha$ 的置信区间为

$$\left(\overline{X} - t_{\alpha/2}(n-1) \frac{S}{\sqrt{n}}, \ \overline{X} + t_{\alpha/2}(n-1) \frac{S}{\sqrt{n}} \right).$$

例 7.15 有一批同种型号的合金线，为了检查这批合金线的质量，从中随机抽取了 9 根合金线，测得 9 根合金线的抗拉强度分别为：

6.0 5.7 5.8 6.5 7.0

6.3 5.6 6.1 5.0

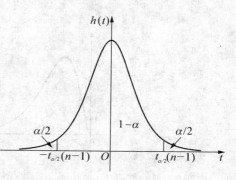

图 7.3 μ 的置信区间

已知合金线的抗拉强度 X 服从正态分布 $N(\mu, \sigma^2)$，求 μ 的置信度为 0.95 的置信区间.

解 由于方差 σ^2 未知，此时 μ 的置信度为 $1-\alpha$ 的置信区间是

$$\left(\overline{X} - t_{\alpha/2}(n-1)\frac{S}{\sqrt{n}}, \ \overline{X} + t_{\alpha/2}(n-1)\frac{S}{\sqrt{n}}\right),$$

用相应数据代入上式，$\alpha = 0.05$，$n-1 = 8$，$t_{0.025}(8) = 2.306\,0$，$\overline{x} = 6$，$s^2 = 0.33 = 0.574\,5^2$，得到 μ 的置信度为 0.95 的置信区间$(5.558, 6.442)$。

7.3.3 正态总体 $N(\mu, \sigma^2)$ 中方差 σ^2 的置信区间

本节的取样和所使用的记号同 7.3.2 节

(1) 均值 μ 已知，求方差 σ^2 的置信区间：

取枢轴量

$$\chi^2 = \frac{1}{\sigma^2}\sum_{i=1}^{n}(X_i - \mu)^2 \sim \chi^2(n)$$

对给定 $\alpha(0 < \alpha < 1)$，由

$$P(\chi^2_{1-\alpha/2}(n) < \chi^2 < \chi^2_{\alpha/2}(n)) = 1-\alpha,$$

解得

$$P\left(\frac{\sum_{i=1}^{n}(X_i - \mu)^2}{\chi^2_{\alpha/2}(n)} < \sigma^2 < \frac{\sum_{i=1}^{n}(X_i - \mu)^2}{\chi^2_{1-\alpha/2}(n)}\right) = 1-\alpha,$$

故得方差 σ^2 的置信度为 $1-\alpha$ 的置信区间(见图 7.4)

$$\left(\frac{\sum_{i=1}^{n}(X_i - \mu)^2}{\chi^2_{\alpha/2}(n)}, \ \frac{\sum_{i=1}^{n}(X_i - \mu)^2}{\chi^2_{1-\alpha/2}(n)}\right).$$

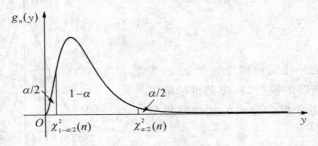

图 7.4 σ^2 的置信区间

(2) 均值 μ 未知，求方差 σ^2 的置信区间：

由抽样分布定理，枢轴量为

$$\chi^2 = \frac{(n-1)S^2}{\sigma^2} \sim \chi^2(n-1),$$

对给定 $\alpha(0 < \alpha < 1)$，从

$$P(\chi^2_{1-\alpha/2}(n-1) < \chi^2 < \chi^2_{\alpha/2}(n-1)) = 1-\alpha,$$

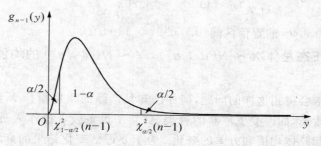

图 7.5　σ^2 的置信区间

解得

$$P\left(\frac{(n-1)S^2}{\chi^2_{\alpha/2}(n-1)} < \sigma^2 < \frac{(n-1)S^2}{\chi^2_{1-\alpha/2}(n-1)}\right) = 1-\alpha,$$

因此得到方差 σ^2 的置信度为 $1-\alpha$ 的置信区间（见图 7.5）

$$\left(\frac{(n-1)S^2}{\chi^2_{\alpha/2}(n-1)},\ \frac{(n-1)S^2}{\chi^2_{1-\alpha/2}(n-1)}\right),$$

均方差 σ 的置信度为 $1-\alpha$ 的置信区间

$$\left(\sqrt{\frac{(n-1)S^2}{\chi^2_{\alpha/2}(n-1)}},\ \sqrt{\frac{(n-1)S^2}{\chi^2_{1-\alpha/2}(n-1)}}\right).$$

例 7.16　自动线包装饼干,每包重量 X 服从正态分布 $N(\mu,\ \sigma^2)$,μ 与 σ^2 均未知. 现从该批包装好的饼干中抽取 16 包,测得重量（单位:kg）如下:

| 12.15 | 12.12 | 12.01 | 12.28 | 12.09 | 12.16 | 12.03 | 12.01 |
| 12.06 | 12.13 | 12.07 | 12.11 | 12.08 | 12.01 | 12.03 | 12.06 |

求:μ 和 σ 的置信度为 0.95 的置信区间.

解　已知 $\alpha = 0.05$, $n = 16$,同时根据观察值算出 $\overline{x} = 12.088$, $s^2 = 0.0712^2$.

（1）查表得 $t_{0.025}(15) = 2.1315$,算得:

$$\hat{\mu}_1 = \overline{x} - t_{\alpha/2}(n-1)\frac{s}{\sqrt{n}} = 12.088 - 2.1315\frac{0.0712}{\sqrt{16}} = 12.050,$$

$$\hat{\mu}_2 = \overline{x} + t_{\alpha/2}(n-1)\frac{s}{\sqrt{n}} = 12.088 + 2.1315\frac{0.0712}{\sqrt{16}} = 12.126,$$

得到 μ 的置信度为 0.95 的置信区间(12.050, 12.126).

（2）查表得 $\chi^2_{0.975}(15) = 6.262$, $\chi^2_{0.025}(15) = 27.488$,算得:

$$\hat{\sigma_1^2} = \frac{(n-1)s^2}{\chi_{\frac{\alpha}{2}}^2(n-1)} = \frac{15 \times 0.071\ 2^2}{27.488} = 0.002\ 8,$$

$$\hat{\sigma_2^2} = \frac{(n-1)s^2}{\chi_{1-\frac{\alpha}{2}}^2(n-1)} = \frac{15 \times 0.071\ 2^2}{6.262} = 0.012\ 1,$$

故 σ 的置信度为 0.95 的置信区间(0.052 9, 0.110 0).

7.3.4 两个正态总体 $X \sim N(\mu_1, \sigma_1^2)$，$Y \sim N(\mu_2, \sigma_2^2)$ 的均值差 $\mu_1 - \mu_2$ 的置信区间

实际中时常会碰到这样的问题,诸如已知某产品的质量指标 X 服从正态分布,由于进行工艺改革,如改变了原料的种类、更新了设备或者操作人员的技术水平发生变化等会引起总体均值和方差的变化. 为了要评估变化结果的好坏,那要对两个正态总体均值差 $\mu_1 - \mu_2$ 和方差比 $\frac{\sigma_1^2}{\sigma_2^2}$ 进行估计.

设置信度 $1-\alpha$ 已给定,样本$(X_1, X_2, \cdots, X_m)$和$(Y_1, Y_2, \cdots, Y_n)$分别来自两个正态总体 $X \sim N(\mu_1, \sigma_1^2)$ 和 $Y \sim N(\mu_2, \sigma_2^2)$,并且它们相互独立. 又设两个样本均值为

$$\overline{X} = \frac{1}{m} \sum_{i=1}^{m} X_i, \overline{Y} = \frac{1}{n} \sum_{i=1}^{n} Y_i,$$

两个样本方差为

$$S_1^2 = \frac{1}{m-1} \sum_{i=1}^{m} (X_i - \overline{X})^2, S_2^2 = \frac{1}{n-1} \sum_{i=1}^{n} (Y_i - \overline{Y})^2.$$

(1) σ_1^2 和 σ_2^2 均已知,求均值差 $\mu_1 - \mu_2$ 的置信区间:

由于 $\overline{X} \sim N(\mu_1, \sigma_1^2)$，$\overline{Y} \sim N(\mu_2, \sigma_2^2)$,且它们相互独立,得

$$\overline{X} - \overline{Y} \sim N\left(\mu_1 - \mu_2, \frac{\sigma_1^2}{m} + \frac{\sigma_2^2}{n}\right),$$

经标准化变换后,得枢轴量

$$U = \frac{\overline{X} - \overline{Y} - (\mu_1 - \mu_2)}{\sqrt{\frac{\sigma_1^2}{m} + \frac{\sigma_2^2}{n}}} \sim N(0, 1),$$

求得均值差 $\mu_1 - \mu_2$ 的置信度为 $1-\alpha$ 的置信区间

$$\left(\overline{X} - \overline{Y} - u_{\alpha/2}\sqrt{\frac{\sigma_1^2}{m} + \frac{\sigma_2^2}{n}}, \overline{X} - \overline{Y} + u_{\alpha/2}\sqrt{\frac{\sigma_1^2}{m} + \frac{\sigma_2^2}{n}}\right).$$

(2) σ_1^2 和 σ_2^2 均未知,但 $\sigma_1^2 = \sigma_2^2$,求均值差 $\mu_1 - \mu_2$ 的置信区间:

根据第 6 章的推论 6.2,枢轴量为

$$T = \frac{\overline{X} - \overline{Y} - (\mu_1 - \mu_2)}{S_w^2 \sqrt{\dfrac{1}{m} + \dfrac{1}{n}}} \sim t(m+n-2),$$

其中: $S_w^2 = \dfrac{(m-1)S_1^2 + (n-1)S_2^2}{m+n-2}$.

求得均值差 $\mu_1 - \mu_2$ 的置信度为 $1-\alpha$ 的置信区间

$$\left(\overline{X} - \overline{Y} - t_{\alpha/2}(m+n-2) S_w \sqrt{\frac{1}{m} + \frac{1}{n}},\ \overline{X} - \overline{Y} + t_{\alpha/2}(m+n-2) S_w \sqrt{\frac{1}{m} + \frac{1}{n}} \right).$$

(3) σ_1^2 和 σ_2^2 均未知且不知它们是否相等,但 $m = n$,求均值差 $\mu_1 - \mu_2$ 的置信区间:

由于 $m = n$,可进行随机配对看成一个样本. 令 $Z_i = X_i - Y_i$,$i = 1, 2, \cdots, n(m=n)$,则 $Z_i = X_i - Y_i \sim N(\mu_1 - \mu_2, \sigma_1^2 + \sigma_2^2)$. 此时利用单个正态总体区间估计法,有枢轴量为

$$T = \frac{\overline{Z} - (\mu_1 - \mu_2)}{S_Z / \sqrt{n}} \sim t(n-1),$$

其中: $\overline{Z} = \overline{X} - \overline{Y}$,$S_Z^2 = \dfrac{1}{n-1} \sum_{i=1}^{n} \left[(X_i - Y_i) - (\overline{X} - \overline{Y}) \right]^2$.

解得均值差 $\mu_1 - \mu_2$ 的置信度为 $1-\alpha$ 的置信区间

$$\left(\overline{Z} - t_{\alpha/2}(n-1) \frac{S_Z}{\sqrt{n}},\ \overline{Z} + t_{\alpha/2}(n-1) \frac{S_Z}{\sqrt{n}} \right).$$

(4) σ_1^2 和 σ_2^2 均未知,但 m 和 n 很大 $(m, n > 50)$,求均值差 $\mu_1 - \mu_2$ 的置信区间. 虽然有:

$$\frac{\overline{X} - \overline{Y} - (\mu_1 - \mu_2)}{\sqrt{\dfrac{\sigma_1^2}{m} + \dfrac{\sigma_2^2}{n}}} \sim N(0, 1),$$

由于 σ_1^2 和 σ_2^2 均未知,不能构成枢轴量. 用 S_1^2 和 S_1^2 取代 σ_1^2 和 σ_2^2,根据中心极限定理,当 m 和 n 很大 $(m, n > 50)$ 时

$$U = \frac{\overline{X} - \overline{Y} - (\mu_1 - \mu_2)}{\sqrt{\dfrac{S_1^2}{m} + \dfrac{S_2^2}{n}}}$$ 的近似分布为 $N(0, 1)$,

因此当 m 和 n 很大时,U 可近似看成枢轴量,求得均值差 $\mu_1 - \mu_2$ 的置信度为 $1-\alpha$ 的

近似置信区间

$$\left(\overline{X}-\overline{Y}-u_{\alpha/2}\sqrt{\frac{S_1^2}{m}+\frac{S_2^2}{n}},\ \overline{X}-\overline{Y}+u_{\alpha/2}\sqrt{\frac{S_1^2}{m}+\frac{S_2^2}{n}}\right).$$

例 7.17 某商业银行对其所属的甲、乙两家储蓄所进行年存款额的调查. 随机地抽取甲所的 10 户,得到 $\overline{x}_1=500$ 元,$s_1=1.044$ 元;乙所 20 户得到 $\overline{x}_2=496$ 元,$s_2=1.17$ 元. 设甲、乙两所的客户存款额服从正态分布,且可以认为它们的方差相等. 求两总体均值差 $\mu_1-\mu_2$ 的置信度为 0.95 的置信区间.

解 由题意可知两总体的方差未知但相等,故可用 7.3.4 节(2)中的结果求均值差的置信区间. 已知 $\alpha=0.05$,$m=10$,$n=20$,$m+n-2=28$,查 t 分布表得 $t_{0.025}(28)=2.0484$,又算得 $s_W^2=1.1692^2=1.3670$,代入(2)中的结果

$$\overline{x}_1-\overline{x}_2-t_{\alpha/2}(m+n-2)s_W\sqrt{\frac{1}{m}+\frac{1}{n}}=3.07,$$

$$\overline{x}_1-\overline{x}_2+t_{\alpha/2}(m+n-2)s_W\sqrt{\frac{1}{m}+\frac{1}{n}}=4.93,$$

最后求得两总体均值差 $\mu_1-\mu_2$ 的置信度为 0.95 的置信区间$(3.07,4.93)$.

本题中的置信区间的下限大于零,可认为 μ_1 比 μ_2 大. 若所得的置信区间中包含零,那可认为 μ_1 与 μ_2 两者没有显著差异.

7.3.5 两个正态总体 $X\sim N(\mu_1,\sigma_1^2)$,$Y\sim N(\mu_2,\sigma_2^2)$ 的方差比 $\dfrac{\sigma_1^2}{\sigma_2^2}$ 的置信区间

本节的取样及记号同 7.3.4 节,另外考虑 μ_1 与 μ_2 均未知. 由第 6 章的推论6.2,构造一个枢轴量

$$F=\frac{S_1^2/\sigma_1^2}{S_2^2/\sigma_2^2}=\frac{S_1^2\sigma_2^2}{S_2^2\sigma_1^2}\sim F(m-1,n-1),$$

当 α 给定以后,由

$$P\left(F_{1-\frac{\alpha}{2}}(m-1,n-1)<\frac{S_1^2\sigma_2^2}{S_2^2\sigma_1^2}<F_{\frac{\alpha}{2}}(m-1,n-1)\right)=1-\alpha,$$

得到方差比 $\dfrac{\sigma_1^2}{\sigma_2^2}$ 的置信度为 $1-\alpha$ 的置信区间(见图 7.6)

$$\left(F_{1-\frac{\alpha}{2}}(n-1,m-1)\frac{S_1^2}{S_2^2},\ F_{\frac{\alpha}{2}}(n-1,m-1)\frac{S_1^2}{S_2^2}\right),$$

或者

$$\left(\frac{1}{F_{\frac{\alpha}{2}}(m-1,\ n-1)}\frac{S_1^2}{S_2^2},\ \frac{1}{F_{1-\frac{\alpha}{2}}(m-1,\ n-1)}\frac{S_1^2}{S_2^2}\right).$$

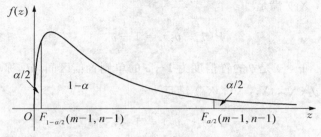

图 7.6　方差比 $\frac{\sigma_1^2}{\sigma_2^2}$ 的置信区间

例 7.18　为了测试气温对某种纤维强度的影响,在 5℃ 与 30℃ 分别作 10 次与 11 次测定,其测定值的方差分别为 $s_1^2 = 0.541\,9$ 和 $s_2^2 = 0.606\,5$. 假设在 5℃ 下的强度 $X \sim N(\mu_1,\ \sigma_1^2)$ 和 30℃ 下的强度 $Y \sim N(\mu_2,\ \sigma_2^2)$,求方差比 $\frac{\sigma_1^2}{\sigma_2^2}$ 的置信度为 0.9 的置信区间.

解　由已知条件,$\alpha = 0.1$,$m = 10$,$n = 11$,查 F 分布表得 $F_{0.05}(9,\ 10) = 3.02$,$F_{0.05}(10,\ 9) = 3.14$ 以及 $F_{0.95}(10,\ 9) = \dfrac{1}{F_{0.05}(9,\ 10)} = \dfrac{1}{3.02} = 0.331$. 再由 $s_1^2 = 0.541\,9$,$s_2^2 = 0.606\,5$,代入上述结果有

$$F_{1-\frac{\alpha}{2}}(n-1,\ m-1)\frac{s_1^2}{s_2^2} = 0.331 \times \frac{0.541\,9}{0.606\,5} = 0.296,$$

$$F_{\frac{\alpha}{2}}(n-1,\ m-1)\frac{s_1^2}{s_2^2} = 3.14 \times \frac{0.541\,9}{0.606\,5} = 2.806,$$

最后得方差比 $\frac{\sigma_1^2}{\sigma_2^2}$ 的置信度为 0.9 的置信区间 $(0.296,\ 2.806)$.

所求置信区间包含 1,即 $1 \in (0.296,\ 2.806)$,可认为两总体的方差没有显著差异.

7.3.6　单侧置信区间

前面采用的区间估计,得到的是总体分布中未知参数 θ 的置信区间为 $(\hat{\theta}_1,\ \hat{\theta}_2)$ 的形式,称 $(\hat{\theta}_1,\ \hat{\theta}_2)$ 为双侧置信区间. 但是在许多实际问题中,如要估计一批电子产品的平均寿命,显然平均寿命越长越好,因此采用的置信区间为 $(\hat{\theta}_1,\ +\infty)$,只要关心 $\hat{\theta}_1$ 即可. 同理若要估计这批电子产品的次品率,当然希望次品率越小越好,可采用的置信区间为 $(-\infty,\ \hat{\theta}_2)$,即只要关心 $\hat{\theta}_2$ 即可. 从而得到了单侧置信区间的概念.

定义 7.6 设总体 X 的分布函数为 $F(x；\theta)$，其中 θ 未知，又$(X_1，X_2，\cdots，X_n)$ 为来自总体 X 的一个样本. 对任意给定的 $\alpha(0 < \alpha < 1)$，若存在统计量 $\hat{\theta}_1 = \hat{\theta}_1(X_1，X_2，\cdots，X_n)$ 满足

$$P(\theta > \hat{\theta}_1) = 1 - \alpha,$$

称随机区间 $(\hat{\theta}_1，+\infty)$ 是 θ 的置信度为 $1 - \alpha$ 的单侧置信区间，$\hat{\theta}_1$ 称**单侧置信下限**. 又统计量 $\hat{\theta}_2 = \hat{\theta}_2(X_1，X_2，\cdots，X_n)$ 满足

$$P(\theta < \hat{\theta}_2) = 1 - \alpha,$$

称随机区间$(-\infty，\hat{\theta}_2)$是 θ 的置信度为 $1 - \alpha$ 的单侧置信区间，$\hat{\theta}_2$ 称**单侧置信上限**.

设已知置信度 $1 - \alpha$，$(X_1，X_2，\cdots，X_n)$ 为来自正态总体 $N(\mu，\sigma^2)$ 的一个样本，且样本均值和样本方差分别为$\overline{X} = \dfrac{1}{n} \sum\limits_{i=1}^{n} X_i$，$S^2 = \dfrac{1}{n-1} \sum\limits_{i=1}^{n} (X_i - \overline{X})^2$.

(1) 方差 σ^2 未知，求均值 μ 的单侧置信区间：

由于

$$T = \frac{\overline{X} - \mu}{S/\sqrt{n}} \sim t(n-1)$$

在给定置信度 $1 - \alpha$ 下，若求单侧下限，则 α 无需平分只要取右侧的分位点，从

$$P\left(\frac{\overline{X} - \mu}{S/\sqrt{n}} < t_\alpha(n-1) \right) = 1 - \alpha,$$

得

$$P\left(\mu > \overline{X} - t_\alpha(n-1) \frac{S}{\sqrt{n}} \right) = 1 - \alpha,$$

于是 μ 的置信度为 $1 - \alpha$ 的单侧置信区间为

$$\left(\overline{X} - t_\alpha(n-1) \frac{S}{\sqrt{n}}，+\infty \right),$$

单侧置信下限为 $\hat{\mu}_1 = \overline{X} - t_\alpha(n-1) \dfrac{S}{\sqrt{n}}$. 同理可得 μ 的置信度为 $1 - \alpha$ 的另一个单侧置信区间为

$$\left(-\infty，\overline{X} + t_\alpha(n-1) \frac{S}{\sqrt{n}} \right),$$

单侧置信上限为 $\hat{\mu}_2 = \overline{X} + t_\alpha(n-1)\dfrac{S}{\sqrt{n}}$.

（2）均值 μ 未知，求方差 σ^2 的单侧置信区间：

由抽样分布定理，枢轴量为

$$\chi^2 = \frac{(n-1)S^2}{\sigma^2} \sim \chi^2(n-1),$$

对给定 $\alpha(0 < \alpha < 1)$，若求单侧下限，则 α 无需平分只要取右侧的分位点，从

$$P(\chi^2 < \chi_\alpha^2(n-1)) = 1-\alpha,$$

解得

$$P\left(\sigma^2 > \frac{(n-1)S^2}{\chi_\alpha^2(n-1)}\right) = 1-\alpha,$$

因此得到方差 σ^2 的置信度为 $1-\alpha$ 的单侧置信区间

$$\left(\frac{(n-1)S^2}{\chi_\alpha^2(n-1)},\ +\infty\right),$$

单侧置信下限为

$$\hat{\sigma_1^2} = \frac{(n-1)S^2}{\chi_\alpha^2(n-1)}.$$

类似地，方差 σ^2 的置信度为 $1-\alpha$ 的另一个单侧置信区间为

$$\left(-\infty,\ \frac{(n-1)S^2}{\chi_{1-\alpha}^2(n-1)}\right),$$

则单侧置信上限为

$$\hat{\sigma_2^2} = \frac{(n-1)S^2}{\chi_{1-\alpha}^2(n-1)}.$$

例 7.19 从一批电子元件中随机抽取 10 只作寿命试验，测得 $\overline{x} = 1\,000$ 小时，$s = 20$ 小时. 设该批电子元件的寿命 $X \sim N(\mu,\sigma^2)$，σ^2 未知，求 μ 的置信度为 0.95 的单侧置信下限.

解 已知 $\alpha = 0.05$，$n = 20$，查 t 分布表，得 $t_{0.05}(9) = 1.833\,1$. 将 $\overline{x} = 1\,000$，$s = 20$ 代入上述相应结果，得单侧置信下限为

$$\hat{\mu}_1 = \overline{x} - t_\alpha(n-1)\frac{s}{\sqrt{n}} = 1\,000 - 1.833\,1\frac{20}{\sqrt{10}} = 988.41,$$

单侧置信区间为 $(988.4,\ +\infty)$.

7.3.7 非正态总体均值的置信区间

1. 指数分布参数的置信区间

设总体 X 服从指数分布,即

$$f(x) = \begin{cases} \lambda e^{-\lambda x}, & x \geqslant 0, \\ 0, & x < 0, \end{cases}$$

其中:参数 $\lambda > 0$ 未知,$(X_1, X_2, \cdots, X_n)$ 为来自总体 X 的一个样本.

已知 $2n\lambda \overline{X} \sim \chi^2(2n)$,对于给定的置信度 $1-\alpha$,可构造一个枢轴量 $\chi^2 = 2n\lambda \overline{X}$,查 χ^2 分布表求得分位点 $\chi^2_{1-\alpha/2}(2n)$ 和 $\chi^2_{\alpha/2}(2n)$,使得

$$P(\chi^2_{1-\alpha/2}(2n) < \chi^2 < \chi^2_{\alpha/2}(2n)) = 1-\alpha,$$

通过不等式变形,得

$$P\left(\frac{\chi^2_{1-\alpha/2}(2n)}{2n\overline{X}} < \lambda < \frac{\chi^2_{\alpha/2}(2n)}{2n\overline{X}}\right) = 1-\alpha,$$

故 λ 的置信度 $1-\alpha$ 的置信区间为

$$\left(\frac{\chi^2_{1-\alpha/2}(2n)}{2n\overline{X}}, \frac{\chi^2_{\alpha/2}(2n)}{2n\overline{X}}\right).$$

例 7.20 已知某种灯泡的寿命 X(单位:小时)服从参数为 λ 的指数分布(λ 未知),现从这批灯泡中抽取了 10 个灯泡,测得寿命分别为

1 050, 1 100, 1 080, 1 120, 1 200, 1 250, 1 040, 1 130, 1 300, 1 200

求 $\mu = E(X)$ 的置信度为 0.95 的置信区间.

解 算得 $\overline{x} = 1\,147$,由已知 $n = 10$,$\alpha = 0.05$,查表得

$$\chi^2_{0.975}(20) = 9.591, \quad \chi^2_{0.025}(20) = 34.170,$$

故 λ 的置信度为 0.95 的置信区间

$$\left(\frac{\chi^2_{0.975}(20)}{2n\overline{x}}, \frac{\chi^2_{0.025}(20)}{2n\overline{x}}\right) = (0.000\,42, 0.001\,59).$$

由于 $\mu = E(X) = \dfrac{1}{\lambda}$,得 $\mu = E(X)$ 的置信度为 0.95 的置信区间

$$\left(\frac{2n\overline{x}}{\chi^2_{0.025}(20)}, \frac{2n\overline{x}}{\chi^2_{0.975}(20)}\right) = (671.35, 2\,391.83).$$

2. 大样本条件下非正态总体均值的置信区间

设总体 X 的分布是任意的,利用来自总体 X 的一个样本 $(X_1, X_2, \cdots, X_n)$ 对

总体中的未知参数 $\mu = E(X)$ 做区间估计. 由中心极限定理, 可知当 n 充分大时,

$$U = \frac{\overline{X} - \mu}{S / \sqrt{n}} \text{ 的近似分布为 } N(0, 1).$$

对给定的 $\alpha(0 < \alpha < .1)$, 使得

$$P(\mid U \mid < u_{\alpha/2}) \approx 1 - \alpha,$$

$$P\left(\overline{X} - u_{\alpha/2} \frac{S}{\sqrt{n}} < \mu < \overline{X} + u_{\alpha/2} \frac{S}{\sqrt{n}}\right) \approx 1 - \alpha,$$

于是 μ 的置信度为 $1 - \alpha$ 的置信区间是

$$\left(\overline{X} - u_{\alpha/2} \frac{S}{\sqrt{n}}, \ \overline{X} + u_{\alpha/2} \frac{S}{\sqrt{n}}\right),$$

这里对 n 充分大的一般要求是 $n > 50$, 当然 n 越大近似程度越好.

例 7.21 设总体 X 服从未知参数为 $p(0 < p < 1)$ 的 $(0-1)$ 分布, 即

$$P(X = x; \ p) = p^x (1-p)^{1-x}, \ x = 0, 1.$$

$(X_1, X_2, \cdots, X_n)$ 为来自总体 X 的一个样本. 求 p 的置信度为 $1 - \alpha$ 的置信区间.

解 由于 $\mu = E(X) = p$, 当 $n > 50$ 时, 根据上述结论得未知参数 p 的置信度为 $1 - \alpha$ 的置信区间为

$$\left(\overline{X} - u_{\alpha/2} \frac{S}{\sqrt{n}}, \ \overline{X} + u_{\alpha/2} \frac{S}{\sqrt{n}}\right).$$

若一次抽取得到样本观察值 $(x_1, x_2, \cdots, x_n)$, 其中 $x_i = 0, 1$. 设 n 个值中有 m 个值取 1, $n - m$ 个值取 0, 此时有

$$\overline{x} = \frac{1}{n} \sum_{i=1}^{n} x_i = \frac{m}{n},$$

$$s^2 = \frac{1}{n-1} \sum_{i=1}^{n} (x_i - \overline{x})^2$$

$$= \frac{1}{n-1} \left[\left(1 - \frac{m}{n}\right)^2 + \cdots + \left(1 - \frac{m}{n}\right)^2 + \left(0 - \frac{m}{n}\right)^2 + \cdots + \left(0 - \frac{m}{n}\right)^2 \right]$$

$$= \frac{1}{n-1} \left[m\left(1 - \frac{m}{n}\right)^2 + (n-m)\left(\frac{m}{n}\right)^2 \right]$$

$$= \frac{m}{n-1}\left(1 - \frac{m}{n}\right) = \frac{n}{n-1} \frac{m}{n}\left(1 - \frac{m}{n}\right) = \frac{n}{n-1} \overline{x}(1 - \overline{x}),$$

代入上述未知参数 p 置信区间, 得

$$\left(\overline{x} - u_{\alpha/2}\sqrt{\frac{1}{n-1}\overline{x}(1-\overline{x})}, \ \overline{x} + u_{\alpha/2}\sqrt{\frac{1}{n-1}\overline{x}(1-\overline{x})}\right).$$

例 7.22 要估计一批产品的次品率,从中抽取 100 件进行检测,发现其中有 6 件次品.求该批产品次品率 p 的置信度为 0.95 的置信区间.

解 由已知条件,$n = 100$,$m = 6$,$\alpha = 0.05$,$u_{0.025} = 1.96$,代入上述置信区间,算得次品率 p 的置信度为 0.95 的置信区间为 $(0.013\,2, 0.106\,8)$.

习　题　7

1. 设总体 $X \sim N(\mu, 1)$,在对总体 X 作 30 次独立观察中,事件$(X > 0)$发生了 19 次,用频率替换法求参数 μ 的估计值.

2. 设总体 X 服从参数为 λ 的 Poisson 分布,其中 $\lambda(\lambda > 0)$ 未知.现做了 2 500 次试验,事件 $(X = 0)$ 发生 81 次,试用频率替换法求 λ 的估计值.

3. 从总体 X 中抽取容量为 6 的样本,测得样本观察值为

$$32 \quad 65 \quad 28 \quad 35 \quad 30 \quad 39$$

求样本中位数、样本均值、样本极差、样本方差和样本的标准差.

4. 某水果店要采购苹果,比较了 5 个不同水果批发市场中同品种和同等级苹果的价格:

$$8.9 \quad 9.3 \quad 7.4 \quad 6.3 \quad 10.1$$

(单位:kg),试用样本的中位数和极差分别估计总体均值和标准差.

5. 设总体 $X \sim B(k, p)$,其中 k 为正整数,k,$p(0 < p < 1)$ 均未知.又$(X_1, \cdots, X_n)$为来自总体 X 的一个样本,求 k 和 p 的矩估计量.

6. 设总体 X 的密度为

$$f(x;\theta) = \begin{cases} \dfrac{2\theta^2}{(\theta^2-1)x^3}, & x \in (1, \theta), \\ 0, & x \notin (1, \theta), \end{cases}$$

求 θ 的矩估计量.

7. 设某种电子元件的寿命 T 服从参数为 λ 的指数分布,今测得 10 个元件的失效时间(单位:小时)为

$$1\,050 \quad 1\,100 \quad 1\,080 \quad 1\,200 \quad 1\,300 \quad 1\,250 \quad 1\,340 \quad 1\,060 \quad 1\,150 \quad 1\,150$$

求 λ 的最大似然估计值.

8. 设$(X_1, \cdots, X_n)$为来自总体 X 的一个样本,求下列各总体的分布列或密度中的未知参数的矩估计量和最大似然估计量:

(1) $P(X = k; \theta) = \dfrac{\theta^k}{k!}e^{-\theta}$,$k = 0, 1, 2, \cdots$,其中 $\theta > 0$ 未知;

(2) $P(X = x; \theta) = (1 - \theta)^{x-1}\theta$, $x = 1, 2, \cdots$, 其中 $\theta(0 < \theta < 1)$ 未知并且是一次试验时事件发生的概率, x 是直到事件出现所需试验的次数;

(3) $X \sim f(x; \theta) = \begin{cases} \theta c^{\theta} x^{-(\theta+1)}, & x > c, \\ 0, & x \leqslant c, \end{cases}$ 其中 $c > 0$ 已知常数, $\theta > 1$ 未知;

(4) $f(x; \theta) = \begin{cases} \sqrt{\theta} x^{\sqrt{\theta}-1}, & x \in [0, 1], \\ 0, & x \notin [0, 1], \end{cases}$ 其中 $\theta > 0$ 未知;

(5) $f(x; \theta) = \begin{cases} \dfrac{1}{\theta} e^{-\frac{x-\mu}{\theta}}, & x \in [\mu, +\infty), \\ 0, & x \notin [\mu, +\infty), \end{cases}$ 其中 $\theta > 0$ 和 μ 未知;

(6) $f(x; \theta_1, \theta_2) = \begin{cases} \dfrac{1}{\theta_2 - \theta_1}, & x \in [\theta_1, \theta_2], \\ 0, & x \notin [\theta_1, \theta_2], \end{cases}$ 其中 $\theta_1 < \theta_2$ 并且 θ_1, θ_2 均未知.

9. 设总体 X 的分布列为

X	0	1	2	3
P	θ^2	$2\theta(1-\theta)$	θ^2	$1 - 2\theta$

其中: $\theta\left(0 < \theta < \dfrac{1}{2}\right)$ 是未知参数, 若一次抽取得样本观察值 (3, 1, 3, 0, 3, 1, 2, 3), 求 θ 的矩估计值和最大似然估计值.

10. 设总体 X 的分布函数为

$$F(x; \alpha, \beta) = \begin{cases} 1 - \left(\dfrac{\alpha}{x}\right)^{\beta}, & x > \alpha, \\ 0, & x \leqslant \alpha, \end{cases}$$

其中: 参数 $\alpha > 0$, $\beta > 1$ 未知. 又 $(X_1, \cdots, X_n)$ 为来自总体 X 的一个样本,

(1) 当 $\alpha = 1$ 时, 求 β 的矩估计量和最大似然估计量;

(2) 当 $\beta = 2$ 时, 求 α 的最大似然估计量.

11. 设 $(X_1, \cdots, X_n)$ 为来自对数正态总体 $Y = \ln X \sim N(\mu, \sigma^2)$ 的一个样本, 其中 $\mu, \sigma^2 > 0$ 未知. 求 $E(X)$, $D(X)$ 的最大似然估计量.

12. 设总体 X 服从正态分布 $N(\mu, \sigma^2)$, 且 $(X_1, \cdots, X_n)$ 为来自总体 X 的一个样本, 试确定常数 c, 使得 $c \sum\limits_{i=1}^{n-1} (X_{i+1} - X_i)^2$ 为 σ^2 的无偏估计.

13. 设总体 X 的均值 $\mu = E(X)$ 已知, 方差 $\sigma^2 = D(X)$ 未知, 且 $(X_1, \cdots, X_n)$ 为来自总体 X 的一个样本. 证明: $\hat{\sigma}^2 = \dfrac{1}{n} \sum\limits_{i=1}^{n} (X_i - \mu)^2$ 是 σ^2 的无偏估计量.

14. 设 $(X_1, X_2, \cdots, X_{n_1})$ 和 $(Y_1, Y_2, \cdots, Y_{n_2})$ 分别来自两个正态总体 $X \sim N(\mu_1, \sigma^2)$ 和 $Y \sim N(\mu_2, \sigma^2)$, 并且它们相互独立. 又设两个样本均值为

$$\overline{X} = \dfrac{1}{n_1} \sum_{i=1}^{n_1} X_i, \quad \overline{Y} = \dfrac{1}{n_2} \sum_{i=1}^{n_2} Y_i,$$

两个样本方差为

$$S_1^2 = \frac{1}{n_1-1} \sum_{i=1}^{n_1} (X_i - \overline{X})^2, \quad S_2^2 = \frac{1}{n_2-1} \sum_{i=1}^{n_2} (Y_i - \overline{Y})^2,$$

(1) 求 $\mu_1 - \mu_2$ 的一个无偏估计;

(2) 证明: $S_w^2 = \dfrac{(n_1-1)S_1^2 + (n_2-1)S_2^2}{n_1+n_2-2}$ 是 σ^2 无偏估计量.

15. 设 $(X_1, \cdots, X_n)$ 为来自总体 X 的一个样本,是来自参数为 λ 的 Poisson 分布的一个样本,求 λ^2 的无偏估计量.

16. 设总体 $X \sim B(1, p)$,其中 p 未知 $(0 < p < 1)$,$(X_1, X_2, \cdots, X_n)(n \geqslant 2)$ 为来自总体 X 的一个样本,证明:

(1) $\overline{X}^2$ 不是 p^2 的无偏估计;

(2) $X_1 X_n$ 是 p^2 的无偏估计.

17. 已知总体 $X \sim U(0, \theta)$,$\theta > 0$ 未知,$(X_1, X_2, \cdots, X_n)$ 为来自总体 X 的一个样本,证明 θ 的最大似然估计量不是无偏的.

18. 设总体 X 的密度

$$f(x; \theta) = \begin{cases} 2e^{-2(x-\theta)}, & x > \theta, \\ 0, & x \leqslant \theta, \end{cases}$$

其中 $\theta > 0$ 未知,又 $(X_1, \cdots, X_n)$ 为来自总体 X 的一个样本,记 $\hat{\theta} = \min(X_1, \cdots, X_n)$,

(1) 求总体 X 的分布函数 $F(x; \theta)$;

(2) 求统计量 $\hat{\theta}$ 的分布函数 $F_{\hat{\theta}}(y; \theta)$;

(3) 若 $\hat{\theta} = \min(X_1, \cdots, X_n)$ 作为 θ 的估计量,讨论它是否具有无偏性.

19. 设 (X_1, X_2) 是来自正态总体 $N(\mu, 1)$ 的一个样本,指出下列未知参数 μ 的三个估计量中哪一个为最有效?

$$\hat{\mu}_1 = \frac{2}{3} X_1 + \frac{1}{3} X_2, \quad \hat{\mu}_2 = \frac{1}{4} X_1 + \frac{3}{4} X_2, \quad \hat{\mu}_3 = \frac{1}{2} X_1 + \frac{1}{2} X_2.$$

20. 设 $(X_1, \cdots, X_n)$ 为来自总体 $X \sim N(\mu, \sigma^2)$ 的一个样本,其中 μ 已知.问 σ^2 的下列两个无偏量中哪个更为有效?

$$S_1^2 = \frac{1}{n} \sum_{i=1}^{n} (X_i - \mu)^2, \quad S_2^2 = \frac{1}{n-1} \sum_{i=1}^{n} (X_i - \overline{X})^2.$$

21. 设总体 $X \sim P(X = x; p) = p^x(1-p)^{1-x}$,$x = 0, 1$,$(X_1, \cdots, X_n)$ 为来自总体的一个样本.证明: $\hat{p} = \overline{X}$ 是总体中未知参数 p 的有效估计量.

22. 设 $u = a\theta + b(a \neq 0)$,$\hat{\theta}$ 是 θ 的有效估计量,证明 $\hat{u} = a\hat{\theta} + b$ 是 u 的有效估计量.

23. 设 $(X_1, \cdots, X_n)$ 为来自总体 $X \sim N(\mu, \sigma^2)$ 的一个样本,证明:(1) 样本均值 $\overline{X}$ 是总体均值 μ 的有效估计量;(2) 样本方差 S^2 不是总体方差 σ^2 的有效估计量.

24. 设总体 $X \sim U(0, \theta)$,$(X_1, X_2, \cdots, X_n)$ 为来自总体 X 的一个样本,证明: $2\overline{X}$ 和 $X_{(n)}$ 都是 θ 的一致估计量.

25. 设 $(X_1, \cdots, X_n)$ 为来自总体 $X \sim N(\mu, \sigma^2)$ 的一个样本,其中 μ 和 σ^2 均未知. 证明:(1)μ 的无偏估计量 $\hat{\mu} = \overline{X}$ 是一致估计量;(2)σ^2 的无偏估计量 $\hat{\sigma}^2 = S^2$ 也是一致估计量.

26. 设 $(X_1, \cdots, X_n)$ 为来自总体 X 的一个样本,总体 X 的密度为

$$f(x; \theta) = \begin{cases} \dfrac{1}{\theta} e^{-\frac{x}{\theta}}, & x \geqslant 0, \\ 0, & x < 0, \end{cases} \quad \theta > 0,$$

证明:$\overline{X} = \dfrac{1}{n} \sum\limits_{i=1}^{n} X_i$ 是未知参数 θ 的无偏、一致、有效估计量.

27. 某公司生产防水涂料,为检测其质量随机抽取 9 个样品,测得干燥时间(单位:小时)分别为

$$6.0 \quad 5.7 \quad 5.8 \quad 6.5 \quad 7.0 \quad 6.3 \quad 5.6 \quad 6.1 \quad 5.0$$

设干燥时间 X 服从正态分布 $N(\mu, \sigma^2)$,(1)若由以往经验知 $\sigma = 0.6$,(2)若 σ 为未知,分别求 μ 的置信度为 0.95 的置信区间.

28. 某手表厂生产机械自动手表,它的走时误差(单位:秒/天)服从正态分布,检验员在准备出厂的一批手表中随机地抽出了 9 只进行检测,结果如下:

$$-4.0 \quad 3.1 \quad 2.5 \quad -2.9 \quad 0.9 \quad 1.1 \quad 2.0 \quad -3.0 \quad 2.8$$

求该手表的走时误差的均值 μ 和方差 σ^2 的置信度为 0.95 的置信区间.

29. 从一批火箭推动装置中抽取了 10 个进行测试,测得燃烧时间(秒)如下:

$$50.7 \quad 54.9 \quad 54.3 \quad 44.8 \quad 42.2 \quad 69.8 \quad 53.4 \quad 66.1 \quad 48.1 \quad 34.5$$

设燃烧时间 X 服从正态分布 $N(\mu, \sigma^2)$,求均方差 σ 的置信度为 0.9 的置信区间.

30. 冷抽铜丝的折断力服从正态分布. 从一批铜丝中任取 10 根,试验折断力,所得数据分别为(单位:Pa)

$$578 \quad 572 \quad 570 \quad 568 \quad 572 \quad 570 \quad 570 \quad 569 \quad 584 \quad 572$$

求方差 σ^2 的置信区间 $(\alpha = 0.05)$.

31. 设 $(0.50 \quad 1.25 \quad 0.80 \quad 2.00)$ 是来自总体 X 的一个观察值. 已知 $Y = \ln X$ 服从正态分布 $N(\mu, 1)$,求:$(1)X$ 的期望 $b = E(X)$;$(2)\mu$ 的置信度为 0.95 的置信区间;(3) 利用(2) 的结果求 b 的置信度为 0.95 的置信区间.

32. 设总体 X 服从正态分布 $N(\mu, \sigma^2)$,问若抽取一个样本,当容量 n 为多大时,才使总体 μ 的置信度为 $1 - \alpha$ 的置信区间的长度不大于 l?

33. 某地为研究农业家庭与非农业家庭的人口状况,独立并且随机地调查了 50 户农业居民和 60 户非农业居民. 经计算知农业居民家庭平均每户 4.5 人,非农业居民家庭平均每户 3.75 人. 已知农业家庭人口数 X 服从正态分布 $N(\mu_1, 1.8^2)$,非农业家庭人口数 X 服从正态分布 $N(\mu_2, 2.1^2)$,求 $\mu_1 - \mu_2$ 的置信度为 0.99 的置信区间.

34. 在甲、乙两城市进行家庭消费调查,在甲市抽取 61 户,平均每户年消费支出 3 000 元,标准差 $s_1 = 400$ 元. 在乙市抽取 121 户,平均每户消费支出 4 200 元,标准差 $s_2 = 500$ 元. 设两城家庭消费支出均服从正态分布 $N(\mu_1, \sigma_1^2)$ 和正态分布 $N(\mu_2, \sigma_2^2)$,求:

(1) 甲、乙两城市平均每户年消费支出之间差异的置信区间(置信度为 0.95);

(2) 甲、乙两城市平均每户年消费支出方差比的置信区间(置信度为 0.95).

35. 某商店销售的一种商品来自甲、乙两个厂家. 为考察商品性能上的差异,现从甲、乙两个厂家生产的产品中分别抽取了 8 件和 9 件产品,测其性能指标 X 和 Y,得到两组样本观察值,经计算得 $\overline{x} = 2.190$,$\overline{y} = 2.238$,$s_1^2 = 0.006$,$s_2^2 = 0.008$,假设性能指标 X 服从正态分布 $N(\mu_1, \sigma_1^2)$,Y 服从正态分布 $N(\mu_2, \sigma_2^2)$. 求均值差 $\mu_1 - \mu_2$ 和方差比 $\dfrac{\sigma_1^2}{\sigma_2^2}$ 置信度为 0.90 的置信区间.

36. 为研究平板电视液晶屏的寿命,随机地选择 16 个显示屏,每个显示屏使用到损坏为止,记录所使用的时间(单位:小时)如下:

$$41\,250 \quad 40\,187 \quad 43\,175 \quad 41\,010 \quad 39\,265 \quad 41\,872 \quad 42\,654 \quad 41\,287$$
$$38\,970 \quad 40\,200 \quad 42\,550 \quad 41\,095 \quad 40\,580 \quad 43\,500 \quad 39\,775 \quad 40\,400$$

设这些数据来自正态总体 $N(\mu, \sigma^2)$,其中 μ,σ^2 未知. 求均值 μ 和方差 σ^2 的置信度为 0.95 的单侧置信下限.

37. 从一批电容器中随机抽取 10 个,测得其电容值(单位:μF)为

$$102.5 \quad 103.5 \quad 103.5 \quad 104.5 \quad 105.0 \quad 105.5 \quad 106.0 \quad 106.5 \quad 107.5 \quad 105.5$$

设电容值服从正态分布 $N(\mu, \sigma^2)$.

(1) 若已知 $\sigma^2 = 4$,求均值 μ 的置信度为 0.90 的单侧置信下限;

(2) 求方差 σ^2 的置信度为 0.90 的单侧置信上限.

38. 已知某种电子元件的寿命 X 服从参数为 λ 的指数分布,现从中抽取了 12 只元件进行测试,结果如下(单位:小时):

$$20 \quad 640 \quad 1\,750 \quad 50 \quad 1\,110 \quad 1\,660 \quad 640 \quad 2\,410 \quad 890 \quad 970 \quad 1\,520 \quad 750$$

求:(1) 参数 λ 和元件的平均寿命 μ 的置信度为 0.9 的置信区间;

(2) 元件的平均寿命 μ 的置信度为 0.9 的单侧置信下限.

39. 设总体 $X \sim U(0, \theta)$,θ 未知,$(X_1, X_2, \cdots, X_n)$ 为来自总体 X 的一个样本,最大顺序统计量 $X_{(n)} = \max\limits_{1 \leqslant i \leqslant n}\{X_i\}$,(1) 求 $Y = \dfrac{X_{(n)}}{\theta}$ 的分布;(2) 证明对任意 $0 < \forall \alpha < 1$,θ 的单侧置信上限为 $\hat{\theta}_2 = \dfrac{X_{(n)}}{\sqrt[n]{\alpha}}$.

40. 从一批货物中抽取了一个容量为 100 的样本,经检验发现有 5 只次品,求这批货物次品率的置信度为 0.95 的置信区间.

41. 某公司为研究所生产的纺织品在欧洲的销路,在法国巴黎举办的产品推销会上,对 1 000 名来参加推销会的成年人进行调查,得知其中有 500 人喜欢该公司生产的纺织品. 求以 0.95 的置信度估计巴黎市民喜欢该纺织品的比例的置信区间.

假 设 检 验

第 **8** 章

在实际中,每个个体差异是客观存在的,以致抽样误差不可避免.当遇到两个或几个样本均值、样本方差与已知总体均值、方差有差异时,我们就有必要分析造成这种差别的原因:是由"抽样误差"即偶然性所造成的呢,还是"本质差别"即必然性造成的? 假设检验就是用来判断"样本与样本"、"样本与总体"的差异是由"抽样误差"引起还是"本质差别"造成的统计推断方法.假设检验又称显著性检验(Test of statistical significance).

8.1　假设检验的基本概念

8.1.1　统计假设

我们先看一个例子:

例 8.1　海达手表厂生产的女表表壳,在正常情况下,其直径(单位:mm)服从正态分布 $N(20,1)$.为了检测该厂某天生产是否正常,对生产过程中的手表随机抽查了 5 只,测得表面直径分别为 19,19.5,19,20,20.5.问这天的生产情况是否正常?

易知,在该问题中,总体为这天所生产的手表的直径(记为 X),样本容量为 5,由样本观察值不难算出:

$$\bar{x} = 19.6,\ s^2 = 0.425.$$

很容易发现:样本均值的观察值 $\bar{x}$ 小于 20,而样本方差的观察值 s^2 也不是 1.于是我们来分析造成这种差异的原因.主要原因来自两个方面:

(1)一方面认为是正常的,只是由于"运气",使得所抽查的 5 只手表的直径偏小,从而导致 $\bar{x}$ 与 s^2 偏小;

(2)另一方面,认为生产本身就不正常,即这天所生产的手表的直径 X 所服从的分布 $N(\mu,\sigma^2)$ 中,$\mu < 20,\sigma^2 \neq 1$,造成 $\bar{x} < 20,s^2 \neq 1$.

这天的生产情况是否正常主要应该看"是哪一方面的原因占主要".为此,有必要作如下假设:

假设 1(记为 H_0):生产正常,该天生产的手表的数据背后的 μ 为 20,即假设 $\mu = 20$;

假设 2(记为 H_1):生产不正常,该天生产的手表的数据背后 $\mu < 20$.

然后再来检验到底哪一个假设合理.

像这样针对总体分布所作的假设我们称为**统计假设**.假设 H_0 称为**原假设**,H_1 称为**备选假设**.假设检验就是要根据样本数据利用概率的方法对原假设 H_0 的合理性作出判断.若检验出 H_0 合理,则接受 H_0;若"从概率上找到明显的证据"说明 H_0 不合理,则拒绝 H_0,进而接受 H_1.

在参数模型下,如果总体的分布类型已知,仅是某些参数未知,只要对未知参数作出假设,就可以确定总体的分布.这种仅涉及总体分布的未知参数的统计假设称为**参数假设**;若是对分布的某些特征提出假设,则称为**非参数假设**.例如,在上述例子中,若已知这天生产的手表的直径 X 服从正态分布 $N(\mu, \sigma^2)$,则 H_0,H_1 变为:

$$H_0:\mu = 20, H_1:\mu \neq 20 \text{ 或 } H_0:\sigma^2 = 1, H_1:\sigma^2 \neq 1$$

此时即为参数假设;假如不知道这天生产的手表的直径 X 是否服从正态分布,则首先要检验如下假设:

$$H_0:X \text{ 服从正态分布}, H_1:X \text{ 不服从正态分布}$$

这便是一个非参数假设检验.

注 原假设与备选假设往往不能交换,把哪一个作为原假设往往要根据实际问题而定.

8.1.2 假设检验的基本原理与步骤

设总体 X 的分布函数为 $F(x)$,$F(x)$ 一般完全或部分未知,又设 $(X_1, \cdots, X_n)$ 为总体 X 的一个简单随机样本,相应的样本观察值为 $(x_1, x_2, \cdots, x_n)$.我们需要利用这些样本观察值 $(x_1, x_2, \cdots, x_n)$ 对原假设 H_0 的合理性作出判断.为此,需要制定一种规则来检验原假设 H_0 的合理性.

基本思想:要检验 H_0 的合理性,先姑且认为 H_0 是对的,然后再利用概率的方法去找"矛盾":若找到"矛盾",则说明原假设不合理,于是拒绝 H_0;若找不到"矛盾",则根据目前的样本数据找不到充分的理由说明 H_0 不合理,在目前的数据下只得接受 H_0.这实际上是一种"反证法"的思想,由于它是利用概率的手段来找"矛盾",故称"概率反证法".因此,**问题的关键**是在 H_0 成立的前提下,如何利用概率的方法找矛盾.

我们主要采取如下步骤:

(1) 构造一个适当的统计量 $T = g(X_1, X_2, \cdots, X_n)$,要求在 H_0 成立的条件下,统计量 T 的分布完全已知(不含未知参数);

(2) 给定一个很小的 α(称为显著性水平),构造一个区域 W,使得

$$P(T \in W) \leqslant \alpha,$$

即构造一个小概率事件 $(T \in W)$；

（3）代入数据,计算统计量 T 的观察值 $\hat{T} = g(x_1, \cdots, x_n)$,再看 $\hat{T}$ 是否落在 W 中:

$$\begin{cases} \hat{T} \in W \Rightarrow \text{拒绝 } H_0, \\ \hat{T} \notin W \Rightarrow \text{接受 } H_0, \end{cases}$$

即看小概率事件 $(T \in W)$ 有没有发生.

　　这里主要利用了"小概率事件在一次试验中几乎是不可能发生"这一实际推断原理. 在 H_0 成立的条件下,事件 $(T \in W)$ 是小概率事件,假如一做试验它就发生了,说明与实际不符. 说明假设 H_0 不合理,从而拒绝 H_0. 由于 $\hat{T}$ 落在 W 中就要拒绝 H_0,因而又称 W 为**拒绝域**.假设检验的关键在于如何确定拒绝域.

　　例 8.2　设 $(X_1, \cdots, X_n)$ 为来自总体 X 的一个样本,$X \sim N(\mu, \sigma_0^2)$,其中 σ_0^2 为已知的正的常数.给定显著性水平 $\alpha(0 < \alpha < 1)$,试构造检验假设为

$$H_0: \mu = \mu_0, \ H_1: \mu \neq \mu_0 \ (\mu_0 \text{ 为已知})$$

的水平为 α 的检验.

　　解　由 $\overline{X} \sim N\left(\mu, \frac{\sigma_0^2}{n}\right)$ 知,$\dfrac{\overline{X} - \mu_0}{\frac{\sigma_0}{\sqrt{n}}} \sim N(0, 1)$. 但 μ 未知,$\dfrac{\overline{X} - \mu}{\frac{\sigma_0}{\sqrt{n}}}$ 不是统计量. 则

在 $H_0: \mu = \mu_0$ 成立的条件下

$$U = \frac{\overline{X} - \mu_0}{\frac{\sigma_0}{\sqrt{n}}},$$

称 U 为检验统计量,$U \sim N(0, 1)$(分布完全已知).由备选假设 $H_1: \mu \neq \mu_0$ 知,当 $\overline{X}$(在 μ 附近)比 μ_0 相差很大时应该拒绝,故拒绝域 W 应该具有如下形式:

$$W = \left(\left|\frac{\overline{X} - \mu_0}{\sigma_0/\sqrt{n}}\right| \geqslant k\right), \text{ 其中 } k \text{ 为某个正数}.$$

又由 $P(U \in W \mid H_0 \text{ 为真}) = P\left(\left|\dfrac{\overline{X} - \mu_0}{\sigma_0/\sqrt{n}}\right| \geqslant k \mid H_0 \text{ 为真}\right) = \alpha$ 知,$k = u_{\frac{\alpha}{2}}$.因而所求的水平 α 的拒绝域为

$$W = \left(\left|\frac{\overline{X} - \mu_0}{\sigma_0/\sqrt{n}}\right| \geqslant u_{\frac{\alpha}{2}}\right).$$

注1 拒绝域 W 由备选假设 H_1 决定. 如在例 8.2 中, 将备选假设变为 $H_1: \mu <$ μ_0, 相应的, 拒绝域的形式也会发生相应的变化 —— 此时当 $\overline{X}$ (在 μ 附近) 比 μ_0 小很多时应该拒绝, 故拒绝域 W 应该调整为如下形式:

$$W = \left(\frac{\overline{X} - \mu_0}{\sigma_0 / \sqrt{n}} \leqslant -k \right), \text{其中 } k \text{ 为某个正数.}$$

又由 $P(U \in W \mid H_0 \text{ 为真}) = P\left(\dfrac{\overline{X} - \mu_0}{\sigma_0 / \sqrt{n}} \leqslant -k \mid H_0 \text{ 为真} \right) = \alpha$ 知, $k = u_\alpha$. 因而所求的水平 α 的拒绝域为

$$W = \left(\frac{\overline{X} - \mu_0}{\sigma_0 / \sqrt{n}} \leqslant -u_\alpha \right).$$

若备选假设为 $H_1: \mu > \mu_0$, 也有类似的结论.

注2 针对同样一个假设检验, 显著性水平 α 越大越容易拒绝. 在例 8.2 中, 显著性水平 α 下的拒绝域为

$$W_\alpha = \left(\left| \frac{\overline{X} - \mu_0}{\sigma_0 / \sqrt{n}} \right| \geqslant u_{\frac{\alpha}{2}} \right).$$

易知, 若 $\alpha_1 < \alpha_2$, 则 $u_{\frac{\alpha_1}{2}} > u_{\frac{\alpha_2}{2}}$, 因而 $W_{\alpha_1} \subset W_{\alpha_2}$, 从而在显著性水平为 α_2 下更容易拒绝.

8.1.3 两类错误

由于假设检验采用了"小概率事件在一次试验中几乎不可能发生"这一实际推断原理, 这就决定了假设检验可能会犯错.

假设检验可能会犯两类错误: 实际上 H_0 为真, 而我们根据样本结果却错误地拒绝了 H_0, 此时犯了**第 I 类错误** (又称其为"弃真"); 同样的, 实际上 H_0 为假, 而我们根据样本结果却错误地接受了 H_0, 此时犯了**第 II 类错误** (又称其为"存伪"). 下面讨论犯两类错误的概率. 从前面假设检验的过程可知, 犯第 I 类错误的概率为

$$P(\text{拒绝 } H_0 \mid H_0 \text{ 为真}) = P(T \in W \mid H_0 \text{ 为真}) = \alpha,$$

即犯第 I 类错误的概率就是显著性水平 α; α 越小, 犯第 I 类错误的概率就越小 (通常把在 $\alpha = 0.05$ 时拒绝 H_0 称为是"显著"的, 把在 $\alpha = 0.01$ 时拒绝 H_0 称为是"高度显著"的). 把犯第 II 类错误的概率记为 β, 即

$$P(\text{接受 } H_0 \mid H_0 \text{ 为假}) = P(T \in \overline{W} \mid H_0 \text{ 为假}) = \beta,$$

其中 $\overline{W}$ 为接受域. 两类错误及其概率可以用表 8.1 表示.

表 8.1 两类错误的概率

实际情况 \ 所作判断	接受 H_0	接受 H_1
H_0 为真	正确（$1-\alpha$）	第 I 类错误（α）
H_0 为假	第 II 类错误（β）	正确（$1-\beta$）

我们通常希望所用的检验方法尽量少犯错误，但不能完全排除犯错误的可能性.理想的检验方法应使犯两类错误的概率都很小，但在样本的容量给定的情形下，不可能使两者都很小，降低一个，往往使另一个增大.

例 8.3 设正态总体 $X \sim N(\mu, \sigma_0^2)$，$\sigma_0^2$ 已知，并且 $(X_1, X_2, \cdots, X_n)$ 为来自总体的一个样本，在水平 α 给定的条件下求检验假设

$$H_0: \mu = \mu_0, \quad H_1: \mu = \mu_1 > \mu_0$$

犯第 II 类错误的概率 β（用 $\Phi(\cdot)$ 表示）.

解 由例 8.2 的注 1 可知，此时的拒绝域和接受域分别为

$$W = \left(\frac{\overline{X} - \mu_0}{\sigma_0 / \sqrt{n}} \geqslant u_\alpha \right), \quad \overline{W} = \left(\frac{\overline{X} - \mu_0}{\sigma_0 / \sqrt{n}} < u_\alpha \right),$$

从而

$$\beta = P(\text{接受 } H_0 \mid H_0 \text{ 为假}) = P(\text{统计量 } u \in \overline{W} \mid H_1 \text{ 为真})$$

$$= P\left(\frac{\overline{X} - \mu_0}{\sigma_0 / \sqrt{n}} < u_\alpha \mid H_1 \text{ 为真} \right)$$

$$= P\left(\frac{\overline{X} - \mu_1}{\sigma_0 / \sqrt{n}} < u_\alpha - \frac{\mu_1 - \mu_0}{\sigma_0 / \sqrt{n}} \right) = \Phi\left(u_\alpha - \frac{\mu_1 - \mu_0}{\sigma_0 / \sqrt{n}} \right).$$

由此可以看出，对固定的 n 和 $\mu_1 > \mu_0$，要使犯第 I 类错误的概率 α 减小，则 u_α 增大，从而犯第 II 类错误的 β 也就增大；反之，若犯第 II 类错误的 β 减小，则 u_α 势必减小，从而犯第 I 类错误的 α 增大.

由图 8.1、8.2 可知，α 增大，则 β 减少；同样的，β 增大，则 α 减少.所以我们通常是在控制犯第 I 类错误的情况下使犯第 II 类错误的概率尽可能小.

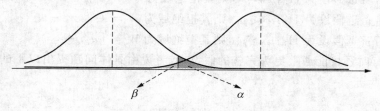

图 8.1 例 8.3 的图 1

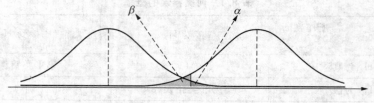

图 8.2　例 8.3 的图 2

8.2　单个正态总体的参数检验

8.2.1　均值 μ 的检验

设样本 $(X_1, X_2, \cdots, X_n)$ 来自正态总体 $X \sim N(\mu, \sigma^2)$.

1. 方差 σ^2 已知的情形

我们要检验假设 $H_0 : \mu = \mu_0$，这时可根据具体问题选择如下备选假设：

(1) $H_1 : \mu \neq \mu_0$；

(2) $H_1 : \mu < \mu_0$；

(3) $H_1 : \mu > \mu_0$.

此时的出发点总是将 μ 的无偏估计 $\overline{X}$ 与 μ 作比较，即考察 $\overline{X} - \mu_0$ 的分布：$\overline{X} - \mu_0 \sim N\left(\mu - \mu_0, \dfrac{\sigma^2}{n}\right)$. 在 $H_0 : \mu = \mu_0$ 成立的条件下，

$$\overline{X} - \mu_0 \sim N\left(0, \frac{\sigma^2}{n}\right) \Rightarrow U = \frac{\overline{X} - \mu_0}{\sigma / \sqrt{n}} \sim N(0, 1),$$

故采用如下统计量：

$$U = \frac{\overline{X} - \mu_0}{\sigma / \sqrt{n}} \sim N(0, 1),$$

此时称为 **U 检验法**. 给定水平为 α 时，

(1) 若备选假设为 $H_1 : \mu \neq \mu_0$，则其拒绝域为 $W = (-\infty, u_{\alpha/2}] \bigcup [u_{\alpha/2}, +\infty)$；

(2) 若备选假设为 $H_1 : \mu < \mu_0$，则其拒绝域为 $W = (-\infty, -u_\alpha]$；

(3) 若备选假设为 $H_1 : \mu > \mu_0$，则其拒绝域为 $W = [u_\alpha, +\infty)$.

　　注　有时还可能遇上更为完整的假设，或者说由具体问题提出以下的假设更为合理：

$$H_0 : \mu \leqslant \mu_0, \quad H_1 : \mu > \mu_0$$

在这里 H_0 包含了多种情形,称为**复合假设**. 此时在 H_0 成立的条件下,统计量 $U = \dfrac{\overline{X} - \mu_0}{\sigma / \sqrt{n}}$ 的分布不能完全确定! 此时处理这类问题的原则是**不要轻易否认** H_0,除非在概率上找到"明显的证据",即只需检验 μ 是否达到"最低要求"μ_0,即相当于检验如下假设

$$H_0 : \mu = \mu_0, \quad H_1 : \mu > \mu_0,$$

因而此时的拒绝域仍为 $W = [u_\alpha, +\infty)$.

2. 方差 σ^2 未知的情形

我们要检验假设 $H_0 : \mu = \mu_0$,这时由于 σ^2 未知,$U = \dfrac{\overline{X} - \mu_0}{\sigma / \sqrt{n}}$ 已不能作为检验统计量!怎么办呢?用 σ^2 的无偏估计样本方差 $S^2 = \dfrac{1}{n-1} \sum\limits_{i=1}^{n} (X_i - \overline{X})^2$ 代替 σ^2!于是得到如下估计量:

$$T = \frac{\overline{X} - \mu_0}{S / \sqrt{n}},$$

当 $H_0 : \mu = \mu_0$ 为真时,统计量 $T \sim t(n-1)$. 这种利用 t 分布的检验法称为 t 检验法. 当给定水平为 α 时,

(1) 若 $H_1 : \mu \neq \mu_0$,则其拒绝域为 $W = (-\infty, -t_{\frac{\alpha}{2}}(n-1)] \bigcup [t_{\frac{\alpha}{2}}(n-1), +\infty)$;

(2) 若 $H_1 : \mu < \mu_0$,则其拒绝域为 $W = (-\infty, -t_\alpha(n-1)]$;

(3) 若 $H_1 : \mu > \mu_0$,则其拒绝域为 $W = [t_\alpha(n-1), +\infty)$.

例 8.4 用某仪器间接测量温度,重复 5 次,测得结果为 1 250℃,1 265℃,1 245℃,1 260℃ 和 1 275℃. 设测量值 X 服从正态分布 $N(\mu, \sigma^2)$,水平 $\alpha = 0.05$. 问是否有理由认为该仪器测量值小于 1 277(真实值)?

解 由题意知,$\overline{x} = 1\,259 < \mu_0 = 1\,277$,故

(1) 提出左侧假设 $H_0 : \mu = \mu_0 = 1\,277$,$H_1 : \mu < 1\,277$;

(2) 当 H_0 为真时,又因方差 σ^2 未知,采用统计量

$$T = \frac{\overline{X} - 1\,277}{S / \sqrt{5}} \sim t(4);$$

(3) 对于给定的 $\alpha = 0.05$,$n = 5$,查表得 $t_\alpha(n-1) = t_{0.05}(4) = 2.134\,8$,这时拒绝域为

$$W = (-\infty, -2.134\,8];$$

(4) 由样本观察值计算得 $\overline{x} = 125\,9$,$s^2 = 142.5$,代入统计量 T 的观测值

$$T_0 = \frac{1\,259 - 1\,277}{\sqrt{142.5/5}} \approx -3.372 \in W,$$

因此拒绝 H_0,即认为测量值明显比真实值偏低.

8.2.2 方差 σ^2 的检验

设 $(X_1, X_2, \cdots, X_n)$ 来自正态总体 $X \sim N(\mu, \sigma^2)$. 均值 μ 未知,检验假设

$$H_0 : \sigma^2 = \sigma_0^2,\ H_1 : \sigma^2 \neq \sigma_0^2 (\sigma_0^2\ \text{为已知常数}).$$

由前可知,样本方差 $S^2 = \dfrac{1}{n-1} \sum_{i=1}^{n} (X_i - \overline{X})^2$ 是总体方差 σ^2 的无偏估计,故当 H_0 为

真时,样本方差 σ^2 的观测值应在 σ_0^2 的附近,即 $\dfrac{s^2}{\sigma_0^2}$ 应该在 1 附近. 故取检验统计量为

$$\chi^2 = \frac{(n-1)S^2}{\sigma_0^2},$$

当 H_0 为真时,$\chi^2 \sim \chi^2(n-1)$. 这种利用 χ^2 分布进行检验的方法称为 χ^2 **检验法**.
其拒绝域应具有以下形式:

$$W = \left(\frac{(n-1)S^2}{\sigma_0^2} \leqslant k_1 \right) \bigcup \left(\frac{(n-1)S^2}{\sigma_0^2} \geqslant k_2 \right),\ (k_2 > k_1),$$

此处 k_1, k_2 由下式确定:

$$\begin{aligned}
P(\text{拒绝}\ H_0 \mid H_0\ \text{为真}) &= P(\chi^2 \in W \mid H_0\ \text{为真}) \\
&= P\left\{ \left(\frac{(n-1)S^2}{\sigma_0^2} \leqslant k_1 \right) \bigcup \left(\frac{(n-1)S^2}{\sigma_0^2} \geqslant k_2 \right) \right\} \\
&= P\left\{ \frac{(n-1)S^2}{\sigma_0^2} \leqslant k_1 \right\} + P\left\{ \frac{(n-1)S^2}{\sigma_0^2} \geqslant k_2 \right\} \\
&= \alpha,
\end{aligned}$$

为了计算上的方便,通常取

$$P_{H_0} \left(\frac{(n-1)S^2}{\sigma_0^2} \leqslant k_1 \right) = \frac{\alpha}{2},\ P\left(\frac{(n-1)S^2}{\sigma_0^2} \geqslant k_2 \right) = \frac{\alpha}{2},$$

故得 $k_1 = \chi_{1-\frac{\alpha}{2}}^2(n-1),\ k_2 = \chi_{\frac{\alpha}{2}}^2(n-1)$. 于是拒绝域为

$$W = \left[0, \chi_{1-\frac{\alpha}{2}}^2(n-1) \right] \bigcup \left[\chi_{\frac{\alpha}{2}}^2(n-1), +\infty \right),$$

对于方差的单侧检验见表 8.2.

表 8.2 正态总体参数检验表

名称	原假设 H_0	条件	检验统计量在 H_0 下的分布	备选假设 H_1	水平为 α 的拒绝域
U 检验	$\mu = \mu_0$	σ^2 已知	$U = \dfrac{\overline{X} - \mu_0}{\dfrac{\sigma}{\sqrt{n}}} \sim N(0, 1)$	$\mu > \mu_0$ $\mu < \mu_0$ $\mu \neq \mu_0$	$U \geqslant u_\alpha$ $U \leqslant -u_\alpha$ $\lvert U \rvert \geqslant u_{\frac{\alpha}{2}}$
	$\mu_1 - \mu_2 = \delta$	$\sigma_1^2,\ \sigma_2^2$ 已知	$U = \dfrac{\overline{X} - \overline{Y} - \delta}{\sqrt{\dfrac{\sigma_1^2}{m} + \dfrac{\sigma_2^2}{n}}} \sim N(0, 1)$	$\mu_1 - \mu_2 > \delta$ $\mu_1 - \mu_2 < \delta$ $\mu_1 - \mu_2 \neq \delta$	$U \geqslant u_\alpha$ $U \leqslant -u_\alpha$ $\lvert U \rvert \geqslant u_{\frac{\alpha}{2}}$
t 检验	$\mu = \mu_0$	σ^2 未知	$T = \dfrac{\overline{X} - \mu_0}{\dfrac{S}{\sqrt{n}}} \sim t(n-1)$	$\mu > \mu_0$ $\mu < \mu_0$ $\mu \neq \mu_0$	$t \geqslant t_\alpha(n-1)$ $t \leqslant -t_\alpha(n-1)$ $\lvert t \rvert \geqslant t_{\frac{\alpha}{2}}(n-1)$
	$\mu_1 - \mu_2 = \delta$	$\sigma_1^2,\ \sigma_2^2$ 均未知但 $\sigma_1^2 = \sigma_2^2$	$T = \dfrac{\overline{X} - \overline{Y} - \delta}{S_W \sqrt{\dfrac{1}{m} + \dfrac{1}{n}}} \sim t(m+n-2)$ $S_W^2 = \dfrac{(m-1)S_1^2 + (n-1)S_2^2}{m+n-2}$	$\mu_1 - \mu_2 > \delta$ $\mu_1 - \mu_2 < \delta$ $\mu_1 - \mu_2 \neq \delta$	$t \geqslant t_\alpha(m+n-2)$ $t \leqslant -t_\alpha(m+n-2)$ $\lvert t \rvert \geqslant t_{\frac{\alpha}{2}}(m+n-2)$
	$\mu_1 - \mu_2 = \delta$	$\sigma_1^2,\ \sigma_2^2$ 均未知但 $n = m$	$T = \dfrac{\overline{Z} - \delta}{\dfrac{S_Z}{\sqrt{n}}} \sim t(n-1)$ $Z_i = X_i - Y_i,\ \overline{Z} = \overline{X} - \overline{Y}$ $S_Z^2 = \dfrac{1}{n-1} \sum_{i=1}^{n} (Z_i - \overline{Z})^2$	$\mu_1 - \mu_2 > \delta$ $\mu_1 - \mu_2 < \delta$ $\mu_1 - \mu_2 \neq \delta$	$t \geqslant t_\alpha(n-1)$ $t \leqslant -t_\alpha(n-1)$ $\lvert t \rvert \geqslant t_{\frac{\alpha}{2}}(n-1)$
χ^2 检验	$\sigma^2 = \sigma_0^2$	μ 已知	$\chi^2 = \dfrac{\sum_{i=1}^{n} (X_i - \mu_0)^2}{\sigma_0^2} \sim \chi^2(n)$	$\sigma^2 > \sigma_0^2$ $\sigma^2 < \sigma_0^2$ $\sigma^2 \neq \sigma_0^2$	$\chi^2 \geqslant \chi_\alpha^2(n)$ $\chi^2 \leqslant \chi_{1-\alpha}^2(n)$ $\chi^2 \geqslant \chi_{\frac{\alpha}{2}}^2(n)$ 或 $\chi^2 \leqslant \chi_{1-\frac{\alpha}{2}}^2(n)$
	$\sigma^2 = \sigma_0^2$	μ 未知	$\chi^2 = \dfrac{\sum_{i=1}^{n} (X_i - \overline{X})^2}{\sigma_0^2} \sim \chi^2(n-1)$	$\sigma^2 > \sigma_0^2$ $\sigma^2 < \sigma_0^2$ $\sigma^2 \neq \sigma_0^2$	$\chi^2 \geqslant \chi_\alpha^2(n-1)$ $\chi^2 \leqslant \chi_{1-\alpha}^2(n-1)$ $\chi^2 \geqslant \chi_{\frac{\alpha}{2}}^2(n-1)$ 或 $\chi^2 \leqslant \chi_{1-\frac{\alpha}{2}}^2(n-1)$

（续表）

名称	原假设 H_0	条件	检验统计量在 H_0 下的分布	备选假设 H_1	水平为 α 的拒绝域
F 检 验	$\sigma_1^2 = \sigma_2^2$	μ_1, μ_2 已知	$F = \dfrac{n\sum\limits_{i=1}^{m}(X_i-\mu_1)^2}{m\sum\limits_{i=1}^{n}(Y_i-\mu_2)^2} \sim F(m, n)$	$\sigma_1^2 > \sigma_2^2$ $\sigma_1^2 < \sigma_2^2$ $\sigma_1^2 \neq \sigma_2^2$	$F \geqslant F_\alpha(m, n)$ $F \leqslant F_{1-\alpha}(m, n)$ $F \geqslant F_{\frac{\alpha}{2}}(m, n)$ 或 $F \leqslant F_{1-\frac{\alpha}{2}}(m, n)$
	$\sigma_1^2 = \sigma_2^2$	μ_1, μ_2 未知	$F = \dfrac{S_1^2}{S_2^2} \sim F(m-1, n-1)$	$\sigma_1^2 > \sigma_2^2$ $\sigma_1^2 < \sigma_2^2$ $\sigma_1^2 \neq \sigma_2^2$	$F \geqslant F_\alpha(m-1, n-1)$ $F \leqslant F_{1-\alpha}(m-1, n-1)$ $F \geqslant F_{\frac{\alpha}{2}}(m-1, n-1)$ 或 $F \leqslant F_{1-\frac{\alpha}{2}}(m-1, n-1)$

当 μ 已知时，通常取检验统计量为

$$\chi^2 = \frac{\sum\limits_{i=1}^{n}(X_i-\mu)^2}{\sigma_0^2},$$

在 H_0 为真时，有

$$\chi^2 = \frac{\sum\limits_{i=1}^{n}(X_i-\mu)^2}{\sigma_0^2} \sim \chi^2(n).$$

同理可得这时的拒绝域为

$$W = \left[0, \chi^2_{1-\frac{\alpha}{2}}(n)\right] \bigcup \left[\chi^2_{\frac{\alpha}{2}}(n), +\infty\right).$$

注 在 μ 已知时，也可用 μ 未知时的 χ^2 检验法，两者比较，后者的拒绝域比前者有较小的犯第 Ⅱ 类错误的概率，因而更有效一些.

例8.5 某厂生产的铜丝，质量一向比较稳定，今从中随机地抽出 10 根检查其折断力，测得数据(单位：kgf)如下：

575　576　570　569　572　582　577　580　571　585

设铜丝的折断力服从正态分布 $N(\mu, \sigma^2)$，检验水平为 $\alpha = 0.05$. 试问：是否可以相信该厂生产的铜丝的折断力的方差为 64？

解 (1) 由题意提出检验 $H_0: \sigma^2 = 64$，$H_1: \sigma^2 \neq 64$；

(2) 当 H_0 为真时,因为 μ 未知,故采用如下检验统计量

$$\chi^2 = \frac{9S^2}{64} \sim \chi^2(9),$$

(3) 已知 $\alpha = 0.05$, $n = 10$, 查表得拒绝域为

$$W = [0, 2.70] \bigcup [19.02, +\infty),$$

(4) 由样本算得 $\bar{x} = 575.7$, $9s^2 = \sum_{i=1}^{10} (x_i - \bar{x})^2 = 260.1$, 由此可算得统计量的观测值

$$\chi_0^2 = \frac{9s^2}{64} = \frac{260.1}{64} \approx 4.06 \notin W,$$

根据 χ^2 检验法应接受 H_0,即这批铜丝的折断力的方差是 64.

例 8.6 在进行工艺改革时,如果方差显著增大,则改革需朝相反方向进行以减少方差;若方差变化不显著,需试行别的改革方案. 现在加工 25 个活塞,对某项工艺进行改革,在新工艺下对加工好的 25 个活塞的直径进行测量,并由测量值算得样本方差的观测值为 $s^2 = 0.00066$.已知在工艺改革前活塞直径的方差为 0.00040,问进一步改革的方向应如何?$(\alpha = 0.05)$

解 设测量值 X 服从正态分布 $N(\mu, \sigma^2)$. 已知工艺改革前方差 $\sigma_0^2 = 0.00040$,现要确定下一步改革的方向,并由题意可知,需考察改革后的活塞直径的方差 σ^2 是否不大于改革前的方差. 因此待检假设可设为

$$H_0 : \sigma^2 \leqslant 0.00040, \quad H_1 : \sigma^2 > 0.00040,$$

这是一个复合假设,由前面的讨论可知,这时只需讨论"有没有达到最低要求",即检验如下单边假设检验:

(1) $H_0 : \sigma^2 = 0.00040$, $H_1 : \sigma^2 > 0.00040$,

(2) 当 H_0 为真时,由于 μ 未知,故采用如下统计量:

$$\chi^2 = \frac{24S^2}{0.00040} \sim \chi^2(24),$$

(3) 已知 $\alpha = 0.05$, $n = 25$,查表得 $\chi_{0.05}^2(24) = 36.415$,从而确定拒绝域为:

$$W = [36.415, +\infty),$$

(4) 代入数据求得统计量的观测值:

$$\chi_0^2 = \frac{24s^2}{0.00040} = \frac{24 \times 0.00066}{0.00040} = 39.60 \in W,$$

故应该拒绝 H_0,即改革后的方差显著增大,因此改革需朝相反方向进行以减少方差.

8.3 两个正态总体的参数的检验

8.3.1 关于均值差的假设检验

现在要根据两个总体的数据来检验两个总体之间有没有差别的问题,这就涉及两个总体的参数的假设检验问题.设样本$(X_1, \cdots, X_m)$和$(Y_1, \cdots, Y_n)$分别取自正态总体 $X \sim N(\mu_1, \sigma_1^2)$和$Y \sim N(\mu_2, \sigma_2^2)$,且两个样本相互独立.考察如下假设

$$H_0: \mu_1 - \mu_2 = \delta, \ H_1: \mu_1 - \mu_2 \neq \delta (\delta \text{ 为已知常数}).$$

(1) 当方差 σ_1^2, σ_2^2 为已知时,$\mu_1 - \mu_2$ 的估计量为$\overline{X} - \overline{Y}$.在 H_0 为真时有:

$$\overline{X} - \overline{Y} \sim N\left(\delta, \frac{\sigma_1^2}{m} + \frac{\sigma_2^2}{n}\right),$$

这时可取检验统计量为

$$U = \frac{\overline{X} - \overline{Y} - \delta}{\sqrt{\frac{\sigma_1^2}{m} + \frac{\sigma_2^2}{n}}} \sim N(0, 1),$$

易知一个水平为 α 的拒绝域为

$$W = (-\infty, -u_{\frac{\alpha}{2}}] \bigcup [u_{\frac{\alpha}{2}}, +\infty).$$

(2) 当方差 σ_1^2, σ_2^2 未知,但已知 $\sigma_1^2 = \sigma_2^2$ 时,可取检验统计量为:

$$T = \frac{\overline{X} - \overline{Y} - \delta}{S_W \sqrt{\frac{1}{n} + \frac{1}{m}}},$$

其中: $S_W^2 = \dfrac{(m-1)S_1^2 + (n-1)S_2^2}{m+n-2}$.当 H_0 为真时,统计量 $T \sim t(n+m-2)$.这时可得水平为 α 的拒绝域为

$$W = (-\infty, -t_{\frac{\alpha}{2}}(m+n-2)] \bigcup [t_{\frac{\alpha}{2}}(m+n-2), +\infty).$$

例8.7 用新旧两种工艺分别在自动车床上加工同种零件,测量的加工偏差(单位:μm)分别为

旧工艺　2.7　2.4　2.5　3.1　2.7　3.5　2.9　2.7　3.5　3.3
新工艺　2.6　2.1　2.7　2.8　2.3　3.1　2.4　2.4　2.7　2.3

设测量的加工偏差服从正态分布,所得的两个样本相互独立,且总体方差相等.试问自动车床在新旧两种工艺下的加工精度有无显著差异?($\alpha = 0.01$)

解　由题意知:

(1) 设检验的假设为:

$$H_0 : \mu_1 = \mu_2, \ H_1 : \mu_1 \neq \mu_2.$$

(2) 当 H_0 为真时,采用如下检验统计量:

$$T = \frac{\overline{X} - \overline{Y}}{S_w \sqrt{\frac{1}{10} + \frac{1}{10}}} = \frac{\overline{X} - \overline{Y}}{S_w \sqrt{\frac{1}{5}}} \sim t(18).$$

其中: $S_w^2 = \dfrac{S_1^2 + S_2^2}{2}$.

(3) 水平为 $\alpha = 0.005$ 时,查表得 $t_{0.005}(18) = 2.878\,4$,拒绝域为:

$$W = (-\infty, -2.878\,4] \bigcup [2.878\,4, +\infty).$$

(4) 由样本算得 $\overline{x} = 2.93$, $\overline{y} = 2.54$, $s_w^2 = 0.125$,计算统计量 T 的观测值

$$T_0 = \frac{\overline{x} - \overline{y}}{s_w \sqrt{\frac{1}{5}}} = \frac{2.93 - 2.54}{\sqrt{\frac{0.125}{5}}} \approx 2.47 \notin W,$$

故接受 H_0,即认为新旧工艺下零件的加工精度无显著差异.

　　注　如果方差 σ_1^2, σ_2^2 未知,且也不知两者是否相等,但已知 $m = n$,即两个样本的容量相同,这种情形称为配对试验.这时可作变换 $Z_i = X_i - Y_i$,易知 $Z_i \sim N(\mu_1 - \mu_2, \sigma_1^2 + \sigma_2^2) \ i = 1, \cdots, n$. 这时,样本 $(Z_1, \cdots, Z_n)$ 可视为来自单个正态总体 $N(\mu_1 - \mu_2, \sigma_1^2 + \sigma_2^2)$,于是检验假设 $H_0 : \mu_1 - \mu_2 = \delta$ 相应地看做是单个正态总体在方差未知时检验均值是否为 δ 的假设,当 H_0 为真时,统计量 $\dfrac{\overline{Z} - \delta}{S_z^2 / \sqrt{n}} \sim t(n-1)$,由前面易知这时水平为 α 的拒绝域为

$$W = (-\infty, -t_{\frac{\alpha}{2}}(n-1)] \bigcup [t_{\frac{\alpha}{2}}(n-1), +\infty),$$

其中: $\overline{Z} = \overline{X} - \overline{Y}$, $S_z^2 = \dfrac{1}{n-1} \sum\limits_{i=1}^{n} [X_i - Y_i - (\overline{X} - \overline{Y})]^2$.

　　例 8.8　考虑例 8.7 中,不知新旧工艺下的方差是否相同,检验

$$H_0 : \mu_1 = \mu_2, \ H_1 : \mu_1 \neq \mu_2, \alpha = 0.01.$$

　　解　注意到 $m = n = 10$,为配对试验模型,查表得 $t_{0.005}(9) = 3.249\,6$. 易知拒绝

域为

$$W = (-\infty, -3.2496] \bigcup [3.2496, +\infty).$$

由样本算得 $\bar{z} = \bar{x} - \bar{y} = 2.93 - 2.54 = 0.39$,$s_z^2 = 0.112$,故

$$T_0 = \frac{\bar{z}}{s_z / \sqrt{n}} = \frac{0.39}{0.106} = 3.68 \in W,$$

故拒绝 H_0,即认为新旧工艺下的均值有显著差异.

这个结论与例 8.7 的结论完全不同,这时可以考虑两者的方差相等的假设是否合理,这必须根据实际情况进行考察各假设是合理的,则可认为例 8.7 的结论更准确一些.

8.3.2　方差比 σ_1^2/σ_2^2 的假设检验

在实际问题中,需要考察两个总体的方差是否相等的问题,也就是说要检验假设:

$$H_0 : \sigma_1^2 = \sigma_2^2, \ H_1 : \sigma_1^2 \neq \sigma_2^2.$$

由于样本方差

$$S_1^2 = \frac{1}{m-1} \sum_{i=1}^{m} (X_i - \overline{X})^2, \ S_2^2 = \frac{1}{n-1} \sum_{i=1}^{n} (Y_i - \overline{Y})^2,$$

分别是 σ_1^2 和 σ_2^2 的无偏估计. 容易想到,当 H_0 为真时 S_1^2/S_2^2 应在 1 附近摆动,当此比值很大或很小时,H_0 都不大可能成立. 因为

$$F = \frac{S_1^2/\sigma_1^2}{S_2^2/\sigma_2^2} = \frac{S_1^2}{S_2^2} \frac{\sigma_2^2}{\sigma_1^2} \sim F(m-1, n-1),$$

故采用如下统计量

$$F = \frac{S_1^2}{S_2^2}.$$

在 H_0 为真时,$F = \dfrac{S_1^2}{S_2^2} \sim F(m-1, n-1)$,由此可得水平为 α 的拒绝域:

$$W = [0, F_{1-\frac{\alpha}{2}}(m-1, n-1)] \bigcup [F_{\frac{\alpha}{2}}(m-1, n-1), +\infty).$$

同样,对方差比,也可进行单边检验,在此不再进行讨论,请参考表 8.2.

例 8.9　某一橡胶配方中,原用氧化锌 5 g,现减为 1 g. 今分别对两种配方作一批试验,分别测得橡胶伸长率如下:

氧化锌 1 g　565　577　580　575　556　542　560　532　570　561,

氧化锌 5 g　540　533　525　520　545　531　541　529　534,

假设橡胶伸长率服从正态分布,问这两种配方对橡胶伸长率的总体方差有无显著差异?($\alpha = 0.10$).

解　根据题意:

(1) 提出假设:

$$H_0 : \sigma_1^2 = \sigma_2^2,\ H_1 : \sigma_1^2 \neq \sigma_2^2,$$

(2) 当 H_0 为真时,采用如下检验统计量:

$$F = \frac{S_1^2}{S_2^2} \sim F(m-1,\ n-1),$$

(3) 这里 $n = 9$, $m = 10$, $\alpha = 0.10$,从而可得:

$$F_{\frac{\alpha}{2}}(m-1,\ n-1) = F_{0.05}(9,\ 8) = 3.39,$$

$$F_{1-\frac{\alpha}{2}}(m-1,\ n-1) = F_{0.95}(9,\ 8) = \frac{1}{F_{0.05}(8,\ 9)} = \frac{1}{3.23},$$

故此时拒绝域为

$$W = \left[0,\ \frac{1}{3.23}\right] \cup [3.39,\ +\infty),$$

(4) 由样本可算得 $s_1^2 = 236.8$, $s_2^2 = 63.86$,于是统计量的观测值为:

$$F_0 = \frac{s_1^2}{s_2^2} = \frac{236.8}{63.86} \approx 3.7 \in W,$$

故拒绝 H_0,即认为两总体方差有显著性差异.

例 8.10　现有甲、乙两台车床生产同一型号的滚珠,根据经验认为两台车床生产的滚珠直径都服从正态分布. 现从这两台车床生产的产品中分别抽出 8 个和 9 个,测得的直径(单位:cm)分别为

甲　15.0　14.5　15.2　15.5　14.8　15.1　15.2　14.8

乙　15.2　15.0　14.8　15.2　15.0　15.0　14.8　15.1　14.8

试问:乙车床生产的滚珠直径的方差是否比甲车床生产的小?($\alpha = 0.05$).

解　设 X, Y 分别表示甲、乙两台车床生产的滚珠的直径,即 $X \sim N(\mu_1,\ \sigma_1^2)$, $Y \sim N(\mu_2,\ \sigma_2^2)$,

(1) 依题意提出假设:

$$H_0 : \sigma_1^2 \leqslant \sigma_2^2,\ H_1 : \sigma_1^2 > \sigma_2^2,$$

这是一个复合检验,根据前面的分析,它相当于单边检验 $H_0:\sigma_1^2 = \sigma_2^2$,$H_1:\sigma_1^2 > \sigma_2^2$.

(2) 在 H_0 为真时,故采用统计量:

$$F = \frac{S_1^2}{S_2^2} \sim F(m-1,\ n-1).$$

(3) 由此可得水平为 α 的拒绝域,查表得:$F_{0.05}(7,\ 8) = 3.50$,

$$W = [3.50,\ +\infty).$$

(4) 由样本算得 $s_1^2 = \frac{0.67}{7}$,$s_2^2 = \frac{0.21}{8}$,于是统计量 F 的观测值:

$$F_0 = \frac{s_1^2}{s_2^2} = \frac{0.67}{0.21} \times \frac{8}{7} = 3.65 \in W,$$

故拒绝 H_0,即表示乙车床生产的滚珠直径的方差比甲车床生产的小.

8.4 非正态总体的参数检验问题

在实际问题中,还会遇到非正态总体均值与方差的假设检验问题. 这一类检验问题在小样本情况下一般是很难处理的,但在大样本的条件下,我们可以借助中心极限定理及前面的正态情形下的检验理论加以解决.

8.4.1 某事件的概率 p 的假设检验

问题的提出:欲检验某随机事件 A 的概率是不是 $P(A) = p_0$(p_0 为已知数),往往需要进行下面的假设检验:

$$H_0:p = p_0,H_1:p \neq p_0.$$

为此独立、重复地对事件观测 n 次,令

$$X_i = \begin{cases} 1, & \text{第 } i \text{ 次 } A \text{ 发生}, \\ 0, & \text{第 } i \text{ 次 } A \text{ 不发生}, \end{cases}$$

易知 $X_1,\cdots,X_n$ 独立同服从$(0-1)$分布,可视其为如下总体

X	0	1
P	$1-p$	p

(即 $X \sim B(1,\ p)$)的样本. 因此这问题的实质是对两点分布 $B(1,\ p)$ 中的参数 p 进行假设检验.

易知,当 $H_0 : p = p_0$ 为真时有

$$E(\overline{X}) = p_0, \ D(\overline{X}) = \frac{p_0(1-p_0)}{n},$$

采用如下统计量

$$U = \frac{\overline{X} - p_0}{\sqrt{p_0(1-p_0)/n}},$$

由 De Moivre–Laplace 中心极限定理,$U \overset{\text{近似}}{\sim} N(0,1)$,可利用 U 检验法构造出在显著性水平为 α 时的拒绝域

$$W = (-\infty, -u_{\alpha/2}] \bigcup [u_{\alpha/2}, +\infty).$$

例 8.11 根据以往长期统计,某种产品的次品率不小于 5%. 技术革新后,从此种产品中随机抽取 500 件,发现有 15 件次品. 问能否认为此种产品的次品率降低了?($\alpha = 0.05$).

解 设该批产品的次品率为 p,需检验如下假设

$$H_0 : p \geqslant 0.05, \ H_1 : p < 0.05,$$

与前面分析类似,(1) 提出单侧假设:

$$H_0 : p = 0.05, \ H_1 : p < 0.05;$$

(2) 当 H_0 成立时,采用如下统计量:

$$U = \frac{\overline{X} - 0.05}{\sqrt{\dfrac{0.05 \times 0.95}{500}}} \overset{\text{近似}}{\sim} N(0,1);$$

(3) 可利用 U 检验法构造出在显著性水平为 0.05 时的拒绝域:

$$W = (-\infty, -u_{0.05}] = (-\infty, -1.645];$$

(4) 代入数据得 U 的观测值:

$$U_0 = \frac{\overline{x} - 0.05}{\sqrt{\dfrac{0.05 \times 0.95}{500}}} = -2.062 \in W,$$

从而应该拒绝 H_0,即认为此种产品的次品率降低了.

8.4.2 一般非正态总体的大样本检验

设总体 X 的分布函数为 $F(x)$,$E(X) = \mu$,$D(X) = \sigma^2$. 设 $(X_1, \cdots, X_n)$ 为其

容量为 n 的大样本. 由中心极限定理, 当 n 充分大时有 $\sum\limits_{i=1}^{n} X_i$ 近似正态分布 $N(n\mu,$ $n\sigma^2)$. 由此, 可以仿照前面的 U 检验法进行某些假设检验.

例 8.12 设某批电子元件的寿命服从参数为 λ 的指数分布. 现取 50 个进行寿命试验, 得寿命的样本均值 $\overline{x} = 1\,350$(小时), 问能否认为 $\lambda = \dfrac{1}{1\,200}$($\alpha = 0.05$).

解 设总体寿命为 X, 由题意, 需要检验, $\lambda = \dfrac{1}{1\,200}$,

(1) 作如下假设:

$$H_0 : \lambda = \frac{1}{1\,200}, \quad H_1 : \lambda \neq \frac{1}{1\,200}.$$

X 服从参数为 λ 的指数分布, 具有密度函数为 $f(x) = \begin{cases} \lambda e^{-\lambda x}, & x \geqslant 0, \\ 0, & x < 0, \end{cases}$ 由中心极限定理, $\sum\limits_{i=1}^{50} X_i$ 近似正态分布 $N\left(\dfrac{50}{\lambda}, \dfrac{50}{\lambda^2}\right)$, 即 $\overline{X} = \dfrac{1}{50} \sum\limits_{i=1}^{50} X_i \sim N\left(\dfrac{1}{\lambda}, \dfrac{1}{50\lambda^2}\right)$.

(2) 在 H_0 为真时, $\overline{X} = \dfrac{1}{50} \sum\limits_{i=1}^{50} X_i \sim N\left(1\,200, \dfrac{1}{50}1\,200^2\right)$, 进而:

$$U = \frac{\overline{X} - 1\,200}{\dfrac{1}{\sqrt{50}}1\,200} \overset{\text{近似}}{\sim} N(0, 1).$$

(3) 从而此时拒绝域为:

$$W = (-\infty, -u_{0.025}] \bigcup [u_{0.025}, +\infty) = (-\infty, -1.96] \bigcup [1.96, +\infty).$$

(4) 代入数据得 U 的观测值:

$$U_0 = \frac{\overline{x} - 1\,200}{\dfrac{1}{\sqrt{50}}1\,200} = 0.883\,9 \notin W,$$

从而接受 H_0, 即认为 $\lambda = \dfrac{1}{1\,200}$.

例 8.13 某城市每天因交通事故死亡人数服从泊松分布. 根据长期统计资料, 死亡人数均值为 3 人. 近一年来, 该市有关部门加强了交通管理措施, 据 300 天的统计, 每天平均死亡人数为 2.7 人. 问能否认为每天平均死亡人数显著减少($\alpha = 0.05$).

解 设每天死亡人数为 X, 由题设, X 服从参数为 λ 的泊松分布, 从而 $E(X) = D(X) = \lambda$. 我们的问题化为如下的检验

$$H_0:\lambda \geqslant 3, \ H_1:\lambda < 3,$$

（1）该检验相当于如下检验：

$$H_0:\lambda = 3, \ H_1:\lambda < 3,$$

由中心极限定理，$\sum\limits_{i=1}^{300} X_i$ 近似正态分布 $N(300 \times 3, \ 300 \times 3)$；

（2）当 H_0 为真时，$\overline{X} = \dfrac{1}{300}\sum\limits_{i=1}^{300} X_i \sim N(3, \ 0.01)$，进而：

$$U = \frac{\overline{X} - 3}{0.1} \overset{近似}{\sim} N(0, \ 1);$$

（3）从而此时拒绝域为：

$$W = (-\infty, \ -u_{0.05}] = (-\infty, \ -1.645];$$

（4）代入数据得 U 的观测值：

$$U_0 = \frac{2.7 - 3}{0.1} = -3 \in W,$$

从而拒绝 H_0，即认为每天平均死亡人数显著减少.

8.5 非参数检验

前面我们介绍了总体分布的参数的假设检验问题，这些假设检验问题都是在总体分布形式为已知的条件下进行的，但在很多场合，往往事先并不知道总体的分布类型，这时需要根据样本对总体的分布或分布类型提出假设并进行检验，这种检验一般称为分布拟合检验或非参数检验. 在本节中，简要介绍一种分布拟合检验方法——**非参数 χ^2 检验**.

问题的提出：如果总体 X 的分布为未知时，往往需要利用样本数据 $(x_1, \cdots, x_n)$ 来检验总体的分布是不是某一事先给定的函数 $F(x)$，即检验如下假设：

H_0:总体 X 的分布函数为 $F(x)$，H_1:总体 X 的分布函数不是 $F(x)$.

注 1 若总体 X 为离散型的随机变量，则上述假设相当于如下假设

H_0:总体 X 的分布列为 $P(X = x_i) = p_i$，$i = 1, 2, \cdots$.

注 2 若总体 X 为连续型的随机变量，则上述假设相当于如下假设

H_0:总体 X 的密度函数为 $f(x)$.

注 3 在假设 H_0 为真时，总体 X 的分布函数 $F(x; \theta)$ 的形式已知，但若其中有未知参数 θ，需要先用最大似然估计法估计出未知参数 $\hat{\theta}$，然后代入 $F(x; \theta)$ 中，此时

分布函数 $F(x;\hat{\theta})$ 为已知函数.

基本思想与步骤:

(1) 将样本空间 Ω 划分成 k 个互不相容的事件 $A_1,A_2,\cdots,A_k$,即

$$\Omega = A_1 \bigcup A_2 \bigcup \cdots \bigcup A_k;$$

(2) 在假设 H_0 为真时,计算概率 $p_i = P(A_i)$,$i = 1,\cdots,k$;

(3) 由试验数据确定事件 A_i 发生的频率 $\dfrac{f_i}{n}$.

一般说来,在 H_0 为真且**试验的次数很多的时候**,理论频率(概率) p_i,$i = 1,\cdots,k$ 与**实际频率** $\dfrac{f_i}{n}$,$i = 1,\cdots,k$ 之间的**大体差异不应该很大**. 于是采用如下统计量

$$\chi^2 = \sum_{i=1}^{k} \frac{(f_i - np_i)^2}{np_i}$$

来衡量理论频率(概率)与实际频率之间的总体差异程度. 当 χ^2 较大时就应该拒绝 H_0.

定理 8.1　当假设 H_0 为真($X \sim F(x)$)及 n 充分大时,无论 $F(x)$ 为任何分布函数,统计量 χ^2 总是近似服从自由度为 $k-r-1$ 的 χ^2 分布,即

$$\chi^2 = \sum_{i=1}^{k} \frac{(f_i - np_i)^2}{np_i} \overset{\text{近似}}{\sim} \chi^2(k-r-1),$$

其中: r 为 $F(x)$ 中被估计参数的个数.

由定理 8.1 可知,在假设 H_0 成立的条件下,水平为 α 的拒绝域为

$$W = [\chi_\alpha^2(k-r-1),+\infty).$$

注　由于定理 8.1 的结论为近似结果,应用时一般要求 $n \geqslant 50$,且每个 $np_i \geqslant 5$,否则相邻组要进行合并.

例 8.14　生物学家孟德尔根据颜色与形状将豌豆分成 4 类:黄圆的,青圆的,黄有角,青有角,且运用遗传学的理论指出这 4 类豌豆之比为 $9:3:3:1$. 他观察了 556 颗豌豆,发现各类的颗数分别为 315,108,101,32. 试问可否认为孟德尔的分类论断是正确的?($\alpha = 0.05$)

解　分别记 A_1,A_2,A_3,A_4 表示豌豆为黄圆、青圆、黄有角和青有角四个事件,由题意需检验:

$$H_0: P(A_1) = \frac{9}{16},\ P(A_2) = \frac{3}{16},\ P(A_3) = \frac{3}{16},\ P(A_4) = \frac{1}{16}.$$

这里 $n = 556$，$f_1 = 315$，$f_2 = 108$，$f_3 = 101$，$f_4 = 32$，$k = 4$，$r = 0$，在假设 H_0 成立的条件下，水平为 $\alpha = 0.05$ 的拒绝域为

$$W = [\chi^2_{0.05}(3), +\infty) = [7.815, +\infty).$$

而代入数据算得 χ^2 的观测值

$$\chi^2_0 = \sum_{i=1}^{k} \frac{(f_i - np_i)^2}{np_i} = 0.47 \notin W,$$

故接受 H_0，即认为孟德尔的论断是正确的.

例 8.15　已知某袋内放着白球和黑球，现作下面的试验，进行有放回抽球，直到抽到白球为止，记录下抽取的次数；重复进行如此试验 100 次，结果如下

抽取次数	1	2	3	4	$\geqslant 5$
频数	43	31	15	6	5

试问该袋内黑、白球个数是否相等？($\alpha = 0.05$)

解　记 X 为首次出现白球所需抽取的次数，则：$P(X = k) = (1 - p)^{k-1}p$，$k = 1, 2, \cdots$，其中 p 表示从袋内任取一球为白球的概率. 若 $p = \dfrac{1}{2}$，即表示黑球与白球的个数相等，则

$$P(X = 1) = \frac{1}{2}, \ P(X = 2) = \frac{1}{4}, \ P(X = 3) = \frac{1}{8}, \ P(X = 4) = \frac{1}{16}, \ P(X = 5) = \frac{1}{16}.$$

记 $A_i = (X = i)$，$i = 1, 2, 3, 4$，$A_5 = (X \geqslant 5)$，根据题意需检验：

$$H_0 : P(A_1) = \frac{1}{2}, \ P(A_2) = \frac{1}{4}, \ P(A_3) = \frac{1}{8}, \ P(A_4) = \frac{1}{16}, \ P(A_5) = \frac{1}{16}.$$

易知水平为 $\alpha = 0.05$ 的拒绝域为

$$W = [\chi^2_{0.05}(4), +\infty) = [9.488, +\infty).$$

而代入数据算得 χ^2 的观测值

$$
\begin{aligned}
\chi^2_0 &= \sum_{i=1}^{5} \frac{(n_i - np_i)^2}{np_i} \\
&= \frac{(43 - 50)^2}{50} + \frac{(31 - 25)^2}{25} + \frac{(15 - 12.5)^2}{12.5} + \frac{(6 - 6.25)^2}{6.25} + \frac{(5 - 6.25)^2}{6.25} \\
&= 3.2 \notin W,
\end{aligned}
$$

观测值不在拒绝域内，故接受 H_0，即认为白球与黑球个数相等.

例8.16 在一实验中,每隔一定时间观察一次由某种铀所放射的到达计算器上的 α 粒子数,共观察了 100 次,得结果如下:

i	0	1	2	3	4	5	6	7	8	9	10	11	$\geqslant 12$
n_i	1	5	16	17	26	11	9	9	2	1	2	1	0

其中:n_i 为观察到 i 个粒子的次数. 从理论上可知次数 X 应服从 Poisson(泊松)分布,即

$$P(X = i) = \frac{\lambda^i}{i!}e^{-\lambda}, \quad i = 0, 1, 2, \cdots;$$

试问根据试验的结果,是否可认为 X 服从 Poisson 分布($\alpha = 0.05$)?

解 根据题意需检验

$$H_0 : P(X = i) = \frac{\lambda^i}{i!}e^{-\lambda}, \quad i = 0, 1, 2, \cdots;$$

由于 λ 为未知参数,若 X 服从 Poisson(泊松)分布,则 λ 的极大似然估计为 $\hat{\lambda} = \bar{x} = 4.2$. 记 $A_i = (X = i)$, $i = 1, 2, \cdots, 11$, $A_{12} = (X \geqslant 12)$,于是 H_0 可简化为

$$H'_0 : P(X = i) = \frac{4.2^i}{i!}e^{-4.2}, \quad i = 0, 1, \cdots, 11;$$

$$P(A_{12}) = 1 - \sum_{i=0}^{11} \frac{4.2^i}{i!}e^{-4.2}.$$

结果见下表:

A_i	n_i	$\hat{p}_i$	$n\hat{p}_i$	$n_i - n\hat{p}_i$	$(n_i - n\hat{p}_i)^2/n\hat{p}_i$
A_0	1	0.015	1.5	$\left.\begin{array}{c} \\ \end{array}\right\} -1.8$	0.415
A_1	5	0.063	6.3		
A_2	16	0.132	13.2	2.8	0.594
A_3	17	0.185	18.5	-1.5	0.122
A_4	26	0.194	19.4	6.6	2.245
A_5	11	0.163	16.3	-5.3	1.723
A_6	9	0.114	11.4	-2.4	0.505
A_7	9	0.069	6.9	2.1	0.639

A_i	n_i	$\hat{p}_i$	$n\hat{p}_i$	$n_i - n\hat{p}_i$	$(n_i - n\hat{p}_i)^2/n\hat{p}_i$
A_8	2	0.036	3.6		
A_9	1	0.017	1.7		
A_{10}	2	0.007	0.7	-0.5	0.038 5
A_{11}	1	0.003	0.3		
A_{12}	0	0.002	0.2		
$\sum$					6.281 5

注意到有些组 $n\hat{p}_i < 5$，将其与相邻组合并，使 $n\hat{p}_i \geqslant 5$，并组后 $k = 8$. 易知水平为 $\alpha = 0.05$ 的拒绝域为

$$W = [\chi^2_{0.05}(6), +\infty) = [12.592, +\infty).$$

而 χ^2 的观测值 $\chi^2_0 = 6.281\ 5 \notin W$，故接受 H_0，即可认为 X 服从 Poisson 分布.

例 8.17 下表给出某地 120 名 12 岁男孩身高的资料（单位：cm）.

128.1	144.4	150.3	146.2	140.6	139.7	134.1	124.3	147.9
143.0	143.1	142.7	126.0	125.6	127.7	154.4	142.7	141.2
133.4	131.0	125.4	130.3	146.3	146.8	142.7	137.6	136.9
122.7	131.8	147.7	135.8	134.8	139.1	139.0	132.3	134.7
138.4	136.6	136.2	141.6	141.0	138.4	145.1	141.4	139.9
140.6	140.2	131.0	150.4	142.7	144.3	136.4	134.5	132.3
152.7	148.1	139.6	138.9	136.1	135.9	140.3	137.3	134.6
145.2	128.2	135.9	140.2	136.6	139.5	135.7	139.8	129.1
141.4	139.7	136.3	138.4	138.1	132.9	142.9	144.7	118.8
138.3	135.3	140.6	142.2	152.1	142.4	142.7	136.2	135.0
154.3	147.9	141.3	143.8	138.1	139.7	127.4	146.0	155.8
141.2	146.4	139.4	140.2	127.7	150.7	100.0	148.5	147.9
138.9	123.1	126.0	150.0	143.7	156.9	133.1	142.8	136.8
133.1	144.5	142.4						

试问能否认为该地区 12 岁男孩的身高服从正态分布？（$\alpha = 0.05$）

解 以 X 记为该地区 12 岁男孩的身高，则依题意需检验：

$$H_0: X \sim N(\mu, \sigma^2).$$

由于 H_0 中含有未知参数，故需先进行参数估计. 我们知道，μ 与 σ^2 的最大似然估计值分别为

$$\hat{\mu} = \bar{x} = 139.5, \quad \hat{\sigma}^2 = \frac{1}{n} \sum_{i=1}^{n} (x_i - \bar{x})^2 = 55.$$

因为 X 是连续型随机变量,为利用非参数 χ^2 检验;首先要将 X 的取值离散化,这里 X 的取值可分成 9 组如下表所示:

组限	$(-\infty, 126)$	$[126, 130)$	$[130, 134)$	$[134, 138)$	$[138, 142]$
频数	5	8	10	22	33
组限	$[142, 146)$	$[146, 150)$	$[150, 154)$	$[154, +\infty)$	
频数	20	11	6	5	

通过如下方式计算理论概率

$$\hat{p}_1 = \hat{P}(X < 126) = \Phi\left(\frac{126 - \hat{\mu}}{\hat{\sigma}^2}\right);$$

$$\hat{p}_i = \hat{P}(x_{i-1} \leqslant X < x_i) = \Phi\left(\frac{x_i - \hat{\mu}}{\hat{\sigma}^2}\right) - \Phi\left(\frac{x_{i-1} - \hat{\mu}}{\hat{\sigma}^2}\right), \quad i = 1, 2, \cdots, 8;$$

$$\hat{p}_9 = \hat{P}(X \geqslant 154) = 1 - \Phi\left(\frac{154 - \hat{\mu}}{\hat{\sigma}^2}\right);$$

算得的结果列成下表:

A_i	n_i	$\hat{p}_i$	$n\hat{p}_i$	$n_i - n\hat{p}_i$	$(n_i - n\hat{p}_i)^2 / n\hat{p}_i$
$X < 126$	5	0.034 4	4.128	0.844	0.058 6
$126 \leqslant X < 130$	8	0.066 9	8.028		
$130 \leqslant X < 134$	10	0.129 4	15.53	-5.53	1.965 9
$134 \leqslant X < 138$	22	0.191 0	22.92	-0.92	0.036 9
$138 \leqslant X < 142$	33	0.212 4	25.49	7.51	0.212 6
$142 \leqslant X < 146$	20	0.177 5	21.30	-1.30	0.079 3
$146 \leqslant X < 150$	11	0.111 6	13.39	-2.39	0.426 5
$150 \leqslant X < 154$	6	0.052 2	6.26	1.664	0.296 6
$154 \leqslant X < +\infty$	5	0.025 6	3.07		
$\sum$					5.076 4

易知 $k = 7, \chi^2 \sim \chi^2(k-r-1) = \chi^2(4)$,水平为 $\alpha = 0.05$ 的拒绝域为

$$W = [\chi_{0.05}^2(4), +\infty) = [9.488, +\infty).$$

而 χ^2 的观测值 $\chi_0^2 = 5.0764 \notin W$,故接受 H_0,即可认为该地区 12 岁男孩的身高服从正态分布.

注 对连续型随机变量进行分组时,若 $n < 50$ 时可取组数为 5 左右;当 $n > 100$ 时,可大致取 10 组,并且为了方便起见,每组的组距通常取成相等的.

习　题　8

1. 长期以来,某砖瓦厂生产的砖的抗断强度(单位:kgf/cm²)服从 $N(30, 1.2)$,今从该厂生产的一批新砖中随机地抽取 6 块,测得抗断强度分别为:

$$32.56, 29.66, 31.64, 30.00, 31.78, 31.03.$$

如果总体方差不变,这批新砖的抗断强度是否和以往生产的砖的抗断强度无差异?($\alpha = 0.05$).

2. 设切割机切割每段碳棒的长度服从正态分布,在切割机正常工作时,每段碳棒的平均长度为 6.5 cm.由长期经验可知其方差为 $\sigma_0^2 = 0.08^2$ cm²,为了检验该天切割机工作是否正常,随机地抽取 15 段进行测量,其结果如下:

$$6.4, 6.6, 6.1, 6.4, 6.5, 6.3, 6.3, 6.2, 6.9, 6.6, 6.8, 6.5, 6.7, 6.2, 6.7$$

如果其方差不变,试问该机这天是否正常工作?($\alpha = 0.05$)

3. 一种元件,要求其使用寿命不得低于 1 000 小时.现从中随机抽取 25 件,测得其寿命的样本均值为 950 小时.已知该元件寿命服从方差为 $\sigma_0^2 = 100^2$ 的正态分布,试在显著性水平 0.05 下检验该批元件是否合格.

4. 设某产品的某指标服从正态分布,它的均方差 $\sigma = 150$ 小时.今从一批产品中随机抽取 26 个,测得该指标的样本均值为 1 637 小时,问在 5% 的显著性水平下,能否认为这批产品的指标的均值为 1 600?

5. 某批矿砂的 5 个样品的镍含量经测定分别为 3.25%, 3.27%, 3.24%, 3.26%, 3.24%.设测定值服从正态分布,问在 $\alpha = 0.05$ 下能否接受假设:这批矿砂的镍含量为 3.25%.

6. 化肥厂用自动包装机包装化肥,某日测得 9 包化肥的质量(单位:kg)如下:

$$49.7, 50.4, 49.9, 50.5, 50.1, 49.7, 49.8, 50.3, 50.5.$$

设每包化肥的质量服从正态分布,是否可以认为每包化肥的平均质量为 50 kg(取 $\alpha = 0.05$)?

7. 某厂生产的一种合金线,其抗拉强度的均值为 10 620 kgf,改进工艺后重新生产了一批合金线,从中抽取 10 根,测得抗拉强度(kgf)为:

$$10\ 776, 10\ 554, 10\ 668, 10\ 512, 10\ 623, 10\ 557, 10\ 581, 10\ 707, 10\ 670, 10\ 666$$

若抗拉强度服从正态分布,问新生产的合金线的抗拉强度是否比过去生产的合金线的抗拉强度要高?($\alpha = 0.05$)

8. 某种电子元件的寿命(单位:小时)服从正态分布 $N(\mu, \sigma^2)$,μ,σ^2 均未知.现测得 15 只元件的寿命如下:

$$179,264,101,224,379,280,159,212,362,222,168,260,485,149,170$$

问是否有理由认为元件的平均寿命大于 225 小时?($\alpha = 0.05$)

9. 从由一台车床加工的一批轴料中取 15 件测量其椭圆度,计算得 $S = 0.025$,问该批轴料椭圆度的总体方差与规定的 $\sigma^2 = 0.0004$ 有无显著差别?设椭圆度服从正态分布,取 $\alpha = 0.05$.

10. 一细纱车间纺出的某种细纱支数的标准差为 1.2,某日从纺出的一批纱中,随机抽取 15 缕进行支数测量,测量的样本标准差 s 为 2.1,问纱的均匀度有无显著变化?设总体分布是正态分布($\alpha = 0.05$).

11. 电工器材厂生产一批保险丝,抽取 10 根试验其熔化时间(单位:秒),结果分别为:

$$42,65,75,78,71,59,57,68,54,55.$$

熔化时间为正态变量,$\alpha = 0.05$,试问是否可以认为整批保险丝的熔化时间的方差小于或等于8?

12. 某种导线,要求其电阻的均方差不得超过 0.005(单位:Ω).今在一批导线中取样品 9 根,测得 $S = 0.007\,\Omega$,设总体为正态分布,问在 $\alpha = 0.05$ 下能否认为这批导线的标准差显著地偏大吗?

13. 在正常情况下,维尼纶纤度服从正态分布,方差 σ^2 不大于 0.048^2.某日从生产的维尼纶中随机地抽取 5 根纤维,测得纤度如下:

$$1.32,1.55,1.36,1.40,1.44.$$

判断该日生产的维尼纶纤度的方差是否正常(取 $\alpha = 0.01$)?

14. 无线电厂生产某型号的高频管,其中一项指标服从正态分布 $N(\mu,\sigma^2)$.现从该厂生产的一批高频管中任意抽取 9 个,测得该项指标的数据如下:

$$58,72,68,70,65,55,46,56,64$$

(1) 若已知 $\mu = 60$,检验假设 $H_0:\sigma^2 = 48$,$H_1:\sigma^2 > 48$(取 $\alpha = 0.05$);

(2) 若 μ 未知,检验假设 $H_0:\sigma^2 = 48$,$H_1:\sigma^2 > 48$(取 $\alpha = 0.05$).

15. 比较甲、乙两种安眠药的疗效.将 20 个患者分成两组,每组 10 人;甲组病人服用甲种安眠药,乙组病人服用乙种安眠药.设服药后延长的睡眠时间均服从正态分布.两组病人服药的数据如下:

$$甲组:1.6,4.6,3.4,4.4,5.5,-0.1,1.1,0.1,0.8,1.9;$$
$$乙组:-1.2,-0.1,-0.2,-1.6,0.7,3.4,3.7,0,0.2,0.8.$$

问甲、乙两种安眠药的疗效有无显著性差异?($\alpha = 0.05$)

16. 某化工研究所要考虑温度对产品断裂力的影响,在 70℃、80℃ 两种条件下分别作了 8 次重复试验,测得的断裂力(单位:kgf)分别为:

$$70℃:20.9,19.8,18.8,20.5,21.5,19.5,21.0,21.2;$$
$$80℃:20.1,20.0,17.7,20.2,19.0,18.8,19.1,20.3.$$

由经验知断裂力服从正态分布:

(1) 若已知两种温度试验的方差相等,问在 $\alpha = 0.05$ 时,数学期望是否可认为相等?

(2) 若不知道两种温度试验的方差是否相同,则在 $\alpha = 0.05$ 时,数学期望是否可认为相等?

17. 电线 A 和 B 的电阻(单位:Ω)试验结果分别为:

电线 A: 0.140, 0.138, 0.143, 0.142, 0.144, 0.137,

电线 B: 0.135, 0.140, 0.142, 0.136, 0.138, 0.140.

已知电阻值服从正态分布,总体方差相同,在 $\alpha = 0.01$ 的情况下能否认为两种电线的电阻有差异?

18. 对于两正态总体问题,欲检验假设

$$H_0 : \mu_1 = \mu_2, \quad H_1 : \mu_1 \neq \mu_2$$

已知当 m, n 都较大时,统计量 $\dfrac{\overline{X} - \overline{Y}}{\sqrt{\dfrac{S_1^2}{m} + \dfrac{S_2^2}{n}}}$ 近似服从 $N(0, 1)$,试由此构造该假设的近似水平为

$1 - \alpha$ 的拒绝域.

19. 甲乙两台机床,生产同一型号的滚珠,从甲机床生产的滚珠中随机抽取 8 个,从乙机床生产的滚珠中抽取 9 个,测得的直径(单位:mm)分别为:

甲:15.0, 14.5, 15.2, 15.5, 14.8, 15.1, 15.2, 14.8;

乙:15.2, 15.0, 14.8, 15.2, 15.0, 15.0, 14.8, 15.1, 14.8.

滚珠直径服从正态分布,问在 $\alpha = 0.05$ 下两台机床生产的滚珠直径是否可认为具有同一均值?

20. 在 A, B 两台机床上加工零件的外径,各测得的 8 个样品的外径值(单位:mm)分别为:

A 机床:10.28, 10.34, 10.45, 10.47, 10.30, 10.25, 10.27, 10.29;

B 机床:10.30, 10.34, 10.36, 10.29, 10.38, 10.46, 10.29, 10.27.

试问 B 机床加工的零件外径的方差是否小于(或等于)A 机床加工的零件外径的方差?($\alpha = 0.05$)

21. 热处理车间工人为提高振动板的硬度,对淬火温度进行试验,在两种淬火温度 A 和 B 中,测得硬度如下:

温度 A:85.6, 85.9, 85.9, 85.7, 85.8, 85.7, 86.0, 85.5, 85.4, 85.5;

温度 B:86.2, 85.7, 86.5, 86.0, 85.7, 85.8, 86.3, 86.0, 86.0, 85.8.

设振动板的硬度服从正态分布,

(1) 在 $\alpha = 0.05$ 下,可否认为两种温度下的硬度的方差相等?

(2) 在 $\alpha = 0.05$ 下,可否认为改变淬火温度对振动板的硬度有显著影响?

22. 为检验两个光测高温计所确定的温度读数之间有无系统误差,设计了一个试验,用这两个仪器同时对 10 只热炽灯丝作观察,得数据如下:

灯丝号	1	2	3	4	5	6	7	8	9	10
高温计 x/℃	1 050	825	918	1 183	1 200	980	1 258	1 308	1 420	1 550
高温计 y/℃	1 072	820	936	1 185	1 211	1 002	1 254	1 330	1 425	1 545

试根据这些数据来确定这两只高温计所确定的温度读数之间有无系统误差?($\alpha = 0.01$)

23. 设$(X_1, X_2, \cdots, X_n)$为来自参数为λ的指数分布的总体X的样本,X的分布密度函数为

$$f(x; \lambda) = \lambda e^{-\lambda x}, \ x \geqslant 0.$$

(1) 证明:$2\lambda \sum\limits_{i=1}^{n} X_i \sim \chi^2(2n)$;

(2) 试利用上述结论构造假设"$H_0 : \dfrac{1}{\lambda} = \mu_0$,$H_1 : \dfrac{1}{\lambda} = \mu_0 \ (\mu_0 > 0 \ 已知)$"的水平为$\alpha$的拒绝域.

*24. 设需要对某一正态总体的均值进行假设检验

$$H_0 : \mu = 15, \ H_1 : \mu < 15.$$

已知$\sigma^2 = 2.5$,取$\alpha = 0.05$. 若要求当H_1中的$\mu \leqslant 13$时犯第 II 类错误的概率不超过 0.05,求所需的样本容量.

*25. 电池在货架上滞留时间不能太长. 在某商店随机选出 8 只电池在货架上的滞留时间(单位:天)分别为:

$$108, 124, 106, 138, 124, 163, 159, 134$$

设电池滞留时间服从正态分布,其中μ,σ^2未知.

(1) 试检验假设 $H_0 : \mu = 125$,$H_1 : \mu > 125$,取$\alpha = 0.05$;

(2) 若要求(1)中的 H_1 的$\dfrac{\mu - 125}{\sigma} \geqslant 1.4$时,犯第 II 类错误的概率不超过0.1,求所需样本容量.

*26. 检查了 100 个零件上的疵点数,结果如下表:

疵点数	0	1	2	3	4	5	6
频数	14	27	26	20	7	3	3

试检验整批零件上的疵点数是否服从泊松分布?($\alpha = 0.05$)

*27. 用手枪对 100 个靶各打 10 发,只记录命中或不命中,射击结果列于下表:

命中数 x_i	0	1	2	3	4	5	6	7	8	9	10
频数 f_i	0	2	4	10	22	26	18	12	4	2	0

在显著性水平$\alpha = 0.05$下用χ^2检验法检验射击结果服从的分布.

*28. 自 1965 年 1 月 1 日至 1971 年 2 月 9 日共 2 231 天中,全世界记录到里氏震级 4 级和 4 级以上的地震共 162 次,统计结果如下:

相继两次地震间隔天数 x	0～4	5～9	10～14	15～19	20～24	25～29	30～34	35～39	≥40
出现的频数	50	31	26	17	10	8	6	6	8

其中相继两次地震间隔天数≥40 的是 40,43,44,49,58,60,81,109(天)共 8 次,试检验相继两次地震间隔的天数 X 服从指数分布($\alpha = 0.05$).

*29. 从某纱厂生产的一批棉纱中抽取 300 条进行拉力强度试验,得数据如下:

拉力强度 x	0.50～0.64	0.64～0.78	0.78～0.92	0.92～1.06	1.06～1.20	1.20～1.34
频数	1	2	9	24	37	53

拉力强度 x	1.34～1.48	1.48～1.62	1.62～1.76	1.76～1.90	1.90～2.04	2.04～2.18	2.18～2.32
频数	56	52	26	19	16	4	1

利用 χ^2 准则检验该批棉纱的拉力强度是否服从正态分布(取 $\alpha = 0.05$).

*30. 在 20 天内,从维尼纶正常生产时的生产报表上可看到维尼纶纤度的情况,记录的 100 个数据如下表:

```
1.39  1.36  1.49  1.43  1.41  1.37  1.40  1.32  1.42  1.47
1.41  1.36  1.40  1.34  1.42  1.42  1.45  1.35  1.42  1.39
1.44  1.42  1.39  1.42  1.42  1.30  1.34  1.42  1.37  1.36
1.37  1.34  1.37  1.37  1.44  1.45  1.32  1.48  1.40  1.45
1.39  1.46  1.39  1.53  1.36  1.48  1.40  1.39  1.38  1.40
1.36  1.45  1.50  1.43  1.38  1.43  1.41  1.48  1.39  1.45
1.37  1.37  1.39  1.45  1.31  1.41  1.44  1.44  1.42  1.47
1.35  1.36  1.39  1.40  1.38  1.35  1.42  1.43  1.42  1.42
1.42  1.40  1.41  1.37  1.46  1.36  1.37  1.27  1.37  1.38
1.42  1.34  1.43  1.42  1.41  1.41  1.44  1.48  1.55  1.37
```

试判断纤度是否服从正态分布,取 $\alpha = 0.05$.

(提示:可分 10 组:$1.265～1.295, \cdots, 1.535～1.565$)

第 *9* 章

回 归 分 析

在客观世界中,相互制约的变量之间存在着一定的关系,这些关系大体上可分为两类:一类是确定性的,即变量之间的关系可由确定的对应法则,或函数关系来描述.

另一类是非确定性的,例如:

(1) 人的身高 y 与体重 x 之间的关系;

(2) 人的血压 y 与年龄 x 之间的关系;

(3) 家具的销售量 y 与新婚人数 x_1、新建住房面积 x_2、家具价格 x_3 之间的关系.

上述每个例子中的变量之间都存在着比较密切的关系,但又不是确定性的函数关系,变量之间的这种非确定性的关系,在数理统计中称为**相关关系**.

在上述诸关系中,变量 x 或 x_1,x_2,x_3 等称为自变量,通常是指能精确预测的量或严格控制的量(当然,也有随机变量的情形);变量 y 称为因变量,虽然与自变量有密切的关系,但并不能由自变量完全确定,因此是随机变量.

这样,在因变量为 y,自变量为 x_1,x_2,$\cdots$,x_p 的相关关系中,y 的值由两部分组成,一部分是由自变量所确定的,可表示为自变量的函数 $f(x_1,x_2,\cdots,x_p)$;另一部分是由其他多种因素综合影响造成的,是一个随机变量,记为 ε,称其为**随机误差**.于是数学模型可以由下述关系式描述:

$$y = f(x_1,x_2,\cdots,x_p) + \varepsilon \tag{9.1}$$

ε 作为随机误差,要求其均值为零,方差尽可能小(但未知),即

$$E(\varepsilon) = 0, \quad D(\varepsilon) = \sigma^2 > 0 \tag{9.2}$$

称式(9.1)与式(9.2)为**回归模型**,$\hat{y} = f(x_1,x_2,\cdots,x_p)$ 为**回归函数**(或[HTH]回归方程).如式(9.1)中只有一个自变量,则称为**一元回归模型**;如式(9.1)中有多个自变量,则称为**多元回归模型**.如果式(9.1)中的函数 $f(x_1,x_2,\cdots,x_p)$ 是线性函数,则称为**线性回归模型**.

在实际应用中,一般来说函数 $f(x_1,x_2,\cdots,x_p)$ 是未知的.回归分析的基本任务就是,根据 x_1,x_2,$\cdots$,x_p 与 y 的观察值,运用数理统计的理论和方法,估计函数 $f(x_1,x_2,\cdots,x_p)$,以及解决与此有关的一些统计推断问题.下面主要是讨论线性回归.

9.1 一元线性回归

9.1.1 一元线性回归模型

在这一节中假定回归模型是一元线性的,即

$$y = a + bx + \varepsilon \tag{9.3}$$
$$\varepsilon \sim N(0, \sigma^2) \tag{9.4}$$

其中:a, b 和 σ^2 为未知参数.

对模型中的变量 x, y 作 n 次独立重复观察的样本为

$$(x_1, y_1), (x_2, y_2), \cdots, (x_n, y_n)$$

根据式(9.3)知 y_i 与 x_i 之间的关系为

$$y_i = a + bx_i + \varepsilon_i \tag{9.5}$$

其中:ε_i 是第 i 次观察时的随机误差. 由于各次观察相互独立,并且由式(9.4)知,ε_1, ε_2, $\cdots$, ε_n 独立同分布,且

$$\varepsilon_i \sim N(0, \sigma^2) \tag{9.6}$$

通常也称式(9.5)、(9.6)为一元线性回归模型.

9.1.2 未知参数 a, b 的估计

根据样本的观察值 (x_1, y_1), (x_2, y_2), $\cdots$, (x_n, y_n),求模型中的未知参数的点估计.

若将每组观察值 (x_i, y_i) 标在直角坐标系上,得到的图形(见图 9.1)称为**散点图**. 此时考虑每组观察值 (x_i, y_i) 作为点与直线 $y = a + bx$ 的纵向偏差,由图 9.1 的散点图:

$$y_i - \hat{y}_i = y_i - (a + bx_i), \ i = 1, 2, \cdots, n.$$

为了避免上述偏差中正与负相互抵消,因此采用

$$Q(a, b) = \sum_{i=1}^{n} (y_i - a - bx_i)^2$$

来衡量样本值所示的 n 个点与直线 $y = a + bx$ 的总偏差是合适的.

对参数 a, b 的估计通常采用最小二乘估

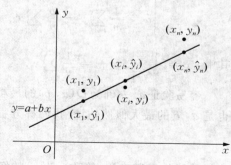

图 9.1 散点图

计法,即寻找一个线性函数使误差平方和达到最小,等价于求 $Q(a,b)$ 的最小值点.

先对 $Q(a,b)$ 分别求关于 a, b 的偏导数,并令它们等于零,即

$$\begin{cases} \dfrac{\partial Q}{\partial a} = -2\sum_{i=1}^{n}(y_i - a - bx_i) = 0, \\ \dfrac{\partial Q}{\partial b} = -2\sum_{i=1}^{n}(y_i - a - bx_i)x_i = 0, \end{cases}$$

由此得到关于 a, b 的方程组

$$\begin{cases} na + (\sum_{i=1}^{n} x_i)b = \sum_{i=1}^{n} y_i \\ (\sum_{i=1}^{n} x_i)a + (\sum_{i=1}^{n} x_i^2)b = \sum_{i=1}^{n} x_i y_i \end{cases}$$

称为**正规方程组**.

由于 x_i 不全相同,该正规方程组的系数行列式:

$$\begin{vmatrix} n & \sum_{i=1}^{n} x_i \\ \sum_{i=1}^{n} x_i & \sum_{i=1}^{n} x_i^2 \end{vmatrix} = n\sum_{i=1}^{n} x_i^2 - (\sum_{i=1}^{n} x_i)^2 = n\sum_{i=1}^{n}(x_i - \overline{x})^2 \neq 0,$$

故方程组有唯一的解,方程组的解即为 a, b 的最小二乘估计,

$$\begin{cases} \hat{b} = \dfrac{n\sum_{i=1}^{n} x_i y_i - (\sum_{i=1}^{n} x_i)(\sum_{i=1}^{n} y_i)}{n\sum_{i=1}^{n} x_i^2 - (\sum_{i=1}^{n} x_i)^2} = \dfrac{\sum_{i=1}^{n}(x_i - \overline{x})(y_i - \overline{y})}{\sum_{i=1}^{n}(x_i - \overline{x})^2}, \\ \hat{a} = \dfrac{1}{n}\sum_{i=1}^{n} y_i - \dfrac{\hat{b}}{n}\sum_{i=1}^{n} x_i = \overline{y} - \hat{b}\,\overline{x}, \end{cases}$$

其中:$\overline{x} = \dfrac{1}{n}\sum_{i=1}^{n} x_i$,$\overline{y} = \dfrac{1}{n}\sum_{i=1}^{n} y_i$.

容易验证 $\hat{a}$, $\hat{b}$ 确为 $Q(a,b)$ 的最小值点,注意到 y 是服从正态分布的,因此 $\hat{a}$, $\hat{b}$ 也是 a, b 的最大似然估计.我们称方程

$$\hat{y} = \hat{a} + \hat{b}x$$

为**经验线性回归方程**,简称 y 对 x 的**经验线性回归**.

为计算方便,通常按下列步骤运算:

$$S_{XX} = \sum_{i=1}^{n} (x_i - \overline{x})^2 = \sum_{i=1}^{n} x_i^2 - \frac{1}{n} (\sum_{i=1}^{n} x_i)^2 = \sum_{i=1}^{n} x_i^2 - n(\overline{x})^2,$$

$$S_{YY} = \sum_{i=1}^{n} (y_i - \overline{y})^2 = \sum_{i=1}^{n} y_i^2 - \frac{1}{n} (\sum_{i=1}^{n} y_i)^2 = \sum_{i=1}^{n} y_i^2 - n(\overline{y})^2,$$

$$S_{XY} = \sum_{i=1}^{n} (x_i - \overline{x})(y_i - \overline{y}) = \sum_{i=1}^{n} x_i y_i - \frac{1}{n} (\sum_{i=1}^{n} x_i)(\sum_{i=1}^{n} y_i)$$

$$= \sum_{i=1}^{n} x_i y_i - n \overline{x} \, \overline{y},$$

于是

$$\begin{cases} \hat{b} = \dfrac{S_{XY}}{S_{XX}}, \\ \hat{a} = \overline{y} - \hat{b} \overline{x}. \end{cases}$$

例 9.1 为定义一种变量,用来描述某种商品的供应量与价格之间的相关关系,首先要收集给定时期内价格 X 与供应量 Y 的观察数据,假如观察到某年度前 10 个月数据如下:

价格/元	100	110	120	130	140	150	160	170	180	190
供应量/批	45	51	54	61	66	70	74	78	85	89

试求 y 关于 x 的经验线性回归方程.

解 这里 $n = 10$,经计算得到

$$\overline{x} = 145, \ \overline{y} = 67.3,$$

$$S_{XX} = \sum_{i=1}^{10} x_i^2 - 10(\overline{x})^2 = 8\,250, \ S_{XY} = \sum_{i=1}^{10} x_i y_i - 10 \overline{x} \, \overline{y} = 3\,985,$$

故得

$$\hat{b} = \frac{S_{XY}}{S_{XX}} = 0.483\,03,$$

$$\hat{a} = \overline{y} - \hat{b} \overline{x} = -2.739\,35,$$

于是回归直线方程为

$$\hat{y} = -2.739\,35 + 0.483\,03x.$$

9.1.3 估计量 $\hat{a}$、$\hat{b}$ 的分布及 σ^2 的估计

定义 9.1 $S_{YY} = \sum_{i=1}^{n} (y_i - \bar{y})^2 = \sum_{i=1}^{n} y_i^2 - \frac{1}{n} (\sum_{i=1}^{n} y_i)^2$ 表示数据 y_i 的离散程度,

称为**离散平方和**. 而称 $Q = \sum_{i=1}^{n} (y_i - \hat{y})^2 = \sum_{i=1}^{n} (y_i - \hat{a} - \hat{b} x_i)^2$ 为**残差平方和**,$U = \sum_{i=1}^{n} (\hat{y}_i - \bar{y})^2$ 为**回归平方和**.

命题 9.1 $Q = S_{YY} - \dfrac{S_{XY}^2}{S_{XX}} = S_{YY} \left(1 - \dfrac{S_{XY}^2}{S_{XX} S_{YY}}\right).$

证 由 $\hat{a} = \bar{y} - \hat{b}\,\bar{x}$,则

$$Q = \sum_{i=1}^{n} \left[(y_i - \bar{y}) - \hat{b}(x_i - \bar{x})\right]^2$$
$$= \sum_{i=1}^{n} (y_i - \bar{y})^2 - 2\hat{b} \sum_{i=1}^{n} (x_i - \bar{x})(y_i - \bar{y}) + \hat{b}^2 \sum_{i=1}^{n} (x_i - \bar{x})^2$$
$$= S_{YY} - 2\hat{b} S_{XY} + \hat{b}^2 S_{XX},$$

把 $\hat{b} = \dfrac{S_{XY}}{S_{XX}}$ 代入上式即得所证.

定义 9.2 变量 X 与 Y 的**样本相关系数**为

$$\rho = \frac{S_{XY}}{\sqrt{S_{XX}}\,\sqrt{S_{YY}}} = \frac{\sum\limits_{i=1}^{n} (x_i - \bar{x})(y_i - \bar{y})}{\sqrt{\sum\limits_{i=1}^{n} (x_i - \bar{x})^2}\sqrt{\sum\limits_{i=1}^{n} (y_i - \bar{y})^2}},$$

ρ 描述了变量 x 与 y 线性相关的程度. 结合命题 9.1 与定义 9.2 易得下述命题.

命题 9.2 $\qquad Q = S_{YY}(1 - \rho^2) = S_{YY} - \hat{b} S_{XY}.$

此命题表明,残差平方和 Q 的大小与 ρ 密切相关.

由定义 9.1 知 $S_{YY} = \sum_{i=1}^{n} (y_i - \bar{y})^2 \geqslant 0$ 和 $Q = \sum_{i=1}^{n} (y_i - \hat{y})^2 \geqslant 0$,立即得下列命题.

命题 9.3 $|\rho| \leqslant 1.$

以下通过图 9.2 的散点图来具体说明样本相关系数 ρ 的几何意义:

(1) 当 $\rho = 0$ 时,从定义 9.2 得到 $S_{XY} = 0$,从而 $\hat{b} = 0$. 此时回归直线平行于 x 轴,表明 x 与 y 之间没有线性关系. 从图 9.2(a) 上可看到散点的分布毫无规则. 当然 $\rho = 0$,可能还有其他函数关系如图 9.2(b) 所示,则不能用线性回归来解决了.

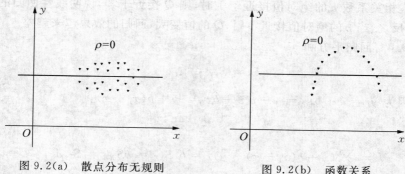

图 9.2(a) 散点分布无规则   图 9.2(b) 函数关系

（2）当 $|\rho| < 1$ 时，表明 x 与 y 之间存在一定的线性关系，当 $b > 0$ 时，随着 ρ（$\rho > 0$）的增加，x 与 y 之间的线性关系会越来越密切，从图 9.2(c) 可看到散点会由分散到逐渐密集于回归直线附近，此时称 x 与 y **正相关**；同理当 $b < 0$，$\rho < 0$ 时，此时称 x 与 y **负相关**［见图 9.2(d)］.

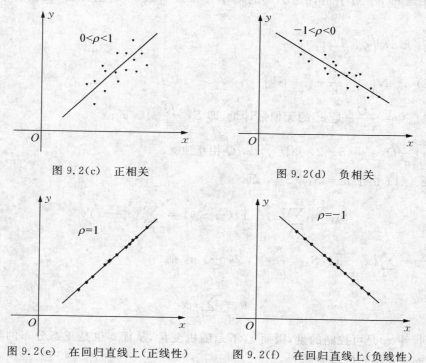

图 9.2(c) 正相关   图 9.2(d) 负相关

图 9.2(e) 在回归直线上（正线性）   图 9.2(f) 在回归直线上（负线性）

（3）当 $\rho = \pm 1$ 时，则 $U = S_{YY}$，$Q = 0$，表明了 x 与 y 之间有确定的线性关系，所有散点都在回归直线上［见图 9.2(e)(f)］. 此时称 x 与 y **完全线性相关**；当 $\rho = 1$ 时，此时称 x 与 y **完全正线性相关**；当 $\rho = -1$ 时，此时称 x 与 y **完全负线性相关**.

当样本相关系数 ρ 的绝对值接近于 1 时,则 Q 接近于零,说明线性回归的效果越来越好. 反之,当 ρ 的绝对值接近零时,Q 的值变大,回归的效果越来越差.

命题 9.4 回归平方和

$$U = S_{YY} \cdot \rho^2.$$

证 因为 $\hat{y}_i = \hat{a} + \hat{b} x_i = \bar{y} - \hat{b}\bar{x} + \hat{b} x_i = \bar{y} + \hat{b}(x_i - \bar{x}),$

故

$$U = \sum_{i=1}^{n} (\bar{y} + \hat{b}(x_i - \bar{x}) - \bar{y})^2 = \hat{b}^2 S_{XX} = \hat{b} S_{XY} = S_{YY}\rho^2,$$

由此不难得到下面所谓的平方和分解公式.

命题 9.5 离散平方和可以分解为残差平方和与回归平方和之和. 即

$$S_{YY} = Q + U.$$

定理 9.1 对于估计量 $\hat{a}$, $\hat{b}$ 的概率分布及参数 σ^2 的估计量,我们有以下的结论:

(1) $\hat{b} \sim N\left(b, \dfrac{\sigma^2}{S_{XX}}\right)$;

(2) $\hat{a} \sim N\left(a, \left(\dfrac{1}{n} + \dfrac{\bar{x}^2}{S_{XX}}\right)\sigma^2\right)$;

(3) $\hat{\sigma}^2 = \dfrac{Q}{n-2}$ 是 σ^2 的无偏估计量,即 $E\left(\dfrac{Q}{n-2}\right) = \sigma^2$;

(4) $\dfrac{1}{\sigma^2} Q \sim \chi^2(n-2)$ 并且 $\bar{y}$, $\hat{b}$, Q 相互独立.

证 (1) 由于 $\hat{b} = S_{XY}/S_{XX}$,而

$$S_{XY} = \sum_{i=1}^{n} (x_i - \bar{x})(y_i - \bar{y}) = \sum_{i=1}^{n} (x_i - \bar{x}) y_i$$

若记 $c_i = \sum_{i=1}^{n} (x_i - \bar{x})/S_{XX}$, $i = 1, 2, \cdots, n$,则

$$\hat{b} = \sum_{i=1}^{n} c_i y_i$$

注意到,各 x_i 是可控制的量,因而 c_i 不是随机变量,从而 $\hat{b}$ 也是正态分布的随机变量. 下面求 $\hat{b}$ 的均值与方差.

$$E(\hat{b}) = E\left(\sum_{i=1}^{n} c_i y_i\right) = \sum_{i=1}^{n} c_i (a + b x_i) = \frac{\sum_{i=1}^{n} (x_i - \bar{x})(a + b x_i)}{S_{XX}}$$

$$= \frac{1}{S_{XX}} \cdot b \sum_{i=1}^{n} (x_i - \overline{x}) x_i,$$

又因为

$$S_{XX} = \sum_{i=1}^{n} (x_i - \overline{x})(x_i - \overline{x}) = \sum_{i=1}^{n} (x_i - \overline{x}) x_i - \overline{x} \sum_{i=1}^{n} (x_i - \overline{x}) = \sum_{i=1}^{n} (x_i - \overline{x}) x_i,$$

则

$$E(\hat{b}) = b$$

即 $\hat{b}$ 是 b 的无偏估计,又

$$D(\hat{b}) = D\left(\sum_{i=1}^{n} c_i y_i \right) = \sum_{i=1}^{n} c_i^2 D(y_i) = \sum_{i=1}^{n} \left(\frac{(x_i - \overline{x})}{S_{XX}} \right)^2 \sigma^2$$

$$= \frac{\sum_{i=1}^{n} (x_i - \overline{x})^2}{S_{XX}^2} \sigma^2 = \frac{\sigma^2}{S_{XX}},$$

故

$$\hat{b} \sim N(b, \sigma^2 / S_{XX}).$$

(2) $\hat{a} = \overline{y} - \hat{b} \overline{x} = \sum_{i=1}^{n} \left[\frac{1}{n} - \frac{\overline{x}(x_i - \overline{x})}{S_{XX}} \right] y_i$ 为 y_i 的线性组合,因此 $\hat{a}$ 仍服从正态分布,即 $\hat{a} \sim N(E(\hat{a}), D(\hat{a}))$,由于

$$E(\hat{a}) = E(\overline{y} - \hat{b} \overline{x}) = \sum_{i=1}^{n} \left[\frac{1}{n} - \frac{\overline{x}(x_i - \overline{x})}{S_{XX}} \right] E(y_i)$$

$$= \sum_{i=1}^{n} \left[\frac{1}{n} - \frac{\overline{x}(x_i - \overline{x})}{S_{XX}} \right] (a + b x_i) = a,$$

$$D(\hat{a}) = D(\overline{y} - \hat{b} \overline{x}) = \sum_{i=1}^{n} \left[\frac{1}{n} - \frac{\overline{x}(x_i - \overline{x})}{S_{XX}} \right] D(y_i)$$

$$= \sigma^2 \sum_{i=1}^{n} \left[\frac{1}{n} - \frac{\overline{x}(x_i - \overline{x})}{S_{XX}} \right]^2 = \sigma^2 \left(\frac{1}{n} + \frac{\overline{x}^2}{S_{XX}} \right).$$

(3) 由命题 9.5 知 $Q = S_{YY} - U$,令 $\hat{\sigma}^2 = Q/(n-2) = \frac{1}{n-2}(S_{YY} - U)$,而

$$E(S_{YY}) = E\left(\sum_{i=1}^{n} (y_i - \overline{y})^2 \right) = E\left(\sum_{i=1}^{n} y_i^2 - n(\overline{y})^2 \right)$$

$$= \sum_{i=1}^{n} \left[D(y_i) + E^2(y_i) \right] - n \left[D(\overline{y}) + E^2(\overline{y}) \right]$$

$$= \sum_{i=1}^{n} \left[\sigma^2 + (a+bx_i)^2 \right] - n \left[\frac{\sigma^2}{n} + (a+b\overline{x})^2 \right]$$

$$= (n-1)\sigma^2 + \sum_{i=1}^{n} \left[(a+bx_i)^2 - (a+b\overline{x})^2 \right]$$

$$= (n-1)\sigma^2 + \sum_{i=1}^{n} \left[2ab(x_i - \overline{x}) + b^2(x_i^2 - \overline{x}^2) \right]$$

$$= (n-1)\sigma^2 + b^2 \left(\sum_{i=1}^{n} x_i^2 - n\overline{x}^2 \right)$$

$$= (n-1)\sigma^2 + b^2 S_{XX},$$

又

$$E(U) = E(\hat{b}S_{XY}) = E(\hat{b}^2 S_{XX}) = S_{XX} E(\hat{b}^2)$$

$$= S_{XX}(D(\hat{b}) + E^2(\hat{b})) = S_{XX} \left(\frac{\sigma^2}{S_{XX}} + b^2 \right) = \sigma^2 + b^2 S_{XX},$$

由此可得

$$E(\hat{\sigma}^2) = E\left(\frac{Q}{n-2} \right) = \sigma^2.$$

(4) 该问题中结论的证明将用到多元统计学的相关知识(略).

例 9.2 计算例 9.1 中的样本相关系数 ρ，残差平方和 Q 以及 σ^2 的估计 $\hat{\sigma}^2$.

解 $S_{YY} = \sum_{i=1}^{10} y_i^2 - 10(\overline{y})^2 = 1\,932.1,$

结合例 9.1 的结果知

$$\rho^2 = \frac{S_{XY}^2}{S_{XX} S_{YY}} = 0.996\,3,$$

则

$$\rho = 0.998\,1,$$

$$Q = S_{YY}(1 - \rho^2) = 7.148\,4,$$

$$\hat{\sigma}^2 = \frac{Q}{10-2} = 0.893\,6.$$

9.1.4 一元线性回归的显著性检验

在上面的讨论中,我们假设回归模型是线性模型,即回归函数是简单的线性函数

$$\hat{y} = \hat{a} + \hat{b}x,$$

值得注意的是,按照上述方法,不管散点图是否显示出 Y 与 X 之间存在线性关系,只要诸 x_i 不全相同,都可以求出回归直线方程. 然而如果 Y 与 X 之间不存在某种程度的线性关系,那么所求的回归直线方程就没有任何使用价值了. 所以在求 Y 与 X 回归直线方程之前,应先检验 Y 与 X 之间存在着某种程度的线性关系. 换句话说,我们必须对回归函数是线性函数的假设作显著性检验.

如果回归函数是线性函数假设成立时,b 不应该为零,因此问题可化为检验是否 b 为零,所以检验假设可设为

$$H_0 : b = 0, \ H_1 : b \neq 0 \ (H_1 : b > 0).$$

定理 9.2 设 $H_0 : b = 0$ 成立,则

(1) $T = \dfrac{\hat{b} \sqrt{S_{XX}}}{\sqrt{Q/(n-2)}} \sim t(n-2)$;

(2) $F = \dfrac{U}{Q/(n-2)} \sim F(1, \ n-2)$.

证 (1) 由定理 9.1(1) 有 $\hat{b} \sim N\left(b, \dfrac{\sigma^2}{S_{XX}}\right)$,标准化变换后得

$$\frac{\hat{b} - b}{\sigma / \sqrt{S_{XX}}} \sim N(0, \ 1),$$

再由定理 9.1(4) 知,$\dfrac{1}{\sigma^2} Q \sim \chi^2(n-2)$ 而且与 $\hat{b}$ 独立,故当 $b = 0$ 时,有

$$T = \frac{\dfrac{\hat{b}}{\sigma} \sqrt{S_{XX}}}{\sqrt{\dfrac{Q}{\sigma^2(n-2)}}} = \frac{\hat{b}}{\hat{\sigma}} \sqrt{S_{XX}} \sim t(n-2).$$

(2) 由(1)得

$$\frac{\hat{b} - b}{\sigma / \sqrt{S_{XX}}} \sim N(0, \ 1),$$

从而

$$\left(\frac{\hat{b} - b}{\sigma}\right)^2 S_{XX} \sim \chi^2(1), \text{在 } b = 0 \text{ 时}, \frac{\hat{b}^2 S_{XX}}{\sigma^2} \sim \chi^2(1).$$

又

$$U = \sum_{i=1}^{n} (\bar{y} + \hat{b}(x_i - \bar{x}) - \bar{y})^2 = \hat{b}^2 S_{XX}, \text{故} \frac{U}{\sigma^2} \sim \chi^2(1).$$

再由定理 9.1(4)以及 F 分布的定义,在 $b=0$ 的条件下,得

$$F = \frac{U/\sigma^2}{\dfrac{Q}{\sigma^2}/(n-2)} = (n-2)\frac{U}{Q} \sim F(1,\ n-2).$$

综合上述的一些结论,我们给出三种检验法.

方法一 (t 检验法)

在 $H_0:b=0$ 成立时,检验统计量为

$$T = \frac{\hat{b}\sqrt{S_{XX}}}{\sqrt{Q/(n-2)}} \sim t(n-2)$$

当 H_0 不成立时,$|T|$ 有变大的趋势,应取双侧拒绝域.对于显著性水平 α,拒绝域为

$$W_1 = \left(-\infty,\ -t_{\frac{\alpha}{2}}(n-2)\right] \bigcup \left[t_{\frac{\alpha}{2}}(n-2),\ +\infty\right)$$

即当 $T \notin W_1$ 时,接受 H_0,认为线性回归不显著;当 $T \in W_1$ 时,接受 H_1 认为线性回归显著.

方法二 (F 检验法)

在 $H_0:b=0$ 成立时,检验统计量为

$$F = \frac{U}{Q/(n-2)} \sim F(1,\ n-2).$$

当 H_0 不成立时,F 有变大的趋势,应取单侧拒绝域.对于显著性水平 α,拒绝域为

$$W_2 = \left[F_\alpha(1,\ n-2),\ +\infty\right).$$

即当 $F \notin W_2$ 时,接受 H_0,认为线性回归不显著;当 $F \in W_2$ 时,接受 H_1,认为线性回归显著.

方法三 (r 检验法)

由命题 9.2 和命题 9.4 分别得 $Q = S_{YY}(1-\rho^2)$,$U = S_{YY}\rho^2$,代入 F 有

$$F = \frac{U}{Q/(n-2)} = (n-2)\frac{\rho^2}{1-\rho^2} \geqslant F_\alpha(1,\ n-2),$$

这就等价于

$$|\rho| > \sqrt{\frac{1}{\dfrac{n-2}{F_\alpha(1,\ n-2)}+1}} = r_\alpha(n-2).$$

对 $r_\alpha(n-2)$ 可直接查本书后的相关系数临界值表. 对于显著性水平 α, 当 $\rho >$ $r_\alpha(n-2)$ 时, 认为线性回归显著, 否则认为线性回归不显著.

例 9.3　检验例 9.1 中的线性回归假设的显著性.

解　(1) t 检验法, 由例 9.1、例 9.2 结果易算得:

$$T = \frac{\hat{b}\sqrt{S_{XX}}}{\sqrt{Q/(n-2)}} = \frac{\hat{b}}{\hat{\sigma}}\sqrt{S_{XX}} = \frac{0.483\,03}{\sqrt{0.893\,6}} \cdot \sqrt{8\,250} = 46.412\,0,$$

又由 $\alpha = 0.05$ 查表得 $t_\alpha(8) = 2.306\,0$. 由于

$$T = 46.412\,0 \in W_1 = (-\infty, -2.306\,0] \bigcup [2.306\,0, +\infty),$$

所以, 拒绝 H_0 接受 H_1, 认为线性回归显著.

(2) F 检验法, 仍用例 9.1、例 9.2 的结果易得:

$$U = S_{YY} \cdot \rho^2 = 1\,924.951\,2,$$

$$F = \frac{U}{Q/(n-2)} = \frac{1\,924.951\,2}{0.893\,6} = 2\,154.153,$$

查表得 $F_{0.05}(1, 8) = 5.317\,6$. 由于

$$F = 2\,154.153 \in W_2 = [5.317\,6, +\infty),$$

所以, 拒绝 H_0 接受 H_1, 认为线性回归显著.

(3) r 检验法, 由例 9.2 知:

$$\rho = 0.998\,1,$$

查表得 $r_{0.05}(8) = 0.631\,9$. 由于 $\rho > 0.631\,9$, 所以认为线性回归显著.

9.1.5　预测与控制

经线性相关关系检验, 接受 H_1, 认为 y 与 x 之间线性回归显著后, 经验回归方程不仅能用来研究 y 与 x 之间的联系, 也能用来进行预测或控制. 例如在例 9.1 中, 回归方程 $\hat{y} = -2.739\,35 + 0.483\,03x$ 求得后, 问商品的价格为 145 时, 供应量应是多少呢? 我们可以将 $x = 145$ 与回归直线的交点的纵坐标作为预测值, 也即将 $x = 145$ 代入回归方程算出的 $\hat{y}$ 作为预测值. 下面的讨论中一元线性回归模型仍为式 (9.3)、(9.4).

1. 预测

在得到经验回归方程 $\hat{y} = \hat{a} + \hat{b}x$ 后, 对给定的自变量 $x = x_0$ 估计因变量

$$y_0 = a + bx_0 + \varepsilon$$

的值, 其中 a, b 是理论上的未知数. 自然地, 可用 $\hat{y}_0 = \hat{a} + \hat{b}x_0 = \bar{y} + \hat{b}(x_0 - \bar{x})$ 作为

y_0 的估计,不仅如此,我们还希望给出这个估计的精度,或者说,给出 y_0 的取值范围,即给出 y_0 的置信区间.这就是线性回归中的**预测问题**.

从上述讨论知,预测问题化为求置信度为 $1-\alpha$ 的 y_0 的置信区间,即求 δ 使得

$$P(\mid y_0 - \hat{y}_0 \mid < \delta) = 1 - \alpha,$$

为解决此问题,需求出 $y_0 - \hat{y}_0$ 的分布.

由于 y_0 是实测点,与样本 $(y_1, y_2, \cdots, y_n)$ 是相互独立的,而 $\hat{y}_0$ 是由回归方程所确定(只与样本有关),因此 y_0 与 $\hat{y}_0$ 相互独立.由模型的假设知 y_0 与 $\hat{y}_0$ 都服从正态分布,所以 $y_0 - \hat{y}_0$ 也服从正态分布.易知,

$$E(y_0) = a + bx_0, \quad D(y_0) = \sigma^2,$$
$$E(\hat{y}_0) = E(\hat{a} + \hat{b}x_0) = E(\overline{y}) + E(\hat{b})(x_0 - \overline{x})$$
$$= a + b\,\overline{x} + b(x_0 - \overline{x}) = a + bx_0,$$

由定理 9.1 知 $\overline{y}$ 与 $\hat{b}$ 相互独立,得

$$D(\hat{y}_0) = D(\overline{y}) + D(\hat{b})(x_0 - \overline{x})$$
$$= \frac{\sigma^2}{n} + \frac{\sigma^2}{S_{XX}}(x_0 - \overline{x})^2 = \left[\frac{1}{n} + \frac{1}{S_{XX}}(x_0 - \overline{x})^2\right]\sigma^2,$$

故

$$y_0 - \hat{y}_0 \sim N\left(0, \left(1 + \frac{1}{n} + \frac{1}{S_{XX}}(x_0 - \overline{x})^2\right)\sigma^2\right).$$

再由定理 9.1 以及 $y_0 - \hat{y}_0$ 与 Q 相互独立,所以

$$T = \frac{y_0 - \hat{y}_0}{\sqrt{\left(1 + \dfrac{1}{n} + \dfrac{(x_0 - \overline{x})^2}{S_{XX}}\right)\dfrac{Q}{n-2}}} \sim t(n-2).$$

若取 $\delta = t_{\frac{\alpha}{2}}(n-2)\sqrt{\left(1 + \dfrac{1}{n} + \dfrac{(x_0 - \overline{x})^2}{S_{XX}}\right)\dfrac{Q}{n-2}}$,并代入 $\hat{y}_0 = \hat{a} + \hat{b}x_0$ 得

$$P(\hat{a} + \hat{b}x_0 - \delta < y_0 < \hat{a} + \hat{b}x_0 + \delta) = 1 - \alpha,$$

于是得置信度为 $1-\alpha$ 的 y_0 的置信区间为

$$(\hat{a} + \hat{b}x_0 - \delta, \ \hat{a} + \hat{b}x_0 + \delta).$$

从上式可看出,置信区间的长度为 2δ,当 x_0 接近 $\overline{x}$ 时,S_{XX} 比较大时,都使得 δ 较小,即当 x_0 接近 $\overline{x}$,样本的可控变量的离散度较大时,都可使得预测的精度较高.

2. 控制

控制是预测的反问题,即为了以一定的概率保证因变量 y 的值落在预先指定的

范围 (y_1, y_2) 内,应如何控制自变量 x 取值. 由图 9.3 可见,对于因变量的变化范围 (y_1, y_2) 和置信度 $1-\alpha$,控制问题相当于求自变量 x_0' 与 x_0'',使得

$$\hat{a} + \hat{b}x_0' - \delta(x_0') = y_1$$
$$\hat{a} + \hat{b}x_0'' + \delta(x_0'') = y_2$$

则 x_0' 与 x_0'' 之间的 x 都满足要求,(x_0', x_0'') 称为**控制区间**. 当 $\hat{b} < 0$ 时,控制区间为 (x_0'', x_0').

　　上述两方程是非线性的,解之不易. 当样本容量较大,又 x_0' 与 x_0'' 较接近 $\bar{x}$ 时,有

$$t_{\frac{\alpha}{2}}(n-2) \approx u_{\frac{\alpha}{2}},$$

$$\sqrt{1 + \frac{1}{n} + \frac{(x_0' - \bar{x})^2}{S_{XX}}} \approx 1,$$

$$\sqrt{1 + \frac{1}{n} + \frac{(x_0'' - \bar{x})^2}{S_{XX}}} \approx 1.$$

这时 x_0' 与 x_0'' 可由下述线性方程解出

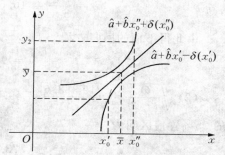

图 9.3　控制区间

$$\hat{a} + \hat{b}x_0' - u_{\frac{\alpha}{2}}\sqrt{\frac{Q}{n-2}} = y_1$$

$$\hat{a} + \hat{b}x_0'' + u_{\frac{\alpha}{2}}\sqrt{\frac{Q}{n-2}} = y_2$$

由此解出

$$x_0' = \frac{1}{\hat{b}}\left(y_1 - \hat{a} + u_{\frac{\alpha}{2}}\sqrt{\frac{Q}{n-2}}\right)$$

$$x_0'' = \frac{1}{\hat{b}}\left(y_2 - \hat{a} - u_{\frac{\alpha}{2}}\sqrt{\frac{Q}{n-2}}\right)$$

　　注意,为了实现控制,给定的因变量的范围 (y_1, y_2) 应满足 $y_2 - y_1 > 2u_{\frac{\alpha}{2}}\sqrt{\frac{Q}{n-2}}$.

　　例 9.4　经定性分析,城市流动人口与某传染病确诊病例数有一定的依存关系,现有某城市 10 个相应的资料如下表:

流动人口数/万人	12	12	14	18	20	22	30	30	36	40
确诊病例数/例	300	250	280	390	500	550	600	590	650	760

求:(1)某传染病确诊病例数 y 与流动人口数 x 之间的线性回归经验方程;(2)预测

流动人口数为 50 万时,某传染病确诊病例数的范围;(3)若要使某传染病确诊病例数控制在 500~800 例之间,流动人口应如何控制($\alpha = 0.05$)?

解 (1) $\overline{x} = 23.4$, $\overline{y} = 487$,

$$S_{XX} = \sum_{i=1}^{10} x_i^2 - 10 \overline{x}^2 = 912.4, \quad S_{XY} = \sum_{i=1}^{10} x_i y_i - 10 \overline{x} \overline{y} = 15\ 145.8,$$

故得

$$\hat{b} = \frac{S_{XY}}{S_{XX}} = 16.6, \quad \hat{a} = \overline{y} - \hat{b} \overline{x} = 98.6.$$

由此得下面的回归方程

$$\hat{y} = 98.6 + 16.6x;$$

(2) $\sqrt{\dfrac{Q}{n-2}} = \sqrt{\dfrac{19\ 388.6}{8}} = 49.2$, $t_{0.025}(8) = 2.306$,则 $\delta = 155.4$,从而得 y_0 的 95% 置信区间为

$$(773.2,\ 1\ 084.0).$$

所以当城市流动人口为 50 万时,某传染病确诊病例数将以 95% 的可能性在 773~1 084 例之间;

(3) 若要使 $y_1 = 500$, $y_2 = 800$. 则有

$$\begin{cases} 98.6 + 16.6x_0' - 1.96 \times 49.2 = y_1, \\ 98.6 + 16.6x_0'' + 1.96 \times 49.2 = y_2. \end{cases}$$

解得 $x_0' \approx 30.0$, $x_0'' \approx 36.4$,即流动人口应控制在 30.0~36.4 万之间.

9.2 可线性化的回归方程

在实际问题中,变量 y 与 x 之间的关系不一定呈现线性关系. 如果从散点图看出(或其他方法)y 与 x 之间的线性关系不明显,而呈现某种曲线相关的趋势,常常可以作适当变量代换,将其化为一元线性回归问题. 在经济或其他领域,常用的有下面几种形式.

1. 双曲线型 $y = a + \dfrac{b}{x}$ (见图 9.4)

令 $u = \dfrac{1}{x}$,得 $y = a + bu$.

2. 指数曲线型

1) $y = ce^{bx}$ (见图 9.5).

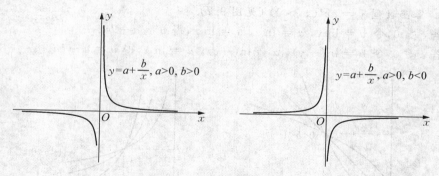

图 9.4　双曲线型

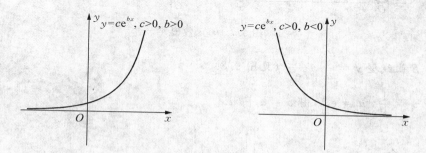

图 9.5　指数曲线型 1

若 $c > 0$，令 $v = \ln y$，$a = \ln c$，得 $v = a + bx$.

若 $c < 0$，令 $v = \ln(-y)$，$a = \ln(-c)$，得 $v = a + bx$.

2）$y = c\mathrm{e}^{\frac{b}{x}}$，$x > 0$（见图 9.6）.

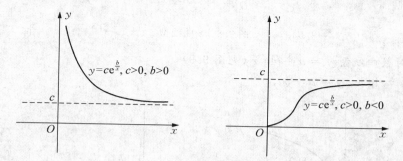

图 9.6　指数曲线型 2

若 $c > 0$，令 $v = \ln y$，$a = \ln c$，$u = \dfrac{1}{x}$，得 $v = a + bu$.

若 $c < 0$，令 $v = \ln(-y)$，$a = \ln(-c)$，$u = \dfrac{1}{x}$，得 $v = a + bu$.

3. **幂函数型** $y = cx^b\,(x > 0)$ (见图 9.7)

若 $c > 0$,令 $v = \ln y$,$a = \ln c$,$u = \ln x$,得 $v = a + bu$.

若 $c < 0$,令 $v = \ln(-y)$,$a = \ln(-c)$,$u = \ln x$,得 $v = a + bu$.

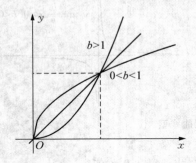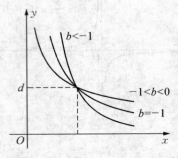

图 9.7 幂函数型

4. **S 曲线型** $y = \dfrac{1}{a + be^{-x}}$ (见图 9.8)

令 $v = \dfrac{1}{y}$,$u = e^{-x}$,得 $v = a + bu$.

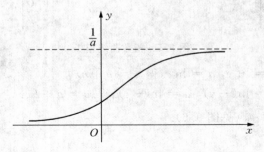

图 9.8 S 曲线型

5. **对数曲线型** $y = a + b\lg x$ (见图 9.9)

令 $u = \lg x$,$y = a + bu$.

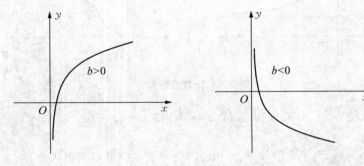

图 9.9 对数曲线型

例 9.5 同一生产面积上某作物单位产品的成本与产量间近似满足双曲型关系

$$y = a + \frac{b}{x},$$

试利用下列表格的资料,求出 y 对 x 的经验回归曲线方程.

x_i	5.67	4.45	3.84	3.84	3.73	2.18
y_i	17.7	18.5	18.9	18.8	18.3	19.1

解 令 $u = \dfrac{1}{x}$,则经验回归方程为 $\hat{y} = \hat{a} + \hat{b}u$,列表计算如下

u_i	0.18	0.22	0.26	0.26	0.27	0.46
y_i	17.7	18.5	18.9	18.8	18.3	19.1
u_i^2	0.032 4	0.048 4	0.067 6	0.067 6	0.072 9	0.211 6
$u_i y_i$	3.186	4.07	4.914	4.888	4.941	8.786

由公式得

$$\hat{b} = \frac{\sum\limits_{i=1}^{6} u_i y_i - \dfrac{1}{6} \sum\limits_{i=1}^{6} u_i \sum\limits_{i=1}^{6} y_i}{\sum\limits_{i=1}^{6} u_i^2 - \dfrac{1}{6} \left(\sum\limits_{i=1}^{6} u_i \right)^2} \approx 3.8,$$

$$\hat{a} = \bar{y} - \hat{b}\bar{u} = 17.508,$$

由此得经验回归方程

$$\hat{y} = 17.508 + \frac{3.8}{x}.$$

9.3 多元回归分析简介

在实际问题中,影响因变量的因素往往不止一个,例如在社会经济问题中,一种产品的需求量,即依赖于价格,还依赖于收入. 所谓多元线性回归问题,就是研究一个随机变量与多个变量之间的相关关系问题. 在本节中,我们考虑 p 个自变量和一个因变量的多元线性回归,模型为

$$y = b_0 + b_1 x_1 + b_2 x_2 + \cdots + b_p x_p + \varepsilon,$$
$$\varepsilon \sim N(0, \sigma^2),$$

其中：b_0，b_1，b_2，$\cdots$，b_p 和 σ^2 都是未知参数.

与一元线性回归类似，假定自变量是非随机变量，因变量是随机变量.对 x_1，x_2，$\cdots$，x_p 和 y 进行 n 次独立观察，第 i 次观察时它们的取值分别为

$$(x_{1i}, x_{2i}, \cdots, x_{pi}, y_i), \quad i = 1, 2, \cdots, n.$$

随机误差为 ε_i，模型化为

$$y_i = b_0 + b_1 x_{1i} + b_2 x_{2i} + \cdots + b_p x_{pi} + \varepsilon_i, i = 1, 2, \cdots, n;$$
$$\varepsilon_i \sim N(0, \sigma^2), \quad i = 1, 2, \cdots, n;$$

与一元线性回归类似，根据样本观察值，对参数 b_0，b_1，b_2，$\cdots$，b_p 和 σ^2 进行估计，从而得到回归方程，再对线性相关性进行检验、预测与控制等.

多元线性回归的理论与一元线性回归相似，但表达式与计算都比较复杂，由于篇幅有限，本节只作简单介绍.估计未知参数 b_0，b_1，b_2，$\cdots$，b_p 仍用最小二乘法.记

$$Q(b_0, b_1, b_2, \cdots, b_p) = \sum_{i=1}^{n} [y_i - (b_0 + b_1 x_{1i} + b_2 x_{2i} + \cdots + b_p x_{pi})]^2,$$

求 b_0，b_1，b_2，$\cdots$，b_p 的估计 $\hat{b}_0$，$\hat{b}_1$，$\hat{b}_2$，$\cdots$，$\hat{b}_p$，使得

$$Q(\hat{b}_0, \hat{b}_1, \hat{b}_2, \cdots, \hat{b}_p) = \min Q(b_0, b_1, b_2, \cdots, b_p).$$

由多元函数极值求法得

$$\begin{cases} \sum_{i=1}^{n} [y_i - (b_0 + b_1 x_{1i} + b_2 x_{2i} + \cdots + b_p x_{pi})] = 0, \\ \sum_{i=1}^{n} [y_i - (b_0 + b_1 x_{1i} + b_2 x_{2i} + \cdots + b_p x_{pi})] x_{ji} = 0, j = 1, 2, \cdots, p. \end{cases}$$

经整理可得

$$b_0 = \bar{y} - b_1 \bar{x}_1 - b_2 \bar{x}_2 - \cdots - b_p \bar{x}_p \qquad (9.7)$$

$$\begin{cases} s_{11} b_1 + s_{12} b_2 + \cdots + s_{1p} b_p = s_{1y} \\ \qquad \cdots \\ s_{p1} b_1 + s_{p2} b_2 + \cdots + s_{pp} b_p = s_{py} \end{cases} \qquad (9.8)$$

其中：

$$\bar{y} = \frac{1}{n} \sum_{i=1}^{n} y_i, \bar{x}_j = \frac{1}{n} \sum_{i=1}^{n} x_{ji}, j = 1, 2, \cdots, p;$$

$$s_{jk} = \sum_{i=1}^{n} (x_{ji} - \bar{x}_j)(x_{ki} - \bar{x}_k), j, k = 1, 2, \cdots, p;$$

$$s_{jy} = \sum_{i=1}^{n} (x_{ji} - \bar{x}_j)(y_i - \bar{y}), j = 1, 2, \cdots, p;$$

式(9.7)、(9.8)称为**正规方程**. 在实际问题中,可以认为从正规方程能求出唯一的解 $\hat{b}_0$, $\hat{b}_1$, $\hat{b}_2$, $\cdots$, $\hat{b}_p$,他们分别为未知参数 b_0, b_1, b_2, $\cdots$, b_p 的最小二乘估计. 与一元线性回归一样,最小二乘估计是无偏估计. 记

$$y = \hat{b}_0 + \hat{b}_1 x_1 + \hat{b}_2 x_2 + \cdots + \hat{b}_p x_p$$

称上式为**多元经验线性回归方程**,它可以用于预测和控制. 对多元线性回归的假设检验问题也与一元线性回归类似(略). 进一步更为详细的理论,有兴趣的读者可参阅回归分析专著.

例 9.6 见下表,某一特定的合金铸品,以 x 和 z 表示合金中所含的 A 及 B 两种元素的百分数,现 x 和 z 各选 4 种,共 16 种不同的组合,y 表示各种不同成分的铸品数,根据表中资料求二元线性回归方程.

所含 A	5	5	5	5	10	10	10	10	15	15	15	15	20	20	20	20
所含 B	1	2	3	4	1	2	3	4	1	2	3	4	1	2	3	4
铸品数	28	30	48	74	29	50	57	42	20	24	31	47	9	18	22	31

解　根据表中的数据,得正规方程组

$$\begin{cases} 16b_0 + 200b_1 + 40b_2 = 560, \\ 200b_0 + 3\,000b_1 + 500b_2 = 6\,110, \\ 40b_0 + 500b_1 + 120b_2 = 1\,580, \end{cases}$$

解之得,$b_0 = 34.75$, $b_1 = -1.78$, $b_2 = 9$,于是所求回归方程为

$$y = 34.75 - 1.78x + 9z.$$

习　题　9

1. 随机抽取 11 个城市居民家庭关于收入与食品支出的样本,数据如下表. 试判断食品支出与家庭收入是否存在线性相关关系? 如果存在线性相关关系,求出食品支出与收入之间的经验线性回归方程 ($\alpha = 0.05$).

每月家庭收入 m/元	82	93	105	144	150	160	180	220	270	300	400
每月食品支出 y/元	75	85	92	105	120	120	130	145	156	200	200

2. 有人认为,某企业的利润水平和它的研究费用之间存在着近似的线性关系,下表所列的资料能否证实这种论断 ($\alpha = 0.05$)?

时间/年	1955	1956	1957	1958	1959	1960	1961	1962	1963	1964
研究费用/万元	10	10	8	8	8	12	12	12	11	11
利润/万元	100	150	200	180	250	300	280	310	32	300

3. 设 y_i 与 x_i 符合模型

$$\begin{cases} y_i = a + b(x_i - \overline{x}) + \varepsilon_i, & i = 1, 2, \cdots, n, \\ \varepsilon_i \sim N(0, \sigma^2), \text{且相互独立}, \end{cases}$$

试给出 a, b 和 σ^2 的最小二乘估计.

4. 考察温度对产量的影响,测得 10 组数据如下:

温度 x/℃	20	25	30	35	40	45	50	55	60	65
产量 y/kg	13.2	15.1	16.4	17.1	17.9	18.7	19.6	21.2	22.5	24.3

(1) 求经验回归方程 $\hat{y} = \hat{a} + \hat{b}x$;

(2) 检验回归的显著性($\alpha = 0.05$);

(3) 求 $x = 42$℃ 时产量 y 的预测值及置信度为 0.95 的预测区间.

5. 很多人关心比萨(Pisa)斜塔的倾斜状况,下面是 1975 年至 1986 年比萨斜塔的部分测量记录,其中的倾斜值指测量时塔尖的位置与原始位置的距离. 为了简化数据,表中只给出小数点后面第 2 至第 4 位的值,例如把 2.964 2 m 简化成 642 等.

年份 x	1975	1977	1980	1982	1984	1986
倾斜值 y	642	656	688	689	717	742

(1) 画出数据的散点图;

(2) 建立回归直线;

(3) 请预测一下,如果不对比萨斜塔进行维护,它的倾斜情况是否会逐年恶化?

(4) 对 1976,1978,1979,1981,1983,1985,1987 年的倾斜量进行估计,并和以下的真实测量值进行比较;

年份 x	1976	1978	1979	1981	1983	1985	1987
倾斜值 y	644	667	673	696	713	725	757

(5) 计算残差平方和 Q;

(6) 计算(5)中预测值的置信区间(置信度 $1 - \alpha = 0.95$).

6. 在线性回归模型的假设下,证明

$$\hat{a} \sim N\left(a, \left(\frac{1}{n} + \frac{\overline{x}^2}{S_{xx}}\right)\sigma^2\right), \text{且} \operatorname{cov}(\hat{a}, \hat{b}) = -\frac{\overline{x}^2}{S_{xx}}\sigma^2.$$

7. 根据下列测试数据(见表),求出 y 对 x 的回归曲线,并在显著性水平 $\alpha = 0.01$ 下,检验回归效果的显著性.

x	2.5	5.0	7.5	10.0	12.5	15	17.5	20.0	22.5
y	0.65	1.25	1.70	2.08	2.40	2.54	2.66	2.82	3.00

8. 一家从事市场研究的公司,希望能预测每日出版的报纸在各种不同的居民区内的周末发行量.设两个独立变量,即总零售额和人口密度被选作自变量,由 $n = 25$ 个居民区组成的随机样本所给出的结果列于下表中,求日报周末发行量 y 关于总零售额 x_1 和人口密度 x_2 的线性回归方程.

居民区	日报周末发行量 $y_i/\times 10^4$ 份	总零售额 $x_{i1}/\times 10^5$ 元	人口密度 $x_{i2}/\times 0.001\ km^2$
1	3.0	21.7	47.8
2	3.3	24.1	51.3
3	4.7	37.4	76.8
4	3.9	29.4	66.2
5	3.2	22.6	51.9
6	4.1	32.0	65.3
7	3.6	26.4	57.4
8	4.3	31.6	66.8
9	4.7	35.5	76.4
10	3.5	25.1	53.0
11	4.0	30.8	66.9
12	3.5	25.8	55.9
13	4.0	30.3	66.5
14	3.0	22.2	45.3
15	4.5	35.7	73.6
16	4.1	30.9	65.1
17	4.8	35.5	75.2
18	3.4	24.2	54.6
19	4.3	33.4	68.7
20	4.0	30.0	64.8

(续表)

居民区	日报周末发行量 $y_i/\times 10^4$ 份	总零售额 $x_{i1}/\times 10^5$ 元	人口密度 $x_{i2}/\times 0.001\ \mathrm{km}^2$
21	4.6	35.1	74.7
22	3.9	29.4	62.7
23	4.3	32.5	67.6
24	3.1	24.0	51.3
25	4.4	33.9	70.8

方 差 分 析

第 *10* 章

在科学试验和生产实践中,影响试验和生产的因素往往很多.我们通常先需要分析哪些因素对其结果有显著影响,哪些没有显著影响.

例如,对不同型号的机器、不同的原材料、不同的技术人员以及不同的操作方法等,每一因素的改变都有可能影响产品的数量和质量.当然有的因素影响大、有的因素影响小;有的因素可以控制、有的不能控制.为了使生产过程得以稳定,保证产品的产量和性能,就有必要找出对产品的产量和性能有显著影响的主要因素.为此首先安排进行试验,然后利用试验结果的信息,对我们所关心的事情做出判断.**方差分析**就是这样一种常用而有效的推断方法.此方法是英国统计学家费歇于 20 世纪 20 年代研究农业田间试验时提出的,后来这个方法广泛应用于许多领域.

在试验中,我们所要考察的指标称为**试验指标**,如前面所提到的产品的产量、性能等.影响试验指标的条件称为**因素**,这里的因素主要是指可以人为控制的条件,如机器、原材料、技术人员等.因素所处的状态称为**因素水平**.一个因素可采取多个水平,不同的因素、不同的水平可以看成不同的总体.通过观察可得到试验指标的数据,这些数据可看成是不同的总体中得到的样本数值,试验中只有一个因素在改变的试验称为**单因素试验**,多于一个因素在改变的试验称为**多因素试验**.

10.1 单因素方差分析

10.1.1 数学模型

试验指标记为 X,对其有影响的因素记为 A,设 A 有 s 个水平 A_1,A_2,$\cdots A_s$.在水平 $A_i(i=1,2,\cdots,s)$ 下进行 $n_i(\geqslant 2)$ 次独立试验,试验的结果可列成表 10.1 形式

表 10.1 试验结果列表

水　平	A_1	A_2	$\cdots$	A_s
观察值	X_{11}	X_{12}	$\cdots$	X_{1s}
	X_{21}	X_{22}	$\cdots$	X_{2s}
	$\vdots$	$\vdots$	$\vdots$	$\vdots$
	$X_{n_1 1}$	$X_{n_2 2}$	$\cdots$	$X_{n_s s}$

（续表）

水 平	A_1	A_2	$\cdots$	A_s
样本总和	T_1	T_2	$\cdots$	T_s
样本均值	$\overline{X}_{\cdot 1}$	$\overline{X}_{\cdot 2}$	$\cdots$	$\overline{X}_{\cdot s}$
总体均值	μ_1	μ_2	$\cdots$	μ_s

我们假定在水平 $A_j(j=1,2,\cdots,s)$ 下的试验结果为 X_{1j}，X_{2j}，$\cdots$，$X_{n_j j}$，视为来自正态总体 $N(\mu_j,\sigma^2)$ 的一个简单随机样本，μ_j,σ^2 未知，且不同水平下的结果相互独立.

记 $\varepsilon_{ij}=X_{ij}-\mu_j$ 则 $\varepsilon_{ij}\sim N(0,\sigma^2)$ 表示随机误差，这样上述单因素模型可表示为

$$\begin{cases} X_{ij}=\mu_j+\varepsilon_{ij},\ i=1,2,\cdots,n_j.\ j=1,2,\cdots,s, \\ \varepsilon_{ij}\sim N(0,\sigma^2),且\ \varepsilon_{ij}\ 相互独立. \end{cases} \tag{10.1}$$

方差分析的主要任务化为下述两个问题：

（1）检验在各水平下的均值是否相等，即检验假设：

$$\mathrm{H}_0:\mu_1=\mu_2=\cdots=\mu_s,\ \mathrm{H}_1:\mu_1,\mu_2,\cdots,\mu_s\ 不全相同; \tag{10.2}$$

（2）作出未知参数 $\mu_1,\mu_2,\cdots,\mu_s,\sigma^2$ 的估计. 为方便，记

$$n=\sum_{j=1}^{s}n_j,\ \mu=\frac{1}{n}\sum_{j=1}^{s}n_j\mu_j,$$

并称 μ 为**总平均**. 又记 $\alpha_j=\mu_j-\mu$，$j=1,2,\cdots,s$ 称为**第 j 水平对试验指标 X 的效应**，且 $\sum_{j=1}^{s}n_j\alpha_j=0$，这样模型式（10.1）可表示为

$$\begin{cases} X_{ij}=\mu+\alpha_j+\varepsilon_{ij},\quad i=1,2,\cdots,n_j.\ j=1,2,\cdots,s, \\ \varepsilon_{ij}\sim N(0,\sigma^2),\quad \varepsilon_{ij}\ 相互独立. \end{cases} \tag{10.3}$$

假设式（10.2）等价于假设

$$\mathrm{H}_0:\alpha_1=\alpha_2=\cdots=\alpha_s=0,\ \mathrm{H}_1:\alpha_1,\alpha_2,\cdots,\alpha_s\ 不全为零. \tag{10.4}$$

为导出检验统计量，引入以下记号，记

$$\overline{X}=\frac{1}{n}\sum_{j=1}^{s}\sum_{i=1}^{n_j}X_{ij}$$

为**样本总平均**，

$$\overline{X}_{\cdot j}=\frac{1}{n_j}\sum_{i=1}^{n_j}X_{ij}$$

为 A_j 水平下的样本平均值.

10.1.2　平方和分解与检验法

称

$$S_T = \sum_{j=1}^{s} \sum_{i=1}^{n_j} (X_{ij} - \overline{X})^2$$

为**总平方和**,它反映出全部数据离散程度的一个指标,也称为**总离差平方和**,或**总变差**. S_T 可分解为

$$S_T = \sum_{j=1}^{s} \sum_{i=1}^{n_j} [(X_{ij} - \overline{X}_{.j}) + (\overline{X}_{.j} - \overline{X})]^2$$

$$= \sum_{j=1}^{s} \sum_{i=1}^{n_j} (X_{ij} - \overline{X}_{.j})^2 + \sum_{j=1}^{s} \sum_{i=1}^{n_j} (\overline{X}_{.j} - \overline{X})^2 + 2 \sum_{j=1}^{s} \sum_{i=1}^{n_j} (X_{ij} - \overline{X}_{.j})(\overline{X}_{.j} - \overline{X}),$$

上式中的交叉项

$$\sum_{j=1}^{s} \sum_{i=1}^{n_j} (X_{ij} - \overline{X}_{.j})(\overline{X}_{.j} - \overline{X}) = \sum_{j=1}^{s} (\overline{X}_{.j} - \overline{X}) \sum_{i=1}^{n_j} (X_{ij} - \overline{X}_{.j})$$

$$= \sum_{j=1}^{s} (\overline{X}_{.j} - \overline{X}) \left[\sum_{i=1}^{n_j} X_{ij} - \sum_{i=1}^{n_j} \left(\frac{1}{n_j} \sum_{i=1}^{n_j} X_{ij} \right) \right] = 0.$$

若记

$$S_E = \sum_{j=1}^{s} \sum_{i=1}^{n_j} (X_{ij} - \overline{X}_{.j})^2,$$

$$S_A = \sum_{j=1}^{s} \sum_{i=1}^{n_j} (\overline{X}_{.j} - \overline{X})^2 = \sum_{j=1}^{s} n_j (\overline{X}_{.j} - \overline{X})^2 = \sum_{j=1}^{s} n_j \overline{X}_{.j}^2 - n \overline{X}^2,$$

则 $S_T = S_E + S_A$,称为一个平方和分解公式.利用式(10.3),得到

$$\overline{X}_{.j} = \frac{1}{n_j} \sum_{i=1}^{n_j} X_{ij} = \frac{1}{n_j} \sum_{i=1}^{n_j} (\mu + \alpha_j + \varepsilon_{ij}) = \mu + \alpha_j + \frac{1}{n_j} \sum_{i=1}^{n_j} \varepsilon_{ij} = \mu + \alpha_j + \overline{\varepsilon}_{.j}$$

代入 S_E 中,有

$$S_E = \sum_{j=1}^{s} \sum_{i=1}^{n_j} (X_{ij} - \overline{X}_{.j})^2 = \sum_{j=1}^{s} \sum_{i=1}^{n_j} (\varepsilon_{ij} - \overline{\varepsilon}_{.j})^2,$$

反映随机误差对总体指标的影响,故 S_E 称为**误差平方和**.利用式(10.1),得

$$\overline{X} = \frac{1}{n} \sum_{j=1}^{s} \sum_{i=1}^{n_j} (\mu_j + \varepsilon_{ij}) = \frac{1}{n} \sum_{j=1}^{s} n_j \mu_j + \frac{1}{n} \sum_{j=1}^{s} \sum_{i=1}^{n_j} \varepsilon_{ij} = \mu + \bar{\varepsilon},$$

与 $\overline{X}._j = \mu + \alpha_j + \bar{\varepsilon}._j$ 代入 S_A 中,有

$$S_A = \sum_{j=1}^{s} \sum_{i=1}^{n_j} (\overline{X}._j - \overline{X})^2 = \sum_{j=1}^{s} n_j (\overline{X}._j - \overline{X})^2 = \sum_{j=1}^{s} n_j (\alpha_j + \bar{\varepsilon}._j - \bar{\varepsilon})^2$$

在假设 H_0 真时,S_A 反映了误差的波动;在假设 H_0 假时,反映了因数 A 的不同水平效应 A_j 对总体指标的影响程度,当然也包含随机误差,因此 S_A 称为因素 A 的**效应平方和**.

为得出检验统计量,我们先讨论效应平方和 S_A 及误差平方和 S_E 的统计特性. 易知

$$E(S_E) = E\left[\sum_{j=1}^{s} \sum_{i=1}^{n_j} (\varepsilon_{ij} - \bar{\varepsilon}._j)^2 \right] = \sum_{j=1}^{s} E\left(\sum_{i=1}^{n_j} \varepsilon_{ij}^2 - n_j \bar{\varepsilon}._j^2 \right)$$

$$= \sum_{j=1}^{s} \left[\sum_{i=1}^{n_j} E(\varepsilon_{ij}^2) - n_j E(\bar{\varepsilon}._j^2) \right]$$

$$= \sum_{j=1}^{s} \left[n_j \sigma^2 - n_j \frac{\sigma^2}{n_j} \right] = \sum_{j=1}^{s} (n_j - 1)\sigma^2 = (n-s)\sigma^2,$$

从上式中可知 $S_E/(n-s)$ 是 σ^2 的无偏估计,即

$$E\left(\frac{S_E}{n-s} \right) = \sigma^2.$$

同时,有

$$E(S_A) = E\left[\sum_{j=1}^{s} n_j (\alpha_j + \bar{\varepsilon}._j - \bar{\varepsilon})^2 \right]$$

$$= E\left[\sum_{j=1}^{s} n_j \alpha_j^2 + 2 \sum_{j=1}^{s} n_j \alpha_j (\bar{\varepsilon}._j - \bar{\varepsilon}) + \sum_{j=1}^{s} n_j (\bar{\varepsilon}._j - \bar{\varepsilon})^2 \right]$$

$$= \sum_{j=1}^{s} n_j \alpha_j^2 + E\left(\sum_{j=1}^{s} n_j \bar{\varepsilon}._j^2 - n \bar{\varepsilon}^2 \right) = \sum_{j=1}^{s} n_j \alpha_j^2 + \sum_{j=1}^{s} n_j E(\bar{\varepsilon}._j^2) - nE(\bar{\varepsilon}^2)$$

$$= \sum_{j=1}^{s} n_j \alpha_j^2 + \sum_{j=1}^{s} n_j \frac{\sigma^2}{n_j} - n \frac{\sigma^2}{n} = \sum_{j=1}^{s} n_j \alpha_j^2 + \sum_{j=1}^{s} n_j \frac{\sigma^2}{n_j} - n \frac{\sigma^2}{n}$$

$$= \sum_{j=1}^{s} n_j \alpha_j^2 + (s-1)\sigma^2.$$

(注:在上式的推导过程中用到 $\sum_{j=1}^{s} n_j \alpha_j = 0$.)

当且仅当式(10.4)的 H_0 成立时,上式中的等号成立. 从而知在 H_0 成立时,

$$E\left(\frac{S_A}{s-1}\right) = \sigma^2,$$

否则 $E\left(\frac{S_A}{s-1}\right) > \sigma^2$. 这也说明比值

$$F = \frac{S_A}{s-1} \bigg/ \frac{S_E}{n-s}.$$

在假设 H_0 不成立时, 有偏大的倾向. 下面来讨论 F 的分布.

当假设 H_0 成立时, $\mu_1 = \mu_2 = \cdots = \mu_s = \mu$,

$$\sum_{j=1}^{s} \sum_{i=1}^{n_j} (X_{ij} - \mu)^2 = S_T + n(\overline{X} - \mu)^2 = S_E + S_A + n(\overline{X} - \mu)^2.$$

对于 S_E 由 s 个线性关系 $\sum_{i=1}^{n_j} (X_{ij} - \overline{X}_{.j})^2$, $j = 1, 2, \cdots, s$. 所以 S_E 的秩为 $n-s$.

而 S_A 是 s 个变量 $\sqrt{n_j}(\overline{X}_{.j} - \overline{X})$, $j = 1, 2, \cdots, s$ 的平方和, 它们之间只有一个约束条件 $\sum_{j=1}^{s} \sqrt{n_j}\left[\sqrt{n_j}(\overline{X}_{.j} - \overline{X})\right] = 0$, 所以 S_A 的秩为 $s-1$; $n(\overline{X} - \mu)^2$ 的秩为 1.

显然 S_E, S_A 和 $n(\overline{X} - \mu)^2$ 都是非负定二次型, 并且满足 $(n-s) + (s-1) + 1 = n$, Cochran(柯赫伦)定理(证明见后)知, S_E 与 S_A 相互独立, 且

$$\frac{S_A}{\sigma^2} \sim \chi^2(s-1), \quad \frac{S_E}{\sigma^2} \sim \chi^2(n-s).$$

根据上述分析知, 在 H_0 的假设下, $\frac{S_A}{s-1}$ 与 $\frac{S_E}{n-s}$ 均为 σ^2 的无偏估计, 故两者的比值应较为接近 1, 当然在 H_0 不成立时, $\frac{S_A}{s-1}$ 与 $\frac{S_E}{n-s}$ 的比值较大. 因此取 $F = \frac{S_A/(s-1)}{S_E/(n-s)}$, 则在 H_0 不成立时, F 的取值有偏大的趋势, 所以显著水平为 α 时, H_0 的拒绝域为:

$$W = [F_\alpha(s-1, n-s), +\infty).$$

通常将上面的结果列成表 10.2, 称为方差分析表:

表 10.2　方差分析表

方差来源	平方和	自由度	均　方	F 值
因素 A	S_A	$s-1$	$\overline{S}_A = \dfrac{S_A}{s-1}$	$F = \dfrac{\overline{S}_A}{\overline{S}_E}$
误差	S_E	$n-s$	$\overline{S}_E = \dfrac{S_E}{n-s}$	
总和	S_T	$n-1$		

在实际计算时,常按下述公式计算:

$$S_T = \sum_{j=1}^{s} \sum_{i=1}^{n_j} X_{ij}^2 - n\overline{X}^2 = \sum_{j=1}^{s} \sum_{i=1}^{n_j} X_{ij}^2 - \frac{T_{..}^2}{n},$$

$$S_A = \sum_{j=1}^{s} n_j \overline{X}_{.j}^2 - n\overline{X}^2 = \sum_{j=1}^{s} \frac{T_{.j}^2}{n_j} - \frac{T_{..}^2}{n},$$

$$S_E = S_T - S_A,$$

其中: $T_{.j} = \sum_{i=1}^{n_j} X_{ij}$, $\quad j = 1, 2, \cdots, s$, $T_{..} = \sum_{j=1}^{s} \sum_{i=1}^{n_j} X_{ij}$.

Cochran(柯赫伦)定理　设 X_1, X_2, $\cdots$, X_n 为 n 个相互独立同分布的随机变量,且同服从于 $N(0, 1)$. 又设

$$Q_1 + Q_2 + \cdots + Q_k = \sum_{i=1}^{n} X_i^2,$$

其中: $Q_i (i = 1, 2, \cdots, k)$ 是秩为 n_i 的 X_1, X_2, $\cdots$, X_n 的非负二次型. 则 Q_1, Q_2, $\cdots$, Q_k 相互独立,且分别服从自由度为 n_i 的 χ^2 分布的充要条件为

$$n_1 + n_2 + \cdots + n_k = n.$$

证　必要性,若 Q_1, Q_2, $\cdots$, Q_k 相互独立,且 $Q_i \sim \chi^2(n_i)$, $i=1, 2, \cdots, k$,则由 χ^2 分布的可加性知

$$Q = \sum_{i=1}^{n} Q_i \sim \chi^2\left(\sum_{i=1}^{n} n_i\right),$$

又 $Q \sim \chi^2(n)$,所以立即可知

$$n_1 + n_2 + \cdots + n_k = n.$$

充分性,由于 $n_1 + n_2 + \cdots + n_k = n$,且 Q_i 是秩为 n_i,由线性代数的知识知,存在线性变换

$$Y_j = \sum_{l=1}^{n} p_{jl} X_l, \quad j = n_1 + n_2 + \cdots + n_{i-1} + 1, \cdots, n_1 + n_2 + \cdots + n_{i-1} + n_i,$$

使得

$$Q_i = \sum_{j = n_1 + n_2 + \cdots + n_{i-1} + 1}^{n_1 + n_2 + \cdots + n_{i-1} + n_i} Y_j^2,$$

记

$$\boldsymbol{X} \sim \begin{pmatrix} X_1 \\ \vdots \\ X_n \end{pmatrix}, \quad Y \sim \begin{pmatrix} Y_1 \\ \vdots \\ Y_n \end{pmatrix}, \quad \boldsymbol{P} = \begin{pmatrix} p_{11} & \cdots & p_{1n} \\ \vdots & & \vdots \\ p_{n1} & \cdots & p_{nn} \end{pmatrix},$$

则有

$$\boldsymbol{X} = \boldsymbol{PY}.$$

由于

$$\sum_{i=1}^{n} X_i^2 = Q_1 + Q_2 + \cdots + Q_k = \sum_{i=1}^{n} Y_i^2,$$

即

$$\boldsymbol{X}^{\mathrm{T}} \boldsymbol{X} = \boldsymbol{Y}^{\mathrm{T}} \boldsymbol{Y} = \boldsymbol{X}^{\mathrm{T}} \boldsymbol{P}^{\mathrm{T}} \boldsymbol{P} \boldsymbol{X},$$

由此得

$$\boldsymbol{P}^{\mathrm{T}} \boldsymbol{P} = E.$$

上式 $\boldsymbol{P}$ 是一个正定矩阵,所以 $Y_1, Y_2, \cdots, Y_n$ 相互独立,同服从标准正态分布 $N(0, 1)$,所以 $Q_i(i = 1, 2, \cdots, k)$ 相互独立,且 $Q_i \sim \chi^2(n_i)$.

例 10.1 灯泡厂用 4 种不同的材料制成灯丝,检验灯丝材料这一因素对灯泡寿命的影响. 如果检验水平 $\alpha = 0.05$,并且灯泡的寿命服从正态分布,试根据表 10.3 的试验数据,判断灯泡寿命是否因灯丝材料不同而有显著差异(假定不同材料的灯丝制成的灯泡寿命的方差相同)?

表 10.3　试验数据　　　　　　　　　　　　　　　　　　　　单位:小时

实验号	1	2	3	4	5	6	7	8
A_1	1 600	1 610	1 650	1 680	1 700	1 720	1 800	
A_2	1 580	1 640	1 640	1 700	1 750			
A_3	1 460	1 550	1 600	1 620	1 640	1 660	1 740	1 820
A_4	1 510	1 520	1 530	1 570	1 600	1 680		

其中：A_1，A_2，A_3，A_4 为灯丝材料水平.

解 (1) 把表 10.3 中的每个数据减去 1 640，再除以 10(仍记为 x_{ij})，列出表 10.4.

表 10.4 变换数据

				$x_{ij}(x_{ij}^2)$				
A_1	$-4(16)$	$-3(9)$	$1(1)$	$4(16)$	$6(36)$	$8(64)$	$26(256)$	
A_2	$-6(36)$	$0(0)$	$0(0)$	$6(36)$	$11(121)$			
A_3	$-18(324)$	$-9(81)$	$-4(16)$	$-2(4)$	$0(0)$	$2(4)$	$10(100)$	$18(324)$
A_4	$-13(169)$	$-12(144)$	$-11(121)$	$-7(49)$	$-4(16)$	$4(16)$		

(注：为简化方差的计算和减少误差，常将观察值加上或减去一个常数(这个常数接近于总平均数)，有时还要再乘以一个常数，使得变换后的数据比较简单，便于计算. 这样做，原则上不会影响方差的分析结果，但对计算却很方便. 表 10.4 中的数据计算就是采用了这种方法，变换后的数据仍记为 x_{ij}，相应的平方和仍分别记为 S_A，S_T 和 S_E)

(2) 由表 10.4 中的数据得

$$\sum_{i=1}^{4}\sum_{j=1}^{n_i} x_{ij}^2 = 1\,959, \quad T_{..} = -7, \quad T_{..}^2 = 49, \quad n = 26, \quad \sum_{i=1}^{4}\frac{T_{.j}^2}{n_j} = 445.492,$$

$$S_T = \sum_{i=1}^{4}\sum_{j=1}^{n_i} x_{ij}^2 - \frac{T_{..}^2}{n} \approx 1\,957.115, \quad S_A = \sum_{i=1}^{4}\frac{T_{.j}^2}{n_j} - \frac{T_{..}^2}{n} \approx 443.607,$$

$$S_E = S_T - S_A = 1\,513.508.$$

(3) 列出方差分析表(见表 10.5).

表 10.5 方差分析表

方差来源	平方和	自由度	F 值	F 临界值
因素 A	$S_A = 443.607$	3		
误差	$S_E = 1\,513.508$	22	$\dfrac{\overline{S_A}}{\overline{S_E}} = \dfrac{S_A/3}{S_E/22} \approx 2.15$	$F_{0.05}(3,\ 22) = 3.05$
总和	$S_T = 1\,957.115$	25		

(4) 由于

$$F = 2.15 \notin W = [3.05, +\infty),$$

因此可以认为灯泡的使用寿命不会因灯丝的材料不同而有显著差异.

10.2 双因素方差分析简介

上一节我们讨论了单因素方差分析,但在实际问题中,常常遇到多因素的情形.多因素方差分析问题较复杂,而处理问题的基本思想、基本方法与单因素方差分析相似.本节我们简单介绍双因素方差分析.

10.2.1 数学模型

在双因素方差分析中,由于有两个因素还产生了一个新问题:因素 A 和因素 B 诸水平对指标量的综合影响,是否等于这两个因素诸水平单独对指标影响的叠加?在一般情况下,不能轻易认为会如此.这就产生了所谓的交互作用.因此数学模型可作如下假设:

设某指标受两个因素 A 与 B 的影响.因素 A 有 p 个水平 A_1, A_2, $\cdots$, A_p;B 有 q 个水平 B_1, B_2, $\cdots$, B_q. 对两个因素的每个水平组合 (A_i, B_j),$i = 1, 2, \cdots,$ $p, j = 1, 2, \cdots, q$,都重复进行 r 次试验,其观察值记为 X_{ijk},$i = 1, 2, \cdots, p, j = 1, 2, \cdots, q, k = 1, 2, \cdots, r$.

假设:

(1) $X_{ijk}(i = 1, 2, \cdots, p, j = 1, 2, \cdots, q, k = 1, 2, \cdots, r)$ 是相互独立的分别服从正态分布 $N(\mu_{ij}, \sigma^2)$ 的随机变量,其中 μ_{ij}, σ^2 都未知;

(2) $\mu_{ij} = \mu + \alpha_i + \beta_j + \gamma_{ij}$,$i = 1, 2, \cdots, p, j = 1, 2, \cdots, q$,且 $\sum_{i=1}^{p} \alpha_i = 0$,

$\sum_{j=1}^{q} \beta_j = 0$,$\sum_{i=1}^{p} \gamma_{ij} = 0$,$j = 1, 2, \cdots, q$,$\sum_{j=1}^{q} \gamma_{ij} = 0$,$i = 1, 2, \cdots, p$.

其中:α_i, β_j 分别表示因素 A 和因素 B 的各水平对指标的影响;γ_{ij} 表示因素 A,B 每一水平的组合对指标的影响.

因此要判断 A,B 以及交互作用的影响是否显著,就等价于检验下述三个假设:

$$H_{01} : \alpha_1 = \alpha_2 = \cdots = \alpha_p = 0,$$
$$H_{02} : \beta_1 = \beta_2 = \cdots = \beta_q = 0,$$
$$H_{03} : \gamma_{ij} = 0, i = 1, 2, \cdots, p, j = 1, 2, \cdots, q.$$

10.2.2 平方和分解与检验法

为检验假设 H_{01},H_{02},H_{03},仿单因素方差分析的做法,可见总离差平方和 S_T 分解如下:

$$S_T = \sum_{i=1}^{p} \sum_{j=1}^{q} \sum_{k=1}^{r} (X_{ijk} - \overline{X}...)^2 = S_A + S_B + S_{A \times B} + S_E,$$

其中：

$$S_A = \sum_{i=1}^{p} \sum_{j=1}^{q} \sum_{k=1}^{r} (\overline{X}_{i..} - \overline{X}...)^2 = qr \sum_{i=1}^{p} (\overline{X}_{i..} - \overline{X}...)^2,$$

$$S_B = \sum_{i=1}^{p} \sum_{j=1}^{q} \sum_{k=1}^{r} (\overline{X}_{.j.} - \overline{X}...)^2 = pr \sum_{j=1}^{q} (\overline{X}_{.j.} - \overline{X}...)^2,$$

$$S_{A \times B} = \sum_{i=1}^{p} \sum_{j=1}^{q} \sum_{k=1}^{r} (\overline{X}_{ij.} - \overline{X}_{i..} - \overline{X}_{.j.} + \overline{X}...)^2,$$

$$S_E = \sum_{i=1}^{p} \sum_{j=1}^{q} \sum_{k=1}^{r} (X_{ijk} - \overline{X}_{ij.})^2,$$

$$\overline{X}... = \frac{1}{pqr} \sum_{i=1}^{p} \sum_{j=1}^{q} \sum_{k=1}^{r} X_{ijk},$$

$$\overline{X}_{ij.} = \frac{1}{r} \sum_{k=1}^{r} X_{ijk}, \ i = 1, 2, \cdots, p, \ j = 1, 2, \cdots, q,$$

$$\overline{X}_{i..} = \frac{1}{q} \sum_{j=1}^{q} \overline{X}_{ij.}, \ i = 1, 2, \cdots, p,$$

$$\overline{X}_{.j.} = \frac{1}{p} \sum_{i=1}^{p} \overline{X}_{ij.}, \ j = 1, 2, \cdots, q.$$

类似地，可计算出

$$E(S_A) = (p-1)\sigma^2 + qr \sum_{i=1}^{p} \alpha_i^2,$$

$$E(S_B) = (q-1)\sigma^2 + pr \sum_{j=1}^{q} \beta_i^2,$$

$$E(S_{A \times B}) = (p-1)(q-1)\sigma^2 + r \sum_{i=1}^{p} \sum_{j=1}^{q} \gamma_{ij}^2,$$

$$E(S_E) = pq(r-1)\sigma^2,$$

令

$$\overline{S}_A = \frac{S_A}{p-1}, \ \overline{S}_B = \frac{S_B}{q-1}, \ \overline{S}_{A \times B} = \frac{S_{A \times B}}{(p-1)(q-1)}, \ \overline{S}_E = \frac{S_E}{pq(r-1)},$$

$$E(\overline{S}_A) = \sigma^2 + \frac{qr}{p-1} \sum_{i=1}^{p} \alpha_i^2,$$

$$E(\overline{S}_B) = \sigma^2 + \frac{pr}{q-1} \sum_{j=1}^{q} \beta_i^2,$$

$$E(\overline{S}_{A \times B}) = \sigma^2 + \frac{r}{(p-1)(q-1)} \sum_{i=1}^{p} \sum_{j=1}^{q} \gamma_{ij}^2,$$

$$E(\overline{S}_E) = \sigma^2,$$

构造统计量

$$F_A = \frac{\overline{S}_A}{\overline{S}_E}, \ F_B = \frac{\overline{S}_B}{\overline{S}_E}, \ F_{A \times B} = \frac{\overline{S}_{A \times B}}{\overline{S}_E}.$$

当假设 H_{01}，H_{02}，H_{03} 分别不成立时，F_A，F_B，$F_{A \times B}$ 分别有偏大的趋势. 因此有以下结论：

当 H_{01} 成立时，$F_A \sim F(p-1, \ pq(r-1))$，对于检验水平 α，H_{01} 的拒绝域为

$$W_1 = [F_\alpha(p-1, \ pq(r-1)), \ +\infty);$$

当 $H_{02}: \beta_1 = \beta_2 = \cdots = \beta_q = 0$ 成立时，$F_B \sim F(q-1, \ pq(r-1))$，对于检验水平 α，H_{02} 的拒绝域为

$$W_2 = [F_\alpha(q-1, \ pq(r-1)), \ +\infty);$$

当 $H_{03}: \gamma_{ij} = 0, \ i = 1, 2, \cdots, p; \ j = 1, 2, \cdots, q$ 成立时，$F_{A \times B} \sim F((p-1)(q-1), \ pq(r-1))$，对于检验水平 α，H_{03} 的拒绝域为

$$W_3 = [F_\alpha((p-1)(q-1), \ pq(r-1)), \ +\infty).$$

总结上述讨论，可用双因素方差分析表 10.6 描述.

表 10.6 双因素方差分析

方差来源	平方和	自由度	均方	F 值	F_α
因素 A	S_A	$p-1$	$\overline{S}_A$	$F = \overline{S}_A / \overline{S}_E$	$F_\alpha(p-1, \ pq(r-1))$
因素 B	S_B	$q-1$	$\overline{S}_B$	$F = \overline{S}_B / \overline{S}_E$	$F_\alpha(q-1, \ pq(r-1))$
交互作用 $A \times B$	$S_{A \times B}$	$(p-1)(q-1)$	$\overline{S}_{A \times B}$	$F = \overline{S}_{A \times B} / \overline{S}_E$	$F_\alpha((p-1)(q-1), \ pq(r-1))$
误差	S_E	$pq(r-1)$			
总和	S_T	$pqr-1$			

例 10.2 一火箭使用了 4 种燃料（因素 A），3 种推进器（因素 B），对燃料与推进器的每一种水平组合各发射火箭两次，使之成为等重复试验，得射程数据如表 10.7 所示，试在显著性水平 $\alpha = 0.05$ 下，检验燃料和推进器两种因素对射程的影响是否显著？因素 A 和 B 的交互作用对射程的影响是否显著？

表 10.7 火箭射程(等重复试验)数据表

推进器 B 燃料 A	B_1		B_2		B_3	
A_1	58.2	52.6	56.2	41.2	65.3	60.8
A_2	49.1	42.8	54.1	50.5	51.6	48.4
A_3	60.1	58.3	70.9	73.2	39.2	40.7
A_4	75.8	71.5	58.2	51.0	48.7	41.4

解 查表得

$$F_{0.05}(3, 12) = 3.49, \quad F_{0.05}(2, 12) = 3.89, \quad F_{0.05}(6, 12) = 3.00.$$

经计算得方差分析表 10.8.

表 10.8 火箭射程方差分析表

方差来源	平方和	自由度	均方	F 值	F_α
因素 A	261.68	3	87.22	4.42	3.49
因素 B	370.98	2	185.49	9.39	3.89
交互作用 $A \times B$	1 768.69	6	294.78	14.9	3.00
误差	236.95	12	19.75		
总和	2 638.3				

故认为燃料和推进器对火箭的射程均有显著影响,而且两种因素的不同搭配对火箭射程的影响十分显著.

习 题 10

1. 抽查某地区三所小学五年级男生的身高,得数据如下表:

小 学	身高/cm					
第一小学	128.1	134.1	133.1	138.9	140.8	127.4
第二小学	150.3	147.9	136.8	126.0	150.7	155.8
第三小学	140.6	143.1	144.5	143.7	148.5	146.4

设男生身高服从具有相同方差的正态分布.

(1) 试问该地区这三所小学五年级男生的平均身高有无显著差别?($\alpha = 0.05$)

(2) 试给出总体均值、每所学校男生身高的效应以及方差 σ^2 的估计.

2. 下表列出 5 种常用的抗生素注入牛的体内时,抗生素与血浆蛋白质结合的百分比,试在水平 $\alpha = 0.05$ 下,检验这些百分比的均值有无显著的差异. 设各总体服从正态分布,且方差相同.

青霉素	四环素	链霉素	红霉素	氯霉素
29.6	27.3	5.8	21.6	29.2
24.3	32.6	6.2	17.4	32.8
28.5	30.8	6.2	18.3	25.0
32.0	34.8	8.3	19.0	24.2

3. 一个年级有三个小班,他们进行了一次数学考试,先从各个班级随机的抽取了一些学生,记录其成绩如下表,试在显著性水平 $\alpha = 0.05$ 下,检验各班级的平均分数有无显著差异. 设各班级分数的总体服从正态分布,且方差相等.

I		II		III	
73	66	88	77	68	41
89	60	78	31	79	59
82	45	48	78	56	68
43	93	91	62	91	53
80	36	51	76	71	79
73	77	85	96	71	15
		74	80	87	
		56			

4. 下面给出某化工产品在 3 种浓度、4 种温度水平下得到的质量指标:

温度/℃ 浓度/%	10		24		38		52	
2	14	10	11	11	13	9	10	12
4	9	7	10	8	9	11	6	10
6	5	11	13	14	12	13	14	10

假设不同的浓度、不同的温度搭配下质量指标总体服从正态分布,且方差相等. 试在水平 $\alpha = 0.05$ 下检验:浓度的差异对质量指标有无显著影响;温度的差异对质量指标有无显著影响;交互作用对质量指标有无显著影响.

5. 下表记录了 3 位操作工分别在不同机器上操作 3 天的日产量. 取显著性水平 $\alpha = 0.05$,试分析操作工之间、机器之间以及交互作用之间有无显著差异?

机器 \ 操作工	甲			乙			丙		
A_1	15	15	17	19	19	16	16	18	21
A_2	17	17	17	15	15	15	19	22	22
A_3	15	17	16	18	17	16	18	18	18
A_4	18	20	22	15	16	17	17	17	17

附

录

表 1　Poisson 分布表

$$1-F(x-1)=\sum_{r=x}^{r=\infty}\frac{e^{-\lambda}\lambda^r}{r!}$$

x	$\lambda=0.2$	$\lambda=0.3$	$\lambda=0.4$	$\lambda=0.5$	$\lambda=0.6$
0	1.000 000 0	1.000 000 0	1.000 000 0	1.000 000 0	1.000 000 0
1	0.181 269 2	0.259 181 8	0.329 680 0	0.323 469	0.451 188
2	0.017 523 1	0.036 936 3	0.061 551 9	0.090 204	0.121 901
3	0.001 148 5	0.003 599 5	0.007 926 3	0.014 388	0.023 115
4	0.000 056 8	0.000 265 8	0.000 776 3	0.001 752	0.003 358
5	0.000 002 3	0.000 015 8	0.000 061 2	0.000 172	0.000 394
6	0.000 000 1	0.000 000 8	0.000 004 0	0.000 014	0.000 039
7			0.000 000 2	0.000 001	0.000 003

x	$\lambda=0.7$	$\lambda=0.8$	$\lambda=0.9$	$\lambda=1.0$	$\lambda=1.2$
0	1.000 000 0	1.000 000 0	1.000 000 0	1.000 000 0	1.000 000 0
1	0.503 415	0.550 671	0.593 430	0.632 121	0.698 806
2	0.155 805	0.191 208	0.227 518	0.264 241	0.337 373
3	0.034 142	0.047 423	0.062 857	0.080 301	0.120 513
4	0.005 753	0.009 080	0.013 459	0.018 988	0.033 769
5	0.000 786	0.001 411	0.002 344	0.003 660	0.007 746
6	0.000 090	0.000 184	0.000 343	0.000 594	0.001 500
7	0.000 009	0.000 021	0.000 043	0.000 083	0.000 251
8	0.000 001	0.000 002	0.000 005	0.000 010	0.000 037
9				0.000 001	0.000 005
10					0.000 001

（续表）

x	$\lambda=1.4$	$\lambda=1.6$	$\lambda=1.8$
0	1.000 000	1.000 000	1.000 000
1	0.753 403	0.798 103	0.834 701
2	0.408 167	0.475 069	0.537 163
3	0.166 502	0.216 642	0.269 379
4	0.053 725	0.078 813	0.108 708
5	0.014 253	0.023 682	0.036 407
6	0.003 201	0.006 040	0.010 378
7	0.000 622	0.001 336	0.002 569
8	0.000 107	0.000 260	0.000 562
9	0.000 016	0.000 045	0.000 110
10	0.000 002	0.000 007	0.000 019
11		0.000 001	0.000 003

x	$\lambda=2.5$	$\lambda=3.0$	$\lambda=3.5$	$\lambda=4.0$	$\lambda=4.5$	$\lambda=5.0$
0	1.000 000	1.000 000	1.000 000	1.000 000	1.000 000	1.000 000
1	0.917 915	0.950 213	0.969 803	0.981 684	0.988 891	0.993 262
2	0.712 703	0.800 852	0.864 112	0.908 422	0.938 901	0.959 572
3	0.456 187	0.576 810	0.679 153	0.761 897	0.826 422	0.875 348
4	0.242 424	0.352 768	0.463 367	0.566 530	0.657 704	0.734 974
5	0.108 822	0.184 737	0.274 555	0.371 163	0.467 896	0.559 507
6	0.042 021	0.083 918	0.142 386	0.214 870	0.297 070	0.384 039
7	0.014 187	0.033 509	0.065 288	0.110 674	0.168 949	0.237 817
8	0.004 247	0.011 905	0.026 739	0.051 134	0.086 586	0.133 372
9	0.001 140	0.003 803	0.009 874	0.021 363	0.040 257	0.068 094
10	0.000 277	0.001 102	0.003 315	0.008 132	0.017 093	0.031 828
11	0.000 062	0.000 292	0.001 019	0.002 840	0.006 669	0.013 695
12	0.000 013	0.000 071	0.000 289	0.000 915	0.002 404	0.005 453
13	0.000 002	0.000 016	0.000 076	0.000 274	0.000 805	0.002 019
14		0.000 003	0.000 019	0.000 076	0.000 252	0.000 698
15		0.000 001	0.000 004	0.000 020	0.000 074	0.000 226
16			0.000 001	0.000 005	0.000 020	0.000 069
17				0.000 001	0.000 005	0.000 020
18					0.000 001	0.000 005
19						0.000 001

表 2 标准正态分布表

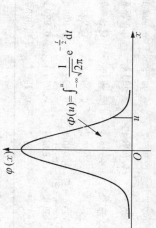

$$\Phi(u)=\int_{-\infty}^{u}\frac{1}{\sqrt{2\pi}}e^{-\frac{t}{2}}dt$$

u	0.00	0.01	0.02	0.03	0.04	0.05	0.06	0.07	0.08	0.09
0.0	0.500 0	0.504 0	0.508 0	0.512 0	0.516 0	0.519 9	0.523 9	0.527 9	0.531 9	0.535 9
0.1	0.539 8	0.543 8	0.547 8	0.551 7	0.555 7	0.559 6	0.563 6	0.567 5	0.571 4	0.575 3
0.2	0.579 3	0.583 2	0.587 1	0.591 0	0.594 8	0.598 7	0.602 6	0.606 4	0.610 3	0.614 1
0.3	0.617 9	0.621 7	0.625 5	0.629 3	0.633 1	0.636 8	0.640 6	0.644 3	0.648 0	0.651 7
0.4	0.655 4	0.659 1	0.662 8	0.666 4	0.670 0	0.673 6	0.677 2	0.680 8	0.684 4	0.687 9
0.5	0.691 5	0.695 0	0.698 5	0.701 9	0.705 4	0.708 8	0.712 3	0.715 7	0.719 0	0.722 4
0.6	0.725 7	0.729 1	0.732 4	0.735 7	0.738 9	0.742 2	0.745 4	0.748 6	0.751 7	0.754 9
0.7	0.758 0	0.761 1	0.764 2	0.767 3	0.770 4	0.773 4	0.776 4	0.779 4	0.782 3	0.785 2
0.8	0.788 1	0.791 0	0.793 9	0.796 7	0.799 5	0.802 3	0.805 1	0.807 8	0.810 6	0.813 3
0.9	0.815 9	0.818 6	0.821 2	0.823 8	0.826 4	0.828 9	0.831 5	0.834 0	0.836 5	0.838 9
1.0	0.841 3	0.843 8	0.846 1	0.848 5	0.850 8	0.853 1	0.855 4	0.857 7	0.859 9	0.862 1
1.1	0.864 3	0.866 5	0.868 6	0.870 8	0.872 9	0.874 9	0.877 0	0.879 0	0.881 0	0.883 0
1.2	0.884 9	0.886 9	0.888 8	0.890 7	0.892 5	0.894 4	0.896 2	0.898 0	0.899 7	0.901 5
1.3	0.903 2	0.904 9	0.906 6	0.908 2	0.909 9	0.911 5	0.913 1	0.914 7	0.916 2	0.917 7

（续表）

u	0.00	0.01	0.02	0.03	0.04	0.05	0.06	0.07	0.08	0.09
1.4	0.919 2	0.920 7	0.922 2	0.923 6	0.825 1	0.926 5	0.927 9	0.929 2	0.930 6	0.931 9
1.5	0.933 2	0.934 5	0.975 7	0.937 0	0.938 2	0.939 4	0.940 6	0.941 8	0.942 9	0.944 1
1.6	0.945 2	0.946 3	0.947 4	0.948 4	0.949 5	0.950 5	0.951 5	0.952 5	0.953 5	0.954 5
1.7	0.955 4	0.956 4	0.957 3	0.958 2	0.959 1	0.959 9	0.960 8	0.961 6	0.962 5	0.963 3
1.8	0.964 1	0.964 9	0.965 6	0.966 4	0.967 1	0.967 8	0.968 6	0.969 3	0.969 9	0.970 6
1.9	0.971 3	0.971 9	0.972 6	0.973 2	0.973 8	0.974 4	0.975 0	0.975 6	0.976 1	0.976 7
2.0	0.977 2	0.977 8	0.978 3	0.978 8	0.979 3	0.979 8	0.980 3	0.980 8	0.981 2	0.981 7
2.1	0.982 1	0.982 6	0.983 0	0.983 4	0.983 8	0.984 2	0.984 6	0.985 0	0.985 4	0.985 7
2.2	0.986 1	0.986 4	0.986 8	0.987 1	0.987 5	0.987 8	0.988 1	0.988 4	0.988 7	0.989 0
2.3	0.989 3	0.989 6	0.989 8	0.990 1	0.990 4	0.990 6	0.990 9	0.991 1	0.991 3	0.991 6
2.4	0.991 8	0.992 0	0.992 2	0.992 5	0.992 7	0.992 9	0.993 1	0.993 2	0.993 4	0.993 6
2.5	0.993 8	0.994 0	0.994 1	0.994 3	0.994 5	0.994 6	0.994 8	0.994 9	0.995 1	0.995 2
2.6	0.995 3	0.995 5	0.995 6	0.995 7	0.995 9	0.996 0	0.996 1	0.996 2	0.996 3	0.996 4
2.7	0.996 5	0.996 6	0.996 7	0.996 8	0.996 9	0.997 0	0.997 1	0.997 2	0.997 3	0.997 4
2.8	0.997 4	0.997 5	0.997 6	0.997 7	0.997 7	0.997 8	0.997 9	0.997 9	0.998 0	0.998 1
2.9	0.998 1	0.998 2	0.998 2	0.998 3	0.998 4	0.998 4	0.998 5	0.998 5	0.998 6	0.998 6
3.0	0.998 7	0.998 7	0.998 7	0.998 8	0.998 8	0.998 9	0.998 9	0.998 9	0.999 0	0.999 0
3.1	0.999 0	0.999 1	0.999 1	0.999 1	0.999 2	0.999 2	0.999 2	0.999 2	0.999 3	0.999 3
3.2	0.999 3	0.999 3	0.999 4	0.999 4	0.999 4	0.999 4	0.999 4	0.999 5	0.999 5	0.999 5
3.3	0.999 5	0.999 5	0.999 5	0.999 6	0.999 6	0.999 6	0.999 6	0.999 6	0.999 6	0.999 7
3.4	0.999 7	0.999 7	0.999 7	0.999 7	0.999 7	0.999 7	0.999 7	0.999 7	0.999 7	0.999 8

表3 χ^2 分布表

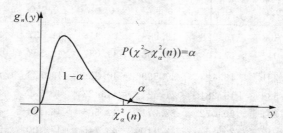

$$P(\chi^2 > \chi_\alpha^2(n)) = \alpha$$

n \ α	0.99	0.975	0.95	0.90	0.10	0.050	0.025	0.010
1	0.000	0.001	0.004	0.016	2.706	3.841	5.024	6.635
2	0.020	0.051	0.103	0.211	4.605	5.991	7.378	9.210
3	0.115	0.216	0.352	0.584	6.251	7.815	9.348	11.345
4	0.297	0.484	0.711	1.064	7.779	9.488	11.143	13.277
5	0.554	0.831	1.145	1.610	9.236	11.070	12.832	15.086
6	0.872	1.237	1.635	2.204	10.645	12.592	14.449	16.812
7	1.239	1.690	2.167	2.833	12.017	14.067	16.013	18.475
8	1.646	2.180	2.733	3.490	13.362	15.507	17.535	20.090
9	2.088	2.700	3.325	4.168	14.684	16.919	19.023	21.666
10	2.558	3.247	3.940	4.865	15.987	18.307	20.483	23.209
11	3.053	3.816	4.575	5.578	17.275	19.675	21.920	24.725
12	3.571	4.404	5.226	6.304	18.549	21.026	23.336	26.217
13	4.107	5.009	5.892	7.042	19.812	22.362	24.736	27.688
14	4.660	5.629	6.571	7.790	21.064	23.685	26.119	29.141
15	5.229	6.262	7.261	8.547	22.307	24.996	27.488	30.578
16	5.812	6.908	7.962	9.312	23.542	26.296	28.845	32.000
17	6.408	7.564	8.672	10.085	24.769	27.587	30.191	33.409
18	7.015	8.231	9.390	10.865	25.989	28.869	31.526	34.805
19	7.633	8.907	10.117	11.651	27.204	30.144	32.852	36.191
20	8.260	9.591	10.851	12.443	28.412	31.410	34.170	37.566
21	8.897	10.283	11.591	13.240	29.615	32.671	35.479	38.932
22	9.542	10.982	12.338	14.041	30.813	33.924	36.781	40.289
23	10.196	11.688	13.091	14.848	32.007	35.172	38.076	41.638
24	10.856	12.401	13.848	15.659	33.196	36.415	39.364	42.980
25	11.524	13.120	14.611	16.473	34.382	37.652	40.646	44.314
26	12.198	13.844	15.379	17.292	35.563	38.885	41.923	45.642
27	12.879	14.573	16.151	18.114	36.741	40.113	43.194	46.963

（续表）

n \ α	0.99	0.975	0.95	0.90	0.10	0.050	0.025	0.010
28	13.565	15.308	16.928	18.939	37.916	41.337	44.461	48.278
29	14.256	16.047	17.708	19.768	39.087	42.557	45.722	49.588
30	14.953	16.791	18.493	20.599	40.256	43.773	46.979	50.892
31	15.655	17.539	19.281	21.434	41.422	44.985	48.232	52.191
32	16.362	18.291	20.072	22.271	42.585	46.194	49.480	53.486
33	17.073	19.047	20.867	23.110	43.745	47.400	50.725	54.776
34	17.789	19.806	21.664	23.952	44.903	48.602	51.966	56.061
35	18.509	20.569	22.465	24.797	46.059	49.802	53.203	57.342
36	19.233	21.336	23.269	25.643	47.212	50.998	54.437	58.619
37	19.960	22.106	24.075	26.492	48.363	52.192	55.668	59.892
38	20.691	22.878	24.884	27.343	49.513	53.384	56.895	61.162
39	21.426	23.654	25.695	28.196	50.660	54.572	58.120	62.428
40	22.164	24.433	26.509	29.051	51.805	55.758	59.342	63.691
41	22.906	25.215	27.326	29.907	52.949	56.942	60.561	64.950
42	23.650	25.999	28.144	30.765	54.090	58.124	61.777	66.206
43	24.398	26.785	28.965	31.625	55.230	59.304	62.990	67.459
44	25.148	27.575	29.787	32.487	56.369	60.481	64.201	68.709

表 4　*t* 分布表

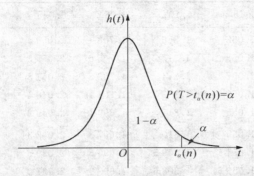

α n	0.20	0.15	0.10	0.05	0.025	0.01	0.005
1	1.376	1.963	3.078	6.313 8	12.706	31.821	63.657
2	1.061	1.386	1.886	2.920 0	4.302 7	6.965	9.924 8
3	0.978	1.250	1.638	2.353 4	3.182 5	4.541	5.840 9
4	0.941	1.190	1.533	2.131 8	2.776 4	3.747	4.604 1
5	0.920	1.156	1.476	2.015 0	2.570 6	3.365	4.032 1
6	0.906	1.134	1.440	1.943 2	2.446 9	3.143	3.707 4
7	0.896	1.119	1.415	1.894 6	2.364 6	2.998	3.499 5
8	0.889	1.108	1.397	1.859 5	2.306 0	2.896	3.355 4
9	0.883	1.100	1.383	1.833 1	2.262 2	2.821	3.249 8
10	0.879	1.093	1.372	1.812 5	2.228 1	2.764	3.169 3
11	0.876	1.088	1.363	1.795 9	2.201 0	2.718	3.105 8
12	0.873	1.083	1.356	1.782 3	2.178 8	2.681	3.054 5
13	0.870	1.079	1.350	1.770 9	2.160 4	2.650	3.012 3
14	0.868	1.076	1.345	1.761 3	2.144 8	2.624	2.976 8
15	0.866	1.074	1.341	1.753 0	2.131 5	2.602	2.946 7
16	0.865	1.071	1.337	1.745 9	2.119 9	2.583	2.920 8
17	0.863	1.069	1.333	1.739 6	2.109 8	2.567	2.898 2
18	0.862	1.067	1.330	1.734 1	2.100 9	2.552	2.878 4
19	0.861	1.066	1.328	1.729 1	2.093 0	2.539	2.860 9
20	0.860	1.064	1.325	1.724 7	2.086 0	2.528	2.845 3
21	0.859	1.063	1.323	1.720 7	2.079 6	2.518	2.831 4
22	0.858	1.061	1.321	1.717 1	2.073 9	2.508	2.818 8
23	0.858	1.060	1.319	1.713 9	2.068 7	2.500	2.807 3
24	0.857	1.059	1.318	1.710 9	2.063 9	2.492	2.796 9

（续表）

n \ α	0.20	0.15	0.10	0.05	0.025	0.01	0.005
25	0.856	1.058	1.316	1.708 1	2.059 5	2.485	2.787 4
26	0.856	1.058	1.315	1.705 6	2.055 5	2.479	2.778 7
27	0.855	1.057	1.314	1.703 3	2.051 8	2.473	2.770 7
28	0.855	1.056	1.313	1.701 1	2.048 4	2.467	2.763 3
29	0.854	1.055	1.311	1.699 1	2.045 2	2.462	2.756 4
30	0.854	1.055	1.310	1.697 3	2.042 3	2.457	2.750 0
31	0.853 5	1.054 1	1.309 5	1.695 5	2.039 5	2.453	2.744 1
32	0.853 1	1.053 6	1.308 6	1.693 9	2.037 0	2.449	2.738 5
33	0.852 7	1.053 1	1.307 8	1.692 4	2.034 5	2.445	2.733 3
34	0.852 4	1.052 6	1.307 0	1.690 9	2.032 3	2.441	2.728 4
35	0.852 1	1.052 1	1.306 2	1.689 6	2.030 1	2.438	2.723 9
36	0.851 8	1.051 6	1.305 5	1.688 3	2.028 1	2.434	2.719 5
37	0.851 5	1.051 2	1.304 9	1.687 1	2.026 2	2.431	2.713 5
38	0.851 2	1.051 8	1.304 2	1.686 0	2.024 4	2.428	2.711 6
39	0.851 0	1.050 4	1.303 7	1.684 9	2.022 7	2.426	2.707 9
40	0.850 7	1.050 1	1.303 1	1.683 9	2.021 1	2.423	2.704 5
41	0.850 5	1.049 8	1.302 6	1.682 9	2.019 6	2.421	2.701 2
42	0.850 3	1.049 4	1.302 0	1.682 0	2.018 1	2.418	2.698 1
43	0.850 1	1.049 1	1.301 6	1.681 1	2.016 7	2.416	2.695 2
44	0.849 9	1.048 8	1.301 1	1.680 2	2.015 4	2.414	2.692 3

表5　F分布表

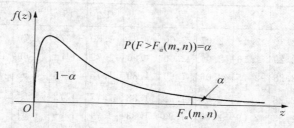

$$P(F > F_\alpha(m, n)) = \alpha$$

F分布上侧分位数表（$\alpha = 0.10$）

n \ m	1	2	3	4	5	6	8	12	15	20	30	60	∞
1	39.86	49.50	53.59	55.83	57.24	58.20	59.44	60.71	61.22	61.74	62.26	62.79	63.33
2	8.53	9.00	9.16	9.24	9.29	9.33	9.37	9.41	9.42	9.44	9.46	9.47	9.49
3	5.54	5.46	5.39	5.34	5.31	5.28	5.25	5.22	5.20	5.18	5.17	5.15	5.13
4	4.54	4.32	4.19	4.11	4.05	4.01	3.95	3.90	3.87	3.84	3.82	3.79	3.76
5	4.05	3.78	3.62	3.52	3.45	3.40	3.34	3.27	3.24	3.21	3.17	3.14	3.10
6	3.78	3.46	3.29	3.18	3.11	3.05	2.08	2.90	2.87	2.84	2.80	2.76	2.72
7	3.59	3.26	3.07	2.96	2.88	2.83	2.75	2.67	2.03	2.59	2.56	2.51	2.47
8	3.46	3.11	2.92	2.81	2.73	2.67	2.59	2.50	2.46	2.42	2.38	2.34	2.29
9	3.36	3.01	2.81	2.69	2.61	2.55	2.47	2.38	2.34	2.30	2.25	2.21	2.16
10	3.29	2.92	2.73	2.61	2.52	2.46	2.38	2.28	2.24	2.20	2.16	2.11	2.06
11	3.28	2.86	2.66	2.54	2.45	2.39	2.30	2.21	2.17	2.12	2.08	2.03	1.97
12	3.18	2.81	2.61	2.48	2.39	2.33	2.24	2.15	2.10	2.06	2.01	1.96	1.90
13	3.14	2.76	2.56	2.43	2.35	2.28	2.20	2.10	2.05	2.01	1.96	1.90	1.85
14	3.10	2.73	2.52	2.39	2.31	2.24	2.15	2.05	2.01	1.96	1.91	1.86	1.80
15	3.07	2.70	2.49	2.36	2.27	2.21	2.12	2.02	1.97	1.92	1.87	1.82	1.76
16	3.05	2.67	2.46	2.32	2.24	2.18	2.09	1.99	1.94	1.89	1.84	1.78	1.72
17	3.03	2.64	2.44	2.31	2.22	2.15	2.06	1.96	1.91	1.86	1.81	1.75	1.69
18	3.01	2.62	2.42	2.29	2.20	2.18	2.04	1.93	1.89	1.84	1.73	1.72	1.66
19	2.99	2.61	2.40	2.27	2.18	2.11	2.02	1.91	1.86	1.81	1.76	1.70	1.63
20	2.97	2.59	2.28	2.25	2.16	2.09	2.00	1.89	1.84	1.79	1.74	1.68	1.61
21	2.96	2.57	2.36	2.23	2.14	2.08	1.98	1.87	1.83	1.78	1.72	1.66	1.59
22	2.95	2.56	2.35	2.22	2.13	2.06	1.97	1.86	1.81	1.76	1.70	1.64	1.57
23	2.94	2.55	2.34	2.21	2.11	2.06	1.95	1.84	1.80	1.74	1.69	1.62	1.55
24	2.93	2.54	2.33	2.19	2.10	2.04	1.94	1.83	1.78	1.73	1.67	1.61	1.53
25	2.92	2.53	2.32	2.18	2.09	2.02	1.93	1.82	1.77	1.73	1.66	1.59	1.52
26	2.91	2.52	2.31	2.17	2.08	2.01	1.92	1.81	1.76	1.71	1.65	1.58	1.50

(续表)

m／n	1	2	3	4	5	6	8	12	15	20	30	60	∞
27	2.90	2.51	2.30	2.17	2.07	2.00	1.91	1.80	1.75	1.70	1.64	1.57	1.49
28	2.89	2.50	2.29	2.16	2.06	2.00	1.90	1.79	1.74	1.69	1.63	1.56	1.48
29	2.89	2.50	2.28	2.15	2.06	1.99	1.89	1.78	1.73	1.68	1.62	1.55	1.47
30	2.88	2.49	2.28	2.14	2.05	1.98	1.88	1.77	1.72	1.67	1.61	1.54	1.46
40	2.84	2.44	2.23	2.09	2.00	1.93	1.83	1.71	1.66	1.61	1.54	1.47	1.38
60	2.79	2.39	2.18	2.04	1.95	1.87	1.77	1.66	1.60	1.54	1.48	1.40	1.29
120	2.75	2.35	2.13	1.99	1.90	1.82	1.72	1.60	1.55	1.48	1.41	1.32	1.91
∞	2.71	2.30	2.08	1.94	1.85	1.77	1.67	1.55	1.49	1.42	1.34	1.24	1.00

F 分布上侧分位数表 （α = 0.05）

m\n	1	2	3	4	5	6	7	8	9	10	12	15	20	24	30	40	60	120	∞
1	161	200	216	225	230	234	237	239	241	242	244	246	248	249	250	251	252	253	254
2	18.5	19.0	19.2	19.2	19.3	19.3	19.4	19.4	19.4	19.4	19.4	19.4	19.4	19.5	19.5	19.5	19.5	19.5	19.5
3	10.1	9.55	9.28	9.12	9.01	8.94	8.89	8.85	8.81	8.79	8.74	8.70	8.66	8.64	8.62	8.59	8.57	8.55	8.53
4	7.71	6.94	6.59	6.39	6.26	6.16	6.09	6.04	6.00	5.96	5.91	5.86	5.80	5.77	5.75	5.72	5.69	5.66	5.63
5	6.61	5.79	5.41	5.19	5.05	4.95	4.88	4.82	4.77	4.74	4.68	4.62	4.56	4.53	4.50	4.46	4.43	4.40	4.36
6	5.99	5.14	4.76	4.53	4.39	4.28	4.21	4.15	4.10	4.06	4.00	3.94	3.87	3.84	3.81	3.77	3.74	3.70	3.67
7	5.59	4.74	4.35	4.12	3.97	3.87	3.79	3.73	3.68	3.64	3.57	3.51	3.44	3.41	3.38	3.34	3.30	3.27	3.23
8	5.32	4.46	4.07	3.84	3.69	3.58	3.50	3.44	3.39	3.35	3.28	3.22	3.15	3.12	3.08	3.04	3.01	2.97	2.93
9	5.12	4.26	3.86	3.63	3.48	3.37	3.29	3.23	3.18	3.14	3.07	3.01	2.94	2.90	2.86	2.83	2.79	2.75	2.71
10	4.96	4.10	3.71	3.48	3.33	3.22	3.14	3.07	3.02	2.98	2.91	2.85	2.77	2.74	2.70	2.66	2.62	2.58	2.54
11	4.84	3.98	3.59	3.36	3.20	3.09	3.01	2.95	2.90	2.85	2.79	2.72	2.65	2.61	2.57	2.53	2.49	2.45	2.40
12	4.75	3.89	3.49	3.26	3.11	3.00	2.91	2.85	2.80	2.75	2.69	2.62	2.54	2.51	2.47	2.43	2.38	2.34	2.30
13	4.67	3.81	3.41	3.18	3.03	2.92	2.83	2.77	2.71	2.67	2.60	2.53	2.46	2.42	2.38	2.34	2.30	2.25	2.21
14	4.60	3.74	3.34	3.11	2.96	2.85	2.76	2.70	2.65	2.60	2.53	2.46	2.39	2.35	2.31	2.27	2.22	2.18	2.13
15	4.54	3.68	3.29	3.06	2.90	2.79	2.71	2.64	2.59	2.54	2.48	2.40	2.33	2.29	2.25	2.20	2.16	2.11	2.07
16	4.49	3.63	3.24	3.01	2.85	2.74	2.66	2.59	2.54	2.49	2.42	2.35	2.28	2.24	2.19	2.15	2.11	2.06	2.01
17	4.45	3.59	3.20	2.96	2.81	2.70	2.61	2.55	2.49	2.45	2.38	2.31	2.23	2.19	2.15	2.10	2.06	2.01	1.96
18	4.41	3.55	3.16	2.93	2.77	2.66	2.58	2.51	2.46	2.41	2.34	2.27	2.19	2.15	2.11	2.06	2.02	1.97	1.92
19	4.38	3.52	3.13	2.90	2.74	2.63	2.54	2.48	2.42	2.38	2.31	2.23	2.16	2.11	2.07	2.03	1.98	1.93	1.88
20	4.35	3.49	3.10	2.87	2.71	2.60	2.51	2.45	2.39	2.35	2.28	2.20	2.12	2.08	2.04	1.99	1.95	1.90	1.84
21	4.32	3.47	3.07	2.84	2.68	2.57	2.49	2.42	2.37	2.32	2.25	2.18	2.10	2.05	2.01	1.96	1.92	1.87	1.81
22	4.30	3.44	3.05	2.82	2.66	2.55	2.46	2.40	2.34	2.30	2.23	2.15	2.07	2.03	1.98	1.94	1.89	1.84	1.78
23	4.28	3.42	3.03	2.80	2.64	2.53	2.44	2.37	2.32	2.27	2.20	2.13	2.05	2.01	1.96	1.91	1.86	1.81	1.76
24	4.26	3.40	3.01	2.78	2.62	2.51	2.42	2.36	2.30	2.25	2.18	2.11	2.03	1.98	1.94	1.89	1.84	1.79	1.73

（续表）

m \ n	1	2	3	4	5	6	7	8	9	10	12	15	20	24	30	40	60	120	∞
25	4.24	3.39	2.99	2.76	2.60	2.49	2.40	2.34	2.28	2.24	2.16	2.09	2.01	1.96	1.92	1.87	1.82	1.77	1.71
26	4.23	3.37	2.98	2.74	2.59	2.47	2.39	2.32	2.27	2.22	2.15	2.07	1.99	1.95	1.90	1.85	1.80	1.75	1.69
27	4.21	3.35	2.96	2.73	2.57	2.46	2.37	2.31	2.25	2.20	2.13	2.06	1.97	1.93	1.88	1.84	1.79	1.73	1.67
28	4.20	3.34	2.95	2.71	2.56	2.45	2.36	2.29	2.24	2.19	2.12	2.04	1.96	1.91	1.87	1.82	1.77	1.71	1.65
29	4.18	3.33	2.93	2.70	2.55	2.43	2.35	2.28	2.22	2.18	2.10	2.03	1.94	1.90	1.85	1.81	1.75	1.70	1.64
30	4.17	3.32	2.92	2.69	2.53	2.42	2.33	2.27	2.21	2.16	2.09	2.01	1.93	1.89	1.84	1.79	1.74	1.68	1.62
40	4.08	3.23	2.84	2.61	2.45	2.34	2.25	2.18	2.12	2.08	2.00	1.92	1.84	1.79	1.74	1.69	1.64	1.58	1.51
60	4.00	3.15	2.76	2.53	2.37	2.25	2.17	2.10	2.04	1.99	1.92	1.84	1.75	1.70	1.65	1.59	1.53	1.47	1.39
120	3.92	3.07	2.68	2.45	2.29	2.17	2.09	2.02	1.96	1.91	1.83	1.75	1.66	1.61	1.55	1.50	1.43	1.35	1.25
∞	3.84	3.00	2.60	2.37	2.21	2.10	2.01	1.94	1.88	1.83	1.75	1.67	1.57	1.52	1.46	1.39	1.32	1.22	1.00

F 分布上侧分位数表 ($\alpha = 0.025$)

m\n	1	2	3	4	5	6	7	8	9	10	12	15	20	24	30	40	60	120	∞
1	648	800	864	900	922	937	948	957	963	969	977	985	993	997	1 000	1 010	1 010	1 010	1 020
2	38.5	39.0	39.2	39.2	39.3	39.3	39.4	39.4	39.4	39.4	39.4	39.4	39.4	39.5	39.5	39.5	39.5	39.5	39.5
3	17.4	16.0	15.4	15.1	14.9	14.7	14.6	14.5	14.5	14.4	14.3	14.3	14.2	14.1	14.1	14.0	14.0	13.9	13.9
4	12.2	10.6	9.98	9.60	9.36	9.20	9.07	8.98	8.90	8.84	8.75	8.66	8.56	8.51	8.46	8.41	8.36	8.31	8.26
5	10.0	8.43	7.76	7.39	7.15	6.98	6.85	6.76	6.68	6.62	6.52	6.43	6.33	6.28	6.23	6.18	6.12	6.07	6.02
6	8.81	7.26	6.60	6.23	5.99	5.82	5.70	5.60	5.52	5.46	5.37	5.27	5.17	5.12	5.07	5.01	4.96	4.90	4.85
7	8.07	6.54	5.89	5.52	5.29	5.12	4.99	4.90	4.82	4.76	4.67	4.57	4.47	4.42	4.36	4.31	4.25	4.20	4.14
8	7.57	6.06	5.42	5.05	4.82	4.65	4.53	4.43	4.36	4.30	4.20	4.10	4.00	3.95	3.89	3.84	3.78	3.73	3.67
9	7.21	5.71	5.08	4.72	4.48	4.32	4.20	4.10	4.03	3.96	3.87	3.77	3.67	3.61	3.56	3.51	3.45	3.39	3.33
10	6.94	5.46	4.83	4.47	4.24	4.07	3.95	3.85	3.78	3.72	3.62	3.52	3.42	3.37	3.31	3.26	3.20	3.14	3.08
11	6.72	5.26	4.63	4.28	4.04	3.88	3.76	3.66	3.59	3.53	3.43	3.33	3.23	3.17	3.12	3.06	3.00	2.94	2.88
12	6.55	5.10	4.47	4.12	3.89	3.73	3.61	3.51	3.44	3.37	3.28	3.18	3.07	3.02	2.96	2.91	2.85	2.79	2.72
13	6.41	4.97	4.35	4.00	3.77	3.60	3.48	3.39	3.31	3.25	3.15	3.05	2.95	2.89	2.84	2.78	2.72	2.66	2.60
14	6.30	4.86	4.24	3.89	3.66	3.50	3.38	3.29	3.21	3.15	3.05	2.95	2.84	2.79	2.73	2.67	2.61	2.55	2.49
15	6.20	4.77	4.15	3.80	3.58	3.41	3.29	3.20	3.12	3.06	2.96	2.86	2.76	2.70	2.64	2.59	2.52	2.46	2.40
16	6.12	4.69	4.08	3.73	3.50	3.34	3.22	3.12	3.05	2.99	2.89	2.79	2.68	2.63	2.57	2.51	2.45	2.38	2.32
17	6.04	4.62	4.01	3.66	3.44	3.28	3.16	3.06	2.98	2.92	2.82	2.72	2.62	2.56	2.50	2.44	2.38	2.32	2.25
18	5.98	4.56	3.95	3.61	3.38	3.22	3.10	3.01	2.93	2.87	2.77	2.67	2.56	2.50	2.44	2.38	2.32	2.26	2.19
19	5.92	4.51	3.90	3.56	3.33	3.17	3.05	2.96	2.88	2.82	2.72	2.62	2.51	2.45	2.39	2.33	2.27	2.20	2.13
20	5.87	4.46	3.86	3.51	3.29	3.13	3.01	2.91	2.84	2.77	2.68	2.57	2.46	2.41	2.35	2.29	2.22	2.16	2.09
21	5.83	4.42	3.82	3.48	3.25	3.09	2.97	2.87	2.80	2.73	2.64	2.53	2.42	2.37	2.31	2.25	2.18	2.11	2.04
22	5.79	4.38	3.78	3.44	3.22	3.05	2.93	2.84	2.76	2.70	2.60	2.50	2.39	2.33	2.27	2.21	2.14	2.08	2.00
23	5.75	4.35	3.75	3.41	3.18	3.02	2.90	2.81	2.73	2.67	2.57	2.47	2.36	2.30	2.24	2.18	2.11	2.04	1.97
24	5.72	4.32	3.72	3.38	3.15	2.99	2.87	2.78	2.70	2.64	2.54	2.44	2.33	2.27	2.21	2.15	2.06	2.01	1.94

（续表）

m＼n	1	2	3	4	5	6	7	8	9	10	12	15	20	24	30	40	60	120	∞
25	5.69	4.29	3.69	3.35	3.13	2.97	2.85	2.75	2.68	2.61	2.51	2.41	2.30	2.24	2.18	2.12	2.05	1.98	1.91
26	5.66	4.27	3.67	3.33	3.10	2.94	2.82	2.73	2.65	2.59	2.49	2.39	2.28	2.22	2.16	2.09	2.03	1.95	1.88
27	5.63	4.24	3.65	3.31	3.08	2.92	2.80	2.71	2.63	2.57	2.47	2.36	2.25	2.19	2.13	2.07	2.00	1.93	1.85
28	5.61	4.22	3.63	3.29	3.06	2.90	2.78	2.69	2.61	2.55	2.45	2.34	2.23	2.17	2.11	2.05	1.98	1.91	1.83
29	5.59	4.20	3.61	3.27	3.04	2.88	2.76	2.67	2.59	2.53	2.43	2.32	2.21	2.15	2.09	2.03	1.96	1.89	1.81
30	5.57	4.18	2.59	3.25	3.03	2.87	2.75	2.65	2.57	2.51	2.41	2.31	2.20	2.14	2.07	2.01	1.94	1.87	1.79
40	5.42	4.05	3.46	3.13	2.90	2.74	2.62	2.53	2.45	2.39	2.29	2.18	2.07	2.01	1.94	1.88	1.80	1.72	1.64
60	5.29	3.93	3.34	3.01	2.79	2.63	2.51	2.41	2.33	2.27	2.17	2.06	1.94	1.88	1.82	1.74	1.67	1.58	1.48
120	5.15	3.80	3.23	2.89	2.67	2.52	2.39	2.30	2.22	2.16	2.05	1.94	1.82	1.76	1.69	1.61	1.53	1.43	1.31
∞	5.02	3.69	3.12	2.79	2.57	2.41	2.29	2.19	2.11	2.05	1.94	1.83	1.71	1.64	1.57	1.48	1.39	1.27	1.00

F 分布上侧分位数表 ($\alpha = 0.01$)

n＼m	1	2	3	4	5	6	7	8	9	10	12	15	20	24	30	40	60	120	∞
1	4 050	5 000	5 400	5 620	5 760	5 860	5 930	5 980	6 020	6 060	6 110	6 160	6 210	6 230	6 260	6 290	6 310	6 340	6 370
2	98.5	99.0	99.2	99.2	99.3	99.3	99.4	99.4	99.4	99.4	99.4	99.4	99.4	99.5	99.5	99.5	99.5	99.5	99.5
3	34.1	30.8	29.5	28.7	28.2	27.9	27.7	27.5	27.3	27.2	27.1	26.9	26.7	26.6	26.5	26.4	26.3	26.2	26.1
4	21.2	18.0	16.7	16.0	15.5	15.2	15.0	14.8	14.7	14.5	14.4	14.2	14.0	13.9	13.8	13.7	13.7	13.6	13.5
5	16.3	13.3	12.1	11.4	11.0	10.7	10.5	10.3	10.2	10.1	9.89	9.72	9.55	9.47	9.38	9.29	9.20	9.11	9.02
6	13.7	10.9	9.78	9.15	8.75	8.47	8.26	8.10	7.98	7.87	7.72	7.56	7.40	7.31	7.23	7.14	7.06	6.97	6.88
7	12.2	9.55	8.45	7.85	7.46	7.19	6.99	6.84	6.72	6.62	6.47	6.31	6.16	6.07	5.99	5.91	5.82	5.74	5.65
8	11.3	8.65	7.59	7.01	6.63	6.37	6.18	6.03	5.91	5.81	5.67	5.52	5.36	5.28	5.20	5.12	5.03	4.95	4.86
9	10.6	8.02	6.99	6.42	6.06	5.80	5.61	5.47	5.35	5.26	5.11	4.96	4.81	4.73	4.65	4.57	4.48	4.40	4.31
10	10.0	7.56	6.55	5.99	5.64	5.39	5.20	5.06	4.94	4.85	4.71	4.56	4.41	4.33	4.25	4.17	4.08	4.00	3.91
11	9.65	7.21	6.22	5.67	5.32	5.07	4.89	4.74	4.63	4.54	4.40	4.25	4.10	4.02	3.94	3.86	3.78	3.69	3.60
12	9.33	6.93	5.95	5.41	5.06	4.82	4.64	4.50	4.39	4.30	4.16	4.01	3.86	3.78	3.70	3.62	3.54	3.45	3.36
13	9.07	6.70	5.74	5.21	4.86	4.62	4.44	4.30	4.19	4.10	3.96	3.82	3.66	3.59	3.51	3.43	3.34	3.25	3.17
14	8.86	6.51	5.56	5.04	4.69	4.46	4.28	4.14	4.03	3.94	3.80	3.66	3.51	3.43	3.35	3.27	3.18	3.09	3.00
15	8.68	6.36	5.42	4.89	4.56	4.32	4.14	4.00	3.89	3.80	3.67	3.52	3.37	3.29	3.21	3.13	3.05	2.96	2.87
16	8.53	6.23	5.29	4.77	4.44	4.20	4.03	3.89	3.78	3.69	3.55	3.41	3.26	3.18	3.10	3.02	2.93	2.84	2.75
17	8.40	6.11	5.18	4.67	4.34	4.10	3.93	3.79	3.68	3.59	3.46	3.31	3.16	3.08	3.00	2.92	2.83	2.75	2.65
18	8.29	6.01	5.09	4.58	4.25	4.01	3.84	3.71	3.60	3.51	3.37	3.23	3.08	3.00	2.92	2.84	2.75	2.66	2.57
19	8.18	5.93	5.01	4.50	4.17	3.94	3.77	3.63	3.52	3.43	3.30	3.15	3.00	2.92	2.84	2.76	2.67	2.58	2.49
20	8.10	5.85	4.94	4.43	4.10	3.87	3.70	3.56	3.46	3.37	3.23	3.09	2.94	2.86	2.78	2.69	2.61	2.52	2.42
21	8.02	5.78	4.87	4.37	4.04	3.81	3.64	3.51	3.40	3.31	3.17	3.03	2.88	2.80	2.72	2.64	2.55	2.46	2.36
22	7.95	5.72	4.82	4.31	3.99	3.76	3.59	3.45	3.35	3.26	3.12	2.98	2.83	2.75	2.67	2.58	2.50	2.40	2.31
23	7.88	5.66	4.76	4.26	3.94	3.71	3.54	3.41	3.30	3.21	3.07	2.93	2.78	2.70	2.62	2.54	2.45	2.35	2.26
24	7.82	5.61	4.72	4.22	3.90	3.67	3.50	3.36	3.25	3.17	3.03	2.89	2.74	2.66	2.58	2.49	2.40	2.31	2.21

(续表)

$\frac{m}{n}$	1	2	3	4	5	6	7	8	9	10	12	15	20	24	30	40	60	120	∞
25	7.77	5.57	4.68	4.18	3.85	3.63	3.46	3.32	3.22	3.13	2.99	2.85	2.70	2.62	2.54	2.45	2.36	2.27	2.17
26	7.72	5.53	4.64	4.14	3.82	3.59	3.42	3.29	3.18	3.09	2.96	2.81	2.66	2.58	2.50	2.42	2.33	2.23	2.13
27	7.68	5.49	4.60	4.11	3.78	3.56	3.39	3.26	3.15	3.06	2.93	2.78	2.63	2.55	2.47	2.38	2.29	2.20	2.10
28	7.64	5.45	4.57	4.07	3.75	3.53	3.36	3.23	3.12	3.03	2.90	2.75	2.60	2.52	2.44	2.35	2.26	2.17	2.06
29	7.60	5.42	4.54	4.04	3.73	3.50	3.33	3.20	3.09	3.00	2.87	2.73	2.57	2.49	2.41	2.33	2.23	2.14	2.03
30	7.56	5.39	4.51	4.02	3.70	3.47	3.30	3.17	3.07	2.98	2.84	2.70	2.55	2.47	2.39	2.30	2.21	2.11	2.01
40	7.31	5.18	4.31	3.83	3.51	3.29	3.12	2.99	2.89	2.80	2.66	2.52	2.37	2.29	2.20	2.11	2.02	1.92	1.80
60	7.08	4.98	4.13	3.65	3.34	3.12	2.95	2.82	2.72	2.63	2.50	2.35	2.20	2.12	2.03	1.94	1.84	1.73	1.60
120	6.85	4.79	3.95	3.48	3.17	2.96	2.79	2.66	2.56	2.47	2.34	2.19	2.03	1.95	1.86	1.76	1.66	1.53	1.38
∞	6.63	4.61	3.78	3.32	3.02	2.80	2.64	2.51	2.41	2.32	2.18	2.04	1.88	1.79	1.70	1.59	1.47	1.32	1.00

F分布上侧分位数表 (α = 0.005)

n\m	1	2	3	4	5	6	7	8	9	10	12	15	20	24	30	40	60	120	∞
1	16 200	20 000	21 600	22 500	23 100	23 400	23 700	23 900	24 100	24 200	24 400	24 600	24 800	24 900	25 000	25 100	25 300	25 400	25 500
2	199	199	199	199	199	199	199	199	199	199	199	199	199	199	199	199	199	199	199
3	55.6	49.8	47.5	46.2	45.4	44.8	44.4	44.1	43.9	43.7	43.4	43.1	42.8	42.6	42.5	42.3	42.1	42.0	41.8
4	31.3	26.3	24.3	23.2	22.5	22.0	21.6	21.4	21.1	21.0	20.7	20.4	20.2	20.0	19.9	19.8	19.6	19.5	19.3
5	22.8	18.3	16.5	15.6	14.9	14.5	14.2	14.0	13.8	13.6	13.4	13.1	12.9	12.8	12.7	12.5	12.4	12.3	12.1
6	18.6	14.5	12.9	12.0	11.5	11.1	10.8	10.6	10.4	10.3	10.0	9.81	9.59	9.47	9.36	9.24	9.12	9.00	8.88
7	16.2	12.4	10.9	10.1	9.52	9.16	8.89	8.68	8.51	8.38	8.18	7.97	7.75	7.65	7.53	7.42	7.31	7.19	7.08
8	14.7	11.0	9.60	8.81	8.30	7.95	7.69	7.50	7.34	7.21	7.01	6.81	6.61	6.50	6.40	6.29	6.18	6.06	5.95
9	13.6	10.1	8.72	7.96	7.47	7.13	6.88	6.69	6.54	6.42	6.23	6.03	5.83	5.73	5.62	5.52	5.41	5.30	5.19
10	12.8	9.43	8.08	7.34	6.87	6.54	6.30	6.12	5.97	5.85	5.66	5.47	5.27	5.17	5.07	4.97	4.86	4.75	4.64
11	12.2	8.91	7.60	6.88	6.42	6.10	5.86	5.68	5.54	5.42	5.24	5.05	4.88	4.76	4.65	4.55	4.44	4.34	4.23
12	11.8	8.51	7.23	6.52	6.07	5.76	5.52	5.35	5.20	5.09	4.91	4.72	4.53	4.43	4.33	4.23	4.12	4.01	3.90
13	11.4	8.19	6.93	6.23	5.79	5.48	5.25	5.08	4.94	4.82	4.64	4.46	4.27	4.17	4.07	3.97	3.87	3.76	3.65
14	11.1	7.92	6.68	6.00	5.56	5.26	5.03	4.86	4.72	4.62	4.43	4.25	4.06	3.96	3.86	3.76	3.66	3.55	3.44
15	10.8	7.70	6.48	5.80	5.37	5.07	4.85	4.67	4.54	4.42	4.25	4.07	3.88	3.79	3.69	3.58	3.48	3.37	3.26
16	10.6	7.51	6.30	5.64	5.21	4.91	4.69	4.52	4.38	4.27	4.10	3.92	3.73	3.64	3.54	3.44	3.33	3.22	3.11
17	10.4	7.35	6.16	5.50	5.07	4.78	4.56	4.39	4.25	4.14	3.97	3.79	3.61	3.51	3.41	3.31	3.21	3.10	2.98
18	10.2	7.21	6.03	5.37	4.96	4.66	4.44	4.28	4.14	4.03	3.86	3.68	3.50	3.40	3.30	3.20	3.10	2.99	2.87
19	10.1	7.09	5.92	5.27	4.85	4.56	4.34	4.18	4.04	3.95	3.76	3.59	3.40	3.31	3.21	3.11	3.00	2.89	2.78
20	9.94	6.99	5.82	5.17	4.76	4.47	4.26	4.09	3.96	3.85	3.68	3.50	3.32	3.22	3.12	3.02	2.92	2.81	2.69
21	9.83	6.89	5.73	5.09	4.68	4.39	4.18	4.01	3.88	3.77	3.60	3.43	3.24	3.15	3.05	2.95	2.84	2.73	2.61
22	9.73	6.81	5.65	5.02	4.61	4.32	4.11	3.94	3.81	3.70	3.54	3.36	3.18	3.08	2.98	2.88	2.77	2.66	2.55
23	9.63	6.73	5.58	4.95	4.54	4.26	4.05	3.88	3.75	3.64	3.47	3.30	3.12	3.02	2.92	2.82	2.71	2.60	2.48
24	9.55	6.66	5.52	4.89	4.49	4.20	3.99	3.83	3.69	3.59	3.42	3.25	3.06	2.97	2.87	2.77	2.66	2.55	2.43

（续表）

m\n	1	2	3	4	5	6	7	8	9	10	12	15	20	24	30	40	60	120	∞
25	9.48	6.60	5.46	4.84	4.43	4.15	3.94	3.78	3.64	3.54	3.37	3.20	3.01	2.92	2.82	2.72	2.61	2.50	2.38
26	9.41	6.54	5.41	4.79	4.38	4.10	3.89	3.73	3.60	3.49	3.33	3.15	2.97	2.87	2.77	2.67	2.56	2.45	2.33
27	9.34	6.49	5.36	4.74	4.34	4.06	3.85	3.69	3.56	3.45	3.28	3.11	2.93	2.83	2.73	2.63	2.52	2.41	2.29
28	9.28	6.44	5.32	4.70	4.30	4.02	3.81	3.65	3.52	3.41	3.25	3.07	2.89	2.79	2.69	2.59	2.48	2.37	2.25
29	9.23	6.40	5.28	4.66	4.26	3.98	3.77	3.61	3.48	3.38	3.21	3.04	2.86	2.76	2.66	2.56	2.45	2.33	2.21
30	9.18	6.35	5.24	4.62	4.23	3.95	3.74	3.58	3.45	3.34	3.18	3.01	2.82	2.73	2.63	2.52	2.42	2.30	2.18
40	8.83	6.07	4.98	4.37	3.99	3.71	3.51	3.35	3.22	3.12	2.95	2.78	2.60	2.50	2.40	2.30	2.18	2.06	1.93
60	8.49	5.79	4.73	4.14	3.76	3.49	3.29	3.13	3.01	2.90	2.74	2.57	2.39	2.29	2.19	2.08	1.96	1.83	1.69
120	8.18	5.54	4.50	3.92	3.55	3.28	3.09	2.93	2.81	2.71	2.54	2.37	2.19	2.09	1.98	1.87	1.75	1.61	1.43
∞	7.88	5.30	4.28	3.72	3.35	3.09	2.90	2.74	2.62	2.52	2.36	2.19	2.00	1.90	1.79	1.67	1.53	1.36	1.00

表 6　当 $b = 0$ 时检验相关系数临界值 (r_α) 表

$$P(|r| > r_\alpha) = \alpha$$

f \ α	0.10	0.05	0.02	0.01	0.001
1	0.987 69	0.996 92	0.999 507	0.999 877	0.999 998 8
2	0.900 00	0.950 00	0.980 00	0.990 00	0.999 00
3	0.805 4	0.878 3	0.934 33	0.958 73	0.991 16
4	0.729 3	0.811 4	0.882 2	0.917 20	0.974 06
5	0.669 4	0.754 5	0.832 9	0.874 5	0.950 74
6	0.621 5	0.706 7	0.788 7	0.834 3	0.924 93
7	0.582 2	0.666 4	0.749 8	0.797 7	0.898 2
8	0.549 4	0.631 9	0.715 5	0.764 6	0.872 1
9	0.521 4	0.602 1	0.685 1	0.734 8	0.847 1
10	0.497 3	0.576 0	0.658 1	0.707 9	0.823 3
11	0.476 2	0.552 9	0.633 9	0.683 5	0.801 0
12	0.457 5	0.532 4	0.612 0	0.661 4	0.780 0
13	0.440 9	0.513 9	0.592 3	0.641 1	0.760 3
14	0.425 9	0.497 3	0.574 2	0.622 6	0.742 0
15	0.412 4	0.482 1	0.557 7	0.605 5	0.724 6
16	0.400 0	0.468 3	0.542 5	0.589 7	0.708 4
17	0.388 7	0.455 5	0.528 5	0.575 1	0.693 2
18	0.378 3	0.443 8	0.515 5	0.561 4	0.678 7
19	0.368 7	0.432 9	0.503 4	0.548 7	0.665 2
20	0.359 3	0.422 7	0.492 1	0.536 8	0.652 4
25	0.323 3	0.380 9	0.445 1	0.486 9	0.597 4
30	0.296 0	0.349 4	0.409 3	0.448 7	0.554 1
35	0.274 6	0.324 6	0.381 0	0.418 2	0.518 9
40	0.257 3	0.304 4	0.357 8	0.392 2	0.489 6
45	0.242 8	0.287 5	0.338 4	0.372 1	0.464 8
50	0.230 6	0.273 2	0.321 8	0.354 1	0.443 3
60	0.210 8	0.250 0	0.294 8	0.324 8	0.407 8
70	0.195 4	0.231 9	0.273 7	0.301 7	0.379 9
80	0.182 9	0.217 2	0.256 5	0.283 0	0.356 6
90	0.172 6	0.205 0	0.242 2	0.267 3	0.337 5
100	0.168 8	0.194 0	0.230 1	0.254 0	0.321 1

* $f = n - 2$.

习题答案与提示

习 题 1

1. (1) $\Omega_1 = \{2, 3, \cdots, 12\}$； (2) $\Omega_2 = \{3, 4, \cdots, 10\}$；

(3) $\Omega_3 = \{(x, y) \mid x^2 + y^2 < 1, x \in \mathbf{R}, y \in \mathbf{R}\}$；

(4) $\Omega_4 = \{t \mid t_0 < t < t_1\}$，$t_0, t_1$ 分别为该地区历史上最低气温和最高气温；

(5) $\Omega_5 = \{(x, y, z) \mid 0 < x < l, 0 < y < l, 0 < z < l, x + y + z = l\}$；

(6) $\Omega_6 = \{0, 1, 2, \cdots, n\}$，因为 $\mathbf{AX} = 0$ 中基础解系所含解向量个数 $= n - r(A)$，$r(A)$ 可能为 $0, 1, \cdots, n$；

(7) $\Omega_7 = \left\{ 0, \dfrac{1}{n}, \cdots, \dfrac{n \times 100}{n} \right\}$.

2. (1) $A\overline{B}\overline{C}$； (2) ABC； (3) ABC； (4) $\overline{AB}\overline{C}$； (5) $\overline{ABC}$； (6) $A \cup B \cup C$；
(7) $\overline{AB} \cup \overline{BC} \cup \overline{CA}$ 或 $A\overline{B}\overline{C} \cup \overline{A}B\overline{C} \cup \overline{A}\,\overline{B}C \cup \overline{A}\,\overline{B}\,\overline{C}$； (8) $AB \cup AC \cup BC$.

3. (1) 该生是三年级男生，但不是运动员； (2) 全系运动员都是三年级男生； (3) 全系运动员都是三年级学生； (4) 全系女生都在三年级，并且三年级学生都是女生.

4. 略.

5. (1) 成立； (2) 不成立； (3) 成立； (4) 成立； (5) 成立； (6) 成立； (7) 成立；
(8) 不成立.

6. (1) $A\overline{B} = \left\{ x \mid \dfrac{1}{4} < x < \dfrac{1}{2} \right\}$； (2) $A \cup \overline{B} = \left\{ x \mid \dfrac{1}{4} \leqslant x \leqslant 1 \right\} \cup \left\{ x \mid \dfrac{5}{4} \leqslant x \leqslant \dfrac{6}{4} \right\}$；

(3) $\overline{\overline{A}\overline{B}} = A \cup B = \left\{ \dfrac{1}{4} < x < \dfrac{5}{4} \right\}$； (4) $\overline{AB} = \left\{ x \mid 0 \leqslant x < \dfrac{1}{2} \right\} \cup \left\{ x \mid 1 < x \leqslant \dfrac{3}{2} \right\}$.

7. $p_1 = \dfrac{25}{216} = 0.115\,7$，$p_2 = \dfrac{27}{216} = 0.125$.

8. (1) $P(A) = \dfrac{A_n^k}{n^k}$，$k \leqslant n$； (2) $P(B) = \dfrac{C_k^r (n-1)^{k-r}}{n^k}$，$r \leqslant k$；

(3) $P(C) = \dfrac{\displaystyle\sum_{i=r}^{k} C_k^i (n-1)^{k-i}}{n^k} = 1 - \dfrac{\displaystyle\sum_{i=0}^{r-1} C_k^i (n-1)^{k-i}}{n^k}$，$r \leqslant k$.

9. $P(k) = \begin{cases} \dfrac{C_2^1 C_{2n}^k}{2^{2n}}, & k = n+1, n+2, \cdots, 2n, \\[2mm] \dfrac{C_{2n}^n}{2^{2n}}, & k = n. \end{cases}$

10. $p = \dfrac{n! C_{n+1}^m m!}{(n+m)!} = \dfrac{C_{n+1}^m}{C_{n+m}^m}.$

11. $p = \dfrac{7}{15} = 0.466\,7.$

12. $p = \dfrac{21}{40} = 0.525.$

13. 不可区分:(1) $p_1 \approx 0.098\,9$; (2) $p_2 = 0.223\,8.$

可区分:(1) $p_1 = 0.098\,4$; (2) $p_2 = 0.190\,1.$

14. (1) $p_1 = \dfrac{1}{19} = 0.052\,6$; (2) $p_2 = \dfrac{1}{57} = 0.017\,5.$

15. (1) $P(A) = \dfrac{C_n^2 C_{n-2}^{2k-4} \cdot 2^{2k-4}}{C_{2n}^{2k}}, k < \dfrac{n}{2}$; (2) $P(B) = \dfrac{C_n^k}{C_{2n}^{2k}}, k < \dfrac{n}{2}.$

16. (1) $P(A) = \dfrac{C_6^2 \cdot 9^4}{10^6} = 0.098\,4$; (2) $P(B) = \dfrac{A_{10}^6}{10^6} = 0.151\,2$;

(3) $P(C) = \dfrac{C_{10}^1 C_6^2 (C_4^1 C_9^1 C_8^1 + C_9^1 + A_9^4)}{10^6} = 0.498\,2$;

(4) $P(D) = 1 - P(B) = 1 - 0.151\,2 = 0.848\,8.$

17. $p_k = 1 - \dfrac{(n-1)^{k-1}}{n^k}, k = 1, 2, \cdots.$

18. 令 $A_i = \{$第 i 个盒中无球$\}, i = 1, 2, 3, 4,$ 则

$$p = 1 - P\left(\bigcup_{i=1}^4 A_i\right) = 1 - C_4^1\left(1 - \frac{1}{4}\right)^5 + C_4^2\left(1 - \frac{2}{4}\right)^5 - C_4^3\left(1 - \frac{3}{4}\right)^5 = 0.234\,4.$$

19. (1) $p_1 = \dfrac{1}{4}$; (2) $p_2 = \dfrac{5}{8}.$

20. $p = \dfrac{1}{4}.$

21. 选 23 名学生,使得在 23 名学生中至少有 2 名学生在同一天生日的概率为 $p = 0.507.$

22. $p = \dfrac{5}{8}.$

23. 提示:设一口袋内有 N 个球,其中有 n 个白球,$N-n$ 个黑球,从口袋中进行逐个不放回地取球,直到取到白球为止. 再令 $A_i = \{$第 i 次取到首个白球$\}, i = 1, 2, \cdots, N-n+1.$

24. $P(A) = \dfrac{C_{m-1}^{i-1} C_{n-m}^{k-i}}{C_n^k}, 1 \leqslant m \leqslant n, k \leqslant n.$

25. $p = \dfrac{1}{14} = 0.071\,4.$

26. 设 $A_i = \{$第 i 次取到黑球$\}, i = 1, 2, \cdots, n_1, A_{n_1+j} = \{$第 $n_1 + j$ 次取到白球$\}$ $j = 1, 2, \cdots, n_2,$

$$P(A_1 A_2 \cdots A_n) = \frac{b}{a+b} \cdot \frac{b+c}{a+b+c} \cdots \frac{b+(n_1-1)c}{a+b+(n_1-1)c} \cdot$$

$$\frac{a}{a+b+n_1 c} \cdot \frac{a+c}{a+b+(n_1+1)c} \cdots \frac{a+(n_2-1)c}{a+b+(n-1)c}.$$

27. $P(A) = \dfrac{\alpha^2}{1 - 2\alpha\beta}.$

28. $p = \dfrac{7}{20} = 0.35.$

29. $p_1 = \dfrac{5}{14}, \ p_2 = \dfrac{5}{14}, \ p_3 = \dfrac{2}{7}.$

30. $p = \dfrac{1}{3}.$

31. $p = \dfrac{5}{6}.$

32. $p = \dfrac{9}{13}.$

33. $P(B \mid A) = \dfrac{m}{m + n \cdot 2^r}.$

34. $P(A \mid B) = \dfrac{m-2}{m-2+n}, \ P(\bar{A} \mid B) = \dfrac{n}{m-2+n},$ 当 $m - 2 > n$ 时, 估计丢失的是白球;
当 $m - 2 < n$ 时, 估计丢失的是黑球.

35. (1) $P(S_1) = p_1 p_2 p_3 + p_1 p_4 - p_1 p_2 p_3 p_4,$ (2) $P(S_2) = 2p^2 + 2p^3 - 5p^4 + 2p^5.$

36. $P(A) = \begin{cases} (1-p)^{k-1} p, & k < n, \\ (1-p)^{n-1}, & k = n, \end{cases} \quad p = \dfrac{M}{N}.$

37. (1) $p_1 = 0.321;$ (2) $p_2 = 0.436.$

38. 三局二胜制甲获胜的概率为 $p_1 = 0.648$; 五局三胜制甲获胜的概率为 $p_2 = 0.682$; 因此五局三胜制甲获胜的可能性较大.

39. 甲应分得 750 元, 乙应分得 250 元.

40. $p = C_{2n-r}^n \left(\dfrac{1}{2} \right)^{2n-r}.$

41. (1) $P(A) = C_8^5 p^5 q^3;$ (2) $P(B \mid A) = \dfrac{1}{56}, B \subset A.$

42. (鹦鹉问题) $\dfrac{1}{2} (\text{或} \dfrac{1}{3}).$

习 题 2

1. $a = \dfrac{1}{2}, \ b = \dfrac{1}{\pi}.$

2. 略.

3. (1) $P(X \geqslant a) = 1 - F(a-0);$ (2) $P(|X| < a) = F(a-0) - F(-a).$

4. $X = i$ 表示抽检到的是 i 等产品 $(i = 1, 2, 3)$, $X \sim \begin{pmatrix} 1 & 2 & 3 \\ 0.72 & 0.24 & 0.04 \end{pmatrix}$,

$$F(x) = \begin{cases} 0, & x < 1, \\ 0.72, & 1 \leqslant x < 2, \\ 0.96, & 2 \leqslant x < 3, \\ 1, & x \geqslant 3. \end{cases}$$

$P(1 < X \leqslant 3) = P(X = 2) + P(X = 3) = 0.28,$

或 $P(1 < X \leqslant 3) = F(3) - F(2) = 0.28.$

5. 先求得 $X \sim \begin{pmatrix} 7 & 9 & 13 & 18 \\ 1/20 & 3/20 & 3/10 & 1/2 \end{pmatrix}$，由此得

$$F(x) = \begin{cases} 0, & x < 7, \\ 1/20, & 7 \leqslant x < 9, \\ 1/5, & 9 \leqslant x < 13, \\ 1/2, & 13 \leqslant x < 18, \\ 1, & x \geqslant 18. \end{cases}$$

$P(X = 7) = F(7) - F(7 - 0) = 1/20 - 0 = 1/20,$

$P(2 < X < 7) = F(7 - 0) - F(2) = 0 - 0 = 0,$

$P(7 \leqslant X < 13) = F(13 - 0) - F(7 - 0) = 1/5 - 0 = 1/5.$

6. (1) 不一定是,若再添加条件 $a \geqslant 0, b \geqslant -0.2, c \geqslant 0$,则可以是.

(2) 一定是,非负性与规范性都满足.

(3) 不是,规范性不满足.

7. $\begin{pmatrix} 1 & 2 & 3 & 4 & 5 & 6 \\ 11/36 & 9/36 & 7/36 & 5/36 & 3/36 & 1/36 \end{pmatrix}$.

8. $P(X = k) = \dfrac{1}{4}\left(\dfrac{3}{4}\right)^{k-1}, k = 1, 2, \cdots;$ $P(X$ 取偶数$) = \dfrac{3}{7}.$

9. (1) $a = \dfrac{15}{23}$ (2) $P(0 \leqslant X < 2) = \dfrac{20}{23}.$

10. $P(X = k) = \dfrac{1}{7}, k = 1, 2, \cdots, 7.$

11. (1) $P(X \geqslant 3) = \displaystyle\sum_{k=3}^{5} P_5(k) = \sum_{k=3}^{5} C_5^k 0.3^k 0.7^{5-k} \approx 0.1631;$

(2) $P(X \geqslant 3) = \displaystyle\sum_{k=3}^{7} P_7(k) = 1 - \sum_{k=0}^{2} P_7(k) \approx 0.3529.$

12. (1) 0.2242; (2) 0.1988; (3) 0.577; (4) 0.9504.

13. (1) 0.0138; (2) 0.9806.

14. $[(n+1)p] = [3.3] = 3;\ P(X = 3) = C_{10}^3 0.3^3 0.7^7 \approx 0.2668.$

15. 这台机器人在迷宫的路口有做出正确选择的能力. 因为假设机器人没有正确选择的能力,即在每个路口只能随机选择,则它抵达终点的概率为 1/32,抵达终点的次数 $X \sim B(10, 1/32)$. $P(X = 3) = P_{10}(3) = C_{10}^3 (1/32)^3 (31/32)^7 \approx 0.0029 < 0.01$. 这是小概率事件,在 10 次伯努利试验中一般是不会发生的,现在居然发生了,则有理由怀疑假设是错误的,即机器人有正确选择的能力.

16. 月初库存 8 颗钻石(通过查泊松分布表计算).

17. (1) 0.1042; (2) 0.9972.

18. (1) $e^{-2/3}$; (2) $1 - e^{-\frac{3}{2}} - \dfrac{5}{2} e^{-5/2}.$

19. $P(X = 3) = \dfrac{4}{3}\mathrm{e}^{-2} > \dfrac{2}{3}\mathrm{e}^{-2} = P(X = 4)$.

20. 若 λ 为整数,则当 $k = \lambda$ 或 $k = \lambda - 1$ 时,$P(X = k)$ 最大;

若 λ 非整数,则当 $k = [\lambda]$ 时,$P(X = k)$ 最大.

21. 提示:用数学归纳法证明.

22.

X	0	1	2	3
P	$\dfrac{1}{12}$	$\dfrac{5}{12}$	$\dfrac{5}{12}$	$\dfrac{1}{12}$

$$P(X = k) = \frac{\mathrm{C}_5^k \mathrm{C}_5^{3-k}}{\mathrm{C}_{10}^3},\ k = 0,1,2,3.$$

23. (1) $P(X = k) = \dfrac{97}{100}\left(\dfrac{3}{100}\right)^{k-1}$, $k = 1,2,\cdots$;

(2) $P(X = 1) = \dfrac{97}{100}$, $P(X = 2) = \dfrac{3}{100} \cdot \dfrac{97}{99}$,

$P(X = 3) = \dfrac{3}{100} \cdot \dfrac{2}{99} \cdot \dfrac{97}{98}$, $P(X = 4) = \dfrac{3}{100} \cdot \dfrac{2}{99} \cdot \dfrac{1}{98} \cdot \dfrac{97}{97}$.

24. $P(X = k) = p(1-p)^k$, $k = 0,1,2,\cdots$.

25. (1) $a = 1$, $b = -1$, $c < 0$. (2) $a = \dfrac{1}{3}$, $b = \dfrac{1}{3}$.

26. (1) $P(X = 2) = 0$; $P(X < \mathrm{e}) = 1$, $P(2 \leqslant X < 3) = 1 - \ln 2$;

$P(2 < X < 5/2) = \ln \dfrac{5}{4}$.

(2) $f(x) = \begin{cases} 1/x, & 1 \leqslant x < \mathrm{e}, \\ 0, & \text{其他}. \end{cases}$

27. 略.

28. (1) $a = 1$, $b = 2$; (2) $F(x) = \begin{cases} 0, & x < 0, \\ x^2/2, & 0 \leqslant x < 1, \\ -x^2/2 + 2x - 1, & 1 \leqslant x < 2, \\ 1, & x \geqslant 2. \end{cases}$

29. (1) $a = 1/\pi$; (2) $P(|X| < 1/2) = 1/3$;

(3) $F(x) = \begin{cases} 0, & x < -1, \\ \dfrac{1}{2} + \dfrac{1}{\pi}\arcsin x, & -1 \leqslant x < 1, \\ 1, & x \geqslant 1. \end{cases}$

30. $a = 1/2$; $F(x) = \begin{cases} \dfrac{1}{2}\mathrm{e}^x, & x < 0, \\ 1 - \dfrac{1}{2}\mathrm{e}^{-x}, & x \geqslant 0. \end{cases}$

31. $P(Y = 0) = \dfrac{8}{27}$, $P(Y = 1) = \dfrac{4}{9}$.

(其中损坏电子管数 $Y \sim B(3, p)$, $p = P(X < 1\,500)$)

32. $P(4 \leqslant X \leqslant 10) = 0.6$（到达时间 $X \sim U(0,10)$，等候不超 6 分钟相当于在 4 到 10 分钟之间到达）.

33. $f(x) = \begin{cases} 100, & -0.005 \leqslant x \leqslant 0.005, \\ 0, & \text{其他.} \end{cases}$ $\quad P(|X| \leqslant 0.002) = 0.4.$

34. (1) 0.6; (2) $a = \dfrac{11}{3}$, $a = -15$.

35. (1) $1 - e^{-0.04} \approx 0.039\,2$; (2) 0.818 7; (3) 0.818 7.

36. 9.52%（退换元件占总产量的比例即元件被退换的概率）.

37. 0.566 3.

38. (1) 0.401 3; (2) $0.5 + \Phi(0.75) - 1 \approx 0.273\,4$; (3) $\Phi(0.5) - \Phi(-4.5) = 0.691\,5$.

39. $c = 2.$

40. $P(X > 1) = 0.9.$

41. 不合格概率为 0.045 6.

42. $P(Y \geqslant 1) = 0.905\,8$，其中 $Y \sim B(3, p)$，$p = P(X > 65) = 0.545$，$\sigma = 8.89.$

43. $P(|X| > 23.26) = 0.02$；$Y \sim B(200, 0.02)$，$P(Y > 4) \approx 1 - \dfrac{71}{3}e^{-4} \approx 0.566\,5.$

44. 最低录取约为 406 分. 提示:设学生高考成绩 $X \sim N(\mu, \sigma^2) \Rightarrow \mu \approx 421$, $\sigma \approx 59.$

45. $Y \sim \begin{pmatrix} -2 & 1 \\ 0.6 & 0.4 \end{pmatrix}$, $Z \sim \begin{pmatrix} 1 & 2 \\ 0.6 & 0.4 \end{pmatrix}.$

46. $Y \sim \begin{pmatrix} -1 & 1 \\ 0.4 & 0.6 \end{pmatrix}.$

47. $Y \sim \begin{bmatrix} -1 & 0 & 1 \\ \dfrac{p(1-p)^3}{1-(1-p)^4} & \dfrac{p}{1-(1-p)^2} & \dfrac{p(1-p)}{1-(1-p)^4} \end{bmatrix}.$

48. (1) $f_Y(y) = \begin{cases} 1, & y \in (0,1), \\ 0, & y \notin (0,1). \end{cases}$ (2) $f_Y(y) = \begin{cases} 0, & y \geqslant 0, \\ e^y, & y < 0. \end{cases}$

(3) $f_Y(y) = \begin{cases} 1/y, & y \in (1, e), \\ 0, & y \notin (1, e). \end{cases}$ (4) $f_Y(y) = \begin{cases} 1/(2\sqrt{y}), & y \in (0,1), \\ 0, & y \notin (0,1). \end{cases}$

49. (1) $f_Y(y) = \begin{cases} \dfrac{1}{2} e^{-\frac{y-1}{2}}, & y > 1, \\ 0, & y \leqslant 1. \end{cases}$

(2) $f_Y(y) = \begin{cases} \dfrac{1}{y^2}, & y > 1, \\ 0, & y \leqslant 1. \end{cases}$

(3) $f_Y(y) = \begin{cases} \dfrac{1}{2\sqrt{y}} e^{-\sqrt{y}}, & y > 0, \\ 0, & y \leqslant 0. \end{cases}$

50. (1) $f_Y(y) = \dfrac{1}{2\sqrt{2\pi}} e^{-\frac{(y+1)^2}{8}}$, $-\infty < y < \infty.$

(2) $f_Y(y) = \begin{cases} \dfrac{1}{y\sqrt{2\pi}} e^{-\frac{(\ln y)^2}{2}}, & y > 0, \\ 0, & y \leqslant 0. \end{cases}$

(3) $f_Y(y) = \begin{cases} \sqrt{\dfrac{2}{\pi}} e^{-\frac{y^2}{2}}, & y > 0, \\ 0, & y \leqslant 0. \end{cases}$

51. $F_Y(y) = \begin{cases} \Phi(y/2), & y \geqslant 0, \\ 0, & y < 0. \end{cases}$

52. $F_Y(y) = 1 - F\left(\dfrac{3-y}{2} - 0\right)$, 其中 $F(a-0) = \lim\limits_{x \to a^-} F(x)$.

53. $f(x) = \begin{cases} \dfrac{1}{\pi\sqrt{1-x^2}}, & |x| < 1, \\ 0, & |x| \geqslant 1. \end{cases}$

提示:先求 X 的分布函数 $F(x) = \begin{cases} 0, & x < -1, \\ 1 - \dfrac{1}{\pi}\arccos x, & -1 \leqslant x < 1, \\ 1, & x \geqslant 1. \end{cases}$

54. $f(x) = f_\theta(\theta) |\theta'| = \dfrac{1}{\pi(1+x^2)}, -\infty < x < \infty.$

本题提供了 Cauchy 分布的几何背景.

习 题 3

1.

Y \ X	0	1	2	3
0	0	0	$\dfrac{3}{35}$	$\dfrac{2}{35}$
1	0	$\dfrac{6}{35}$	$\dfrac{12}{35}$	$\dfrac{2}{35}$
2	$\dfrac{1}{35}$	$\dfrac{6}{35}$	$\dfrac{3}{35}$	0

2.

X \ Y	0	1	2	3	$p_i \cdot$
0	$\dfrac{1}{56}$	$\dfrac{9}{56}$	$\dfrac{9}{56}$	$\dfrac{1}{56}$	$\dfrac{5}{14}$
1	$\dfrac{6}{56}$	$\dfrac{18}{56}$	$\dfrac{6}{56}$	0	$\dfrac{15}{28}$
2	$\dfrac{3}{56}$	$\dfrac{3}{56}$	0	0	$\dfrac{3}{28}$
$p \cdot j$	$\dfrac{5}{28}$	$\dfrac{15}{28}$	$\dfrac{15}{56}$	$\dfrac{1}{56}$	

3.

X\Y	0	1	2	3	$p_i._{\cdot}$
0	$\dfrac{1}{8}$	$\dfrac{1}{8}$	0	0	$\dfrac{1}{4}$
1	0	$\dfrac{1}{4}$	$\dfrac{1}{4}$	0	$\dfrac{1}{2}$
2	0	0	$\dfrac{1}{8}$	$\dfrac{1}{8}$	$\dfrac{1}{4}$
$p._{\cdot j}$	$\dfrac{1}{8}$	$\dfrac{3}{8}$	$\dfrac{3}{8}$	$\dfrac{1}{8}$	

4.

Y_1\\Y_2	-1	1	$p_i._{\cdot}$
0	0	$\dfrac{1}{3}$	$\dfrac{1}{3}$
1	$\dfrac{1}{3}$	0	$\dfrac{1}{3}$
2	$\dfrac{1}{3}$	0	$\dfrac{1}{3}$
$p._{\cdot j}$	$\dfrac{2}{3}$	$\dfrac{1}{3}$	

5. (1) $k = 12$;　(2) $(1-\mathrm{e}^{-3})(1-\mathrm{e}^{-8}) = 0.949\,9$;

(3) $F(x, y) = \begin{cases} (1-\mathrm{e}^{-3x})(1-\mathrm{e}^{-4y}), & x > 0,\ y > 0, \\ 0, & \text{其他.} \end{cases}$

6. (1) $k = \dfrac{3}{8\pi}$;　(2) $\dfrac{1}{2}$.

7. (1) $k = 8$;　(2) $\dfrac{1}{6}$;　(3) $f_X(x) = \begin{cases} 4x - 4x^3, & 0 \leqslant x < 1, \\ 0, & \text{其他,} \end{cases}$　$f_Y(y) = \begin{cases} 4y^3, & 0 \leqslant y < 1, \\ 0, & \text{其他.} \end{cases}$

8. (1) $k = \dfrac{21}{4}$;　(2) $f_X(x) = \begin{cases} \dfrac{21}{8}(1-x^4), & -1 \leqslant x < 1, \\ 0, & \text{其他,} \end{cases}$　$f_Y(y) = \begin{cases} \dfrac{7}{2}y^{\frac{5}{2}}, & 0 \leqslant y < 1, \\ 0, & \text{其他.} \end{cases}$

9. (1) $f_X(x) = \begin{cases} \dfrac{2}{\pi a^2}\sqrt{a^2 - x^2}, & -a \leqslant x < a, \\ 0, & \text{其他,} \end{cases}$　$f_Y(y) = \begin{cases} \dfrac{4}{\pi a^2}\sqrt{a^2 - y^2}, & 0 < y < a, \\ 0, & \text{其他.} \end{cases}$

(2) $\dfrac{1}{4}$.

10. $f_X(x) = \begin{cases} \mathrm{e}^{-x}, & x > 0, \\ 0, & x \leqslant 0, \end{cases}$　$f_Y(y) = \begin{cases} y\mathrm{e}^{-y}, & y > 0, \\ 0, & y \leqslant 0. \end{cases}$

11. (1)

X\Y	0	1	$p_i._{\cdot}$
-1	$\dfrac{1}{4}$	0	$\dfrac{1}{4}$
0	0	$\dfrac{1}{2}$	$\dfrac{1}{2}$
1	$\dfrac{1}{4}$	0	$\dfrac{1}{4}$
$p._{\cdot j}$	$\dfrac{1}{4}$	$\dfrac{1}{2}$	

(2) 不独立.

12. (1) $f_X(x) = \begin{cases} 3x^2, & 0 \leqslant x \leqslant 1, \\ 0, & \text{其他,} \end{cases}$　$f_Y(y) = \begin{cases} \dfrac{3}{2}(1-y^2), & 0 \leqslant y \leqslant 1, \\ 0, & \text{其他.} \end{cases}$

(2) X 与 Y 不相互独立.

13. (1) $f(x, y) = \begin{cases} \dfrac{1}{2}e^{-\frac{y}{2}}, & 0 < x < 1, y > 0, \\ 0, & \text{其他,} \end{cases}$ (2) 0.144 5.

14. (1) $f(x, y) = \begin{cases} \dfrac{1}{2 \times 10^6}e^{-\frac{2x+y}{2\,000}}, & x > 0, y > 0, \\ 0, & \text{其他,} \end{cases}$ (2) $e^{-\frac{3}{2}} = 0.223$, $\dfrac{2}{3}$.

15. 略.

16. (1) $\dfrac{5}{6}$; (2) $\dfrac{1}{3}$.

17.

X	0	1
$P(X \mid Y = 1)$	$\dfrac{1}{4}$	$\dfrac{3}{4}$

X	0	1
$P(X \mid Y \neq 1)$	0.5	0.5

18. (1) 当 $0 \leqslant y \leqslant 1$ 时,

$$f_{X|Y}(x \mid y) = \begin{cases} \dfrac{3}{2}x^2 y^{-\frac{3}{2}}, & -\sqrt{y} < x < \sqrt{y}, \\ 0, & \text{其他,} \end{cases}$$

$$f_{X|Y}\left(x \,\Big|\, y = \dfrac{1}{2}\right) = \begin{cases} 3\sqrt{2}x^2, & -\dfrac{1}{\sqrt{2}} < x < \dfrac{1}{\sqrt{2}}, \\ 0, & \text{其他;} \end{cases}$$

(2) 当 $-1 < x < 1$ 时,

$$f_{Y|X}(y \mid x) = \begin{cases} \dfrac{2y}{1-x^4}, & x^2 < y < 1, \\ 0, & \text{其他,} \end{cases} \quad f_{Y|X}\left(y \,\Big|\, x = \dfrac{1}{3}\right) = \begin{cases} \dfrac{81}{40}y, & \dfrac{1}{9} < y < 1, \\ 0, & \text{其他;} \end{cases}$$

(3) $f_{Y|X}\left(y \,\Big|\, x = \dfrac{1}{2}\right) = \begin{cases} \dfrac{32}{15}y, & \dfrac{1}{4} < y < 1, \\ 0, & \text{其他,} \end{cases}$ 得 $P\left(Y \geqslant \dfrac{1}{4} \,\Big|\, X = \dfrac{1}{2}\right) = 1$,

$P\left(Y \geqslant \dfrac{3}{4} \,\Big|\, X = \dfrac{1}{2}\right) = \dfrac{7}{15}$.

19. 当 $|y| \leqslant 1$, $f_{X|Y}(x \mid y) = \begin{cases} \dfrac{1}{1-|y|}, & |y| < x < 1, \\ 0, & \text{其他.} \end{cases}$

当 $0 < x < 1$, $f_{Y|X}(y \mid x) = \begin{cases} \dfrac{1}{2x}, & |y| < x, \\ 0, & \text{其他.} \end{cases}$

20. $f_X(x) = \begin{cases} \dfrac{15}{2}x^2(1-x^2), & 0 < x < 1, \\ 0, & \text{其他.} \end{cases}$

$P(X > 0.5) = \displaystyle\int_{0.5}^{+\infty} f_X(x)\mathrm{d}x = \int_{0.5}^{1} \dfrac{15}{2}x^2(1-x^2)\mathrm{d}x = \dfrac{47}{64}$.

21. (1) $f(x, y) = \begin{cases} \dfrac{x}{2}\mathrm{e}^{-\frac{xy}{2}}, & 0 < x < 1, \; y > 0, \\ 0, & \text{其他.} \end{cases}$ (2) $1 - \sqrt{2\pi}\,[\Phi(1) - \Phi(0)] = 0.144\,5.$

22. (1) $0.367\,9$；(2) $f_X(x) = \begin{cases} 10, & 0.1 < x < 0.2, \\ 0, & \text{其他.} \end{cases}$ (3) $0.548\,8, \; 0.449\,3.$

23. $F\left(y \,\Big|\, 0 < X < \dfrac{1}{n}\right) = \begin{cases} 0, & y \leqslant 0, \\ \dfrac{y(1 + ny)}{n + 1}, & 0 < y \leqslant 1, \\ 1, & y > 1. \end{cases}$

24.

Z	0	1	2	3	4	5	6	7	8
P_i	0	0.02	0.06	0.13	0.19	0.24	0.19	0.12	0.05

M	0	1	2	3	4	5
P_i	0	0.04	0.16	0.28	0.24	0.28

N	0	1	2	3
P_i	0.28	0.30	0.25	0.17

25. 略. **26.** 略.

27. (1) $P(X + Y = n) = \dfrac{(\lambda_1 + \lambda_2)^n \mathrm{e}^{-(\lambda_1 + \lambda_2)}}{n!}, \; n = 1, 2, \cdots;$

(2) $P(X = k \mid X + Y = n) = \mathrm{C}_n^k \left(\dfrac{\lambda_1}{\lambda_1 + \lambda_2}\right)^k \left(\dfrac{\lambda_2}{\lambda_1 + \lambda_2}\right)^{n-k}, \; k = 1, 2, \cdots, n.$

28. $0.3.$

29. (1) $f_{Z_1}(z) = \begin{cases} 1 - \mathrm{e}^{-z}, & 0 \leqslant z < 1, \\ (\mathrm{e} - 1)\mathrm{e}^{-z}, & z \geqslant 1, \\ 0, & \text{其他；} \end{cases}$

(2) $f_{Z_2}(z) = \begin{cases} 0, & z < 0, \\ \dfrac{1}{2}(1 - \mathrm{e}^{-z}), & 0 \leqslant z < 2, \\ \dfrac{1}{2}(\mathrm{e}^2 - 1)\mathrm{e}^{-z}, & z \geqslant 2. \end{cases}$

30. $f_Z(z) = \dfrac{1}{2b}\left(\Phi\left(\dfrac{b + \mu - z}{\sigma}\right) - \Phi\left(\dfrac{-b + \mu - z}{\sigma}\right)\right).$

31. (1) $f_1(x) = \begin{cases} \dfrac{x^3}{3!}, & x > 0, \\ 0, & x \leqslant 0, \end{cases}$ (2) $f_2(x) = \begin{cases} \dfrac{x^5}{5!}, & x > 0, \\ 0, & x \leqslant 0. \end{cases}$

32. $f_Z(x) = \begin{cases} \dfrac{1}{2}, & 0 < z < 1, \\ \dfrac{1}{2z^2}, & z \geqslant 1, \\ 0, & \text{其他.} \end{cases}$

33. 略.

34. (1) $F_Z(z) = \begin{cases} (1-e^{-\frac{z^2}{8}}), & z \geqslant 0, \\ 0, & z < 0. \end{cases}$

(2) $P(Z > 4) = 1 - (1-e^{-2})^5 = 0.5167.$

35. $f_Z(z) = \begin{cases} \dfrac{1}{2}(2-z), & 0 < z < 2, \\ 0, & \text{其他.} \end{cases}$

36. (1) $F(x, y)$的图形(见答图 3.1).
(2) $F(x, y)$为奇异型联合分布函数.

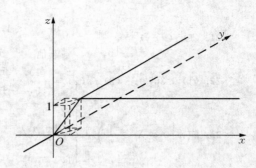

答图 3.1

习 题 4

1. $E(X) = 2.03(部).$

2. $\dfrac{4}{3}(位).$

3. $2.4(颗).$

4. $\dfrac{93}{16} = 5.8125(局).$

5. $\dfrac{3}{7}(件).$

6. $n\left(1-\left(1-\dfrac{1}{n}\right)^m\right)(次).$

7. 最低保费为$(0.05+p)m$元.

8. 平均付 7.9 元.

9. $X \sim \begin{pmatrix} -1 & 0 & 1 \\ 0.4 & 0.1 & 0.5 \end{pmatrix}.$

10. $E(X) = \dfrac{1}{3}$, $E(2X+1) = \dfrac{5}{3}$, $E(e^{-X}) = 2e^{-1}.$

11. $E(2X) = 2$, $E(e^{-2X}) = \dfrac{1}{3}.$

12. $\dfrac{\pi}{24}(a+b)(a^2+b^2).$

13. $\mu \approx 10.9(mm).$

14. 等候时间的期望为 10 分 25 秒.

15. $E(XY) = 4$, $D(X-Y) = \dfrac{19}{18}.$

16. $E(X+Y) = \dfrac{3}{4}$, $E(2X-3Y^2) = \dfrac{5}{8}$, $D(X+Y) = \dfrac{5}{16}.$

17. $E(X) = \dfrac{n+1}{2}$, $D(X) = \dfrac{n^2-1}{12}.$

18. $E(X) = 21$, $D(X) = \dfrac{35}{2}.$

19. (1) $a = \dfrac{1}{4}$, $b = 1$, $c = \dfrac{1}{4}$; (2) $E(Y) = \dfrac{1}{4}(e^2 - 1)^2$, $D(X) = \dfrac{1}{4}e^2(e^2 - 1)^2$.

20. $E(2X^2) = \dfrac{1}{6}$, $D(2X^2) = \dfrac{1}{45}$.

21. $E(Z) = 12$, $D(Z) = 9$.

22. 数学期望为 $\dfrac{l}{3}$, 方差为 $\dfrac{l^2}{18}$.

23~25. 略.

26. $D(XY) = \dfrac{56}{3}$.

27. 不超过 0.1159.

28. 每毫升含白细胞数在 $5\,200 \sim 9\,400$ 之间的概率大于等于 $\dfrac{8}{9}$.

29. $\overline{X}$ 落在 $[270, 300]$ 之间的概率大于等于 $1 - \dfrac{1}{9n}$.

30. $E(X) = 0.7$, $E(Y) = 0.6$, $D(X) = 0.21$, $D(Y) = 0.24$, $\text{cov}(X, Y) = -0.02$, $\rho_{XY} = -0.09$,

协方差矩阵 $\boldsymbol{C} = \begin{pmatrix} 0.21 & -0.02 \\ -0.02 & 0.24 \end{pmatrix}$.

31. $E(X) = \dfrac{7}{6}$, $E(Y) = \dfrac{7}{6}$, $D(X) = \dfrac{11}{36}$, $D(Y) = \dfrac{11}{36}$, $\text{cov}(X, Y) = -\dfrac{1}{36}$, $\rho_{XY} = -\dfrac{1}{11}$,

协方差矩阵 $\boldsymbol{C} = \begin{pmatrix} \dfrac{11}{36} & -\dfrac{1}{36} \\ -\dfrac{1}{36} & \dfrac{11}{36} \end{pmatrix}$.

32. 略. **33.** 略.

34. $f(x, y) = \dfrac{1}{32\pi} e^{-\frac{25}{32}\left(\frac{x^2}{16} - \frac{3xy}{50} + \frac{y^2}{25}\right)}$.

35. $D(X + Y) = 85$, $D(X - Y) = 37$.

36. $\rho_{UV} = \dfrac{5}{26}\sqrt{13}$.

习 题 5

1~6. 提示:只要验证 Markov 条件满足就行.

7. (1) 随机投点法. 先用计算机产生 $(0, 1)$ 上均匀分布的 $2n$ 个随机数, 构成 n 对数据 (x_i, y_i), $i = 1, 2, \cdots, n$. 记 $f(x) = \dfrac{e^x - 1}{e - 1}$, 则在 $(0, 1)$ 上 $0 \leqslant f(x) \leqslant 1$. 以 m 表示满足 $y_i \leqslant f(x_i)$ 的次数, 则 $J \approx \dfrac{m}{n}$.

平均值法. 先用计算机产生 n 个 $(0, 1)$ 上均匀分布的随机数 x_i, $i = 1, 2, \cdots, n$, 然后对每个 x_i, 计算 $f(x_i)$, 最后得 $J \approx \dfrac{1}{n} \sum_{i=1}^{n} f(x_i)$.

(2) 先作线性变换 $y = x/\pi$, $J = \int_0^\pi (\sin x)^2 \mathrm{d}x = \pi \int_0^1 (\sin \pi y)^2 \mathrm{d}y = \pi \tilde{J}$. 再对 $\tilde{J} = \int_0^1 (\sin \pi y)^2 \mathrm{d}y$ 相仿(1)的解法(略).

(3) 先作线性变换 $y = (x+1)/2$, $J = \int_{-1}^1 \mathrm{e}^x \mathrm{d}x = 2 \int_0^1 \mathrm{e}^{2y-1} \mathrm{d}y$,

又 $\mathrm{e}^{-1} \leqslant g(x) = \mathrm{e}^x \leqslant \mathrm{e}$, 令 $f(y) = \dfrac{g(2y-1) - \mathrm{e}^{-1}}{\mathrm{e} - \mathrm{e}^{-1}} = \dfrac{\mathrm{e}^{2y-1} - \mathrm{e}^{-1}}{\mathrm{e} - \mathrm{e}^{-1}}$, 则 $0 \leqslant f(y) \leqslant 1$, 且 $\mathrm{e}^{2y-1} = (\mathrm{e} - \mathrm{e}^{-1}) f(y) + \mathrm{e}^{-1}$, 于是

$$J = \int_{-1}^1 \mathrm{e}^x \mathrm{d}x = 2 \int_0^1 \mathrm{e}^{2y-1} \mathrm{d}y = 2(\mathrm{e} - \mathrm{e}^{-1}) \int_0^1 f(y) \mathrm{d}y + 2\mathrm{e}^{-1}$$
$$= 2(\mathrm{e} - \mathrm{e}^{-1}) \hat{J} + 2\mathrm{e}^{-1},$$

再对 $\hat{J} = \int_0^1 f(y) \mathrm{d}y$ 相仿(1)的解法(略).

8. 该大学总机至少要安装 $N = 91$ 条外线.

9. $P(V > 145) \approx 0.625\,5$.

10. $N > 1\,227.9$ 万元.

11. (1) $P(X > 76\,000) \approx 0.022\,8$;

(2) 电力公司每天至少需向该地区供应 $N = 76\,550\,\mathrm{kW \cdot h}$ 电.

12. (1) $E(X) = 80 \times 3\,600 = 288\,000$;

(2) $P(|X - 288\,000| < 3\,000) \approx 0.785$.

13. $P(X > 130) \approx 0.870\,8$.

14. 略.

15. $P(T > 320) \approx 0.355\,7$.

16. $n = 97$;电视台需安排 7 人作调查.

习 题 6

1. (1) 总体是某地区两年前毕业的金融专业本科生现在的月薪;

(2) 样本是被调查的 48 名两年前毕业的金融专业本科生现在的月薪;

(3) 样本容量是 48.

2. 毕业生回校作的月薪数的登记是全体毕业生中的一个特殊群体(子总体)的一个样本,它只能反映该子总体的特征,不能反映全体毕业生的月薪情况,故此说法有忽悠人之嫌.

3. (1) $\Omega = \{(x_1, x_2, \cdots, x_n) \mid x_i = 0, 1, \cdots, N; i = 1, 2, \cdots, n\}$;

(2) $P(X_1 = x_1, X_2 = x_2, \cdots, X_{10} = x_{10}) = p^{\sum\limits_{i=1}^{10} x_i} (1-p)^{10N - \sum\limits_{i=1}^{10} x_i} \prod\limits_{i=1}^{10} \mathrm{C}_N^{x_i}$, $x_i = 0, 1, \cdots, N$, $i = 1, 2, \cdots, n$;

(3) $E(\overline{X}) = NP$, $D(\overline{X}) = Np(1-p)/n$, $E(S^2) = Np(1-p)$.

4. 样本容量 n 至少为 139.

5. $E(\overline{X}) = \dfrac{5}{2}$，$D(\overline{X}) = \dfrac{25}{12n}$.

6. $\rho = -\dfrac{1}{n-1}$，解释：由于偏差总和 $\sum\limits_{k=1}^{n}(X_i - \overline{X}) = 0$，故其中任意一个偏差 $X_i - \overline{X}$ 的增加，都会使另一个偏差 $X_j - \overline{X}$ 减少的机会增加，因而两者的相关系数为负.

7. 0.674 4.

8. 除(4)(6)外都是统计量，其中(2)是顺序统计量.

9. $E(X_{(1)}) = \dfrac{1}{n\lambda}$，$E(X_{(n)}) = \dfrac{n}{\lambda}\sum\limits_{k=1}^{n}(-1)^{k-1}C_n^k\dfrac{1}{k^2}$.

10. 略.

11. (1) $\overline{X} = \sum\limits_{i=1}^{12}x_i = \dfrac{25.32}{12} = 2.11$，$\tilde{x} = (x_{(6)} + x_{(7)})/2 = 2.11$；

(2) $F_n(x) = \begin{cases} 0, & x < 2.1, \\ 1/3, & 2.1 \leqslant x < 2.11, \\ 3/4, & 2.11 \leqslant x < 2.12, \\ 11/12, & 2.12 \leqslant x < 2.13, \\ 1, & x \geqslant 2.13. \end{cases}$

分布函数 $F_n(x)$ 的图像，见答图 6.1.

12. 略. **13.** 略.

14. (1) 0.1； (2) 0.05.

15. $a = \dfrac{1}{20}$，$b = \dfrac{1}{100}$.

16. (1) $Y \sim \chi^2(2)$； (2) $E(Y) = 2$，$E(Y^2) = 8$.

17. $Y \sim t(3)$.

18. $Y \sim t(n-1)$.

19. $P(X > 1) = 0.5$.

20. (1) $Y \sim F(1, 1)$； (2) $Y \sim F(1, n-1)$.

21. $k = \dfrac{161.45}{1 + 161.45} = 0.993\,8$.

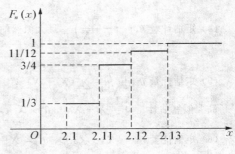
答图 6.1

提示：利用题 20(1)的结论 $Y = \left(\dfrac{X_1 + X_2}{X_1 - X_2}\right)^2 \sim F(1, 1)$.

22. 提示：先证明两个结论：

① 若 $X \sim F(x)$，且 $F(x)$ 是严格单调增的连续函数，则 $Y = F(X) \sim U(0, 1)$；

② 若 $Y \sim U(0, 1)$，则 $Z = -\ln Y \sim \chi^2(2)$.

23. 提示：令 $X = \dfrac{Z}{W}$，其中 $Z \sim N(0, 1)$，$W \sim \chi^2(n)$.

24. 提示：先证明 $2\lambda X_i \sim \chi^2(2)$，再利用 χ^2 分布的可加性.

习　题　7

1. $\hat{\mu} = 0.34$.

2. $\hat{\lambda} = 3.43$.

3. $\tilde{x} = 33.5$, $\overline{x} = 36.5$, $r = 37$, $s^2 = 187.7668$, $s = 13.7028$.

4. $\hat{\mu} = 8.9$, $\hat{\sigma} = 3.8$.

5. 矩估计量为 $\hat{p} = \dfrac{\overline{X} - S_n^2}{\overline{X}}$, $\hat{k} = \left[\dfrac{\overline{X}^2}{\overline{X} - S_n^2} \right]$，其中 $S_n^2 = \dfrac{1}{n} \sum\limits_{i=1}^{n} (X_i - \overline{X})^2$，$[x]$ 表示取 x 最大整数部分.

6. 矩估计量为 $\hat{\theta} = \dfrac{\overline{X}}{2 - \overline{X}}$.

7. 最大似然估计值 $\hat{\lambda} = \dfrac{1}{1\,168} \approx 0.000\,86$.

8. （1）矩估计量和最大似然估计量均为 $\hat{\theta} = \overline{X}$；

（2）矩估计量和最大似然估计量均为 $\hat{\theta} = \dfrac{1}{\overline{X}}$；

（3）矩估计量 $\hat{\theta} = \dfrac{\overline{X}}{\overline{X} - c}$，最大似然估计量 $\hat{\theta} = \dfrac{n}{\sum\limits_{i=1}^{n} \ln X_i - n \ln c}$；

（4）矩估计量 $\hat{\theta} = \left(\dfrac{\overline{X}}{1 - \overline{X}} \right)^2$，最大似然估计量 $\hat{\theta} = \dfrac{n^2}{(\sum\limits_{i=1}^{n} \ln X_i)^2}$；

（5）矩估计量 $\hat{\theta} = \sqrt{\dfrac{1}{n} \sum\limits_{i=1}^{n} (X_i - \overline{X})^2}$，$\hat{\mu} = \overline{X} - \sqrt{\dfrac{1}{n} \sum\limits_{i=1}^{n} (X_i - \overline{X})^2}$，

最大似然估计量 $\hat{\theta} = \overline{X} - X_{(1)}$，$\hat{\mu} = X_{(1)}$，其中 $X_{(1)} = \min\limits_{1 \leqslant i \leqslant n} \{X_i\}$；

（6）矩估计量 $\hat{\theta}_1 = \overline{X} - \sqrt{3 S_n^2}$，$\hat{\theta}_2 = \overline{X} + \sqrt{3 S_n^2}$，其中 $S_n^2 = \dfrac{1}{n} \sum\limits_{i=1}^{n} (X_i - \overline{X})^2$，

最大似然估计量 $\hat{\theta}_1 = X_{(1)} = \min\limits_{1 \leqslant i \leqslant n} \{X_i\}$，$\hat{\theta}_2 = X_{(n)} = \max\limits_{1 \leqslant i \leqslant n} \{X_i\}$.

9. 矩估计值 $\hat{\theta} = \dfrac{1}{4}$，最大似然估计值 $\hat{\theta} = \dfrac{7 - \sqrt{13}}{12}$.

10. （1）矩估计量 $\hat{\beta} = \dfrac{\overline{X}}{\overline{X} - 1}$，最大似然估计量 $\hat{\beta} = \dfrac{n}{\sum\limits_{i=1}^{n} \ln X_i}$；

（2）当 $\beta = 2$ 时，最大似然估计量 $\hat{\alpha} = X_{(1)} = \min\limits_{1 \leqslant i \leqslant n} \{X_i\}$.

11. $\hat{E}(X) = e^{\hat{\mu} + \frac{1}{2} \hat{\sigma}^2}$，$\hat{D}(X) = (\hat{E}(X))^2 (e^{\hat{\sigma}^2} - 1)$.

12. $c = \dfrac{1}{2(n-1)}$.

13. 略.

14. （1）$\mu_1 - \mu_2$ 的无偏估计量 $\hat{\mu}_w = \overline{X} - \overline{Y}$，（2）略.

15. λ^2 的无偏估计量 $\hat{\lambda^2} = \dfrac{1}{n}\sum\limits_{i=1}^{n} X_i(X_i - 1)$.

16. 略. **17.** 略.

18. (1) $F(x) = \begin{cases} 1 - \mathrm{e}^{-2(x-\theta)}, & x \geqslant \theta, \\ 0, & x < \theta; \end{cases}$

(2) $F_{\hat{\theta}}(y) = \begin{cases} 1 - \mathrm{e}^{-2n(y-\theta)}, & y \geqslant \theta, \\ 0, & y < \theta; \end{cases}$

(3) 由于 $E(\hat{\theta}) = \int_{-\infty}^{+\infty} y f_{\hat{\theta}}(y)\mathrm{d}y = \int_{\theta}^{+\infty} 2ny\mathrm{e}^{-2n(y-\theta)}\mathrm{d}y = \theta + \dfrac{1}{2n} \neq \theta$, 所以 $\hat{\theta}$ 不是 θ 的无偏估计量.

19. $\hat{\mu}_3$ 为最有效.

20. S_1^2 较 S_2^2 更为有效.

21~26. 略.

27. (1) $(5.608, 6.392)$; (2) $(5.558, 6.442)$.

28. $(-1.865, 2.435)$, $(3.5606, 28.64)$.

29. $(7.696, 17.361)$.

30. $(11.2758, 79.4443)$.

31. (1) $b = E(X) = \mathrm{e}^{\mu + \frac{1}{2}}$; (2) $(-0.98, 0.98)$; (3) $(\mathrm{e}^{-0.48}, \mathrm{e}^{1.48})$.

32. $n \geqslant 4u_{a/2}^2\dfrac{\sigma^2}{l^2}$.

33. $(-0.2076, 1.7076)$, 由于所得置信区间包含零, 在实际中可认为两种家庭人口均值没有显著差别.

34. (1) $(-1334.2145, -1065.7855)$, 置信区间的上限小于零, 在实际中可认为乙市平均每户年消费支出比甲市要大; (2) $(0.4183, 1.0112)$, 置信区间上限小于1, 可认为乙市平均每户消费支出的方差比甲市要大.

35. (1) $(0.214, 2.798)$, 由于此区间包含1, 故可认为 $\sigma_1^2 = \sigma_2^2$; (2) 由(1)可知, σ_1^2, σ_2^2 未知, 但 $\sigma_1^2 = \sigma_2^2 = \sigma^2$, 因此 $\mu_1 - \mu_2$ 的置信区间为 $(-0.1196, 0.0236)$, 由于此区间包含零, 故可认为 $\mu_1 = \mu_2$.

36. 单侧置信下限分别为 40526, 980387.9914.

37. (1) 单侧置信下限为 104.19; (2) 单侧置信上限为 5.038.

38. (1) $(0.0005579, 0.001467)$, $(681.58, 1792.4359)$; (2) 单侧置信下限为 $\hat{\theta} = 747.705$.

39. (1) $f_Y(y) = \begin{cases} ny^{n-1}, & y \in [0, 1], \\ 0, & y \notin [0, 1]. \end{cases}$ (2) 略.

40. $(0.0071, 0.0929)$.

41. $(0.4690, 0.5310)$.

习 题 8

1. 拒绝 H_0, 认为有显著差异.

2. 接受 H_0,这天正常工作.

3. 拒绝 H_0,该批元件不合格.

4. 接受 H_0.

5. 接受 H_0.

6. 接受 H_0.

7. 接受 H_0,认为新生产的合金线的抗拉强度不比过去高.

8. 接受 H_0,元件的平均寿命不大于 225 小时.

9. 接受 H_0.

10. 拒绝 H_0,纱的均匀度有显著变化.

11. 拒绝 H_0,方差大于 8.

12. 拒绝 H_0,标准差显著地偏大.

13. 拒绝 H_0,方差偏大.

14. (1) 接受 H_0; (2) 接受 H_0.

15. 接受 H_0,甲、乙两种安眠药的疗效无显著性差异.

16. (1) 拒绝 H_0,数学期望不相等; (2) 拒绝 H_0,数学期望不相等.

17. 拒绝 H_0,认为两种电线的电阻有显著差异.

18. 拒绝域 $X = \left\{ \left| \dfrac{\overline{X} - \overline{Y}}{\sqrt{\dfrac{S_1^2}{m} + \dfrac{S_2^2}{n}}} \right| \geqslant \mu_{\frac{\alpha}{2}} \right\}$.

19. 接受 H_0,认为具有同一均值.

20. 接受 H_0,认为方差相等.

21. (1) 接受 H_0,认为方差相等; (2) 拒绝 H_0,对硬度有显著影响.

22. 拒绝 H_0,有系统误差.

23. (1) 略; (2) 拒绝域 $X = \left\{ 2\lambda \sum\limits_{i=1}^{n} X_i \geqslant \chi_a^2(2n) \right\}$.

*24. $n \geqslant 7$.

*25. (1) 接受 H_0; (2) $n \geqslant 7$.

*26. 服从泊松分布.

*27. $\hat{p} = 0.5$,射击结果服从二项分布 $B(10, 0.5)$.

*28. 接受 H_0,相继两次地震间隔的天数 X 服从 $\hat{\lambda} = \dfrac{1}{13.77}$ 的指数分布.

*29. 接受 H_0,认为该批棉纱的拉力强度服从正态分布 $N(1.41, 0.299^2)$.

*30. 服从正态分布.

习 题 9

1. $\hat{y} = 49.9045 + 0.4178x$,线性回归显著.

2. 不能证实.

3. 略.

4. (1) $\hat{y} = 9.1225 + 0.2230x$；　(2) 显著；　(3) $\hat{y}_0 = 18.4885$，$(17.3184, 19.6586)$.

5. (1) 略；　(2) $\hat{y} = -16793.5527 + 8.8266x$；　(3) 高度正相关,会；　(5) $Q = 149.6939$；
(4)、(6) 预测值及置信区间如下表：

年份	1976	1978	1979	1981	1983	1985	1987
倾斜值 y	644	667	673	696	713	725	747
预测值 $\hat{y}_0$	648	666	674	692	710	727	745

年份	1976	1978	1979	1981	1983	1985	1987
预测值 $\hat{y}_0$	648	666	674	692	710	727	745
δ_i	20.2277	18.9807	18.5963	18.3558	18.8338	19.9789	21.6857
上限 $\hat{y}^+$	668.2277	684.9807	692.5963	710.3558	728.8338	746.9789	766.6857
下限 $\hat{y}_-$	627.7723	647.0193	655.4037	673.6442	691.1662	707.0211	723.3143

6. 略.

7. 提示选用 $\dfrac{1}{y} = a + \dfrac{b}{x}$ 做回归曲线，$\dfrac{1}{\hat{y}} = 0.1633 + \dfrac{3.3701}{x}$.

8. $\hat{y} = 0.411 + 0.069x_1 + 0.024x_2$.

习　题　10

1. (1) 拒绝 H_0，认为三校男生身高有显著差异；　(2) $\hat{\sigma}^2 = 53.284$.

2. 差异显著.

3. 差异不显著.

4. 浓度影响显著,温度和交互影响都不显著.

5. 机器之间无显著差异,操作工之间以及两者之间的交互作用有显著差异.

参 考 文 献

［1］　陈希孺. 概率论与数理统计［M］. 北京：科学出版社，2000.

［2］　David Freedman，等. 统计学（中译本）［M］. 北京：中国统计出版社，1997.

［3］　高祖新，华钧. 概率论与数理统计［M］. 南京：南京大学出版社，1995.

［4］　W. 费勒. 概率论及其应用［M］. 北京：科学出版社，1980.

［5］　复旦大学数学系. 概率论与数理统计（第二版）［M］. 上海：上海科学出版社，1961.

［6］　茆诗松. 贝叶斯统计［M］. 北京：中国统计出版社，1999.

［7］　欧俊豪，等. 应用概率统计（第二版）［M］. 天津：天津大学出版社，1999.

［8］　孙荣恒. 应用概率论［M］. 北京：科学出版社，1998.

［9］　王梓坤. 概率论基础及其应用［M］. 北京：科学出版社，1976.

［10］　王福宝，等. 概率论与数理统计（第三版）［M］. 上海：同济大学出版社，1994.

［11］　上海交通大学数学系. 概率论与数理统计（第二版）［M］. 北京：科学出版社，2007.

［12］　数理统计编写组. 数理统计［M］. 西安：西北工业大学出版社，1999.

［13］　施雨. 应用数理统计［M］. 西安：西安交通大学出版社，2005.

［14］　M. Loeve. Probability Theory［M］. 4th Edition. Spring-Verlag New York Inc，1978.

［15］　茆诗松，等. 概率论与数理统计教程［M］. 北京：高等教育出版社，2004.